電気・電子系 教科書シリーズ　2

電　磁　気　学

博士(工学)　多田　泰芳
博士(工学)　柴田　尚志　共著

コ ロ ナ 社

刊行のことば

電気・電子・情報などの分野における技術の進歩の速さは，ここで改めて取り上げるまでもありません。極端な言い方をすれば，昨日まで研究・開発の途上にあったものが，今日は製品として市場に登場して広く使われるようになり，明日はそれが陳腐なものとして忘れ去られるというような状態です。このように目まぐるしく変化している社会に対して，そこで十分に活躍できるような卒業生を送り出さなければならない私たち教員にとって，在学中にどのようなことをどの程度まで理解させ，身に付けさせておくかは重要な問題です。

現在，各大学・高専・短大などでは，それぞれに工夫された独自のカリキュラムがあり，これに従って教育が行われています。このとき，一般には教科書が使われていますが，それぞれの科目を担当する教員が独自に教科書を選んだ場合には，科目相互間の連絡が必ずしも十分ではないために，貴重な時間に一部重複した内容が講義されたり，逆に必要な事項が漏れてしまったりすることも考えられます。このようなことを防いで効率的な教育を行うための一助として，広い視野に立って妥当と思われる教育内容を組織的に分割・配列して作られた教科書のシリーズを世に問うことは，出版社としての大切な仕事の一つであると思います。

この「電気・電子系 教科書シリーズ」も，以上のような考え方のもとに企画・編集されましたが，当然のことながら広大な電気・電子系の全分野を網羅するには至っていません。特に，全体として強電系統のものが少なくなっていますが，これはどこの大学・高専等でもそうであるように，カリキュラムの中で関連科目の占める割合が極端に少なくなっていることと，科目担当者すなわち執筆者が得にくくなっていることを反映しているものであり，これらの点については刊行後に諸先生方のご意見，ご提案をいただき，必要と思われる項目については，追加を検討するつもりでいます。

このシリーズの執筆者は，高専の先生方を中心としています。しかし，非常に初歩的なところから入って高度な技術を理解できるまでに教育することについて，長い経験を積まれた著者による，示唆に富む記述は，多様な学生を受け入れている現在の大学教育の現場にとっても有用な指針となり得るものと確信して，「電気・電子系 教科書シリーズ」として刊行することにいたしました。

これからの新しい時代の教科書として，高専はもとより，大学・短大においても，広くご活用いただけることを願っています。

1999年4月

編集委員長　高　橋　　寛

ま　え　が　き

われわれ人類は自然現象を巧みに利用し今日の文明を築いてきた。自然現象をうまく利用するためにはその本質を理解しなければならないが，力学と電磁気学は自然現象の本質を巨視的にとらえるために必要な二本柱である。そのため，理工系の学生にとって力学と電磁気学の習得は必須事項である。

電磁気学は，われわれが直接あるいは間接的に接する電気に関する現象の根本法則を明らかにし，それらを体系的に把握することを目的とする学問である。このため本書では，電気，磁気の個々の現象だけでなく全体の骨格を理解させることにも重点を置き，その内容を以下のような話の流れで展開している。まず，*1*〜*6* 章で真空中，導体系，誘電体中の電界を説明し，*7* 章では定常電流界を，*8*〜*11* 章では真空中，磁性体中の磁界と電磁誘導を中心に説明する。*12* 章ではまず積分形のマクスウェルの方程式を説明し，その後で方程式を微分形に直し，電磁界現象を総合的に顧みた説明を行い，*13* 章で電磁波の説明を行う。付録では直交座標形におけるベクトル解析などを述べている。

以上のように本書は 13 の章と付録からなり，一つ一つの電磁気現象をていねいに基礎から説明するとともに，最終的にそれらを応用できるレベルにまで段階的に引き上げる配慮がなされている。しかしながら，本書では基礎事項の説明に多くのページを割いたため，熱電現象，電池，回路，相対性原理への展開などは割愛せざるをえなかった。

本書は，工業高等専門学校（以下，高専）の本科・専攻科および大学学部の電気・電子系の学生向けの標準的なテキストとして書かれているが，上述の章立ては高専での使用を意識している。すなわち，*1* 章から *12* 章 *12.3* 節の積分形のマクスウェルの方程式あたりまでの内容は，高専の本科学生が学ぶ標準的事項としている。それ以降の内容は，高専の 5 学年あるいは専攻科で学ぶ内容として十分であると考えている。また，本書では初めからベクトルを用いた表記をしている。電磁気現象はベクトル解析の知識がなくても理解できるが，現象を定式化するとき，ベクトルを用いないと表記が複雑になり，電磁気学を深く学ぶうえで現象の理解を妨げることになることもある。そのため，本書では，ベクトル解析は理論の展開のなかで必然性をもって現れる。しかしながら，それらの内容は，初めてそれに出合う者でも自然に身に付くように解説されている。本書は，初めて電磁気学を学ぶ者にとっても標準的な内容であるが，本書を読む前に，本書と同シリーズ１の「電気基礎」を学んでおくと，より本書の理解が深まると思う。なお，本書では国際単位系（SI）を用いているが，場合によってはそれ以外の単位も併記している。

本書は執筆者二人で全体を細部にわたり十分に検討して執筆した。ここで，参考にさせていただいた多くの文献の著者各位に対し深く感謝申し上げるとともに，出版にあたりお世話になったコロナ社の方々に厚くお礼申し上げる次第である。

2004 年 11 月

著　　者

目　　次

1.　電　　荷

2.　真空中の静電界

3. 導体を含む静電界

4. 誘電体を含む静電界

5.　静電界のエネルギーと力

6.　静電界の一解法

7.　定 常 電 流

8.　真空中の静磁界

9.　磁性体を含む静磁界

10. 電 磁 誘 導

11. インダクタンス

12. マクスウェルの方程式

13. 電　磁　波

1

電　　　荷

1.1 帯電現象

糸で水平につるしたガラス棒の一端を羊毛の布切れでこすっておき，別のガラス棒を羊毛の布切れでこすってから近づけるとたがいに反発する。一方，羊毛の布切れでこすったガラス棒とポリエチレン棒，ガラス棒とテフロン棒はたがいに引き合うが，ポリエチレン棒とテフロン棒は反発し合う。このような実験をいろいろな材料でやってみると，同じやり方で摩擦した同じ材料どうしは必ず反発し，異なる材料どうしは反発する場合と吸引する場合の二つに分かれることがわかる。

摩擦した物体間に反発力や吸引力が働くのは，摩擦により物体に力の作用のもとになる原因が生じたからであって，この原因のことを**電気**（electricity）または**電荷**（electric charge）という。電荷が生じる原因が摩擦によるとき，その電荷のことを摩擦電気（triboelectricity）という。そして物体が電荷をもつに至ったとき，その物体は帯電した（electrify）という。

帯電した物体間に働く力が 2 種類あるのに対応して，電荷にも 2 種類あると考え，反発力を及ぼし合う電荷は同種，吸引力を及ぼし合う電荷は異種であるとする。異種の電荷は正，負の符号を付けて区別し，フランクリン（B. Franklin，アメリカ）の陽電気と陰電気（1750 年）に由来する歴史的な習慣に従えば，羊毛との摩擦によってガラス棒に生じた電荷は正，ポリエチレン棒およびテフロン棒に生じた電荷は負である。

任意の二つの材料を摩擦したとき，どちらが正にどちらが負に帯電するかはそれらの組合せによって異なるが，種々の材料は正または負に帯電する傾向に従ってほぼ1列に並べられる。ただし，金属棒の場合は直接手にもって羊毛などで摩擦しても帯電しない。しかし，金属棒をポリエチレン棒の先に固定したうえで摩擦すると帯電する。代表的ないくつかの材料を，左側のものが正に，右側のものが負に帯電するように並べて以下に示す。

「ガラス　アクリル　羊毛　絹　綿　金属　ポリエチレン　テフロン」

このような序列を**摩擦電気系列**という。これは湿度や温度，材料の純度などによって影響を受けて変わりうるので，厳密には一つに定まらない。

1.2 電荷の本質

現在，物質は分子から，分子は原子から，原子は**原子核**（nucleus）と**電子**（electron）から，さらに原子核は**陽子**（proton）と**中性子**（neutron）などから構成されており，電子は**負電荷**を，陽子は**正電荷**をもっており，中性子は電荷をもっていないということはよく知られていることがらである。その電子がもっている負電荷，陽子がもっている正電荷というものは，電子や陽子がもっている性質の一つである。電子と陽子がもつ電荷の量の絶対値は等しく，これは電荷の量の最小単位であり**電気素量**（elementary electric charge）といわれる。これを e とし，その単位として ***1.4.3*** 項で述べるクーロン（C）を用いると，$e \fallingdotseq 1.602 \times 10^{-19}$ C である。

図 *1.1* に示すヘリウム原子にみられるように，通常の状態では一般に原子はその電子と陽子の数が等しく電気的に中性である。また電子，陽子，中性子の質量を m_e，m_p，m_n とすると

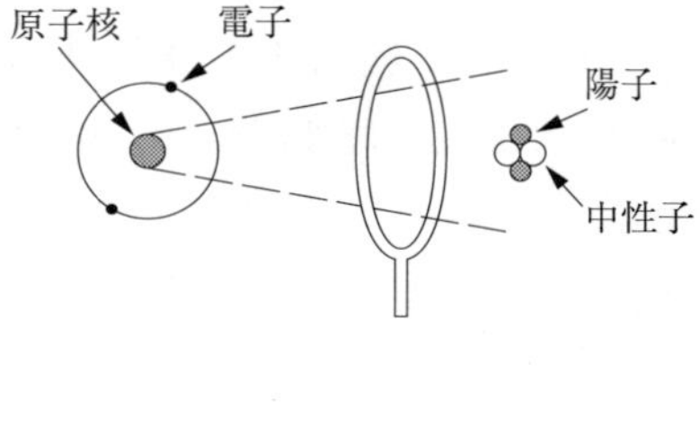

図 *1.1*　ヘリウム原子

$$m_e \fallingdotseq 9.11 \times 10^{-31}\,\mathrm{kg},\quad m_p \fallingdotseq 1.67 \times 10^{-27}\,\mathrm{kg},\quad m_n \fallingdotseq 1.67 \times 10^{-27}\,\mathrm{kg}$$

で，正確には m_n は m_p よりわずかに大きい。

電荷の本質から考えて，一つの閉じた系では，そのなかで正または負の電荷の移動があっても，正と負の電荷量の代数和は一定である。これを**電荷保存則**（law of conservation of charge）という。

1.3　導体，不導体，半導体

ポリエチレン棒が帯電するのは，それが電気を通しにくく発生した電気が逃げないからである。金属棒を直接手でもって摩擦する場合に帯電しないのは，金属も人の手も電気を通しやすく発生した電気が逃げてしまうからである。

このように物質には，電気を通しやすいもの，通しにくいものがあり，通しやすいものを**導体**（conductor），通しにくいものを**不導体**または**絶縁体**（insulator）といい，その中間的存在を**半導体**（semi-conductor）という。物質の構造が明らかにされている現在では，これらの本質がわかっているが，ここで詳細を述べることは本書の役目ではないので，簡単に概説する。

物質がどれに属するかは，その内部にある自由に移動できる荷電粒子の量によって決まる。導体の代表は金属であり，そのほか電解液や電離気体も導体である。金属は，そのなかに**自由電子**（free electron）と呼ばれる自由に動ける電子を多数含んでいるため，きわめて電気を通しやすい。電解液や電離気体はそのなかに，電子の過剰により負に帯電した原子または分子すなわち**負イオン**（anion）と，電子の不足により正に帯電した原子または分子すなわち**正イオン**（cation）を含んでいるので，電気を通しやすい。

代表的な半導体であるゲルマニウム（Ge）とシリコン（Si）は，常温では，それらのなかに自由電子のほか，**正孔**（hole）といわれる正電荷を帯びた電子の抜け穴が増加するので電気を通しやすくなる。ポリエチレンのような絶縁体は，そのなかに自由電子やイオンがほとんど存在しないので電気を通しにくい。

電荷の流れを**電流**（current）という。電気を通しやすいということは，電流が流れやすいということである。金属中や電解液・電離気体中の電流を**伝導電流**（conduction current）という。われわれに身近な導線（電線）は金属であるから，そのなかの電流は負の電荷を有する電子の流れにより生じる。電荷の流れが電流であるから，空間を運動する荷電粒子または帯電物体に伴って移動する電荷も電流であり，これを**対流電流**（convection current）という。要するにいずれも移動する電荷であって本質的な違いはない。

1.4　クーロンの法則

1.4.1　静止電荷間に作用する力

クーロン（C.A.de Coulomb，フランス）は電荷間に働く反発力と引力を初めて直接的な方法で測定した（1785 年）。

同符号の電荷間に働く力と電荷間の距離との関係は，**図 1.2** に示すねじれ秤（ばかり）を用いて求められた。動球 A と固定球 B を同符号に帯電させると両球が反発し合い，棒が回転してつり糸がねじれる。このねじれを打ち消し動球をもとの位置に戻すために，つり糸を支持している頭部を回し，その回転角を指針

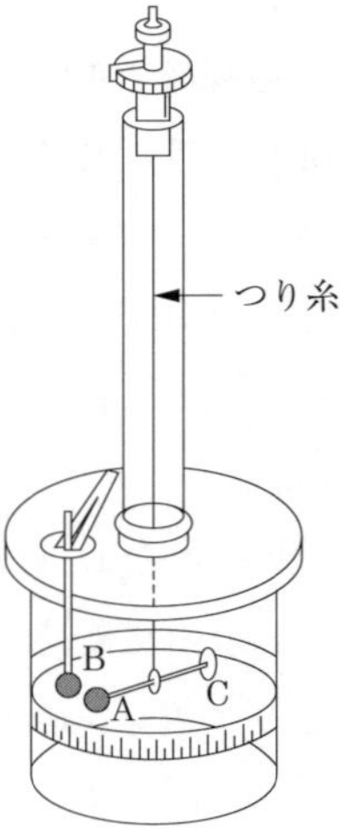

図 1.2　クーロンのねじれ秤

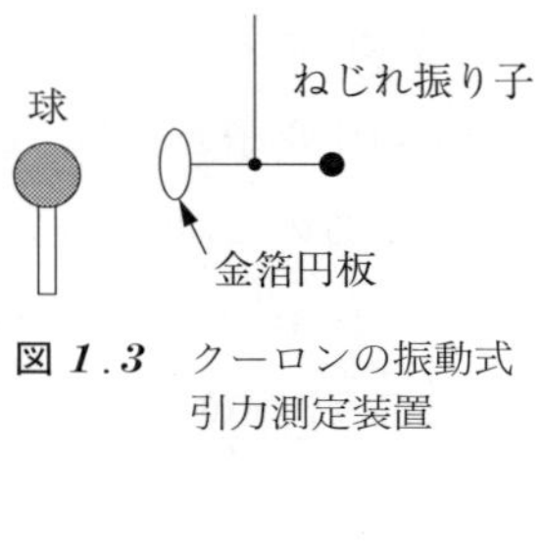

図 1.3　クーロンの振動式引力測定装置

で測ることにより反発力を測定し，反発力が距離の2乗に逆比例し，二つの球おのおのの電荷量に比例することを見いだした。重りCは動球Aを取り付けた棒を水平に保つためのものである。しかしながら，異符号の電荷間に働く力の測定に対しては上記の方法は適さないので，クーロンは**図 *1.3*** に示すねじれ振り子を利用した。金箔（ぱく）を貼った円板を帯電させてからねじれ振り子を振動させ，反対極性に帯電させた金属球を金箔円板に近づけると，振り子の振動周期が速くなるので，この周期を測ることにより引力を知ることができる。この場合についても，引力が距離の2乗に逆比例するという結果を得た。

以上の実験結果は，帯電小球が有限の大きさであることや電荷漏洩（ろうえい）などのため，ばらつきが大きく精度が非常に悪いものであった。しかし，帯電小球はその寸法が小球間の距離に比べて十分に小さければ**点電荷**（point charge）と見なせるので，以上の実験結果を点電荷に対しては正しく成り立つものであると仮定してみる。このような考えで実験結果をまとめると，「二つの点電荷間に働く力の大きさは，おのおのの電荷の量に比例するとともに電荷間の距離の2乗に反比例し，その方向は両者を結ぶ直線の方向である」となる。このような仮説もいろいろなほかの現象を矛盾なく説明できれば法則となる。実際に，クーロンが得た結果は，のちに間接的な方法によりはるかに高い精度で検証され，今日まで矛盾を生じていない。それゆえ，クーロンの得た結果を**クーロンの法則**（Coulomb's law）という。二つの点電荷の量を q_1，q_2，両者間の距離を r，両者間に働く力を F とすると，クーロンの法則は

$$F \propto \frac{q_1 q_2}{r^2} \tag{1.1}$$

と書くことができる。ここで，q_1，q_2 は正電荷のときは正，負電荷のときは負の値をとるものとすると，F は正のときは反発力，負のときは引力を表す。クーロンの実験結果は精度が悪すぎたが，電荷間に働く力の法則を直接的に求めたことが注目に値する。r の指数を $2 \pm |n|$ とすると，現在までに確かめられている $|n|$ の値は $|n| < 2 \times 10^{-9}$ である。

ここでクーロンの法則をベクトル形式で表してみる。電荷 q_1 と q_2 に働く力

が反発力の場合を**図 1.4** に示す。この図で $\boldsymbol{F}_{21}$ は q_1 が q_2 に及ぼす**力ベクトル**，$\boldsymbol{F}_{12}$ は q_2 が q_1 に及ぼす力ベクトル，$\boldsymbol{r}_1$ と $\boldsymbol{r}_2$ はそれぞれ原点Oに対する q_1 と q_2 の**位置ベクトル**，$\boldsymbol{r}_{21}$ は q_1 から q_2 へ向かう**変位ベクトル**とすると，クーロンの法則は，比例定数を k_1，$\boldsymbol{r}_{21}$ の絶対値すなわち大きさを r_{21} として

$$\boldsymbol{F}_{21} = k_1 \frac{q_1 q_2}{{r_{21}}^2} \frac{\boldsymbol{r}_{21}}{r_{21}} = k_1 q_1 q_2 \frac{\boldsymbol{r}_{21}}{{r_{21}}^3} \tag{1.2}$$

$$\boldsymbol{r}_{21} = \boldsymbol{r}_2 - \boldsymbol{r}_1, \quad r_{21} = |\boldsymbol{r}_2 - \boldsymbol{r}_1| \tag{1.3}$$

と書け，k_1 は諸量の単位のとり方によって決まる。式 (1.2) で $\boldsymbol{r}_{21}/r_{21}$ は $\boldsymbol{r}_{21}$ 方向の**単位ベクトル**である。作用反作用の法則により式 (1.4)が成り立つ。

$$\boldsymbol{F}_{21} = -\boldsymbol{F}_{12} \tag{1.4}$$

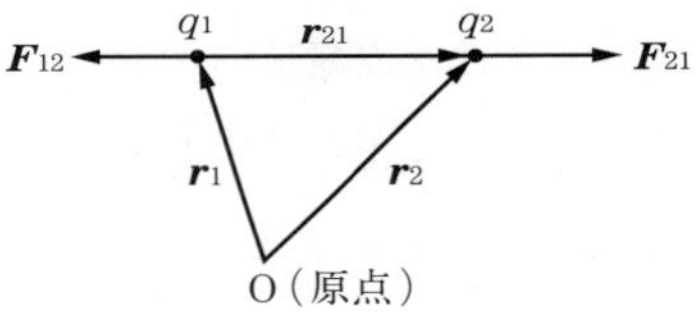

図 1.4　二つの電荷間に働く力（反発力）

1.4.2　ベクトルの直角座標表示

任意の点Pの位置ベクトル $\boldsymbol{r}$ は，x，y，z 各直角座標軸方向の単位ベクトルをそれぞれ $\boldsymbol{i}_x$，$\boldsymbol{i}_y$，$\boldsymbol{i}_z$，点Pの座標すなわち位置ベクトルの成分（正，負の値をとるスカラ量）を x，y，z とすると

$$\boldsymbol{r} = x\boldsymbol{i}_x + y\boldsymbol{i}_y + z\boldsymbol{i}_z \tag{1.5}$$

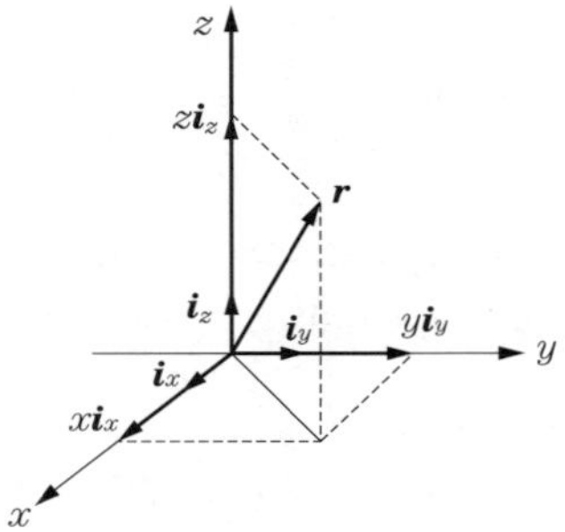

図 1.5　位置ベクトルの直角座標表示

と表され，図示すると**図 1.5** のようになる。また，ある点 P に働く力ベクトル $\boldsymbol{F}$ はその成分を F_x，F_y，F_z とすると

$$\boldsymbol{F} = F_x\boldsymbol{i}_x + F_y\boldsymbol{i}_y + F_z\boldsymbol{i}_z \tag{1.6}$$

と表され，点 $P_1(x_1,\ y_1,\ z_1)$ から $P_2(x_2,\ y_2,\ z_2)$ への変位ベクトル $\boldsymbol{r}_{21}$ は

$$\boldsymbol{r}_{21} = \boldsymbol{r}_2 - \boldsymbol{r}_1 = (x_2 - x_1)\boldsymbol{i}_x + (y_2 - y_1)\boldsymbol{i}_y + (z_2 - z_1)\boldsymbol{i}_z \tag{1.7}$$

と表される。

1.4.3　電荷と電流の単位

力学に現れる諸量の単位は，基本量である長さ，質量，時間の単位だけで組み立てられる。これらの基本量に対して，MKS 単位系では，それぞれメートル（m），キログラム（kg），秒（s）を基本単位とした。

電磁気学に現れる諸量の単位を組み立てるには，力学量の基本単位に加え，さらに独立したもう一つの基本単位が必要となる。電磁気量の単位系はその発展の過程で，静電単位系，電磁単位系，ガウス（Gauss）単位系などが定められ，これらが混在して用いられていた。そのため一つの単位系からほかへ移るのが面倒であった。また，これらの単位系に共通する特徴は，**12** 章で述べる**マクスウェルの方程式**（Maxwell's equation）のなかに 4π という無理数が現れることであった。そこで，電磁気量の単位系の統一が図られ，またマクスウェルの式が 4π を含まないより簡単な形になるように単位系が決められた。このとき力学量の基本単位に新たに加えられた単位は電流の単位としての**アンペア**（A）である。電荷のほうがより基本的な量と考えられるが，実際には測定の容易さから，電流の単位が基本単位として選ばれた。そのためこの単位系は **MKSA 有理単位系**と呼ばれている。これを拡張した単位系が**国際単位系**（**SI**）で，SI における 7 個の基本単位のうちの 4 個，m，kg，s，A を組み合わせることで電気・磁気諸量のすべての単位（組立単位）が得られる。

電流の単位 A は，**8.2** 節で述べるような方法で決められる。電流の大きさは「ある断面を単位時間にどれだけの電荷が通過するか」で決まるので，逆にこのことから電荷の単位が決められる。すなわち SI 単位では，1 A の電流が

1 s の間にある断面を通過したときの電荷量を 1 **クーロン**（C）と呼び，電荷の単位とする。したがって，ある断面を 1 s の間に 1 C の電荷が通過したときの電流の大きさが 1 A ということになる。

国際単位系では，クーロンの法則を表す式（*1.2*）の比例定数 k_1 は

$$k_1 = \frac{1}{4\pi\varepsilon_0} \tag{1.8}$$

と表される。したがって，この k_1 を用いるとクーロンの法則は

$$\boldsymbol{F}_{21} = \frac{q_1 q_2}{4\pi\varepsilon_0}\frac{\boldsymbol{r}_2 - \boldsymbol{r}_1}{|\boldsymbol{r}_2 - \boldsymbol{r}_1|^3} \tag{1.9}$$

となる。 ここに，ε_0 は真空の**誘電率**（permittivity）と呼ばれる定数で，***12*** 章で明らかになるように，真空中の光の速さ c との間に $\varepsilon_0 = 10^7/4\pi c^2$ の関係があり，実験により $c \fallingdotseq 2.998 \times 10^8\,\mathrm{m/s}$ と求められているので

$$\varepsilon_0 = 8.854 \times 10^{-12}\,\mathrm{F/m}\,(\mathrm{m^{-3} \cdot kg^{-1} \cdot s^4 \cdot A^2}) \tag{1.10}$$

という値になる。ここで，F は後に述べる静電容量の単位であり，ファラド（farad）と読む。また，$\mathrm{m^{-3} \cdot kg^{-1} \cdot s^4 \cdot A^2}$ は SI 基本単位による表し方である。この ε_0 を用いると，式（*1.8*）の k_1 は式（*1.11*）のようになる。

$$k_1 \fallingdotseq 9 \times 10^9\,\mathrm{m/F} \tag{1.11}$$

一つの点電荷 q に n 個の点電荷 q_1，q_2，…，q_n が力を及ぼす一般的な場合のクーロンの法則は，**図 *1.6*** に示すように q が受ける力を $\boldsymbol{F}$，および q，q_1，q_2，…，q_n の位置ベクトルをそれぞれ $\boldsymbol{r}$，$\boldsymbol{r}_1$，$\boldsymbol{r}_2$，…，$\boldsymbol{r}_n$ とすると

$$\boldsymbol{F} = \frac{q}{4\pi\varepsilon_0}\sum_{i=1}^{n}\frac{q_i(\boldsymbol{r} - \boldsymbol{r}_i)}{|\boldsymbol{r} - \boldsymbol{r}_i|^3} \tag{1.12}$$

と表される。このように，多数の点電荷が存在する場合，ある点電荷に働く力

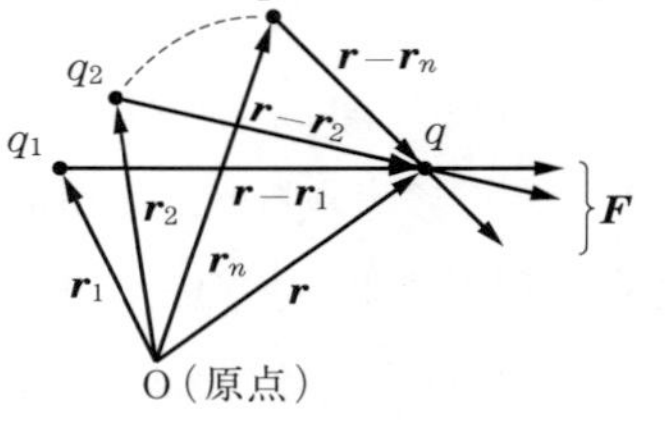

図 *1.6*　多数の点電荷と一つの点電荷の間に働く力

は，それ以外の点電荷との間に働くそれぞれのクーロン力をベクトル的に重ね合わせて得られる。これを**重ね合わせの原理**（principle of superposition）といい，「ある一対の電荷間の力は，ほかの電荷の存在によって影響されない」という事実に基づいている。

例題 1.1　$q_1 = q_2 = 1\,\mathrm{C}$，$r_{21} = 1\,\mathrm{m}$ のとき両電荷間に働く力の大きさ F〔N〕はいくらか。

【解答】　$F \fallingdotseq 9 \times 10^9\,\mathrm{N}$。参考までにこれを重力単位系で表すと，$F \fallingdotseq (9/9.8) \times 10^9 \fallingdotseq 9 \times 10^8\,\mathrm{kg}$ 重 $= 90$ 万 t 重となる。 ◇

例題 1.2　**図 1.7** に示すように，一辺が a の正方形の頂点に点電荷 q と $-q$ が2個ずつ置かれている。一つの点電荷 q に働く力の大きさ F を求め，その方向も示せ。

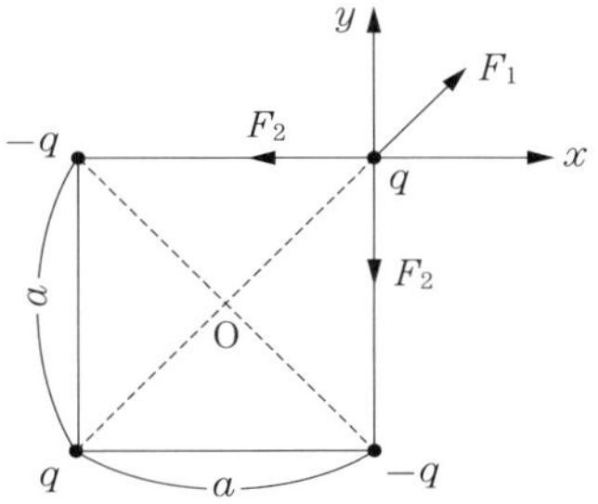

図 1.7　正方形の頂点に置かれた正，負2組の点電荷間に働く力

【解答】　図のように xy 座標をとり，対角線上にあるほかの一つの q から注目している q に働く力の大きさを F_1 とすると

$$F_1 = \frac{q^2}{4\pi\varepsilon_0(\sqrt{2}\,a)^2} = \frac{q^2}{4\pi\varepsilon_0 \times 2a^2}$$

である。二つの $-q$ それぞれから q に働く力の大きさは同じであり，それを F_2 とすると $F_2 = q^2/4\pi\varepsilon_0 a^2$ である。したがって，q に働く力の x 成分を F_x，y 成分を F_y とすると

$$F_x = F_y = F_1\frac{1}{\sqrt{2}} - F_2 = \frac{q^2}{4\pi\varepsilon_0 a^2}\left(\frac{1}{2\sqrt{2}} - 1\right) < 0$$

となる。これより，q に働く力の方向は対角線上を正方形の中心 O に向かい，その

大きさ F は下式で与えられる。

$$F=\sqrt{F_x{}^2+F_y{}^2}=\sqrt{2F_x{}^2}=\sqrt{2}\,|F_x|=\frac{\sqrt{2}\,q^2}{4\pi\varepsilon_0 a^2}\left(1-\frac{1}{2\sqrt{2}}\right)=\frac{q^2}{8\pi\varepsilon_0 a^2}(2\sqrt{2}-1)$$

◇

1.4.4 電荷間力の遠隔作用と近接作用

ばねの両端に適当な球を付け，ばねを伸びた状態に置くと二つの球にはたがいに引き合う力が働くし，ばねを縮んだ状態にすると二つの球にはそれらを引き離す力が働く。このような力はわれわれになじみ深く，これはばねの伸びまたは縮みというひずみによって生じる。

また，ピンポン玉を二つを静かな水面に浮かべ 2 cm くらいの距離に置くと，それら二つにはたがいを引き寄せる力が働き，二つはおたがいにくっついてしまう。二つのピンポン玉を水面に浮かべるとそれぞれの付近の水面がひずみ，これらが一緒になって引き寄せる力を生じる。

一方，電荷間に働く力はそのような力とは異なり，空間を貫いて直接に瞬間的におたがいに働くように思える。こう考える立場は力の**遠隔作用**（**直達作用**）**説**（theory of action at distance）の立場である。上述のばねやピンポン玉の例で，もしばねや水の存在を認識できない人がいたとすれば，その人は二つの球やピンポン玉に働く力に対して遠隔作用の立場をとることになる。

二つの電荷間に働く力は，直接認識できない空間を介して引き起こされるわ

コーヒーブレイク

重　力　波

物質間に作用する万有引力も電荷間に働く力と同様に，空間のひずみによって引き起こされるものと考えられる。また，電磁波に対しては重力波というものが考えられる。もし宇宙のどこかで高速回転している星があるとすると，空間のひずみが重力波となって伝わるはずである。ウェーバー（Weber，アメリカ）は 1969 年に天体からきたと考えられる重力波を検出したと発表したが，追試がなされておらず，現在まだ確実なものと認定されるに至ってない。

けであるが，これを，空間を単なる幾何学的存在と考えずに，力を引き起こすような物理的性質をもっていると考えることもできる。すなわち，空間内に二つの電荷があると，それらの周囲の空間中にある種のひずみが生じ，これらのひずみが一緒になって電荷間に力を引き起こすと考えるわけである。しかしながら，電荷間の力には反発力もあるので空間のひずみは水面のひずみのように単純なものではない。いずれにしても空間のひずみが力を生じると考えるのが**近接作用（媒達作用）説**（theory of near action）の立場である。

どちらの立場に立っても，力を及ぼし合う電荷どうしがたがいに静止しているときは静電気力しか働かず，優劣は出てこない。しかし，放送局のアンテナのなかを電子が往復運動すると，はるか遠く離れた受信機のアンテナ中の電子がある一定の時間後に揺り動かされるという事実は近接作用の立場でしか説明できない。すなわち，振動している電荷の周りの空間のひずみが振動として空間中を有限の速さで伝搬して，ほかの電荷を振動させると考える。この波動こそ電磁波である。

演　習　問　題

【1】 x 軸上の点 A$(x = a)$，B$(x = b)$ にそれぞれ $2q$，q の点電荷を置いた。AB を結ぶ直線上のある位置に点電荷を置いたとき，これに働く力が 0 となったという。その位置を求めよ。

【2】 質量がともに m〔kg〕の二つの小球をそれぞれ長さ l〔m〕の絶縁性の糸で同一点からつるし，等量の電荷 q〔C〕を与えたところ，それぞれの糸が鉛直線に対して角度 θ だけ傾いたという。このとき，$16\,\pi\varepsilon_0 mgl^2\sin^3\theta = q^2\cos\theta$ なる関係があることを証明せよ。ここで，g は重力の加速度である。

【3】 負の電荷をもつ質量 m〔kg〕の小球と長さ l〔m〕の軽い絶縁性の糸からなる単振り子がある。いまこの振り子の支点から鉛直下方，小球の下に正の電荷をもってきたところ，周期が T_0〔s〕から T〔s〕に変わったという。両電荷間に働く力の大きさ F〔N〕を重力の加速度 g に無関係な形式で求めよ。ただし，振り子の振幅はきわめて小さく，正電荷は小球から十分に遠方にあるものとする。

2

真空中の静電界

2.1 電　　　界

ある物理量が空間内で場所の関数として与えられているとき，その空間をその量の**界**または**場**（field）という。

1 章で，二つの点電荷 q_1 と q_2 間に働く力はそれらが置かれている空間のひずみによって引き起こされると考えた。このことを，つぎのように二つの過程に分けて考える。すなわち，q_1，q_2 どちらが先でも同じことであるが，例えばまず q_1 が空間にある種のひずみを，言い換えれば空間の物理的性質にある種の変化を与えていて，そこへ q_2 が置かれると q_2 は力を受けるとする。このように考えたとき，q_1 による空間のひずみあるいは空間の物理的性質の変化の空間的分布を q_1 による**電界**（electric field）または**電場**といい，そこへ q_2 をもってくるとそれは電界より力を受けると考える。

以上のような考えに従えば，式 (*1.9*) で表されているクーロンの法則は $\boldsymbol{E}$ なるベクトルを導入して

$$\boldsymbol{E} = \frac{q_1}{4\pi\varepsilon_0}\frac{\boldsymbol{r}_2 - \boldsymbol{r}_1}{|\boldsymbol{r}_2 - \boldsymbol{r}_1|^3} \qquad (2.1)$$

$$\boldsymbol{F}_{21} = q_2\boldsymbol{E} \qquad (2.2)$$

のように二つに分けて書くことができる。このとき $\boldsymbol{E}$ は q_1 による電界を表すベクトル量となる。

ところで式 (*2.1*)，(*2.2*) に現れている電界 $\boldsymbol{E}$ は，q_2 がもち込まれる以前の q_1 による電界である。電荷 q_2 がもち込まれたときの電界は q_2 によるひず

みが加わるので式 (2.1) の $\boldsymbol{E}$ ではない。しかしながら q_2 に働く力は，その値の大小にかかわらず，q_2 がもち込まれる以前の q_1 による電界 $\boldsymbol{E}$ と q_2 によるひずみが一緒になった結果として式 (2.2) で与えられると考えるのである。式 (2.2) より

$$\boldsymbol{E} = \frac{\boldsymbol{F}_{21}}{q_2} \tag{2.3}$$

とも書ける。

式 (2.3) をみると $\boldsymbol{E}$ は q_2 に働く力を単位正電荷当りに換算したものということができる。したがって，$\boldsymbol{E}$ の単位は N/C と表せるが，SI 単位としては **2.5** 節で定義する電位の単位ボルト（volt：V）をもとにした V/m が用いられる。この $\boldsymbol{E}$ を**電界の強さ**（intensity of electric field）ともいう。

一般に空間内に電界が存在するか否かを知るためには，空間内の任意の点に試験電荷を置き，それに力が働くかどうかを調べればよい。

時間的に変化しない電界を**静電界**（electrostatic field）という。静電界は電荷によってつくられるが，時間的に変化する電界は **12** 章で述べるように電荷によるとは限らない。

任意の点 P における電界 $\boldsymbol{E}$ の直角座標表示は，各座標軸方向の成分を E_x，E_y，E_z とすると

$$\boldsymbol{E} = E_x\boldsymbol{i}_x + E_y\boldsymbol{i}_y + E_z\boldsymbol{i}_z \tag{2.4}$$

で与えられ，**図 2.1** のように図示される。

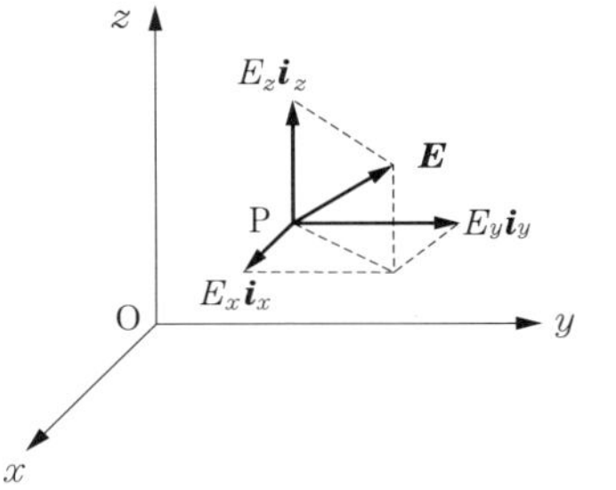

図 2.1　電界ベクトルの直角座標表示

2.2　静止電荷による電界

2.2.1　単一点電荷による電界

図 2.2 に示すように，点電荷 q の位置ベクトルを $\boldsymbol{r}_0$，電界内の任意の点 P の位置ベクトルを $\boldsymbol{r}$，点 P における電界を $\boldsymbol{E}$ とし，$\boldsymbol{E}$ は $\boldsymbol{r}$ の関数であることを強調して $\boldsymbol{E}(\boldsymbol{r})$ と書くと，式 (2.5) のようになる。

$$\boldsymbol{E}(\boldsymbol{r}) = \frac{q}{4\pi\varepsilon_0}\frac{\boldsymbol{r}-\boldsymbol{r}_0}{|\boldsymbol{r}-\boldsymbol{r}_0|^3} \tag{2.5}$$

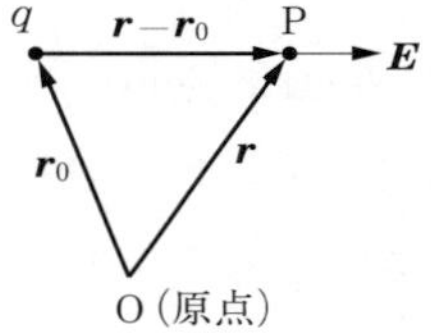

図 2.2　単一の点電荷による電界

電荷 q が置かれている点の座標を $(x_0,\ y_0,\ z_0)$，点 P の座標を $(x,\ y,\ z)$ とすると，$\boldsymbol{r}-\boldsymbol{r}_0$ の直角座標表示は $\boldsymbol{r}-\boldsymbol{r}_0=(x-x_0)\boldsymbol{i}_x+(y-y_0)\boldsymbol{i}_y+(z-z_0)\boldsymbol{i}_z$ であるから，$\boldsymbol{E}$ の x 成分は

$$E_x(x,\ y,\ z) = \frac{q}{4\pi\varepsilon_0}\frac{x-x_0}{[(x-x_0)^2+(y-y_0)^2+(z-z_0)^2]^{3/2}} \tag{2.6}$$

となる。y 成分，z 成分の式も同様な形になる。

2.2.2　多数点電荷による電界

多数の点電荷による電界は，電荷間力の独立性により，個々の電荷による電界のベクトル和になる。**図 2.3** に示すように，n 個の点電荷を q_1，q_2，…，q_n，それらの位置ベクトルを $\boldsymbol{r}_1$，$\boldsymbol{r}_2$，…，$\boldsymbol{r}_n$ とすると，点 P における電界 $\boldsymbol{E}$ は

$$\boldsymbol{E}(\boldsymbol{r}) = \sum_{i=1}^{n}\frac{q_i}{4\pi\varepsilon_0}\frac{\boldsymbol{r}-\boldsymbol{r}_i}{|\boldsymbol{r}-\boldsymbol{r}_i|^3} \tag{2.7}$$

で与えられる。

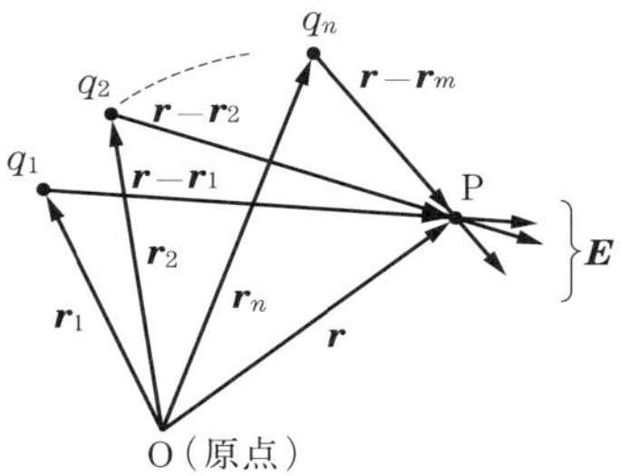

図 2.3 多数の点電荷による電界

例題 2.1 xyz 座標系において，二つの点電荷 q〔C〕と $-q$〔C〕が点 $(0, 0, l/2)$ と点 $(0, 0, -l/2)$〔m〕にそれぞれ置かれている。任意の点 $\mathrm{P}(x, y, z)$ における電界 $\boldsymbol{E}$〔V/m〕を求めよ。また，点 $(a, 0, 0)$ における電界はどうなるか。

【解答】 図 2.4 のように，電荷 q と $-q$ の位置ベクトルを $\boldsymbol{r}^+$ と $\boldsymbol{r}^-$，それらによる点 P の電界を $\boldsymbol{E}^+$ と $\boldsymbol{E}^-$，点 P の位置ベクトルを $\boldsymbol{r}$ とすると，式 (2.7) より

$$\boldsymbol{E}^+(\boldsymbol{r}) = \frac{q}{4\pi\varepsilon_0}\frac{\boldsymbol{r}-\boldsymbol{r}^+}{|\boldsymbol{r}-\boldsymbol{r}^+|^3}, \quad \boldsymbol{E}^-(\boldsymbol{r}) = -\frac{q}{4\pi\varepsilon_0}\frac{\boldsymbol{r}-\boldsymbol{r}^-}{|\boldsymbol{r}-\boldsymbol{r}^-|^3}$$

となる。それゆえ求める電界は $\boldsymbol{E} = \boldsymbol{E}^+ + \boldsymbol{E}^-$ であり，$\boldsymbol{r}-\boldsymbol{r}^+$，$\boldsymbol{r}-\boldsymbol{r}^-$ を直角座標表示すると

$$\boldsymbol{r}-\boldsymbol{r}^+ = x\boldsymbol{i}_x + y\boldsymbol{i}_y + \left(z-\frac{l}{2}\right)\boldsymbol{i}_z, \quad \boldsymbol{r}-\boldsymbol{r}^- = x\boldsymbol{i}_x + y\boldsymbol{i}_y + \left(z+\frac{l}{2}\right)\boldsymbol{i}_z$$

であるから，$\boldsymbol{E}$ の成分は

$$E_x = \frac{q}{4\pi\varepsilon_0}\left\{\frac{x}{[x^2+y^2+(z-l/2)^2]^{3/2}} - \frac{x}{[x^2+y^2+(z+l/2)^2]^{3/2}}\right\}$$

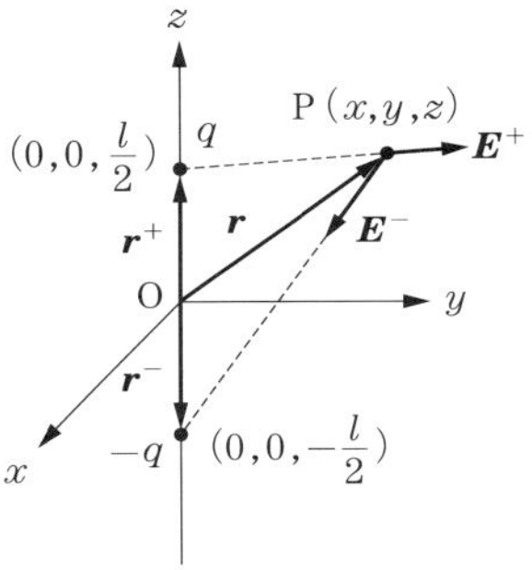

図 2.4 正，負二つの点電荷による電界

$$E_y = \frac{q}{4\pi\varepsilon_0}\left\{\frac{y}{[x^2+y^2+(z-l/2)^2]^{3/2}} - \frac{y}{[x^2+y^2+(z+l/2)^2]^{3/2}}\right\}$$

$$E_z = \frac{q}{4\pi\varepsilon_0}\left\{\frac{z-l/2}{[x^2+y^2+(z-l/2)^2]^{3/2}} - \frac{z+l/2}{[x^2+y^2+(z+l/2)^2]^{3/2}}\right\}$$

となる。点$(a, 0, 0)$での電界は，上式において$x=a$，$y=0$，$z=0$を代入して

$$E_x = 0,\quad E_y = 0,\quad E_z = -\frac{ql}{4\pi\varepsilon_0[a^2+(l/2)^2]^{3/2}}$$

となる。◇

例題 *2.2*　長さl〔m〕の細い絶縁棒の両端に大きさの同じ金属小球を付け，一方に正電荷q〔C〕を他方に負電荷$-q$を与えたものを一様な電界$\boldsymbol{E}$〔V/m〕のなかに置いたとき，棒に働く力を求めよ。

【解答】　棒の両端には**図 *2.5*** に示すように，$q\boldsymbol{E}$，$-q\boldsymbol{E}$の**偶力**（couple）が働くので，棒は**回転力**（torque）（**偶力のモーメント**とも呼ばれている）を受ける。このような回転力は，回転軸の方向をもつベクトルとして扱えるので，ベクトルとしての回転力を$\boldsymbol{N}$〔Nm〕，$-q$からqへの変位ベクトルを$\boldsymbol{l}$とすると，**ベクトル積**（vector product）（**外積**ともいう）を用いて$\boldsymbol{N} = \boldsymbol{l} \times q\boldsymbol{E}$と表され，さらに

$$\boldsymbol{p} = q\boldsymbol{l} \tag{2.8}$$

とおくと

$$\boldsymbol{N} = \boldsymbol{p} \times \boldsymbol{E} \tag{2.9}$$

と表される。一対の大きさが等しい正負の電荷を**電気双極子**（electric dipole）といい，$\boldsymbol{p}$を**電気双極子モーメント**（electric dipole moment）という。$\boldsymbol{N}$の方向は回転軸の方向であるが，その向きはベクトル積の定義に従って**図 *2.6*** のように表される。一般に電界が一様でない場合でも，$-q$とqの距離が十分に小さく，電界が一様と見なせるほどであれば式(*2.9*)が適用できる。

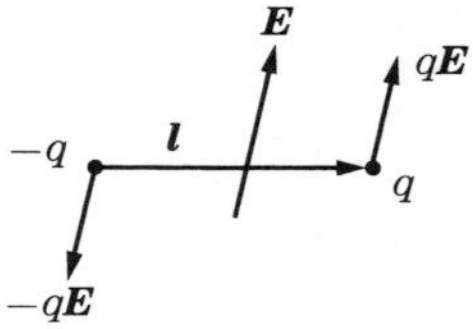

図 *2.5*　電界中に置かれた電気双極子に働く偶力

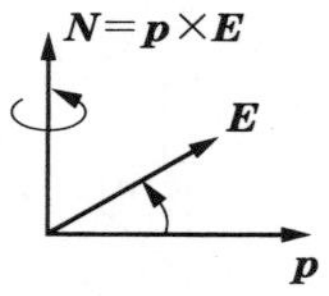

図 *2.6*　回転力 $\boldsymbol{N}$ の方向

◇

2.2.3　分布電荷による電界

電荷がある領域に体積電荷密度 ρ_e で分布しているときの電界を考える。**図 2.7** に示すように，領域 V を微小領域に分割すればそれらは点電荷の集まりと見なすことができる。そのうちの一つの体積を dv'，その位置ベクトルを $\boldsymbol{r}'$，点 P の位置ベクトルを $\boldsymbol{r}$ とすると，このとき点 P の電界 $\boldsymbol{E}(\boldsymbol{r})$ は

$$\boldsymbol{E}(\boldsymbol{r}) = \frac{1}{4\pi\varepsilon_0}\int_{\mathrm{V}} \frac{\boldsymbol{r} - \boldsymbol{r}'}{|\boldsymbol{r} - \boldsymbol{r}'|^3}\,\rho_e(\boldsymbol{r}')dv' \qquad (2.10)$$

で与えられる。このような積分を**体積積分**という。領域の分割が直角座標系の xy，yz，zx 各平面に平行な平面により行われたとすれば，微小領域の代表点の座標を（x'，y'，z'），点 P の座標を（x，y，z）とすると $dv' = dx'dy'dz'$ としてよいから，$\boldsymbol{E}$ の x 成分 E_x は式 (2.11) となる。y 成分，z 成分の式も同様な形になる。

$$E_x(x,\ y,\ z) = \frac{1}{4\pi\varepsilon_0}\iiint_{\mathrm{V}} \frac{(x - x')\rho_e(x',\ y',\ z')}{[(x - x')^2 + (y - y')^2 + (z - z')^2]^{3/2}}\,dx'dy'dz' \qquad (2.11)$$

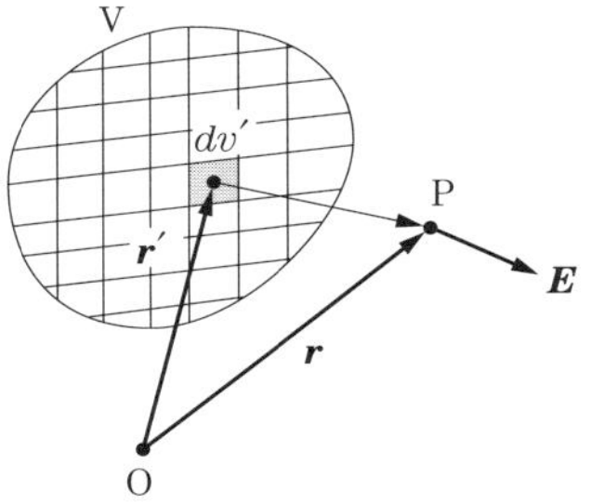

図 2.7　分布電荷による電界

例題 2.3　半径 a〔m〕の円周上に電荷が一様な密度 λ〔C/m〕で分布している。円の中心軸上の点 P における電界 $\boldsymbol{E}$〔V/m〕を求めよ。

【解答】　図 2.8 のように，円の中心を原点 O としその中心軸を z 軸とすると，円周の微小部分 ds の電荷 λds による点 P の電界の大きさ dE は

$$dE = \frac{1}{4\pi\varepsilon_0}\frac{\lambda ds}{a^2 + z^2}$$

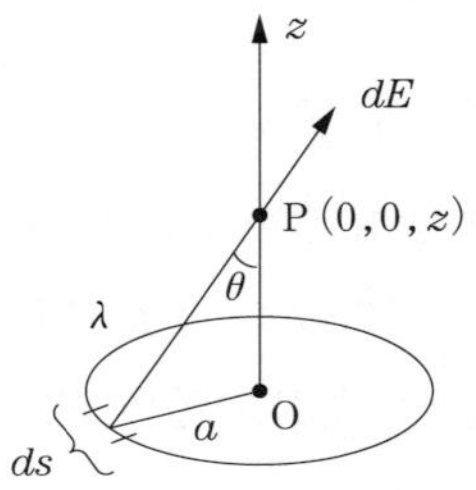

図 2.8　円周上に分布した電荷による中心軸上の電界

となる。この dE の z 軸に垂直な成分は円周全体によるものを集めると電荷分布の対称性から 0 になるが，z 軸方向成分 dE_z は dE と z 軸とのなす角を θ とすると，$dE_z = dE\cos\theta$ であり，$\cos\theta = z/(a^2+z^2)^{1/2}$ であるから

$$dE_z = \frac{1}{4\pi\varepsilon_0}\frac{z\lambda ds}{(a^2+z^2)^{3/2}}$$

となる。これより

$$E_z = \int dE_z = \frac{\lambda z}{4\pi\varepsilon_0(a^2+z^2)^{3/2}}\int_0^{2\pi a} ds = \frac{\lambda az}{2\varepsilon_0(a^2+z^2)^{3/2}}$$

が得られる。中心軸上では，電界 $\boldsymbol{E}$ は z 軸方向成分 E_z のみとなる。　◇

2.3　電気力線による電界の表示

電界 $\boldsymbol{E}$ の様子を視覚的にわかるようにするため，電気力線という仮想の曲線を用いることを考える。それが可能であるためには，電界の方向と大きさが電気力線によって表されなければならない。

〔*1*〕 **電界の方向**　　電界 $\boldsymbol{E}$ のなかで，曲線上のすべての点における接線が，それらの点における $\boldsymbol{E}$ の方向と一致するような曲線を考え，この曲線を**電気力線**（line of electric force）という。すなわち

「電気力線の接線の方向により電界 $\boldsymbol{E}$ の方向を表す」

したがって，2 本の電気力線が交わることはない。もし交われば，交点には二つの電界が存在することになるからである。電気力線により表した電界の例を**図 2.9** に示す。図（c）は正電荷と負電荷の大きさが同じ場合で，図（d）は正電荷の大きさが負電荷のそれよりも大きい場合，図（e）は正電荷どうしの大きさが同じ場合である。電気力線の矢印は，電界の向きに一致させる。

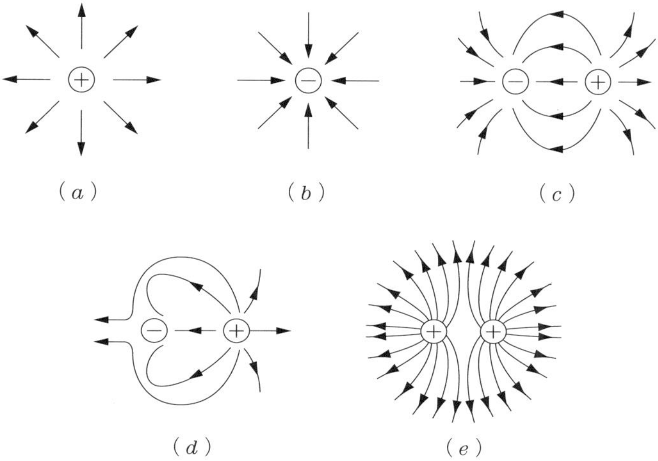

図 2.9 電気力線により表した電界の表示例

図 2.10 に示すように電気力線上の定点 P_0 から測った長さを s，電気力線上の接近した 2 点間の長さを $\varDelta s$，位置ベクトルを $\boldsymbol{r}$，変位ベクトルを $\varDelta \boldsymbol{r}$ とすると，電気力線の定義から

$$\lim_{\varDelta s \to 0} \frac{\varDelta \boldsymbol{r}}{\varDelta s} = \frac{d\boldsymbol{r}}{ds} = \frac{\boldsymbol{E}}{E} \tag{2.12}$$

なる**電気力線の方程式**が得られる。ここで微小変位ベクトルは $d\boldsymbol{r} = dx\boldsymbol{i}_x + dy\boldsymbol{i}_y + dz\boldsymbol{i}_z$ と書け，また $\boldsymbol{E} = E_x\boldsymbol{i}_x + E_y\boldsymbol{i}_y + E_z\boldsymbol{i}_z$ であるから，これらを用いると式 (2.12) は式 (2.13) のように書き換えられる。

$$\frac{dx}{E_x} = \frac{dy}{E_y} = \frac{dz}{E_z} \tag{2.13}$$

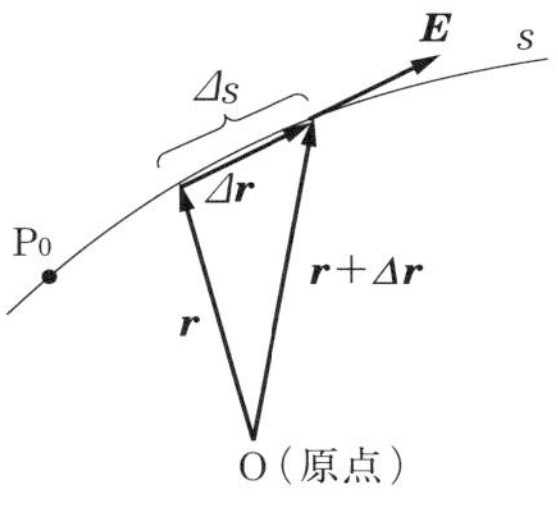

図 2.10 電気力線と電界

〔2〕 **電界の大きさ**　図 **2.9** にみられるように，電気力線の数が込み入っているところほど電界は強いので電界の大きさを電気力線の密度で表すことができる。電気力線の密度は，電気力線に垂直な微小平面の面積を ΔS〔m^2〕，それを貫く電気力線の数を ΔN_e〔本〕とすると，$\Delta N_e/\Delta S$〔本/m^2〕となる。そこで

「電界の大きさが E〔V/m〕の点においては，線に垂直な単位面積当り E〔本〕の電気力線が通っている」

と決める。理論上の電気力線数は一般に実数であって整数ではない。

2.4 ガウスの法則

2.4.1 閉曲面のなかから外へ出る電気力線数

ここで，電界のなかにとった任意の閉曲面のなかから外へ出る電気力線数を求める。まず，空間内に1個の正の点電荷 q〔C〕があり，閉曲面Sがそれを取り囲んでいる場合を考える。**図 2.11** に示すように，S上の任意の点Pにおける電界を $\boldsymbol{E}$，その点を含む曲面上の微小面積を dS，dS の面に垂直な単位ベクトルを $\boldsymbol{n}$，$\boldsymbol{E}$ と $\boldsymbol{n}$ とのなす角を θ とすると，dS を貫く電気力線数 dN_e は，電気力線の定義より dS の $\boldsymbol{E}$ 方向から見た見掛けの面積 $dS\cos\theta$ と E との積で与えられる。すなわち

$$dN_e = EdS\cos\theta \tag{2.14}$$

である。**スカラ積**(scalar product)(**内積**ともいう)の定義によれば，$E\cos\theta = \boldsymbol{E}\cdot\boldsymbol{n}$ と書けるので $EdS\cos\theta = \boldsymbol{E}\cdot\boldsymbol{n}dS$ となり，式 (2.14) は

$$dN_e = \boldsymbol{E}\cdot\boldsymbol{n}dS \tag{2.15}$$

となる。この $\boldsymbol{n}dS$ を**面積要素**という。式 (2.15) の $\boldsymbol{E}$ に式 (2.5) を適用すると

$$dN_e = \frac{1}{4\pi\varepsilon_0}\frac{q}{|\boldsymbol{r}-\boldsymbol{r}_0|^2}\frac{\boldsymbol{r}-\boldsymbol{r}_0}{|\boldsymbol{r}-\boldsymbol{r}_0|}\cdot\boldsymbol{n}dS$$

となる。ここで，$(\boldsymbol{r}-\boldsymbol{r}_0)/|\boldsymbol{r}-\boldsymbol{r}_0|$ は電界 $\boldsymbol{E}$ の方向の単位ベクトルであり，

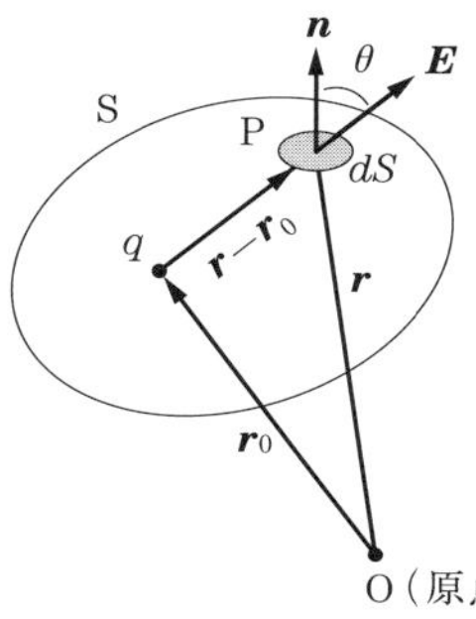

図 2.11　閉曲面中に置かれた１個の点電荷からの曲面上の微小部分を貫く電気力線を求めるための図

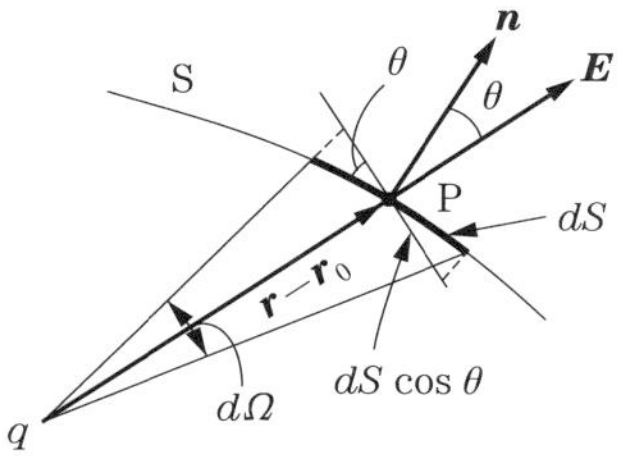

図 2.12　曲面上の微小部分を貫く電気力線を求めるための拡大図

これと $\boldsymbol{n}$ との内積は $\cos\theta$ であるので，dN_e は

$$dN_e = \frac{q}{4\pi\varepsilon_0}\frac{dS\cos\theta}{|\boldsymbol{r}-\boldsymbol{r}_0|^2} \tag{2.16}$$

となる。**図 2.12** において，$dS\cos\theta/|\boldsymbol{r}-\boldsymbol{r}_0|^2$ は q の位置から dS を見た**立体角**（steradian）であるので，それを $d\Omega$ と表すと，式（2.16）は

$$dN_e = \frac{q}{4\pi\varepsilon_0}\,d\Omega \tag{2.17}$$

となる。したがって，閉曲面 S 全体にわたって $d\Omega$ を集めると 4π になるから，S から出る電気力線の総数 N_e は

$$\oint_{\mathrm{S}} \boldsymbol{E}\cdot\boldsymbol{n}dS = \frac{q}{\varepsilon_0} \tag{2.18}$$

となる。左辺の積分を**面積分**（surface integral）という。この式は q〔C〕の電荷から q/ε_0〔本〕の電気力線が発生することを示している。q が負電荷のときは N_e も負となり，N_e は S の外からなかへ入る電気力線数または q に入り込む電気力線数を意味する。式（2.18）は，立体角を用いなくても，また S がどのような形をしていても，**図 2.13** に示すように S 内部に含まれる q を中心とした半径 r の適当な球面を設定すれば，求めることができる。すなわち，電界の大きさ E は球面上どの点でも面に垂直でかつ大きさが同じであるから

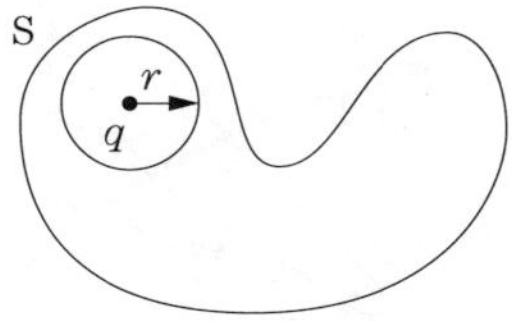

図 **2.13**　点電荷を囲む任意の形をした閉曲面の例

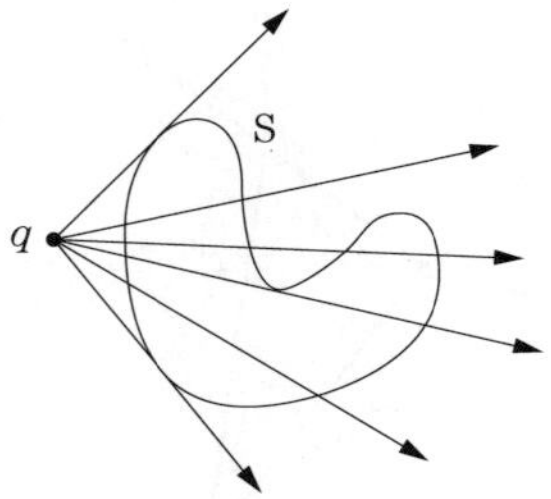

図 **2.14**　点電荷が任意の形をした閉曲面の外にある場合の電気力線

$$N_e = E \times 4\pi r^2 = \frac{q}{4\pi\varepsilon_0 r^2} \times 4\pi r^2 = \frac{q}{\varepsilon_0}$$

となる。

点電荷 q が閉曲面Sの外にある場合は，**図 2.14** に示すようにS内に入った電気力線はすべて外へ出てしまうので，$\boldsymbol{E}$ のS全体にわたる面積分は0となる。すなわち

$$\oint_S \boldsymbol{E}\cdot\boldsymbol{n}dS = 0 \tag{2.19}$$

である。

閉曲面Sの内外に多数の点電荷が存在する場合にSのなかから外へ出る電気力線の総数 N_e は，外にある電荷は式 (2.19) によりその計算に関係しないので，なかにある電荷を q_1，q_2，…，q_n とすると

$$\oint_S \boldsymbol{E}\cdot\boldsymbol{n}dS = \frac{1}{\varepsilon_0}\sum_{i=1}^{n} q_i \tag{2.20}$$

で与えられる。

電荷が密度 ρ_e で体積分布している場合は，分布電荷を多数の微小部分に分け，その体積を dv とすると

$$\oint_S \boldsymbol{E}\cdot\boldsymbol{n}dS = \frac{1}{\varepsilon_0}\int_V \rho_e\, dv \tag{2.21}$$

となる。式 (2.20)，(2.21) を**ガウスの法則** (Gauss' law) という。計算の過程をみれば明らかなように，もしクーロンの法則が逆2乗法則に従わないと

すれば，ガウスの法則も成り立たない。

例題 2.4　無限に長い直線上に電荷が一様な密度 λ〔C/m〕で分布している。直線から垂直に r〔m〕離れた点 P における電界 $\boldsymbol{E}$〔V/m〕を求めよ。

【解答】　図 2.15 のように，電荷が分布した直線を中心軸とする半径 r，長さ l の円筒を考え，この表面にガウスの法則を適用する。電荷分布の対称性により電界 $\boldsymbol{E}$ は円筒側面に垂直，すなわち電界 $\boldsymbol{E}$ と $\boldsymbol{n}$ は平行であり，$\boldsymbol{E}$ の大きさは側面上で一定であるから，ガウスの法則 (2.20) の左辺は

$$\oint_S \boldsymbol{E}\cdot\boldsymbol{n}dS = \oint_S EdS = E\oint_S dS = E \times 2\pi rl$$

となる。また，円筒内部に含まれる全電荷量は λl であるからガウスの法則は $E \times 2\pi rl = \lambda l/\varepsilon_0$ と書ける。これより直線状電荷から r だけ離れた点 P の電界として $E = \lambda/2\pi\varepsilon_0 r$ を得る。

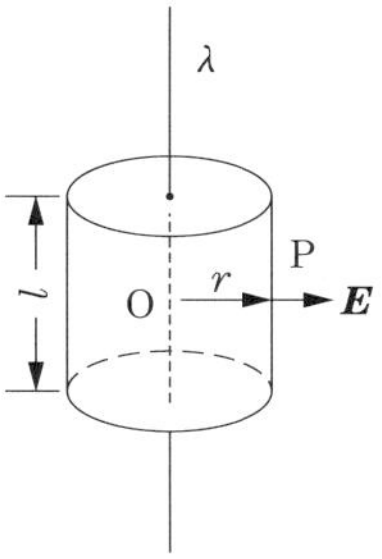

図 2.15　無限に長い直線上に一様に分布した電荷とガウスの法則を適用する円筒面

◇

例題 2.5　電荷が無限に広い平面上に一様な密度 σ〔C/m²〕で分布している。平面付近の電界 $\boldsymbol{E}$〔V/m〕を求めよ。

【解答】　図 2.16 のように，平面をはさんでそれに垂直に底面積 S の円筒を考え，その面にガウスの法則を適用する。電荷分布の対称性から電界 $\boldsymbol{E}$ の方向は円筒の二つの底面において面に垂直かつたがいに反対向きであるから，ガウスの法則 (2.20) の左辺において $\boldsymbol{E}$ と $\boldsymbol{n}$ は平行であり，$\boldsymbol{E}$ の大きさは二つの底面において等しくかつ一定であるから，ガウスの法則は $E \times 2S = \sigma S/\varepsilon_0$ と書ける。これより $E = \sigma/2\varepsilon_0$ を得る。

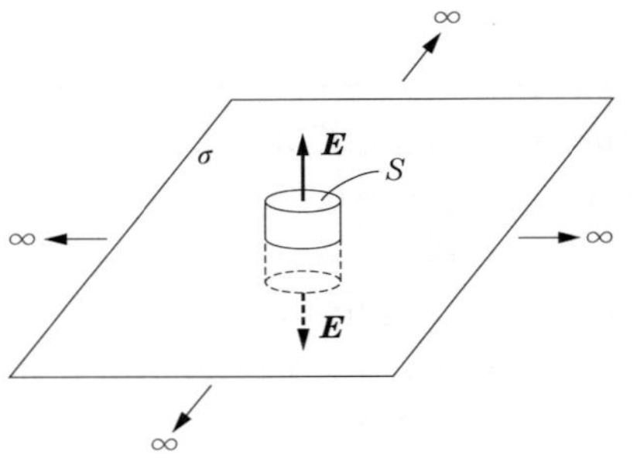

図 2.16　無限に広い平面上に一様に分布した電荷とガウスの法則を適用する円筒面

◇

例題 2.6　半径が a〔m〕の球面上に電荷が一様な密度 σ〔C/m^2〕で分布している。球面内外の電界 $\boldsymbol{E}$〔V/m〕を求めよ。

【解答】　図 2.17 のように，電荷が分布している球と同心の半径 r の球面を考え，この面に対してガウスの法則を適用する。電荷分布の対称性から，電界 $\boldsymbol{E}$ は球面上どこでも面に垂直であるため $\boldsymbol{E}$ と $\boldsymbol{n}$ は平行であり，$\boldsymbol{E}$ の大きさは球面上で一定である。したがって，ガウスの法則 (2.20) は，$0 \leqq r < a$ の場合には球面内に電荷が存在しないので $E \times 4\pi r^2 = 0$ となり，$a < r$ の場合には球面内に電荷全体が含まれるので $E \times 4\pi r^2 = \sigma \times 4\pi a^2/\varepsilon_0$ となる。以上により，$0 \leqq r < a$ の場合は $E = 0$，$a < r$ の場合は $E = \sigma a^2/\varepsilon_0 r^2$ となる。ここで球の中心 O を原点とした任意の点 P の位置ベクトル $\boldsymbol{r}$ を用い，E をベクトル $\boldsymbol{E}$ で表すと式 (2.22) となる。

$$\boldsymbol{E} = 0 \quad (0 \leqq r < a), \quad \boldsymbol{E} = \frac{\sigma a^2}{\varepsilon_0}\frac{\boldsymbol{r}}{r^3} \quad (a < r) \tag{2.22}$$

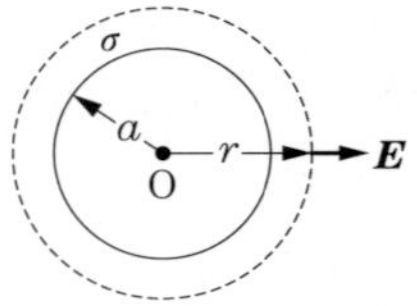

図 2.17　球面上に一様に分布した電荷とガウスの法則を適用する同心の球面

◇

例題 2.7　電荷が半径 a〔m〕の球内に一様な密度 ρ_e〔C/m^3〕で分布している。球内外の電界 $\boldsymbol{E}$〔V/m〕を求めよ。

【解答】　図 2.18 のように，電荷が分布している球と同心の半径 r の球面を考え，

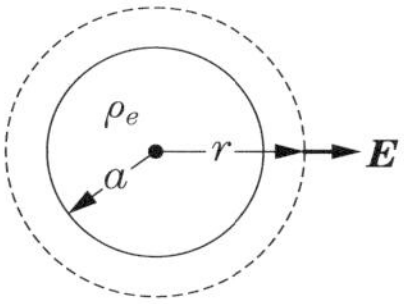

図 2.18 球の内部に一様に分布した電荷とガウスの法則を適用する同心の球面

これに対してガウスの法則を適用する。この場合も電荷分布の対称性から，電界 $\boldsymbol{E}$ は球面上どこでも面に垂直なので $\boldsymbol{E}$ と $\boldsymbol{n}$ は平行であり，$\boldsymbol{E}$ の大きさは球面上で一定である。したがって，ガウスの法則 (2.20) は，$0 \leqq r \leqq a$ の場合には球面の内部に $\rho_e \times 4\pi r^3/3$ の電荷が含まれるので

$$E \times 4\pi r^2 = \frac{1}{\varepsilon_0}\rho_e \times \frac{4}{3}\pi r^3$$

となり，$a < r$ の場合には球面の内部に電荷全体が含まれるので

$$E \times 4\pi r^2 = \frac{1}{\varepsilon_0}\rho_e \times \frac{4}{3}\pi a^3$$

となる。

以上により，$0 \leqq r \leqq a$ の場合は $E = \rho_e r/3\varepsilon_0$，$a < r$ の場合は $E = \rho_e a^3/3\varepsilon_0 r^2$ となる。**例題 2.6** と同様に位置ベクトル $\boldsymbol{r}$ を用い，E をベクトル $\boldsymbol{E}$ で表すと式 (2.23) となる。

$$\boldsymbol{E} = \frac{\rho_e}{3\,\varepsilon_0}\boldsymbol{r} \quad (0 \leqq r \leqq a), \quad \boldsymbol{E} = \frac{\rho_e\,a^3}{3\,\varepsilon_0}\frac{\boldsymbol{r}}{r^3} \quad (a < r) \qquad (2.23)$$ ◇

2.4.2 電束・電束密度

点電荷 q〔C〕からは q/ε_0〔本〕の電気力線が出るが，q〔C〕からは q〔本〕出ていく線を考える。これを電束線といいその集まりを**電束**（electric flux）という。すると式 (2.18) は，電束を ϕ〔本〕とすれば

$$\phi = \varepsilon_0 N_e = \oint_S \varepsilon_0 \boldsymbol{E} \cdot \boldsymbol{n} dS = q \qquad (2.24)$$

と書くことができる。式 (2.24) において，$\varepsilon_0 \boldsymbol{E}$ を点 P における**電束密度**（electric flux density）と定義し

$$\boldsymbol{D} = \varepsilon_0 \boldsymbol{E} \qquad (2.25)$$

と表す。電束密度は**電気変位**（electric displacement）とも呼ばれる。電束密度 $\boldsymbol{D}$ の単位は本/m^2 または C/m^2 となる。この $\boldsymbol{D}$ を用いるとガウスの法則

は，一つの点電荷の場合，電荷が体積分布している場合，それぞれについて

$$\oint_S \boldsymbol{D}\cdot\boldsymbol{n}dS = q \tag{2.26}$$

$$\oint_S \boldsymbol{D}\cdot\boldsymbol{n}dS = \int_V \rho_e dv \tag{2.27}$$

となる。

2.5 電　　位

2.5.1 電界中に置かれた点電荷に働く力がなす仕事

図 2.19 に示すように，電界中で点電荷 q_t〔C〕を任意の曲線Cに沿って点 P_1 から P_2 まで運ぶとき，点電荷に働く力 $q_t\boldsymbol{E}$〔N〕がする**仕事** W〔J または N・m〕を考える。点電荷 q_t が曲線C上を点Pから微小長さ ds だけ進む間にそれに働く力 $q_t\boldsymbol{E}$ がする仕事 dW は，dsを直線と見なせるほど，またその間で $q_t\boldsymbol{E}$ が一定と見なせるほど小さくとり，ds と $q_t\boldsymbol{E}$ のなす角度を θ とすると

$$dW = q_t E ds \cos\theta \tag{2.28}$$

となる。点Pにおける接線単位ベクトルを $\boldsymbol{t}$ とすると $Eds\cos\theta = \boldsymbol{E}\cdot\boldsymbol{t}ds$ であり，$\boldsymbol{t}ds = d\boldsymbol{s}$ とおくと，式 (2.28) はベクトルの内積の形で

$$dW = q_t\boldsymbol{E}\cdot d\boldsymbol{s} \tag{2.29}$$

と書くことができる。この $d\boldsymbol{s}$ を**線要素**という。式 (2.29) を用いれば，求める仕事 W は，曲線上の定点 P_0 から測った P_1 および P_2 までの曲線の長さを

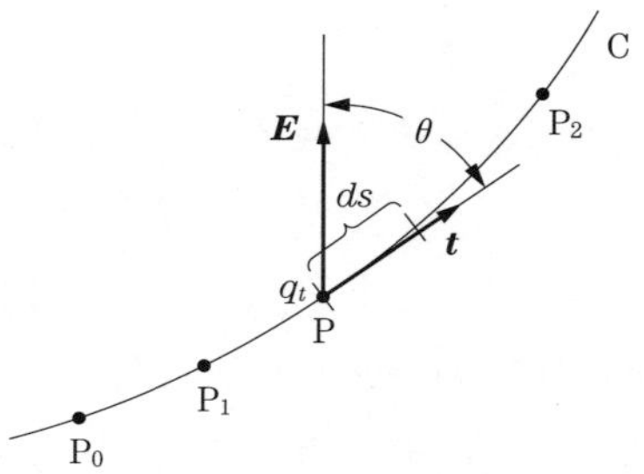

図 2.19 電界中を曲線に沿って動く点電荷

s_1 および s_2 とすると

$$W = \int_{s_1}^{s_2} q_t \boldsymbol{E} \cdot d\boldsymbol{s} \tag{2.30}$$

で与えられる。これを電界による力 $q_t\boldsymbol{E}$ の曲線Cに沿った P_1 から P_2 までの**線積分**（line integral）という。

実際に一つの点電荷 q がつくる電界中で点電荷 q_t を，閉曲線Cに沿って運び一周する場合には，電界による力 $q_t\boldsymbol{E}$ がなす仕事 W は

$$W = \oint_C q_t \boldsymbol{E} \cdot d\boldsymbol{s} \tag{2.31}$$

で与えられる。計算を簡単にするため**図 2.20** に示すように，点電荷 q を座標の原点Oに置く。すると電界 $\boldsymbol{E}$ は

$$\boldsymbol{E} = \frac{q}{4\pi\varepsilon_0 r^2}\frac{\boldsymbol{r}}{r}$$

と表せるので，**図 2.20** の閉曲線C上の出発点Pの位置ベクトル $\boldsymbol{r}_P$ の長さを r_P とすると

$$W = \oint_C q_t \boldsymbol{E} \cdot d\boldsymbol{s} = \frac{q_t q}{4\pi\varepsilon_0}\oint_C \frac{1}{r^2}\frac{\boldsymbol{r}}{r}\cdot d\boldsymbol{s} = \frac{q_t q}{4\pi\varepsilon_0}\oint_C \frac{1}{r^2}ds\cos\theta$$

$$\oint_C \frac{1}{r^2}ds\cos\theta = \oint_C \frac{1}{r^2}dr = \left[-\frac{1}{r}\right]_{r_P}^{r_P} = 0$$

となるので

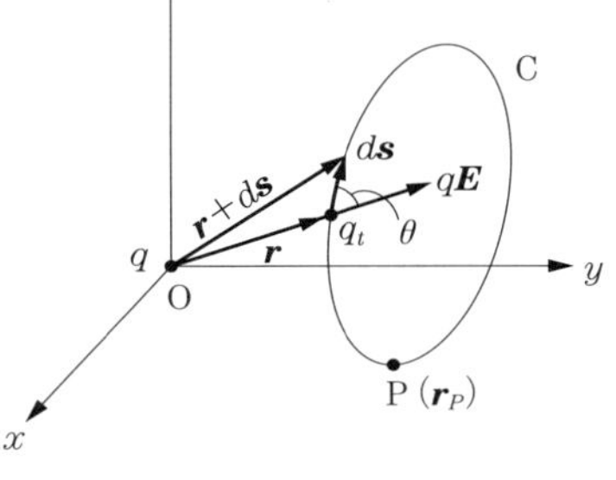

図 2.20　点電荷が動く経路が閉曲線である場合の例

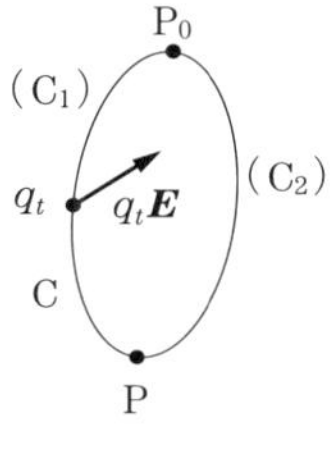

図 2.21　点電荷を動かす経路の分割

$$W = \oint_C q_t \boldsymbol{E} \cdot d\boldsymbol{s} = 0 \tag{2.32}$$

を得る。式 (2.32) は静電界において一般的に成り立つ関係であり，これを静電界は**保存界** (conservative field) であるという。このような静電界の性質は

$$\oint_C \boldsymbol{E} \cdot d\boldsymbol{s} = 0 \tag{2.33}$$

と表される。左辺は式 (2.31) を q_t で割ったもので，式 (2.33) は単位正電荷 (1 C) を閉曲線 C に沿って一周させるとき，それに働く 1 C 当りの力 $\boldsymbol{E}$〔N/C，V/m〕がなす仕事〔J/C〕が 0 であることを意味している。

いま**図 2.21** に示すように，正電荷 q_t がたどる閉曲線 C を点 P と P_0 とで二つの部分 C_1 と C_2 に分けると，式 (2.32) は

$$\oint_C q_t \boldsymbol{E} \cdot d\boldsymbol{s} = \int_{PP_0(C_1)} q_t \boldsymbol{E} \cdot d\boldsymbol{s} + \int_{P_0P(C_2)} q_t \boldsymbol{E} \cdot d\boldsymbol{s} = 0$$

と書くことができる。そこで q_t を P →P_0 へ運ぶとき，それに働く力 $q_t\boldsymbol{E}$ がなす仕事を W_{PP_0}〔J〕とすると

$$W_{PP_0} = \int_{PP_0(C_1)} q_t \boldsymbol{E} \cdot d\boldsymbol{s} = -\int_{P_0P(C_2)} q_t \boldsymbol{E} \cdot ds$$

$$= \int_{PP_0(C_2)} q_t \boldsymbol{E} \cdot d\boldsymbol{s} = \int_P^{P_0} q_t \boldsymbol{E} \cdot d\boldsymbol{s} \tag{2.34}$$

となり，W_{PP_0} は経路によらないことがわかる。

2.5.2　静電界における電位

一つの点電荷 q がつくる電界のなかで閉曲線 C に沿って正電荷 q_t を一周させ点 P →P_0 へ運ぶ場合，**図 2.22** にみられるように電界による力 $q_t\boldsymbol{E}$ に逆向きの大きさがほぼ等しい力 $\boldsymbol{F}'$〔N〕を作用させ，釣合いを保ちながらきわめてゆっくりと運ぶとすると（これを**準静的過程**という），$q_t\boldsymbol{E} + \boldsymbol{F}' = 0$ なる関係が成り立つので，これを用いると式 (2.34) は

$$W_{PP_0} = \int_P^{P_0} q_t \boldsymbol{E} \cdot d\boldsymbol{s} = -\int_P^{P_0} \boldsymbol{F}' \cdot d\boldsymbol{s} \tag{2.35}$$

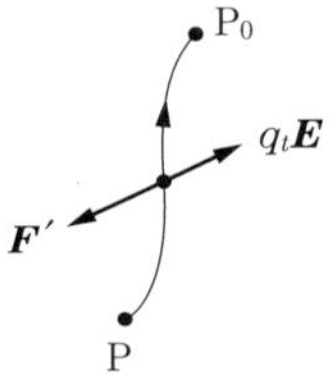

図 2.22　点電荷を点 P から P_0 へきわめてゆっくりと運ぶ様子

と書くことができる。これより W_{PP_0} は正電荷 q_t に働く電界による力 $q_t\boldsymbol{E}$ が $\boldsymbol{F}'$ に抗してなした仕事とみることができるが，q_t が $\boldsymbol{F}'$ に抗してなした仕事とみることもできる。すなわち，正電荷 q_t は P にあるときのほうが P_0 にあるときよりも W_{PP_0} だけ多く仕事をする能力をもっているといえる。一般に仕事をする能力をエネルギーというが，ここではそれは，点 P と P_0 の位置だけで決まるので，点 P_0 を基準としたとき P において正電荷 q_t がもつ**位置エネルギー**（potential energy）を表している。ところで式（2.35）を

$$W_{PP_0} = -\int_{P_0}^{P} q_t\boldsymbol{E}\cdot d\boldsymbol{s} = \int_{P_0}^{P} \boldsymbol{F}'\cdot d\boldsymbol{s} \tag{2.36}$$

と書き直すと，この W_{PP_0} は正電荷 q_t を基準点 P_0 から点 P まで電界 $\boldsymbol{E}$ に逆らって運ぶのに要する仕事を表しており，それだけ q_t は位置エネルギーをもっていることになる。

そこで，式（2.35）または式（2.36）で与えられる W_{PP_0} を単位正電荷当りに換算したもの，言い換えれば点 P において単位正電荷がもつ位置エネルギーを，点 P_0 を基準とした点 P の**電位**（electric potential）といい，これを V とすると

$$V = \int_{P}^{P_0} \boldsymbol{E}\cdot d\boldsymbol{s} = -\int_{P_0}^{P} \boldsymbol{E}\cdot d\boldsymbol{s} \tag{2.37}$$

と表される。式（2.37）の第 1 式は点 P →P_0 へ単位正電荷が移動する間に電界による力がなす仕事を，第 2 式は P_0→ P へ単位正電荷を電界に逆らって運ぶのに要する仕事を表している。したがって電位 V の単位は J/C であるが，これを SI 単位では V と表しボルト（volt）という。電位の基準点としては，理論上は無限遠点を，実用上は大地をとることが多い。

1個の点電荷 q による無限遠点を基準にした点Pにおける電位 V を式 (2.37) を用いて求めてみる。**図 2.23** に示すように，点電荷 q の位置ベクトルを $\boldsymbol{r}_0$，点Pの位置ベクトルを $\boldsymbol{r}$，点電荷 q から積分経路上の任意の点までの変位ベクトルを $\boldsymbol{r}_d$ とする。積分経路上の任意の点の電界は

$$\boldsymbol{E} = \frac{q}{4\pi\varepsilon_0}\frac{1}{{r_d}^2}\frac{\boldsymbol{r}_d}{r_d}$$

であるから，点Pの電位は式 (2.38) のようになる。

$$V = -\int_\infty^{\mathrm{P}} \boldsymbol{E}\cdot d\boldsymbol{s} = -\int_\infty^{\mathrm{P}} \frac{q}{4\pi\varepsilon_0}\frac{1}{{r_d}^2}\frac{\boldsymbol{r}_d}{r_d}\cdot d\boldsymbol{s} = -\frac{q}{4\pi\varepsilon_0}\int_\infty^{\mathrm{P}}\frac{1}{{r_d}^2}\,ds\cos\theta$$

$$= -\frac{q}{4\pi\varepsilon_0}\int_\infty^{|\boldsymbol{r}-\boldsymbol{r}_0|}\frac{1}{{r_d}^2}\,dr_d = -\frac{q}{4\pi\varepsilon_0}\left[-\frac{1}{r_d}\right]_\infty^{|\boldsymbol{r}-\boldsymbol{r}_0|}$$

$$\therefore\quad V(\boldsymbol{r}) = \frac{q}{4\pi\varepsilon_0|\boldsymbol{r}-\boldsymbol{r}_0|} \tag{2.38}$$

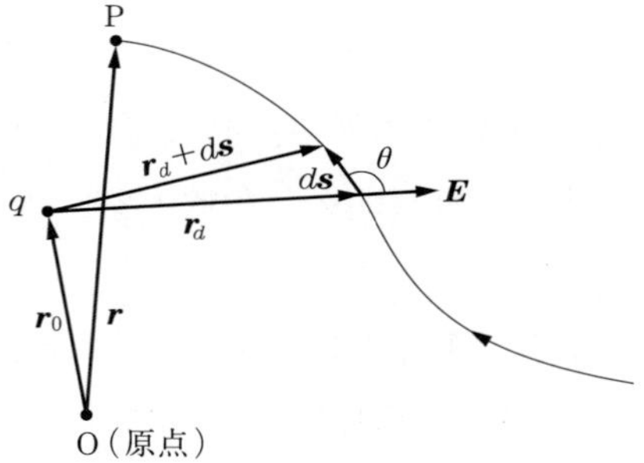

図 2.23　点電荷 q による点Pの無限遠基準の電位を求めるための経路

多数の点電荷 q_1，…，q_n による電位は，各電荷による電位を加え合わせればよいので，それらの位置ベクトルを $\boldsymbol{r}_1$，…，$\boldsymbol{r}_n$ とすると

$$V(\boldsymbol{r}) = \frac{1}{4\pi\varepsilon_0}\sum_{i=1}^{n}\frac{q_i}{|\boldsymbol{r}-\boldsymbol{r}_i|} \tag{2.39}$$

となる。また電荷が体積分布している場合は，**図 2.7** を参照して点Pにおける電位を $V(\boldsymbol{r})$ とすれば，式 (2.10) の導出と同じようにして

$$V(\boldsymbol{r}) = \frac{1}{4\pi\varepsilon_0}\int_{\mathrm{V}}\frac{\rho_e(\boldsymbol{r}')}{|\boldsymbol{r}-\boldsymbol{r}'|}\,dv' \tag{2.40}$$

を得る。

例題 2.8　半径が a〔m〕の球面上に電荷が一様な密度 σ〔C/m^2〕で分布している。無限遠を基準にした球面内外における電位 V〔V〕を求めよ。

【解答】　この場合の電界 $\boldsymbol{E}$ は**例題 2.6** の式 (2.22) より

$$\boldsymbol{E}=0 \quad (0 \leqq r < a), \quad \boldsymbol{E}=\frac{\sigma a^2}{\varepsilon_0}\frac{\boldsymbol{r}}{r^3} \quad (a<r)$$

である。まず，$a<r$ の場合の電位は

$$V=-\int_\infty^P \boldsymbol{E}\cdot d\boldsymbol{s}=-\int_\infty^P \frac{\sigma a^2}{\varepsilon_0 r^2}\frac{\boldsymbol{r}}{r}\cdot d\boldsymbol{s}=-\frac{\sigma a^2}{\varepsilon_0}\int_\infty^r \frac{1}{r^2}\,dr=\frac{\sigma a^2}{\varepsilon_0 r}$$

となる。つぎに，$0 \leqq r < a$ の場合は $\boldsymbol{E}=0$ であるから $V=c$(一定) である。ところが，電位 V は $r=a$ で連続であるから（連続でないと電界が無限大になってしまう）

$$V(a)=\left(\frac{\sigma a^2}{\varepsilon_0 r}\right)_{r=a}=\frac{\sigma a}{\varepsilon_0}=c$$

となる。これより電位は，$0 \leqq r \leqq a$ の場合 $V=\sigma a/\varepsilon_0$ となる。球殻面上の全電荷量を Q とすると，$Q=\sigma \times 4\pi a^2$ であるから，Q を用いると電位は

$$V=\frac{\sigma a}{\varepsilon_0}=\frac{Q}{4\pi\varepsilon_0 a} \quad (0 \leqq r \leqq a), \quad V=\frac{\sigma a^2}{\varepsilon_0 r}=\frac{Q}{4\pi\varepsilon_0 r} \quad (a<r) \qquad (2.41)$$

となる。この場合の電位の様子を**図 2.24** に示す。

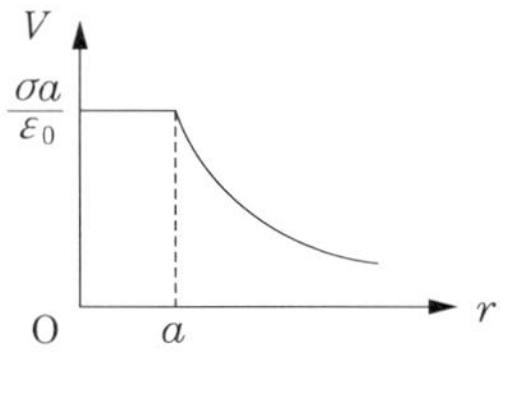

図 2.24　半径 a の球面上に一様に分布した電荷による電位

◇

例題 2.9　電荷が半径 a〔m〕の球内に一様な密度 ρ_e〔C/m^3〕で分布している場合の，球内外における電位 V〔V〕を求めよ。

【解答】　この場合の電界 $\boldsymbol{E}$ は**例題 2.7** の式 (2.23) より

$$\boldsymbol{E}=\frac{\rho_e}{3\varepsilon_0}\boldsymbol{r} \quad (0 \leqq r \leqq a), \quad \boldsymbol{E}=\frac{\rho_e a^3}{3\varepsilon_0}\frac{\boldsymbol{r}}{r^3} \quad (a<r)$$

である。まず $0 \leqq r \leqq a$ の場合の電位は，球の中心から距離 r の点を P，距離 a の点を A とすると

$$V = -\int_{\infty}^{\mathrm{P}} \boldsymbol{E}\cdot d\boldsymbol{s} = -\int_{\mathrm{A}}^{\mathrm{P}} \boldsymbol{E}\cdot d\boldsymbol{s} - \int_{\infty}^{\mathrm{A}} \boldsymbol{E}\cdot d\boldsymbol{s}$$
$$= -\int_{\mathrm{A}}^{\mathrm{P}} \frac{\rho_e r}{3\varepsilon_0}\frac{\boldsymbol{r}}{r}\cdot d\boldsymbol{s} - \int_{\infty}^{\mathrm{A}} \frac{\rho_e a^3}{3\varepsilon_0 r^2}\frac{\boldsymbol{r}}{r}\cdot d\boldsymbol{s}$$
$$= -\frac{\rho_e}{3\varepsilon_0}\int_a^r r dr - \frac{\rho_e a^3}{3\varepsilon_0}\int_{\infty}^{a}\frac{1}{r^2}\,dr = \frac{\rho_e}{6\varepsilon_0}(a^2 - r^2) + \frac{\rho_e a^2}{3\varepsilon_0}$$
$$= -\frac{\rho_e}{6\varepsilon_0}r^2 + \frac{\rho_e a^2}{2\varepsilon_0}$$

となる。つぎに，$a < r$ の場合の電位は

$$V = -\int_{\infty}^{\mathrm{P}} \boldsymbol{E}\cdot d\boldsymbol{s} = -\int_{\infty}^{\mathrm{P}} \frac{\rho_e a^3}{3\varepsilon_0 r^2}\frac{\boldsymbol{r}}{r}\cdot d\boldsymbol{s} = -\frac{\rho_e a^3}{3\varepsilon_0}\int_{\infty}^{r}\frac{1}{r^2}\,dr = \frac{\rho_e a^3}{3\varepsilon_0 r}$$

となる。以上をまとめると

$$V = -\frac{\rho_e}{6\varepsilon_0}r^2 + \frac{\rho_e a^2}{2\varepsilon_0}\quad(0 \leqq r \leqq a),\quad V = \frac{\rho_e a^3}{3\varepsilon_0 r}\quad(a < r) \tag{2.42}$$

となる。この場合の電位の様子を**図 2.25** に示す。

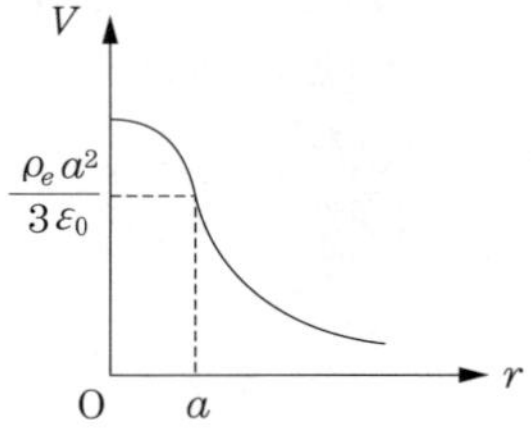

図 2.25　半径 a の球内に一様に分布した電荷による電位

◇

2.5.3 電　位　差

図 2.26 に示すように，点 $\mathrm{P_0}$ を電位の基準点としたときの点 P と P′ の電位を V と V' とし，点$\mathrm{P_0}$，P，P′ をたがいに経路で結んで式 (2.33)，(2.37) を適用すると

$$V = -\int_{\mathrm{P_0}}^{\mathrm{P}} \boldsymbol{E}\cdot d\boldsymbol{s},\quad V' = -\int_{\mathrm{P_0}}^{\mathrm{P}} \boldsymbol{E}\cdot d\boldsymbol{s} - \int_{\mathrm{P}}^{\mathrm{P'}} \boldsymbol{E}\cdot d\boldsymbol{s} = V - \int_{\mathrm{P}}^{\mathrm{P'}} \boldsymbol{E}\cdot d\boldsymbol{s}$$

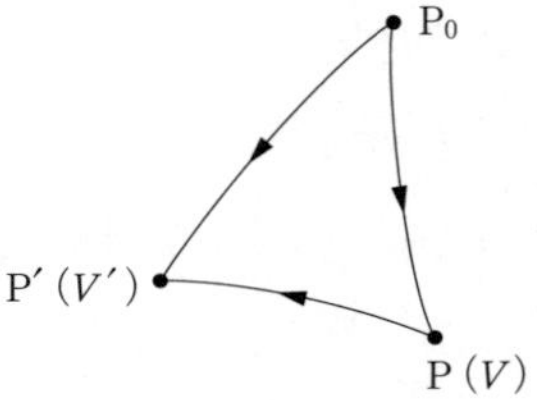

図 2.26　点 $\mathrm{P_0}$ を基準にしたときの点 P，P′ の電位と各点を結ぶ経路

となり，式 (2.43) が得られる。

$$V' - V = -\int_{\mathrm{P}}^{\mathrm{P}'} \boldsymbol{E} \cdot d\boldsymbol{s} \tag{2.43}$$

これを点 P′ と P との**電位差**（electric potential difference）という。

2.6 電位のこう配

電界中の任意の一点における電位と電界の強さの関係を考える。**図 2.27** に示すように，電界内の任意の点 P からある方向に直線 s を引き，s 上で P から微小距離 ds だけ離れた点を P′，s 方向の単位ベクトルを $\boldsymbol{t}$ とする。すると，P から P′ への微小変位ベクトルは $d\boldsymbol{s} = \boldsymbol{t}ds$ であり，P–P′ 間では電界 $\boldsymbol{E}$ は一定であると見なせるから，式 (2.43) は

$$V' - V = dV = -\boldsymbol{E} \cdot \boldsymbol{t}ds \tag{2.44}$$

と書ける。$\boldsymbol{E}$ と $\boldsymbol{t}ds$ とのなす角を θ，$\boldsymbol{E}$ の点 P における s 方向への正射影（成分）を E_s とすると

$$\boldsymbol{E} \cdot \boldsymbol{t} = E \cos\theta = E_s \tag{2.45}$$

であるから，これと式 (2.44) より

$$E_s = -\frac{\partial V}{\partial s} \tag{2.46}$$

を得る。すなわち，$\boldsymbol{E}$ の点 P における s 方向の成分は，電位の s 方向への点 P におけるこう配に負号（−）を付けたものに等しい。

いま点 P′ の位置を変えて $d\boldsymbol{s}$ を $\boldsymbol{E}$ に対して垂直方向すなわち $\theta = 90°$ にとると，式 (2.44)，(2.45) より $dV = 0$ となる。したがって，この場合

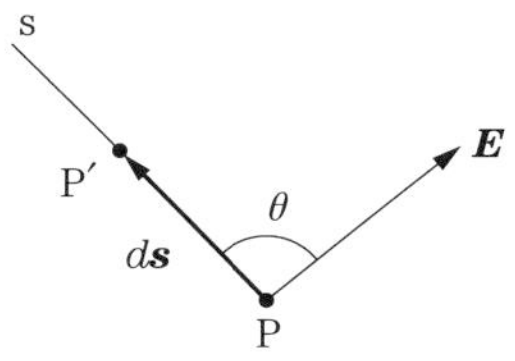

図 2.27　電界と θ の角度をなす直線 s 方向の微小変位ベクトル

$$V(x, y, z) = c \quad (\text{一定}) \tag{2.47}$$

となり，この式は一般に三次元空間の一つの曲面を表す。この面上ではどこでも電位が一定なので，この面を**等電位面**（equipotential surface）という。等電位面の定義より $\boldsymbol{ds}$ を等電位面に沿ってとれば $dV = 0$ となり，このことは $\boldsymbol{ds}$ を $\boldsymbol{E}$ に対して垂直方向にとることと同じであるから，$\boldsymbol{E}$ の方向は等電位面に対して垂直であることになる。したがって，電気力線と等電位面は直交する。**図 2.28** に 1 個の点電荷 q による電気力線と等電位面の関係を示す。

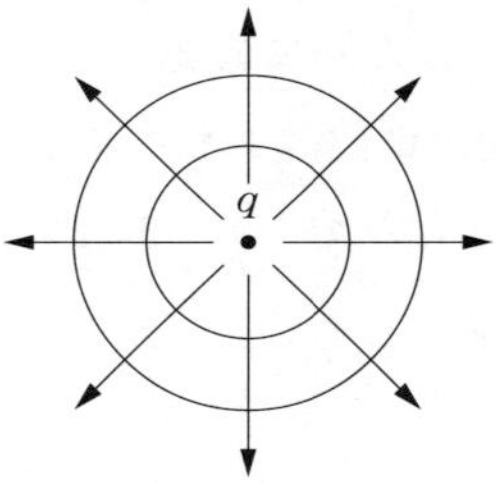

図 2.28　1 個の点電荷による電気力線と等電位面の関係

また，$\boldsymbol{ds}$ を $\boldsymbol{E}$ と反対方向すなわち $\theta = 180°$ にとると，$E_s = -E$ となるので，式 (2.46) より

$$\frac{\partial V}{\partial s} = E > 0 \tag{2.48}$$

となり，$\partial V/\partial s$ は最大となる。言い換えれば，$\boldsymbol{E}$ の方向は電位こう配が最大になる方向と逆方向であり，その大きさは $\partial V/\partial s$ の最大値に等しい。$\boldsymbol{E}$ の方向は等電位面に垂直な方向でもあるから，電位こう配が最大の方向も等電位面に垂直であるが，その向きは $\boldsymbol{E}$ と逆である。したがって，電位増加の向きにとった等電位面の法線を n，単位ベクトルを $\boldsymbol{n}$ とすると，$\partial V/\partial s$ の最大値は $\partial V/\partial n$ と書けるので

$$\boldsymbol{E} = -\frac{\partial V}{\partial n}\boldsymbol{n} \tag{2.49}$$

となる。

電界 $\boldsymbol{E}$ の直角座標軸方向の成分を E_x，E_y，E_z とすれば，式 (2.49) より

$$E_x = -\frac{\partial V}{\partial x}, \quad E_y = -\frac{\partial V}{\partial y}, \quad E_z = -\frac{\partial V}{\partial z} \tag{2.50}$$

となるから，$\boldsymbol{E}$ と V の関係は式 (2.51) となる。

$$\boldsymbol{E} = E_x\boldsymbol{i}_x + E_y\boldsymbol{i}_y + E_z\boldsymbol{i}_z = -\left(\frac{\partial V}{\partial x}\boldsymbol{i}_x + \frac{\partial V}{\partial y}\boldsymbol{i}_y + \frac{\partial V}{\partial z}\boldsymbol{i}_z\right) \quad (2.51)$$

例題 2.10 半径 a の円周上に電荷が一様な密度 λ〔C/m〕で分布している。中心軸上の点 P における電位 V を求め，さらにこれより電界 $\boldsymbol{E}$ を求め，**例題 2.3** の結果と一致することを確かめよ。

【解答】 **図 2.8** より，電荷の微小部分 λds による点 P の電位 dV は

$$dV = \frac{1}{4\pi\varepsilon_0}\frac{\lambda ds}{(a^2 + z^2)^{1/2}}$$

となるから，電荷全体による点 P の電位 V は

$$V = \frac{\lambda}{4\pi\varepsilon_0(a^2 + z^2)^{1/2}}\int_0^{2\pi a} ds = \frac{\lambda a}{2\varepsilon_0(a^2 + z^2)^{1/2}}$$

となる。これより電界は

$$\boldsymbol{E} = -\boldsymbol{i}_z\frac{\partial V}{\partial z} = -\boldsymbol{i}_z\frac{\lambda a}{2\varepsilon_0}\frac{\partial}{\partial z}(a^2 + z^2)^{-\frac{1}{2}} = \boldsymbol{i}_z\frac{\lambda a z}{2\varepsilon_0(a^2 + z^2)^{3/2}}$$

となり，**例題 2.3** の結果と一致する。 ◇

2.7 電気双極子と電気二重層

2.7.1 電 気 双 極 子

ここでは，まず電位 V を求め，つぎにそのこう配として電気双極子がつくる電界 $\boldsymbol{E}$ を求める。**図 2.29** に示すような，z 軸上で間隔が l の二つの点電

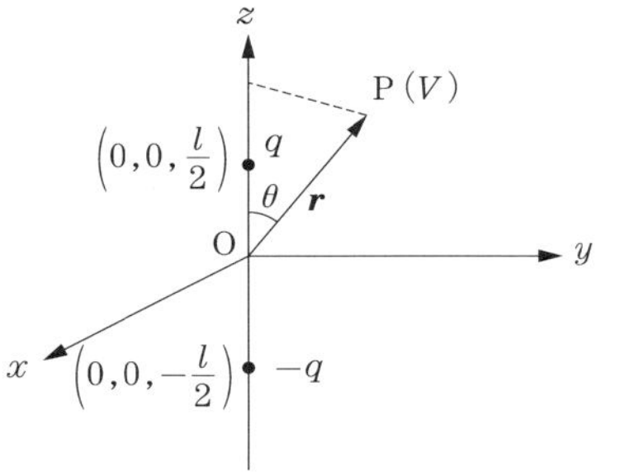

図 2.29 絶対値が等しい正，負の電荷による点 P の電位

荷 q と $-q$ による点Pの電位 $V(x,\ y,\ z)$ は式 (2.39) より

$$V(x,\ y,\ z)=\frac{q}{4\pi\varepsilon_0}\left\{\frac{1}{[x^2+y^2+(z-l/2)^2]^{1/2}}-\frac{1}{[x^2+y^2+(z+l/2)^2]^{1/2}}\right\} \tag{2.52}$$

となる。ここで x, y, z が l に比べて十分大きい場合は，つぎの近似式を用いると

$$\left(z\pm\frac{l}{2}\right)^2\fallingdotseq z^2\pm zl,$$

$$\left[x^2+y^2+\left(z\pm\frac{l}{2}\right)^2\right]^{-\frac{1}{2}}\fallingdotseq(r^2\pm zl)^{-\frac{1}{2}}=(r^2)^{-\frac{1}{2}}\left(1\pm\frac{zl}{r^2}\right)^{-\frac{1}{2}}$$

$$\fallingdotseq\frac{1}{r}\left(1\mp\frac{1}{2}\frac{zl}{r^2}\right)$$

なので，これを式 (2.52) に代入すると $V(x,\ y,\ z)\fallingdotseq(1/4\pi\varepsilon_0)(z/r^3)ql$ が得られる。ここで，ql は電気双極子モーメント $\boldsymbol{p}$ の大きさ p であるから

$$V(x,\ y,\ z)\fallingdotseq\frac{1}{4\pi\varepsilon_0}\frac{z}{r^3}p \tag{2.53}$$

となる。式 (2.53) より電界の直角座標成分を求めてみる。

$$\frac{\partial}{\partial x}(r^{-3})=-3r^{-4}\frac{\partial r}{\partial x}=-3r^{-4}\frac{x}{r}=-3\frac{x}{r^5}$$

であり，同様にして

$$\frac{\partial}{\partial y}(r^{-3})=-3\frac{y}{r^5}$$

となる。また

$$\frac{\partial}{\partial z}(zr^{-3})=r^{-3}-z\frac{\partial}{\partial z}(r^{-3})=-\frac{3z^2-r^2}{r^5}$$

である。これらの関係と式 (2.50) より電界の直角座標成分は

$$E_x=-\frac{\partial V}{\partial x}\fallingdotseq-\frac{pz}{4\pi\varepsilon_0}\frac{\partial}{\partial x}(r^{-3})=\frac{p}{4\pi\varepsilon_0}\frac{3zx}{r^5}$$

$$E_y=-\frac{\partial V}{\partial y}\fallingdotseq-\frac{pz}{4\pi\varepsilon_0}\frac{\partial}{\partial y}(r^{-3})=\frac{p}{4\pi\varepsilon_0}\frac{3zy}{r^5}$$

$$E_z = -\frac{\partial V}{\partial z} \fallingdotseq -\frac{p}{4\pi\varepsilon_0}\frac{\partial}{\partial z}(zr^{-3}) = \frac{p}{4\pi\varepsilon_0}\frac{3z^2 - r^2}{r^5}$$

となる。ところで，**図 2.29** より $z/r = \cos\theta$ であるから，式 (2.53) は

$$V(x,\ y,\ z) \fallingdotseq \frac{1}{4\pi\varepsilon_0}\frac{p\cos\theta}{r^2} \tag{2.54}$$

と書ける。ここで，**図 2.30** のように $\boldsymbol{r}$ 方向の単位ベクトルを $\boldsymbol{r}/r$，$\boldsymbol{p}$の方向を z 軸方向とは限らず一般に任意の方向であるとし，$\boldsymbol{r}/r$ と $\boldsymbol{p}$ のなす角をあらためて θ とすると $p\cos\theta = \boldsymbol{p}\cdot(\boldsymbol{r}/r)$ と表せる。これを用いると式 (2.54) は

$$V(\boldsymbol{r}) \fallingdotseq \frac{1}{4\pi\varepsilon_0}\frac{\boldsymbol{p}\cdot\boldsymbol{r}}{r^3} \tag{2.55}$$

となる。式 (2.55) は一般に電気双極子モーメント $\boldsymbol{p}$ による電位を与える。この $\boldsymbol{p}$ が特に z 軸方向を向いている場合は $\boldsymbol{p}\cdot\boldsymbol{r} = pz$ となり，式 (2.55) は式 (2.53) に帰着する。

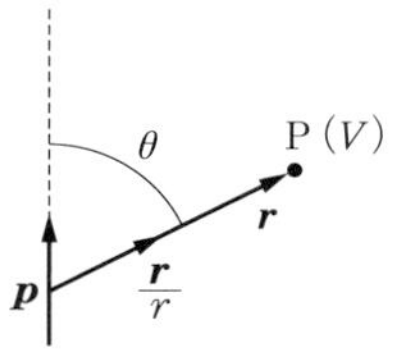

図 2.30　電気双極子モーメント $\boldsymbol{p}$ による点 P の電位

2.7.2　電 気 二 重 層

図 2.31 に示すように，面電荷密度 σ，$-\sigma$ に帯電した二つの面状分布電荷が面の広がりに比べてきわめて狭い一定の間隔 δ を保って存在していると

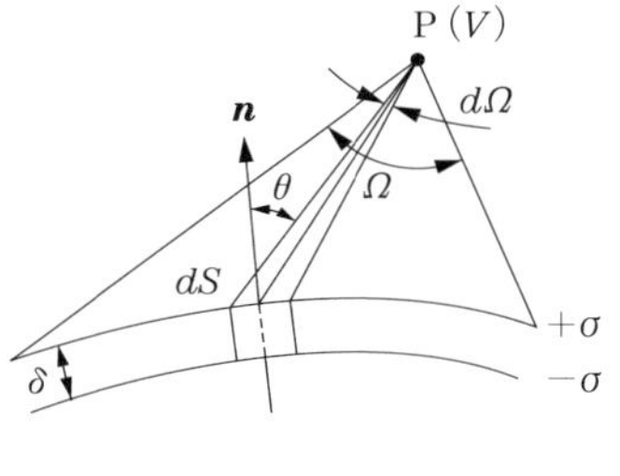

図 2.31　電気二重層による点 P の電位

き，これを**電気二重層**（electric double layer）という。この面上の微小面積 dS 部分に注目すると，それは間隔 δ の電荷 σdS と $-\sigma dS$ からなる電気双極子である。この電気双極子による外部の任意の点Pにおける電位 dV は，dS 部分から点Pまでの距離を r，dS の法線 n と r 方向とのなす角を θ とすると，式 (2.54) より

$$dV = \frac{1}{4\pi\varepsilon_0}\frac{\sigma dS\delta\cos\theta}{r^2} = \frac{\sigma\delta}{4\pi\varepsilon_0}\frac{dS\cos\theta}{r^2}$$

となる。ところが，$dS\cos\theta/r^2$ は dS が点Pに対して張る立体角であるからこれを $d\Omega$ とすれば

$$dV = \frac{\sigma\delta}{4\pi\varepsilon_0}d\Omega$$

となる。したがって，電気二重層の面全体が点Pに対して張る立体角を Ω とすれば，この電気二重層による点Pの電位 V は

$$V = \frac{\sigma\delta}{4\pi\varepsilon_0}\Omega \qquad (2.56)$$

で与えられ，Ω が同じなら面の形状によらないことがわかる。この式に現れている $\sigma\delta$ は単位面積当りの電気双極子モーメントを表しており，**電気二重層の強さ**という。

演　習　問　題

【1】 一辺が1mの正三角形ABCの各頂点A，B，Cにそれぞれ -3C，5C，5Cの電荷を置くとき，中心Pの電界 $\boldsymbol{E}$〔V/m〕および頂点Aに働く力 $\boldsymbol{F}$〔N〕を求めよ。

【2】 二つの点電荷 $-q$ と $2q$ が間隔 l 離れて置かれている。点電荷 $-q$ から $2q$ を結ぶ線分の中点Oからその延長直線上 r の点P$(r > l/2)$ における電界を求め，それより点Pが十分に遠方にあるときの電界 $\boldsymbol{E}$ の大きさを求めよ。

【3】 無限に長い直線上に電荷が密度 λ〔C/m〕で一様に分布している。直線から垂直に r〔m〕離れた点Pにおける電界 $\boldsymbol{E}$〔V/m〕を直接積分により求めよ。

【4】 電荷が長さ l の直線上に一様な密度 λ〔C/m〕で分布している。分布電荷の中心Oから直線の方向に r だけ離れた点P$(r > l/2)$ における電界を求め，それより点Pが十分に遠方にあるときの電界 $\boldsymbol{E}$ の大きさを求めよ。

【5】 半径 a の円板上に電荷が一様な密度 σ〔C/m^2〕で分布している。この円板の中心軸上の任意の点 P および円板上の中心点 O における電界 $\boldsymbol{E}$ の大きさを求めよ。点 P が円板から十分に遠方にあるときの電界はどうなるか。上記の点 P における電界をもとに，無限に広い平面上に電荷が一様な密度 σ〔C/m^2〕で分布している場合の電界 $\boldsymbol{E}$ の大きさを求めよ。

【6】 長さ l の直線上に電荷が一様な密度 λ〔C/m〕で分布している。

（1） 任意の点 P における電界 $\boldsymbol{E}$ を求めよ。また，長さ l が無限に長くなると $\boldsymbol{E}$ はどうなるか。

（2） 点 P が長さ l の電荷から十分遠方にあるときの $\boldsymbol{E}$ はどうなるか。

【7】 間隔が l に保たれた二つの点電荷 q，$-q$ がある。これらの電荷による電界を表す電気力線の方程式を求めよ。

【8】 2 個の点電荷 mq $(m \geqq 1)$ および $-q$ があるとき，mq より出た電気力線の一部は $-q$ に入り，その他は無限遠にいく。mq と $-q$ とを結ぶ線より何度の角度で出た電気力線がその境界線となるか。

【9】 二つの平行な無限平面上の一方に正電荷が，他方に負電荷が，一様な面密度 σ，$-\sigma$ で分布している。二つの平面の間および外における電界 $\boldsymbol{E}$ を求めよ。

【10】 半径 a の無限長円筒の側面上に電荷が一様な密度 σ〔C/m^2〕で分布している。円筒の内，外における電界 $\boldsymbol{E}$ をガウスの法則を用いて求めよ。

【11】 半径 a の無限長円筒の内部全体に電荷が一様な密度 ρ_e〔C/m^3〕で分布している。円筒の内，外における電界 $\boldsymbol{E}$ をガウスの法則を用いて求めよ。

【12】 半径が a_1，a_2 $(a_1 < a_2)$ の二つの無限に長い同軸円筒があり，それぞれの側面上に電荷が一様な面密度 σ_1，σ_2 で分布している。これらの円筒の内，外における電界 $\boldsymbol{E}$ をガウスの法則を用いて求めよ。

【13】 xyz 座標系の z 軸方向に一様な電界 $\boldsymbol{E}$ がある。この $\boldsymbol{E}$ の閉曲線 C に沿った線積分が 0 になることを証明せよ。

【14】 点 P に点電荷 q〔C〕が置かれているとき，点 P を頂点とする半頂角 θ の直円すいの底面を通る電気力線数 N_e〔本〕を求めよ。

【15】 無限に長い直線上に電荷が一様な密度 λ〔C/m〕で分布している。電位の基準点を直線からの距離 r_0 の点としたとき，距離 r の点における電位 V を求めよ。

【16】 半径 a の無限長円筒の側面上に電荷が一様な密度 σ〔C/m^2〕で分布している。電位の基準点を円筒側面上にとったときの円筒の内，外における電位 V を求めよ。

【17】 半径 a の無限長円筒の内部に正電荷が一様な密度 ρ_e〔C/m^3〕で分布している。電位の基準点を円筒側面上にとったときの円筒の内，外における電位 V を求めよ。

【18】 半径 a の円板上に電荷が一様な密度 σ〔C/m^2〕で分布している。中心軸上の一点Pにおける電位 V を求めよ。また，電位のこう配から点Pにおける電界 $\boldsymbol{E}$ を求めよ。

【19】 電荷が長さ l の直線上に一様な密度 λ〔C/m〕で分布している。

（1）任意の点Pにおける電位 V を求めよ。

（2）点Pが長さ l の直線の中点から垂直に引いた直線L上にあるときその電位はどうなるか。また，この点Pの電位は直線L上における別の点 P_0 を電位の基準点としたときどうなるか。この場合，長さ l を無限に長くしたとき電位 V はどうなるか。

（3）（1）と（2）のそれぞれの場合につき，電位のこう配より点Pの電界 $\boldsymbol{E}$ を求めよ。

【20】 3個の点電荷 $-q$，$2q$，$-q$ がたがいに間隔 d で直線上に置かれている。この直線上で電荷から十分遠方の点Pにおける電位 V および電界 $\boldsymbol{E}$ を求めよ。

【21】 形状と面積 S〔m^2〕が同じ2枚の導体板が間隔 d〔m〕で平行に置かれ，直流電圧 V〔V〕が加えられている。導体板間の電界 $\boldsymbol{E}$ の大きさ〔V/m〕，導体板面上の電荷密度 σ〔C/m^2〕，電荷 Q〔C〕を求めよ。

3

導体を含む静電界

3.1 導体と静電界

代表的な導体である金属を静電界のなかに置くと，そのなかの電荷（自由電子）が静電界より力を受けて動き出し，**図 *3.1*** に示すように，導体表面に正と負の電荷が分離して現れ，導体が存在している空間は静電界に戻る。このとき導体内の電界 $\boldsymbol{E}$ は 0 となる。なぜなら，もし導体内に電界が存在するなら電荷は動かなければならず，導体を含む空間が静電界であることと矛盾するからである。以上のように導体を電界中に置いたとき，または導体にほかの電荷を近づけたとき，その表面に電荷が現れる現象を**静電誘導**（electrostatic induction）という。

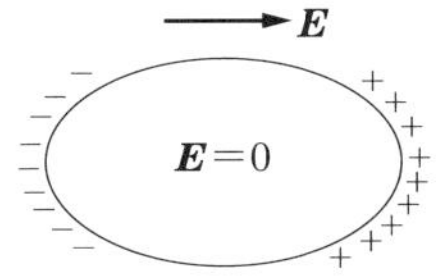

図 *3.1*　静電界中に置かれた導体

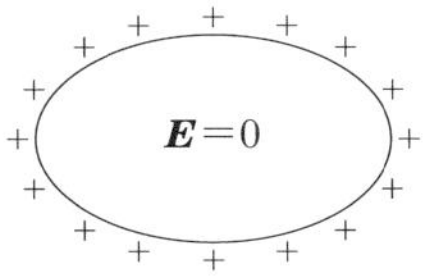

図 *3.2*　帯電している導体

導体に外部から電荷を与えた場合も静電誘導の場合と同様，**図 *3.2*** に示すように，電荷は導体内の電界 $\boldsymbol{E}$ が 0 になるように導体表面に分布し，静電界を形成する。

導体内の電界が 0 ならば，そこは等電位であり，またそこには電荷は存在しない。したがって電荷は表面に存在せざるをえない。表面以外に電荷が存在しないことは，式 (2.20) のガウスの法則を導体内部の任意の領域に適用すると，いたるところ $\boldsymbol{E}=0$ であるので，式 (2.20) の左辺は 0 となり右辺も 0 となることで証明される。

導体表面には電界 $\boldsymbol{E}$ が存在し，その方向は表面に垂直である。もし表面の接線方向に電界の成分が存在すれば，表面に沿って電流が流れ静電界であることと矛盾するからである。

図 3.3 に示すように，導体の表面をはさんで，微小面積 $\varDelta S$ の底面が導体表面と平行で扁平な円筒領域を考え，これにガウスの法則 (2.20) を適用する。電界 $\boldsymbol{E}$ は導体の外部にしか存在せず，微小円筒の導体外部の底面上において $\boldsymbol{E}$ と $\boldsymbol{n}$ は平行であり，$\boldsymbol{E}$ の大きさは一定なので，表面に存在する電荷の面積密度を σ とすると，$E\times\varDelta S=(1/\varepsilon_0)\sigma\times\varDelta S$ が成り立つので，これより式 (3.1) を得る。

$$E=\frac{\sigma}{\varepsilon_0} \tag{3.1}$$

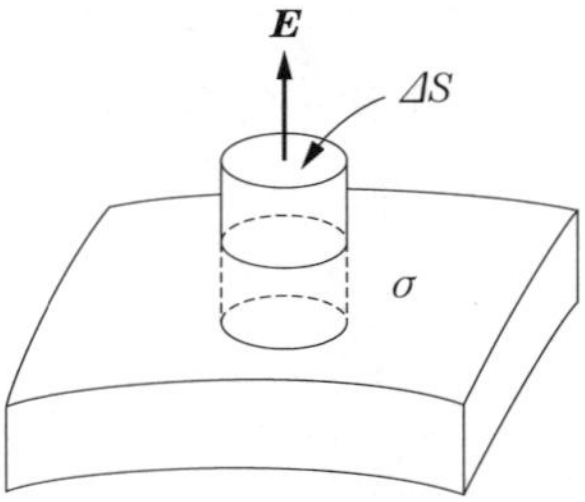

図 3.3　導体表面上の電界

3.2　導体系における電荷と電位の関係

3.2.1　電　位　係　数

2 章で述べたように，電荷 q とそれによる電位 V との間には正比例の関係があり，重ね合わせの原理が適用できる。いま，**図 3.4** (a) に示すような二つの導体を考え，導体 I に電荷 Q_1 を与えたとする。そのときの導体 I，II の

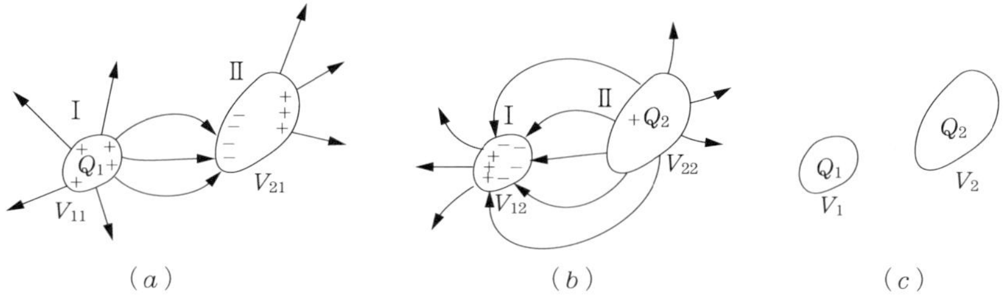

図 3.4　電　位　係　数

電位を V_{11}，V_{21} とすると，それらは Q_1 に比例するので，比例定数をそれぞれ p_{11}，p_{21} として

$$V_{11} = p_{11}Q_1, \quad V_{21} = p_{21}Q_1 \tag{3.2}$$

と書くことができる。p_{11}，p_{21} は導体 I に単位電荷を与えたときの導体 I，II の電位を表している。つぎに，図（b）のように導体IIのみに電荷 Q_2 を与えたとして，そのときの導体 I，IIの電位を V_{12}，V_{22} とすると

$$V_{12} = p_{12}Q_2, \quad V_{22} = p_{22}Q_2 \tag{3.3}$$

となる。図（c）に示すように，導体 I に電荷 Q_1 を，導体IIに電荷 Q_2 を与えた場合の導体 I，IIの電位をそれぞれ V_1，V_2 とすると，それらは重ねの理により

$$\left.\begin{aligned} V_1 &= V_{11} + V_{12} = p_{11}Q_1 + p_{12}Q_2 \\ V_2 &= V_{21} + V_{22} = p_{21}Q_1 + p_{22}Q_2 \end{aligned}\right\} \tag{3.4}$$

となる。より一般的に，n 個の導体がある場合は式（3.5）のようになる。

$$\left.\begin{aligned} V_1 &= p_{11}Q_1 + p_{12}Q_2 + \cdots + p_{1n}Q_n \\ V_2 &= p_{21}Q_1 + p_{22}Q_2 + \cdots + p_{2n}Q_n \\ &\vdots \\ V_n &= p_{n1}Q_1 + p_{n2}Q_2 + \cdots + p_{nn}Q_n \end{aligned}\right\} \tag{3.5}$$

ここに，p_{ij} は各導体の形状と寸法，幾何学的配置によって決まる定数で，**電位係数**（coefficiens of potential）と呼ばれる。これは，j 番目の導体に単位電荷を与え，ほかの導体の電荷が 0 である場合の，i 番目の導体の電位を表している。単位は V/C となる。電位係数には以下にあげる性質がある。

1) $p_{jj} \geqq p_{ij}$,　$p_{ij} \geqq 0$　　**図 3.5** に示すように，n 個の導体において $Q_j = 1\,\mathrm{C}$, $Q_i\,(i \neq j) = 0$ であるときは，j 番目の導体からは電気力線は出るだけであるから，j 番目の導体は最高電位にあり，接地または無限遠が 0 電位となる。したがって

$$V_j \geqq V_i \quad \therefore \quad p_{jj} \geqq p_{ij}, \qquad V_i \geqq 0 \quad \therefore \quad p_{ij} \geqq 0$$

となる。

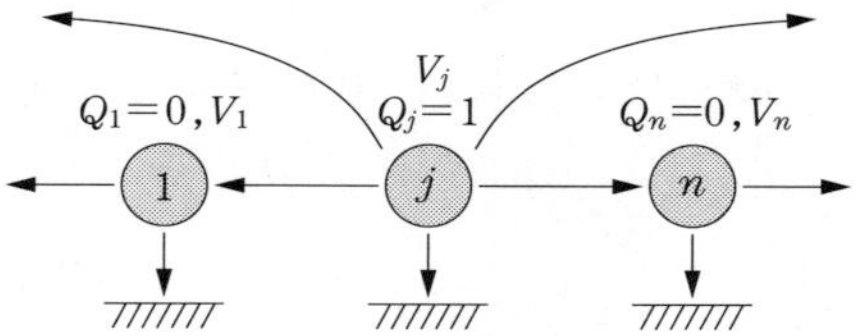

図 3.5　一つの導体にだけ 1 C の電荷が与えられた導体系

2) $p_{ij} = p_{ji}$　　本式の証明は **5.1** 節で示す。

3.2.2　容量係数と誘導係数

式 (3.5) を $Q_i\,(i = 1, 2, \cdots, n)$ について解くと

$$\left.\begin{aligned} Q_1 &= c_{11} V_1 + c_{12} V_2 + \cdots + c_{1n} V_n \\ Q_2 &= c_{21} V_1 + c_{22} V_2 + \cdots + c_{2n} V_n \\ &\vdots \\ Q_n &= c_{n1} V_1 + c_{n2} V_2 + \cdots + c_{nn} V_n \end{aligned}\right\} \tag{3.6}$$

と書くことができる。ここに

$$c_{ij} = \frac{\Delta_{ji}}{\Delta}, \quad \Delta = \begin{vmatrix} p_{11} & p_{12} & \cdots & p_{1n} \\ p_{21} & p_{22} & \cdots & p_{2n} \\ \vdots & \vdots & \cdots & \vdots \\ p_{n1} & p_{n2} & \cdots & p_{nn} \end{vmatrix} \tag{3.7}$$

$$\begin{aligned} \Delta_{ji} &= \Delta \text{ の } j \text{ 行 } i \text{ 列要素に対する余因数} \\ &= (-1)^{j+i} \times (j \text{ 行 } i \text{ 列を除いた小行列式}) \end{aligned}$$

で与えられる。式 (3.7) の c_{ii} は**容量係数** (coefficient of capacitance), c_{ij} $(i \neq j)$ は**誘導係数** (coefficient of induction) と呼ばれる。容量係数および誘

導係数のSI単位はFとなる。導体が二つの場合は，式(3.6)は $Q_1 = c_{11}V_1 + c_{12}V_2$，$Q_2 = c_{21}V_1 + c_{22}V_2$ となる。このとき，c_{11}，c_{21} の意味は，導体Iの電位を1V，導体IIの電位を0としたときに各導体に生じる電荷である。これらの係数には以下の性質がある。

1*)** $c_{jj} > 0$，$c_{ij}(i \neq j) \leqq 0$ **図*3.6に示すように，$V_j = 1\text{V}$，$V_i(i \neq j) = 0$ であるときは，j 番目の導体が最高電位にあるので，電気力線は j 番目の導体からは出るだけで，それ以外の導体には入るだけである。したがって

$$Q_j > 0 \quad \therefore \quad c_{jj} > 0, \quad Q_i \leqq 0 \quad \therefore \quad c_{ij} \leqq 0$$

となる。

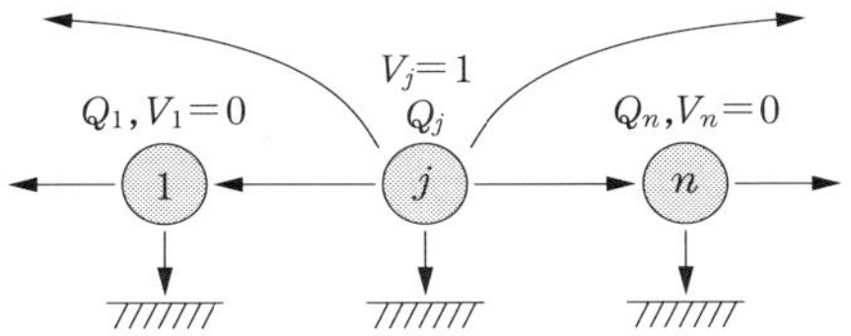

図 3.6 一つの導体にだけ1Vの電位が与えられた導体系

***2*)** $\sum_{i=1}^{n} c_{ij} \geqq 0$ $Q_j \geqq -\sum_{i=1}^{n} Q_i\,(i \neq j)$ であることから $c_{jj} \geqq -\sum_{i=1}^{n} c_{ij}\,(i \neq j)$ となり，$c_{jj} > 0$ であるので，証明される。

***3*)** $c_{ij} = c_{ji}$ $p_{ij} = p_{ji}$ であるので，式(3.7)の $\varDelta$ は対称行列となり $\varDelta_{ji} = \varDelta_{ij}$，これより $c_{ij} = c_{ji}$ が導かれる。

3.3 静 電 容 量

〔*1*〕**定 義** **図*3.7***に示すように，二つの導体だけからなる導体系があり，導体1に電荷 $+Q$ を，導体2に電荷 $-Q$ を与えたとすると $+Q$ から出た電気力線はすべて $-Q$ に終端する。このような導体系は，その正と負の電荷が引き合うので，電荷を安定に保持する働きをもっており，**キャパシタ**（capacita）またはコンデンサ（condencer）と呼ばれる。キャパシタの保持する電荷量 Q は二つの導体間の電位差 $V(= V_1 - V_2)$ に関係する。与える

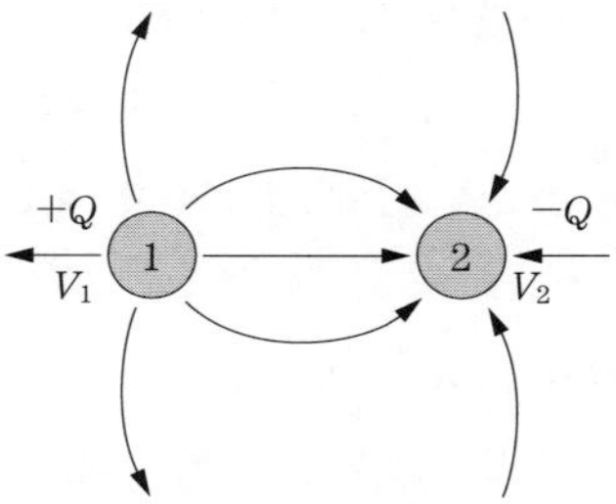

図 3.7　二つの導体だけからなる導体系

電荷の量を大きくすると，電位差もそれに比例して大きくなるので，V と Q は比例関係にあることがわかる。そこで

$$Q \propto V$$

とおき，この比例定数を C とし，これを**静電容量**（capacitance）と呼ぶ。

$$Q = CV \tag{3.8}$$

この C の単位はすでに **1.4** 節で述べたように F であり，また C/V とも表される。

〔2〕 単 独 導 体　導体が単独で存在する場合は，無限遠または大地がもう一方の導体と考えられるので，その電荷 Q を自身の電位 V で割ったものを孤立導体の静電容量という。半径 a の孤立導体球に電荷 Q を与えるとそれは導体表面に一様な密度 σ〔C/m^2〕で分布するから，その表面における電位 V は式 (2.41) において $r = a$ とおくことにより求まり，その V と定義式 (3.8) より孤立導体球の静電容量 C は

$$C = 4\pi\varepsilon_0 a \tag{3.9}$$

で与えられる。

〔3〕 平行板キャパシタ　形状と面積 S が同じ 2 枚の導体板（電極板）を間隔 d で平行に配置したものを平行板キャパシタ（parallel-plate capacitor）といい，**図 3.8** にその断面を示す。このキャパシタはその導体板の間隔に比べて導体板の面の広がりが十分に大きいものであるとすれば，これに起電力 V の直流電源を接続し，二つの導体板間に電位差 V を与えた場合に生じるキャパシタ内の電界 $\boldsymbol{E}$，導体板内面上の電荷 $\pm Q$，電荷密度 $\pm\sigma$ は

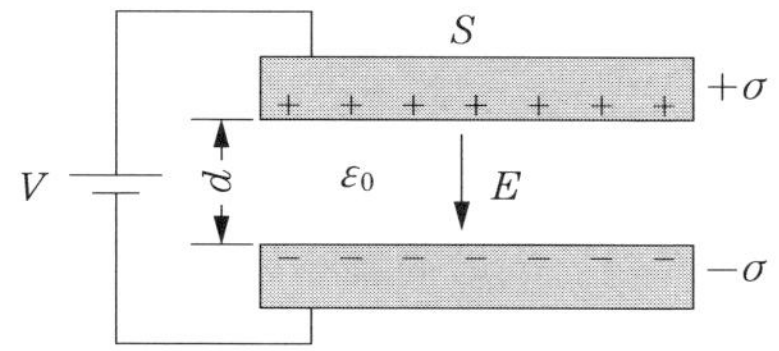

図 3.8　平行板キャパシタ

2 章の演習問題【21】の解と同じになる。したがって，$Q = \sigma S = \varepsilon_0 VS/d$ であり，この式と式 (3.8) より静電容量 C は式 (3.10) で与えられる。

$$C = \frac{\varepsilon_0}{d} S \qquad (3.10)$$

〔4〕 **同心球キャパシタ**　　半径 a の導体球とそれを取り囲む内径 b の同心導体球殻からなるキャパシタを同心球キャパシタ（concentric spherical capacitor）といい，その断面を**図 3.9** に示す。内球に電荷 Q を，球殻に $-Q$ を与えると，それらは内球表面と球殻内面に一様に分布し，電界 $\boldsymbol{E}$ は内球表面から球殻内面に向かい放射状となる。半径 $r\,(a < r < b)$ の同心球面にガウスの法則を適用すると，この球面上では $\boldsymbol{E}$ と $\boldsymbol{n}$ は平行であり，$\boldsymbol{E}$ の大きさが一定であるから $E \times 4\pi r^2 = Q/\varepsilon_0$ が成り立つ。これより $E = Q/4\pi\varepsilon_0 r^2$ となるので，内球と球殻間の電位差 V は

$$V = \int_a^b E dr = \int_a^b \frac{Q}{4\pi\varepsilon_0 r^2} dr = \frac{Q}{4\pi\varepsilon_0}\left(\frac{1}{a} - \frac{1}{b}\right)$$

となる。したがって，静電容量 C は式 (3.11) で与えられる。

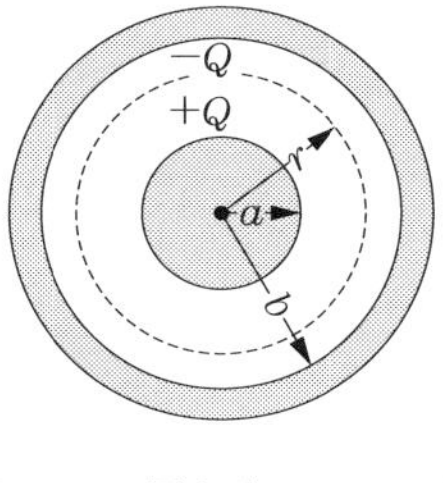

図 3.9　同心球キャパシタ

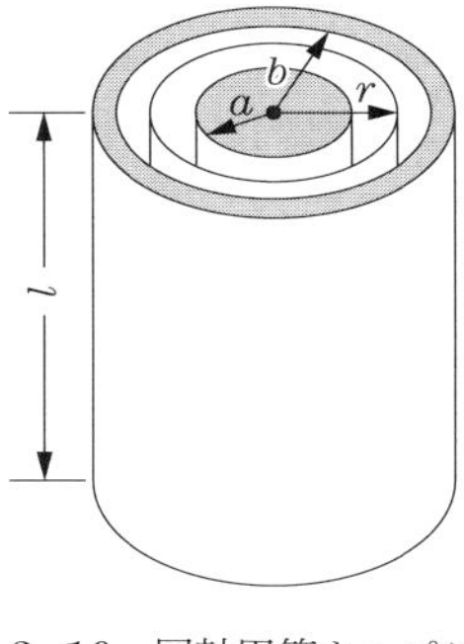

図 3.10　同軸円筒キャパシタ

$$C = 4\pi\varepsilon_0 \frac{ab}{b-a} \tag{3.11}$$

〔5〕 **同軸円筒キャパシタ**　　図 3.10 に示すような，長さ l で半径 a の導体円柱と，それを取り囲む同じ長さで内径 b の同軸導体円筒からなるキャパシタを同軸円筒キャパシタという。導体円柱に電荷 Q を，導体円筒に $-Q$ を与えたとき，導体円柱と導体円筒との間隔 $b-a$ に比べて長さ l が十分に長ければ，キャパシタの端に生じる電界 $\boldsymbol{E}$ の乱れは無視することができ，キャパシタ内の $\boldsymbol{E}$ は導体円柱表面から放射状に導体円筒内面に向かう。このような場合，分布した電荷の単位長さ当りの密度 $\lambda = Q/l$ は一様であるとしてよいので，長さ l で半径 $r\ (a < r < b)$ の同軸円筒面にガウスの法則を適用すると，この円筒面上では $\boldsymbol{E}$ と $\boldsymbol{n}$ は平行であり，$\boldsymbol{E}$ の大きさが一定であるから $E \times 2\pi rl = \lambda l/\varepsilon_0 = Q/\varepsilon_0$ が成り立つ。これより $E = Q/2\pi\varepsilon_0 rl$ となるので，導体円柱と導体円筒間の電位差 V は

$$V = \int_a^b E \cdot dr = \int_a^b \frac{Q}{2\pi\varepsilon_0 lr}\, dr = \frac{Q}{2\pi\varepsilon_0 l} \log \frac{b}{a}$$

であり，これより静電容量は式 (3.12) となる。

$$C = \frac{2\pi\varepsilon_0}{\log(b/a)}\, l \tag{3.12}$$

〔6〕 **2本の平行導線間の静電容量**　　図 3.11 は，間隔 d で平行に置かれた半径 a の十分に長い2本の導線1と2の断面を示す。導線1に λ〔C/m〕，導線2に $-\lambda$〔C/m〕の電荷を与えたとすると，$a \ll d$ ならば電荷は導線表面上に一様に分布していると見なせる。この場合，両導線に垂直なそれらの中心軸を結ぶ線上，導線1の中心軸から x の距離にある点Pの電界 E は，導線1および導線2それぞれによる電界をガウスの法則より求め，向きを考慮して加

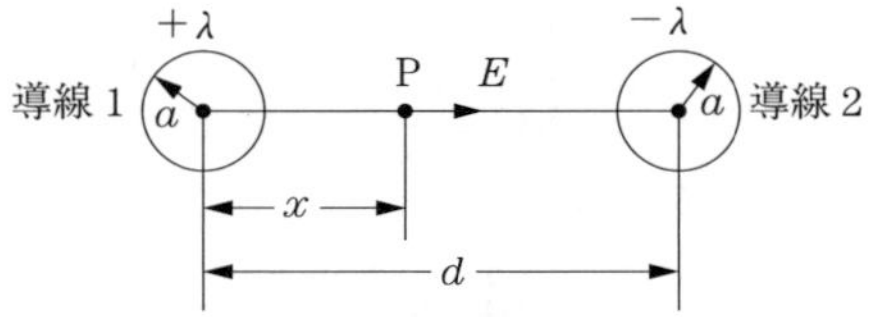

図 3.11　2本の平行導線

え合わせて

$$E = \frac{\lambda}{2\pi\varepsilon_0 x} + \frac{\lambda}{2\pi\varepsilon_0 (d - x)}$$

となる。したがって，両導線間の電位差 V は

$$V = \int_a^{d-a} E dx = \frac{\lambda}{2\pi\varepsilon_0}\int_a^{d-a}\left(\frac{1}{x} + \frac{1}{d - x}\right) dx = \frac{\lambda}{\pi\varepsilon_0}\log\frac{d - a}{a}$$

となるから，これより静電容量 C〔F/m〕は式 (3.13) のように求められる。

$$C = \frac{\lambda}{V} = \frac{\pi\varepsilon_0}{\log[(d - a)/a]} \tag{3.13}$$

ところが，$a \ll d$ としているので静電容量は式 (3.14) となる。

$$C = \frac{\lambda}{V} = \frac{\pi\varepsilon_0}{\log(d/a)} \tag{3.14}$$

〔7〕 **キャパシタの並列接続**　　静電容量 C_1，C_2，…，C_n の n 個のキャパシタを並列に接続して電位差 V を与えたものを**図 3.12** に示す。各キャパシタの電荷を $\pm Q_1$，$\pm Q_2$，…，$\pm Q_n$ とすると $Q_1 = C_1 V$，$Q_2 = C_2 V$，…，$Q_n = C_n V$ であるから，これらを加えた全電荷を Q とすると $Q = Q_1 + Q_2 + \cdots + Q_n = (C_1 + C_2 + \cdots + C_n) V$ なる関係が得られる。そこで

$$C = C_1 + C_2 + \cdots + C_n \tag{3.15}$$

とおくと，$Q = CV$ となる。この C を並列接続の場合の合成容量という。

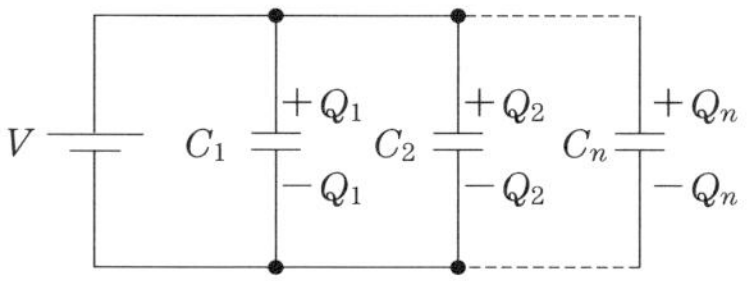

図 3.12　キャパシタの並列接続

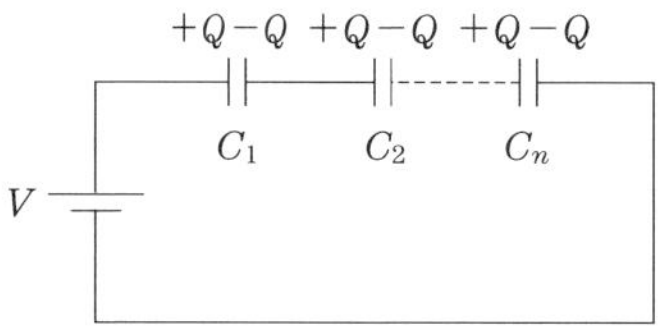

図 3.13　キャパシタの直列接続

〔8〕 **キャパシタの直列接続**　　キャパシタ n 個を直列に接続して電位差 V を与えたものを，**図 3.13** に示す。この場合は $Q = C_1 V_1$，$Q = C_2 V_2$，…，$Q = C_n V_n$ であることから

$$V = V_1 + V_2 + \cdots + V_n = \left(\frac{1}{C_1} + \frac{1}{C_2} + \cdots + \frac{1}{C_n}\right)Q$$

なる関係が得られる。そこで

$$\frac{1}{C} = \frac{1}{C_1} + \frac{1}{C_2} + \cdots + \frac{1}{C_n} \tag{3.16}$$

とおくと，$V = Q/C$ すなわち $Q = CV$ であるので，この C は直列の場合の合成容量となる。

3.4 静電遮へい

ある導体を中空導体で覆い，中空導体の外にある導体と無関係にすることを**静電遮へい**（electrostatic screening）という。図 ***3.14*** は静電遮へいの例

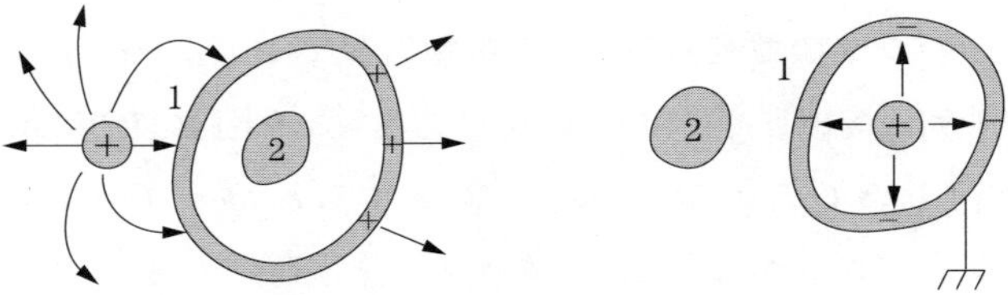

図 ***3.14***　静電遮へい

コーヒーブレイク

車への落雷

図に示すように，車体に落ちた雷の電流は金属製の車体表面と車輪を伝わって地中に流れるので，乗っている人は内部の金属部分に触れていないかぎり電気的には安全である。

図　車への落雷

で，図（a）では導体1からの電気力線は中空導体のなかには入り込まないので導体2に影響せず，図（b）では導体1から電気力線は外に出ないので導体2に影響を与えない。中空導体のかわりに金網を用いてもかなり効果がある。

演　習　問　題

【1】 **図 3.7** の二つの導体系において，式（3.8）で定義される静電容量を容量係数・誘導係数を用いて表せ。

【2】 半径 a の導体球1と，それを取り囲む内径 b，外径 c の同心中空導体球2がある。この導体系の電位係数および容量係数・誘導係数を求めよ。

【3】 面積が $100\ \mathrm{cm}^2$ で，板の間隔が $0.1\ \mathrm{mm}$ の平行板キャパシタの静電容量 C を計算せよ。

【4】 平行板キャパシタに $60\ \mathrm{kV}$ の電圧を加え，極板間の電界が空気の絶縁耐力 $3\ \mathrm{kV/mm}$ を超えないようにしたい。このときにおける $1\ \mathrm{m}^2$ 当りの最大の静電容量 C_m を求めよ。

【5】 地球を半径 6 400 km の孤立導体球と見なして，その静電容量 C を計算せよ。

【6】 **問図 3.1** のように，静電容量が C_1，C_2，C_3 の三つのキャパシタが一点 P_3 で接続され，C_3 の他端は接地され，点 P_1，P_2 と接地間には電圧 V_1，V_2 が加えられている。点 P_3 の接地に対する電位 V_3 を求めよ。

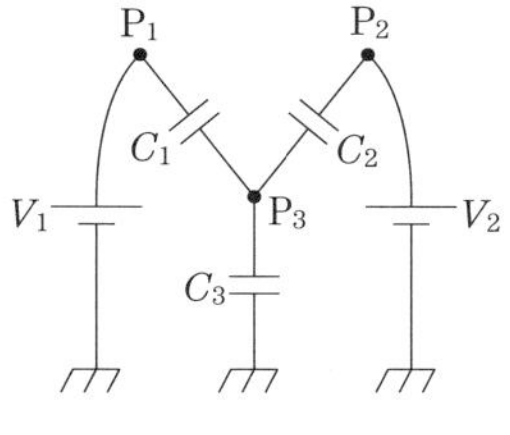

問図 3.1

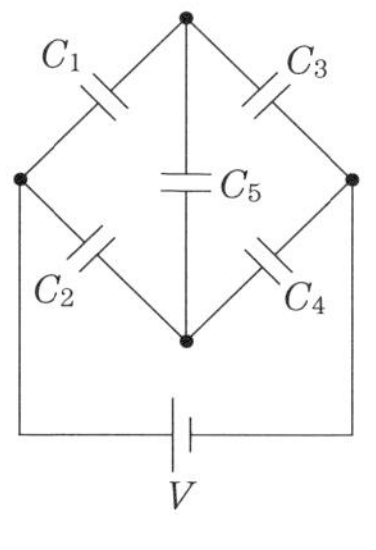

問図 3.2

【7】 静電容量が C_1，C_2，C_3，C_4，C_5 の五つのキャパシタからなる**問図 3.2** のようなブリッジの等価静電容量 C を求めよ。

4

誘電体を含む静電界

4.1 誘電体の分極

4.1.1 誘　電　体

誘電体とは**絶縁体**（insulator）のことであるが，誘電体は単に電気を通しにくいという性質だけでなく，それが電界のなかに置かれると，その表面あるいは内部にもとの電界を弱めるような新たな電荷分布を生じるという性質をもっている。この意味で絶縁体を**誘電体**（dielectric）という。

このように誘電体が電界のなかに置かれてその表面あるいは内部に新たな電荷分布を生じることを**分極**（polarization）といい，新たに現れた電荷を**分極電荷**（polarization charge）という。

4.1.2 分極の原因

誘電体の構成分子には，はじめから電気双極子モーメント $\boldsymbol{p}$ をもっている極性分子（polar molecule）と電界をかけたときはじめて $\boldsymbol{p}$ をもつ非極性分子（non-polar molecule）とがある。極性分子の例としては KCl（イオン結合），CH，H_2O，NH_3，HCl，C_2H_5OH などがある。非極性分子の例としては H_2，N_2，CO_2，CH_4 などがある。

誘電体が極性分子で構成されている場合，電界が存在しない状態では，一つ一つの分子の $\boldsymbol{p}_i$ がランダムにあらゆる方向を向いていて $\sum \boldsymbol{p}_i = 0$ であることが多い。電界が加えられると，$\boldsymbol{p}_i$ は付近の分子の影響や分子自身の熱振動のため完全には同一方向を向かないが，平均的にはある方向を向くようになると考えられる。これを分子の**配向**（orientation）という。**強誘電体**（ferroelectric material）といわれるものでは電界がなくても $\sum \boldsymbol{p}_i \neq 0$ である。これを**自発性分極**（spontaneous polarization）という。強誘電体の代表的なものとしてチタン酸バリウム（$BaTiO_3$）とロッシェル塩がある。

誘電体が非極性の1原子分子で構成される場合には，それが電界 $\boldsymbol{E}$ のなかに置かれると，電子全体が電界に引き寄せられるためその中心が原子の中心よりずれ，原子全体として $\boldsymbol{p}$ を生じ，もとの電界を弱める方向の電界 $\boldsymbol{E}'$ をつくる。これを電子分極という。**図 *4.1*** にその様子を示す。

2原子以上からなる分子では，原子が電界によって移動したために生じる原子分極もある。

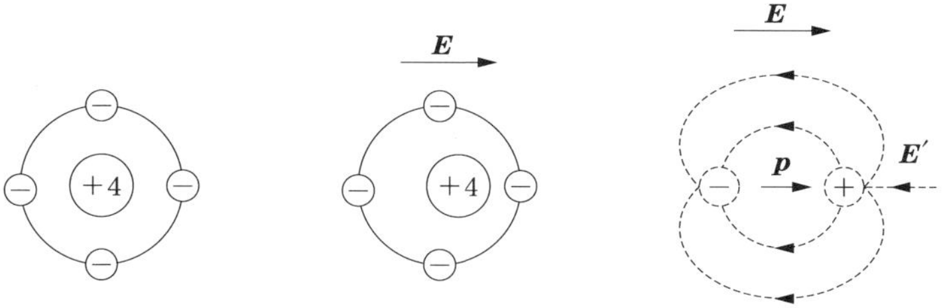

図 *4.1*　1原子分子の電子分極の摸式図

4.1.3　分極の強さ

誘電体の構成分子は極性，非極性分子を問わず電界 $\boldsymbol{E}$ のなかで $\boldsymbol{p}$ をもち，**図 *4.2*** のように平均的にある方向に配向する。誘電体中に微小体積 δv（分子のオーダよりはるかに大きいとする）をとり，そのなかにある双極子モーメン

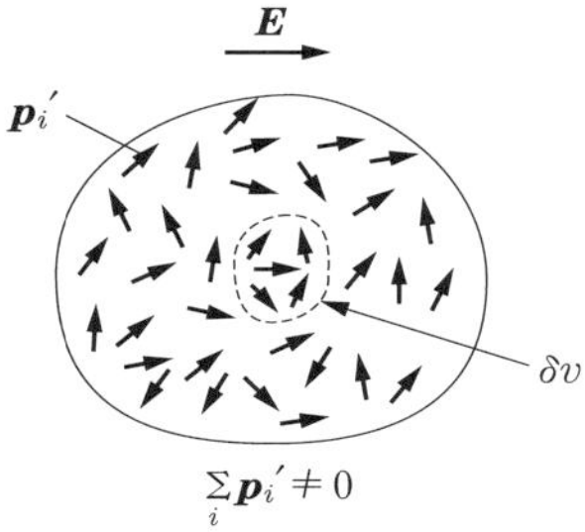

図 *4.2*　電界のなかに置かれた誘導体分子の配向の摸式図

トのベクトル和を $\sum \boldsymbol{p}_i$ とし，単位体積当りの双極子モーメントを $\boldsymbol{P}$ とすると

$$\boldsymbol{P} = \frac{\sum \boldsymbol{p}_i}{\delta v} \tag{4.1}$$

となる。この $\boldsymbol{P}$ を**電気分極**（electric polarization）といい（単に分極ともいう），分極の強さを表す。ここで $\boldsymbol{p}_i$ は不連続量であるが δv 中に多数あるので，$\boldsymbol{P}$ を連続量として扱ってもさしつかえない。

いま**図 4.3** に示すように，分極した誘電体のなかに δv として $\boldsymbol{P}$ に平行な直方体を考え，そのなかでは $\boldsymbol{P}$ は一様であると考える。この直方体を拡大しその稜（りょう）に沿って直角座標系を設けたものを**図 4.4** に示す。はじめこれに電界が作用していないときは，そのなかの正，負の電荷は体積密度 ρ_e'，$-\rho_e'$ でたがいに中和している。これに電界が作用して，正電荷が x 軸の正の向きに $\boldsymbol{s}$ だけ変位し x 軸に垂直な両端面に $\rho_e' s\Delta y\Delta z$，$-\rho_e' s\Delta y\Delta z$ の電荷が現れたとすると，大きさが $\rho_e' s\Delta x\Delta y\Delta z$ の電気双極子ができたことになる。したがって

$$\boldsymbol{P} = \frac{\rho_e' \boldsymbol{s}\Delta x\Delta y\Delta z}{\Delta x\Delta y\Delta z} = \rho_e' \boldsymbol{s} \tag{4.2}$$

となる。ところが両端面に現れた分極電荷の面積密度を σ' とすると

$$\sigma' = \frac{\rho_e' s\Delta y\Delta z}{\Delta y\Delta z} = \rho_e' s \tag{4.3}$$

であるから，分極の大きさ P は

$$P = \rho_e' s = \sigma' \tag{4.4}$$

となり，電荷の変位方向に垂直な面の単位面積当りに現れる分極電荷量に等しくなる。また，この値は δv 内部で電荷の変位方向に垂直な面を通る電荷密度に等しくなる。

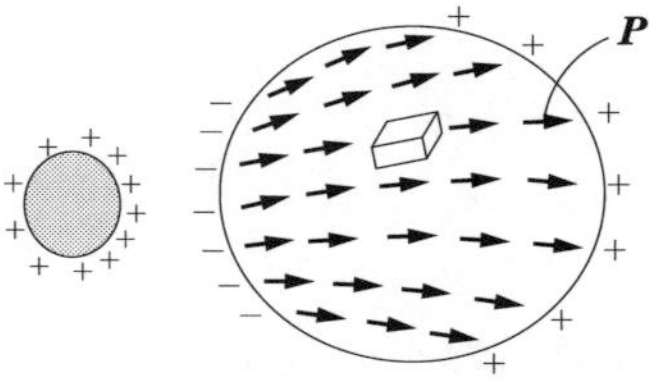

図 4.3　分極した誘電体

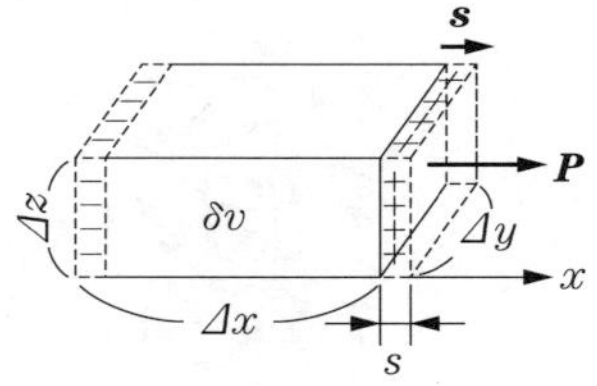

図 4.4　分極した微小直方体

以上により $\boldsymbol{P}$ は，誘電体内の一点で電荷の変位に垂直な面を単位面積当りに通る電荷量をその大きさとし，正電荷の変位方向をその方向とするベクトル量であるといえる。

分極電荷に対して，導体中の電荷を**真電荷**（true charge）という。

4.1.4　分極と分極電荷密度との一般的な関係

図 4.5 に示すように，分極した誘電体の内部に閉曲面 S に囲まれた体積 V の領域を考えると，分極によりこの領域から外に出た正味の正電荷量 Q' は分極ベクトルを $\boldsymbol{P}$ とすると，式 (4.5) で与えられる。

$$\oint_{\mathrm{S}} \boldsymbol{P}\cdot\boldsymbol{n}dS = Q' \tag{4.5}$$

領域内に残った電荷量は $-Q'$ となるから，その体積密度を ρ_e' とすると

$$-Q' = \int_{\mathrm{V}} \rho_e' dv \tag{4.6}$$

$$\oint_{\mathrm{S}} \boldsymbol{P}\cdot\boldsymbol{n}dS = -\int_{\mathrm{V}} \rho_e' dv \tag{4.7}$$

となる。$\boldsymbol{P}$ が一様な場合は $\rho_e' = 0$ となり，分極電荷は表面にだけ現れる。

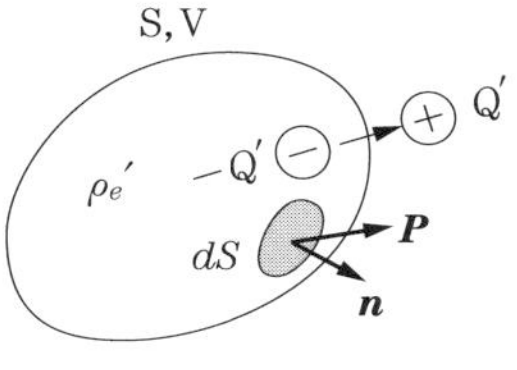

図 4.5　分極と分極電荷

4.2　誘電体内の電界

4.2.1　電　束　密　度

図 4.6 に示すような帯電した導体と，分極した誘電体が存在する場合の電界について考える。閉曲面 S で囲まれた領域のなかにある導体の真電荷を $+Q$，誘電体の表面分布分極電荷を $-Q_S'$，体積分布分極電荷を $-Q_V'$ とす

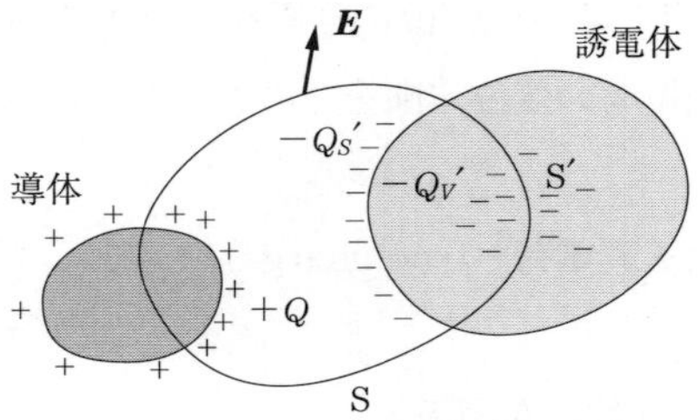

図 4.6 帯電導体と分極した誘電体による電界

る。このような場合の電界は，導体の真電荷，誘電体の表面および体積中に分布する分極電荷すべてが真空中に共存する場合の電界 $\boldsymbol{E}$ と等価であるとして扱うことができる。いま閉曲面 S で囲まれた領域にガウスの法則を適用すると

$$\oint_S \boldsymbol{E}\cdot\boldsymbol{n}dS = \frac{1}{\varepsilon_0}(Q - Q_S{}' - Q_V{}') \tag{4.8}$$

となる。分極により，閉曲面 S の一部分をなす誘電体中の面 S′ を通過した正電荷は，$\boldsymbol{P}$ の定義より

$$(Q_S{}' + Q_V{}') = \oint_{S'} \boldsymbol{P}\cdot\boldsymbol{n}dS = \oint_S \boldsymbol{P}\cdot\boldsymbol{n}dS \tag{4.9}$$

となるから，式 (4.8)，(4.9) より

$$\oint_S \boldsymbol{E}\cdot\boldsymbol{n}dS = \frac{1}{\varepsilon_0}(Q - \oint_S \boldsymbol{P}\cdot\boldsymbol{n}dS)$$

が成り立つ。この式より

$$\oint_S (\varepsilon_0\boldsymbol{E} + \boldsymbol{P})\cdot\boldsymbol{n}dS = Q \tag{4.10}$$

なる関係が導かれる。ここで

$$\boldsymbol{D} = \varepsilon_0\boldsymbol{E} + \boldsymbol{P} \tag{4.11}$$

とおくと，式 (4.10) は

$$\oint_S \boldsymbol{D}\cdot\boldsymbol{n}dS = Q \tag{4.12}$$

となり，真電荷 Q が体積密度 ρ_e で分布している場合，式 (4.12) は

$$\oint_S \boldsymbol{D}\cdot\boldsymbol{n}dS = \int_V \rho_e dv \tag{4.13}$$

となる。ここで導入した $\boldsymbol{D}$ は $\boldsymbol{P}=0$ のところでは式 (2.25) で定義した真空中の電束密度を，$\boldsymbol{P} \neq 0$ のところでは誘電体中の電束密度を表す。したがって，式 (4.12)，(4.13) は，誘電体中も含めたより一般的な場合における $\boldsymbol{D}$ についてのガウスの法則を表す。言い換えれば，真電荷 Q によってつくられる場は真空中であるか誘電体中であるかにかかわらず $\boldsymbol{D}$ であることになる。

4.2.2 電気感受率と誘電率

分極 $\boldsymbol{P}$ はその点における電界 $\boldsymbol{E}$ に誘発された量である。普通の誘電体は非晶質か多結晶であるため，そのなかでは $\boldsymbol{P}$ と $\boldsymbol{E}$ の方向は一致すると考えてよい。したがって，このような誘電体では $\boldsymbol{P}$ と $\boldsymbol{E}$ の関係は，比例係数を χ_e として

$$\boldsymbol{P} = \chi_e \varepsilon_0 \boldsymbol{E} \tag{4.14}$$

と表すことができる。この χ_e を**電気感受率**（electrostatic susceptibility）という。

式 (4.14) の関係を用いると，式 (4.11) は

$$\boldsymbol{D} = \varepsilon_0 (1 + \chi_e) \boldsymbol{E} \tag{4.15}$$

となる。そこで

$$\varepsilon_r = 1 + \chi_e \tag{4.16}$$

$$\varepsilon = \varepsilon_0 \varepsilon_r \tag{4.17}$$

とおくと

$$\boldsymbol{D} = \varepsilon \boldsymbol{E} \tag{4.18}$$

なる関係が得られる。ここで，ε_0 は **1.4.3** 項で導入した真空の誘電率 (F/m) であり，式 (4.18) は真空中における $\boldsymbol{D}$ と $\boldsymbol{E}$ の関係式 (2.25) を誘電体の場合に一般化したものとなっている。ε は誘電体の誘電率と呼ばれ，また，ε_r は式 (4.17) より ε と ε_0 の比を与えるから**比誘電率**（relative permittivity, dielectric constant）と呼ばれる。いろいろな物質の比誘電率を**表 4.1** に示す。

表 4.1　いろいろな物質の比誘電率

	物　　質	比誘電率 ε_r	備	考
気体	水　　素	1.000 272	1気圧 0 °C	外領域の下まで波数に無関係
	酸　　素	1.000 494	1気圧 20°C	
	窒　　素	1.000 547	〃	
	二酸化炭素	1.000 922	〃	
	空気（乾燥）	1.000 536	〃	
液体	水	80.36	20°C	十分に低い周波数
	パラフィン油	2.2	〃	
	エチルアルコール	24.3	25°C	
固体	アルミナ	8.5	20〜100°C	50〜10^6 Hz
	雲　　母	7.0	〃	50〜10^8 Hz
	溶融石英	3.8	20〜150°C	〃
	シリコンゴム	8.5〜8.6	20°C	〃
	パラフィン	2.2	〃	10^6〜10^9 Hz
	ポリスチレン	2.5〜2.7	室　温	10^6 Hz

例題 4.1　図 4.7（a）に示すように，間隔 d の 2 枚の平行平板電極間と誘電率 ε の誘電体からなる平行板キャパシタに，起電力 V の直流電源を接続して密度 $\pm\sigma$〔C/m²〕の電荷を与えた。図（b）は誘電体の表面に現れた密度 $\mp\sigma'$〔C/m²〕の分極電荷と密度 $\pm\sigma$ の真電荷が真空中に共存していることを表している。σ と σ' との関係および単位面積当りの静電容量 C〔F/m²〕を求めよ。

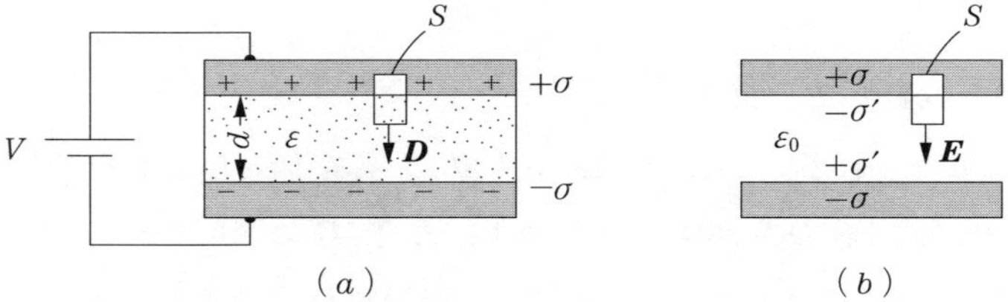

図 4.7　誘電体を用いた平行板キャパシタ

【解答】　図（a）の断面で示した底面積 S の円筒領域に，$\boldsymbol{D}$ に関するガウスの法則 (4.12) を適用すると $DS=\sigma S$ となるから，これより

$$D=\sigma \tag{4.19}$$

なる関係が導かれる。図 (b) の底面積 S の円筒領域に $\boldsymbol{E}$ に関するガウスの法則を適用すると

$$ES = \frac{\sigma - \sigma'}{\varepsilon_0} S \quad \therefore \quad E = \frac{\sigma - \sigma'}{\varepsilon_0}$$

となる。ところが式 (4.18) より $E = D/\varepsilon$ である。以上により

$$\sigma' = \sigma\left(1 - \frac{\varepsilon_0}{\varepsilon}\right) \tag{4.20}$$

が得られる。また，$\sigma = D = \varepsilon E$，$V = Ed$ であるから $\sigma = (\varepsilon/d)V$ となり，これより

$$C = \frac{\varepsilon}{d} \tag{4.21}$$

が得られる。 ◇

4.3 誘電体の境界面

4.3.1 境界面における電束密度と電界

誘電率の異なる2種類の誘電体の境界面において，電束密度 $\boldsymbol{D}$ と電界の強さ $\boldsymbol{E}$ は以下の条件を満足する。

1） 境界面に真電荷がない場合は，電束密度 $\boldsymbol{D}$ の境界面に垂直な成分は境界面の両側で等しく連続である　　図 4.8 に誘電率が ε_1，ε_2 である2種類の誘電体の境界面とその両側における $\boldsymbol{D}$ を示す。境界面の両側における法線単位ベクトル $-\boldsymbol{n}$ と $\boldsymbol{n}$ を図のようにとり，$\boldsymbol{D}$ の力線すなわち電束線で囲まれた電束管の断面において，a b c d で示される領域の面 S にガウスの定理を適用すると，真電荷がないから

$$\oint_S \boldsymbol{D} \cdot \boldsymbol{n} dS = -D_1 \Delta S \cos\theta_1 + D_2 \Delta S \cos\theta_2$$
$$= -\boldsymbol{D}_1 \cdot \boldsymbol{n} \Delta S + \boldsymbol{D}_2 \cdot \boldsymbol{n} \Delta S = 0$$

が成り立つ。これより

$$D_1 \cos\theta_1 = D_2 \cos\theta_2 \tag{4.22}$$

なる関係と，そのベクトル形式である式 (4.23) が得られる。

$$(-\boldsymbol{D}_1 + \boldsymbol{D}_2) \cdot \boldsymbol{n} = 0 \tag{4.23}$$

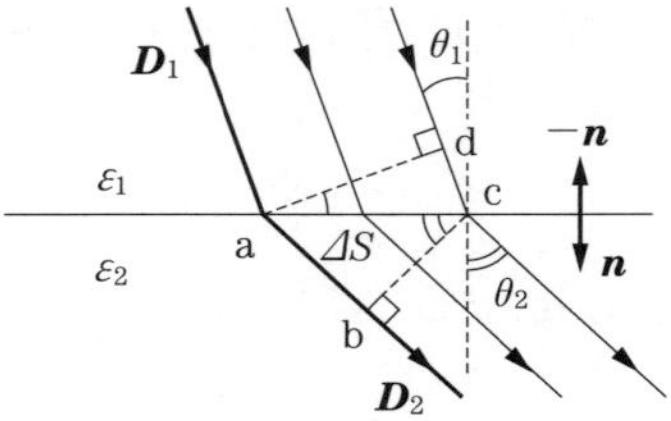

図 4.8　境界面の電束密度 $\boldsymbol{D}$

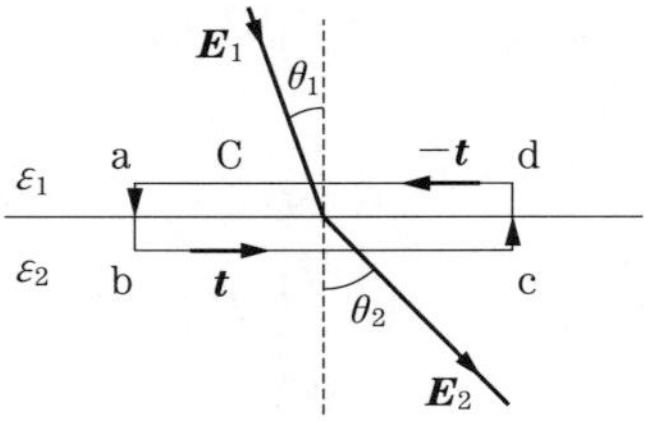

図 4.9　境界面の電界の強さ $\boldsymbol{E}$

2）　電界の強さ$\boldsymbol{E}$の境界面に平行な成分は，境界面の両側で等しく連続である　　**図 4.9** に示す2種類の誘電体の境界面において，境界面をはさんで a b c d で示される長方形の経路 C に沿って $\boldsymbol{E}$ を積分することを考える。辺 $\overline{\mathrm{ab}}$，$\overline{\mathrm{cd}}$ をきわめて小さくとってこれらに関する積分を無視し，$\overline{\mathrm{bc}} = \overline{\mathrm{ad}} = \Delta s$ として，$\overline{\mathrm{bc}}$ と $\overline{\mathrm{ad}}$ に沿って接線単位ベクトル $-\boldsymbol{t}$ と $\boldsymbol{t}$ を図のようにとると

$$\oint_{\mathrm{C}} \boldsymbol{E} \cdot d\boldsymbol{s} = -E_1 \sin\theta_1 \Delta s + E_2 \sin\theta_2 \Delta s = -\boldsymbol{E}_1 \cdot \boldsymbol{t} \Delta s + \boldsymbol{E}_2 \cdot \boldsymbol{t} \Delta s = 0$$

が成り立つ。これより

$$E_1 \sin\theta_1 = E_2 \sin\theta_2 \tag{4.24}$$

なる関係と，そのベクトル形式である式 (4.25) が得られる。

$$(-\boldsymbol{E}_1 + \boldsymbol{E}_2) \cdot \boldsymbol{t} = 0 \tag{4.25}$$

3）　境界面に真電荷がある場合は，電束密度 $\boldsymbol{D}$ の境界面に垂直な成分は境界面の両側で異なる　　真電荷の表面電荷密度を σ とすると，$-\boldsymbol{D}_1 \cdot \boldsymbol{n} \Delta S + \boldsymbol{D}_2 \cdot \boldsymbol{n} \Delta S = \sigma \Delta S$ となり

$$\therefore \quad (-\boldsymbol{D}_1 + \boldsymbol{D}_2) \cdot \boldsymbol{n} = \sigma \tag{4.26}$$

である。

4.3.2　境界面における電束線および電気力線の屈折

式 (4.22) に $D_1 = \varepsilon_1 E_1$，$D_2 = \varepsilon_2 E_2$ を代入すると

$$\varepsilon_1 E_1 \cos\theta_1 = \varepsilon_2 E_2 \cos\theta_2 \tag{4.27}$$

となる。この式 (4.27) と式 (4.24) より

$$\frac{\tan\theta_1}{\tan\theta_2}=\frac{\varepsilon_1}{\varepsilon_2} \tag{4.28}$$

なる関係が得られる。これより $\varepsilon_2>\varepsilon_1$ のときは $\theta_2>\theta_1$ であるから，電束線または電気力線が ε の小さい側から大きい側に入るときは屈折角が増加する。

ここで，式 (4.28) において $\varepsilon_2\to\infty$ である極限の場合を考えると，$\theta_1=0$ または $\theta_2=\pi/2$ でなければならない。$\theta_1=0$ の場合，式 (4.27) の左辺は有限であるから，右辺も有限であるためには $E_2=0$ であればよい。すなわち，電束線または電気力線は境界面に垂直に入り，ε_2 の誘電体中の電界は 0 である。この場合は，ε_2 の誘電体を導体で置き換えても電界の様子は変わらない。逆に，導体の存在する静電界を求める場合に導体を誘電率 ∞ の誘電体で置き換えることもできる。ただし，誘電率 ∞ の誘電体が導体であるということではない。

つぎに，$\theta_2=\pi/2$ の場合，式 (4.27) の右辺は有限であるから，$\theta_1\neq 0$ で入射した電束線または電気力線はすべて境界面に平行になることを意味する。

4.4　誘電体を含む静電界の例

4.4.1　平行電極板間にある 2 種類の誘電体

図 4.10 は，面積が十分に広く間隔が d である 2 枚の平行電極板間に，誘電率がそれぞれ ε_1 と ε_2，厚さが $d-z$ と z なる 2 種類の誘電体を入れたものを示し，その電極板間に電位差 V が与えられ，電極板に密度 σ〔C/m^2〕の正と負の真電荷が生じていることを表している。このとき電束密度 $\boldsymbol{D}$ は電極板および誘電体面に垂直となるから，二つの誘電体中の電界をそれぞれ E_1，E_2

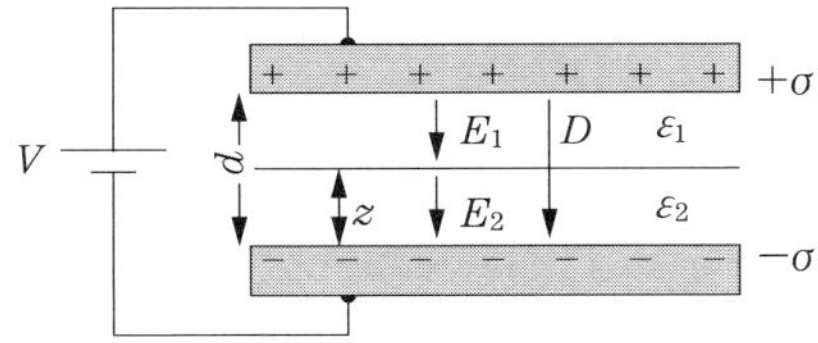

図 4.10　平行電極板間にある 2 種類の誘電体

とすると，式 (4.18)，(4.19) より $E_1 = D/\varepsilon_1 = \sigma/\varepsilon_1$，$E_2 = D/\varepsilon_2 = \sigma/\varepsilon_2$ が導かれ，これらを用いると V と σ との関係は

$$V = E_1(d - z) + E_2 z = \sigma\left[\frac{d}{\varepsilon_1} - \left(\frac{1}{\varepsilon_1} - \frac{1}{\varepsilon_2}\right)z\right]$$

となる。これより E_1 と E_2 は

$$E_1 = \frac{V}{d - (1 - \varepsilon_1/\varepsilon_2)z} \tag{4.29}$$

$$E_2 = \frac{V}{(\varepsilon_2/\varepsilon_1)d - (\varepsilon_2/\varepsilon_1 - 1)z} \tag{4.30}$$

となり，静電容量を C〔F/m²〕とすると，式 (4.31) が得られる。

$$C = \frac{\sigma}{V} = \frac{1}{d/\varepsilon_1 - (1/\varepsilon_1 - 1/\varepsilon_2)z} \tag{4.31}$$

コーヒーブレイク

エレクトレット

抵抗率がきわめて大きいテフロン FEP などの薄いフィルムを電極板上に置き，160℃程度の気中でコロナ放電により荷電すると，表裏両面に正負の電荷を半永久的に保持する電気二重層を形成する。この状態のテフロン FEP フィルムをマグネットに対してエレクトレットと称する。これを電極板上に張り，その上で別の電極板を振動させると，二つの電極板の間に交流電圧が発生する。この原理を応用し音波を交流電圧に変換するセンサが**図**に示すエレクトレットマイクロホンであり，超小形のコンデンサマイクロホンとして実用化されている。なお，エレクトレットを用いた静電モータもつくられている。

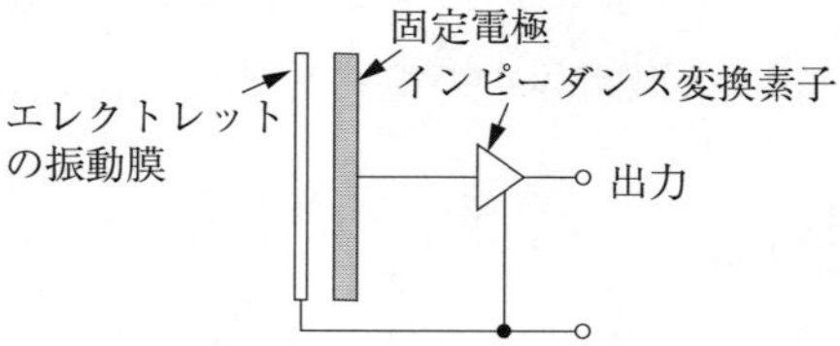

(a) 膜エレクトレット形

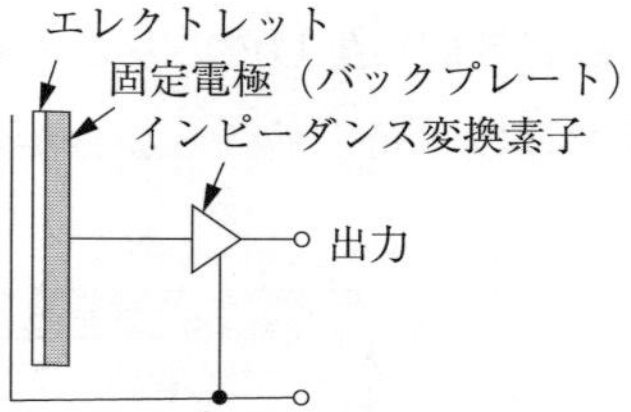

(b) バックエレクトレット形

図　エレクトレットマイクロホン

特に $\varepsilon_1 = \varepsilon_0$，$\varepsilon_2 = \varepsilon_r \varepsilon_0$ の場合に，電極間が ε_1 の誘電体だけで満たされたとき，すなわち $z = 0$ のときの E_1 を E_{10}，C を C_0 として，E_1 と E_{10}，C と C_0 との比を求めると

$$\frac{E_1}{E_{10}} = \frac{C}{C_0} = \frac{d}{d - (1 - 1/\varepsilon_r)z} \tag{4.32}$$

が得られる。

4.4.2 同心円筒導体間にある 2 種類の誘電体

図 4.11 は，長さが十分に長い外径 a の円筒導体と内径 c の同心円筒導体の間に，半径 b を境として誘電率が ε_1 と ε_2 の 2 種類の円筒誘電体を入れたものであり，円筒導体間に電位差 V を与えて密度 λ〔C/m〕の正と負の真電荷を生じさせたことを表している。電極配置の対称性から，電束は内円筒から外円筒に向けて放射状に一様に出るので，半径 $r\,(a < r < c)$ で長さ l の同心円筒領域を考え，これに電束密度 D についてのガウスの法則を適用すると

$$D \times 2\pi r l = \lambda l$$

$$\therefore \quad D = \frac{\lambda}{2\pi r} \tag{4.33}$$

である。したがって，誘電体中の電界の強さ E_1，E_2 は

$$E_1 = \frac{D}{\varepsilon_1} = \frac{\lambda}{2\pi\varepsilon_1 r}, \qquad E_2 = \frac{D}{\varepsilon_2} = \frac{\lambda}{2\pi\varepsilon_2 r} \tag{4.34}$$

となる。これらを用いると

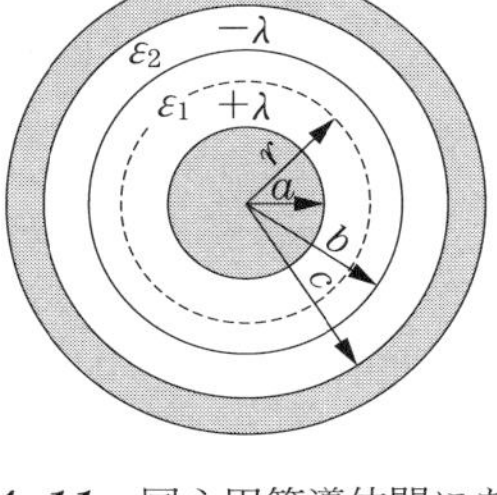

図 4.11 同心円筒導体間にある 2 種類の誘電体

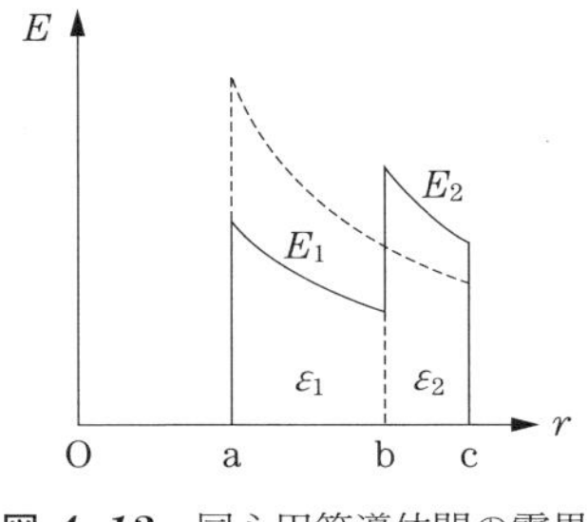

図 4.12 同心円筒導体間の電界

$$V = \int_a^b E_1 dr + \int_b^c E_2 dr = \frac{\lambda}{2\pi}\left(\frac{1}{\varepsilon_1}\log\frac{b}{a} + \frac{1}{\varepsilon_2}\log\frac{c}{b}\right) \qquad (4.35)$$

となり，これより円筒導体間の静電容量を C〔C/m〕とすると

$$C = \frac{\lambda}{V} = \frac{2\pi}{\dfrac{1}{\varepsilon_1}\log\dfrac{b}{a} + \dfrac{1}{\varepsilon_2}\log\dfrac{c}{b}} \qquad (4.36)$$

が得られる。また，式 (4.34)，(4.35) より式 (4.37) が得られる。

$$E_1 = \frac{V}{\varepsilon_1 r}\frac{1}{\dfrac{1}{\varepsilon_1}\log\dfrac{b}{a} + \dfrac{1}{\varepsilon_2}\log\dfrac{c}{b}}, \quad E_2 = \frac{V}{\varepsilon_2 r}\frac{1}{\dfrac{1}{\varepsilon_1}\log\dfrac{b}{a} + \dfrac{1}{\varepsilon_2}\log\dfrac{c}{b}} \qquad (4.37)$$

図 4.12 に，$\varepsilon_1 > \varepsilon_2$ の場合における E_1 と E_2 の様子を実線で，円筒間に1種類の誘電体しかない場合における電界の強さの例を破線で示す。これをみると，電界の強さの最大値および変化の幅とも1種類の場合よりも2種類の場合のほうが小さい。このことより，適当な誘電率の誘電体を2種類以上組み合わせると電界の変化の幅を小さくできる。地中ケーブルなどでは絶縁性の点から電界の変化の幅は小さいほうが望ましい。いくつかの誘電体を組み合わせて電界の変化幅を小さくすることを**段絶縁**（graded insulation）という。

演　習　問　題

【1】 誘電率 ε の一様な誘電体のなかに，半径 a の帯電導体球が置かれており，その電荷量は Q，表面電荷密度は σ である。誘電体中の任意の点Pにおける分極 $\boldsymbol{P}$ および境界面上の分極電荷面密度 σ' を求めよ。

【2】 **図 4.10** のように，誘電率がそれぞれ ε_1，ε_2 の2種類の誘電体1と2が平行電極板間にある。それらの境界面に現れる分極電荷密度 σ' を求めよ。

【3】 誘電率がそれぞれ ε_1，ε_2 の2種類の一様な半無限誘電体1と2が平面で接しており，その両方にまたがって中心が境界面上にあるように半径 a の金属球が埋め込まれている。この金属球の静電容量 C を求めよ。

【4】 比誘電率 $\varepsilon_r = 4.2$，絶縁耐力 $E_m = 5\,\mathrm{kV/mm}$ のガラスを用いて，50 kV に耐えうる静電容量 $C = 500\,\mathrm{pF}$ の平行板ガラスキャパシタをつくりたい。このとき必要な電極板の面積 S〔m^2〕を求めよ。

【5】 面積が十分に広い，電極板間隔が 1 cm の平行板空気キャパシタがある。この電極板間にこれと同面積で厚さ 4 mm のエボナイト板を挿入して，電極板間隔を 1.2 cm に増加させたところ，静電容量の値は不変であった。このエボナイトの比誘電率 ε_r を求めよ。

【6】 **問図 4.1** に示すように，平行電極板間に誘電率がそれぞれ ε_1 と ε_2，面積が S_1 と S_2 で，厚さが h の 2 種類の誘電体が挿入してあり，その上に厚さ d の空気層がある。極板間の静電容量 C を求めよ。

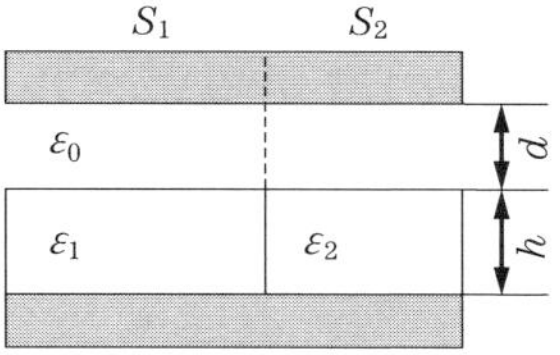

問図 4.1

【7】 誘電率 ε の無限に広い厚さ一定の誘電体板を，大きさが $\boldsymbol{E}$ の一様な電界のなかに，板の法線が電界と角度 θ をなすように置いた。誘電体中の電界 $\boldsymbol{E}'$ の大きさおよび板の両面に生じる分極電荷面密度 σ を求めよ。

【8】 **図 4.11** のような断面をもつ 2 種類の絶縁物を用いた単心ケーブルにおいて，$\varepsilon_1 = 2\varepsilon_2$ であり，外側円筒の内径 c が与えられ，これらの絶縁物（誘電体）の絶縁耐力がともに E_m である場合，このケーブルが耐えうる電圧を最大にする境界の半径 b の値と最大電圧 V_m を求めよ。

【9】 同心円筒キャパシタにおいて，そのなかの電界 $\boldsymbol{E}$ の大きさがあらゆる点で同じになるためには，誘電率 ε を半径 r とともにどのように変化させたらよいか。

5

静電界のエネルギーと力

5.1 帯電導体系の有するエネルギー

個数が n の導体からなる系において，はじめどの導体も電荷をもたず電位も 0 であるとする。そこで，まず導体 1 を電荷 Q_1，電位 V_1 まで充電するのに要する仕事 W_1 を考える。電荷 Q，電位 V に帯電している導体にさらに微小電荷 dQ を運ぶのに要する仕事は VdQ と考えてよいので，導体 1 の途中の電荷を Q，電位を V として電位係数を用いると $V = p_{11}Q$ であるから，W_1 は

$$W_1 = \int_0^{Q_1} VdQ = \int_0^{Q_1} p_{11}QdQ = \frac{1}{2}p_{11}{Q_1}^2 = \frac{1}{2}V_1Q_1 \qquad (5.1)$$

となる。つぎに，導体 2 を Q_2，V_2 にまで充電するのに要する仕事 W_2 は，途中の電荷を Q，電位を V とすると $V = p_{21}Q_1 + p_{22}Q$ であるから

$$W_2 = \int_0^{Q_2} (p_{21}Q_1 + p_{22}Q)dQ = p_{21}Q_1Q_2 + \frac{1}{2}p_{22}{Q_2}^2$$

となる。同様にして，導体 3 を Q_3，V_3 まで充電するのに要する仕事 W_3 は

$$W_3 = p_{31}Q_1Q_3 + p_{32}Q_2Q_3 + \frac{1}{2}p_{33}{Q_3}^2$$

となる。したがって，n 個の導体全体を充電するのに要する仕事を W とすると，$W = W_1 + W_2 + W_3 + \cdots W_n$ であるから

$$W = \frac{1}{2}p_{11}{Q_1}^2$$

$$+ p_{21}Q_1Q_2 + \frac{1}{2}p_{22}{Q_2}^2$$

$$
\begin{aligned}
&+ p_{31}Q_1Q_3 + p_{32}Q_2Q_3 + \frac{1}{2}p_{33}Q_3^2 \\
&\vdots \qquad\qquad \vdots \\
&+ p_{n1}Q_1Q_n + p_{n2}Q_2Q_n + p_{n3}Q_3Q_n + \cdots + \frac{1}{2}p_{nn}Q_n^2 \qquad (5.2)
\end{aligned}
$$

を得る。したがって，これだけのエネルギーが導体系に蓄えられていることになる。

すでに ***3.2.1*** 項で電位係数について $p_{ij} = p_{ji}$ なる関係が成り立つことを述べたが，この関係は，導体系を充電するときの仕事を利用することにより証明することができる。それをここに示す。式 (5.2) を導くのに，はじめ導体1を充電しつぎに導体2を充電したが，逆に導体2を先に充電し，つぎに導体1を充電するときの仕事を考え，それらを W_2' と W_1' とすると，$W_2' = (1/2)p_{22}Q_2^2$，$W_1' = (1/2)p_{11}Q_1^2 + p_{12}Q_2Q_1$ となる。導体1と2を充電するのに要する仕事は，その順序によらないから

$$\frac{1}{2}p_{11}Q_1^2 + p_{21}Q_1Q_2 + \frac{1}{2}p_{22}Q_2^2 = \frac{1}{2}p_{22}Q_2^2 + p_{12}Q_2Q_1 + \frac{1}{2}p_{11}Q_1^2$$

$$\therefore \quad p_{21} = p_{12}$$

導体1と2の充電を i 番目と j 番目の導体の充電に置き換えて考えれば

$$p_{ij} = p_{ji} \qquad (5.3)$$

が得られる。したがって，この関係と式 (3.7) より，誘導係数についても $c_{ij} = c_{ji}$ が証明される。

式 (5.3) の関係を用いると W は

$$
\begin{aligned}
W = \frac{1}{2}(&p_{11}Q_1^2 + p_{12}Q_1Q_2 + p_{13}Q_1Q_3 + \cdots + p_{1n}Q_1Q_n \\
&+ p_{21}Q_2Q_1 + p_{22}Q_2^2 + p_{23}Q_2Q_3 + \cdots + p_{2n}Q_2Q_n \\
&\vdots \qquad\qquad \vdots \\
&+ p_{n1}Q_nQ_1 + p_{n2}Q_nQ_2 + p_{n3}Q_nQ_3 + \cdots + p_{nn}Q_n^2) \\
= \frac{1}{2}&\sum_{i=1}^{n}\sum_{j=1}^{n} p_{ij}Q_iQ_j \qquad (5.4)
\end{aligned}
$$

となり，さらに $V_i = p_{i1}Q_1 + p_{i2}Q_2 + \cdots + p_{in}Q_n$ なる関係を用いると

$$W = \frac{1}{2}(V_1Q_1 + V_2Q_2 + \cdots + V_nQ_n) \tag{5.5}$$

となる。また容量係数と誘導係数を用いると $Q_i = c_{i1}V_1 + c_{i2}V_2 + \cdots + c_{in}V_n$ であるから，これと式 (5.5) より

$$\begin{aligned} W &= \frac{1}{2}(c_{11}V_1^2 + c_{12}V_1V_2 + c_{13}V_1V_3 + \cdots + c_{1n}V_1V_n) \\ &= \frac{1}{2}\sum_{i=1}^{n}\sum_{j=1}^{n} c_{ij}V_iV_j \end{aligned} \tag{5.6}$$

なる関係も得られる。

導体2個が $+Q(V_1)$，$-Q(V_2)$ に帯電している特別な場合の W は，式 (5.5) より，$W = (1/2)[V_1Q + V_2(-Q)] = (1/2)Q(V_1 - V_2)$ であり，$V = V_1 - V_2$ は導体1と2の電位差であるから，これと静電容量 C を用いると，W は式 (5.7) のようになる。

$$W = \frac{1}{2}QV = \frac{1}{2}CV^2 = \frac{1}{2}\frac{Q^2}{C} \tag{5.7}$$

例題 5.1　**図 5.1** のように，はじめスイッチSを1側に閉じ，キャパシタ C_1 を電源 E と接続して電荷 Q_0，電位 V_0 に充電した後，スイッチSを2側に閉じて電荷をもたないキャパシタ C_2 と接続する。このときの C_1 と C_2 の電位差 V を求めよ。また，スイッチSを切り替える前と後におけるこの系のエネルギーを求め比較せよ。もし両者に差があるときはその差はどうなったのか。

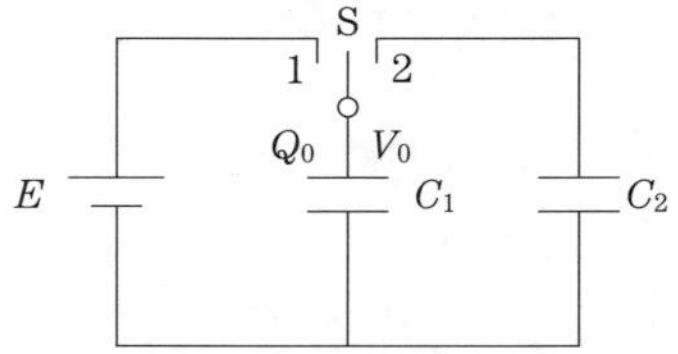

図 5.1　充電されたキャパシタと充電されていないキャパシタ

【解答】 スイッチSを2側に閉じた後の C_1, C_2 の電荷を Q_1, Q_2 とすると，$Q_0 = Q_1 + Q_2$ が成り立つ。ここで $Q = CV$ の関係を用いると $C_1V_0 = C_1V + C_2V$

$$\therefore \quad V = V_0 \frac{C_1}{C_1 + C_2}$$

スイッチSを2側に閉じる前の系のエネルギーを W_0 とすると $W_0 = (1/2)C_1V_0^2$ であり，閉じた後の系のエネルギーを W とすると

$$W = \frac{1}{2}C_1V^2 + \frac{1}{2}C_2V^2 = \frac{1}{2}(C_1 + C_2)\left(\frac{V_0C_1}{C_1 + C_2}\right)^2 = \left(\frac{C_1}{C_1 + C_2}\right)W_0$$

となる。すると

$$W_0 - W = \frac{C_2}{C_1 + C_2}W_0 \tag{5.8}$$

だけのエネルギーが消失したことになり，これは二つのキャパシタをつなぐ導線のなかに発生したジュール熱となった。◇

例題 5.2 図 3.8 のような面積 S，間隔 d の平行板キャパシタに電荷 Q，電位差 V_0 を与えておき，その間に，面積 S，厚さ d，誘電率 ε の同形の絶縁体板を挿入したとき電位差が V になったとする。絶縁板を挿入する前と後の平行板間のエネルギー W_0 と W，それらの差 $\varDelta W$ を求めよ。また，この $\varDelta W$ は何を意味しているのか。

【解答】 絶縁体板を挿入する前とした後の静電容量をそれぞれ，C_0, C とすると，式 (5.7) より $W_0 = (1/2)C_0V_0^2$, $W = (1/2)CV^2$ であり，また $C = (\varepsilon/\varepsilon_0)C_0$, $V = (\varepsilon_0/\varepsilon)V_0$ が成り立つから，これらの関係より

$$\varDelta W = W - W_0 = \frac{1}{2}C_0V_0^2\left(\frac{\varepsilon_0}{\varepsilon} - 1\right) \tag{5.9}$$

が得られる。これをみると $\varDelta W < 0$ であるから，このことは絶縁板が人の手に引き込む向きの力を及ぼし，人の手に対して仕事をすることを示している。◇

5.2 電界のなかに蓄えられるエネルギー

これまで，帯電導体系のエネルギーは導体に付随した電荷が電界中にポテンシャルエネルギーとしてもっているものと考えてきた。しかしながら，クーロン力の近接（媒達）作用の立場に立てば，このエネルギーは周囲の空間にひず

みのエネルギーとして蓄えられていると考えることもできる。この考えに基づき電界のなかに蓄えられるエネルギーの密度 w〔J/m^3〕を求めてみる。

そこで，まず**図 3.8** のような充電された平行板キャパシタについて考える。極板間の電位差 V，電界の強さ E，極板の間隔 d，電荷量 Q，表面電荷密度 σ，極板の面積 S，および真空の誘電率 ε_0 の間には $V = Ed$，$Q = \sigma S$，$\sigma = \varepsilon_0 E$ なる関係があるから，これらと式 (5.7) より平行板キャパシタの極板間の空間に蓄えられるエネルギー W として

$$W = \frac{1}{2}\varepsilon_0 E^2 Sd \tag{5.10}$$

を得る。ここで Sd は極板間の空間の体積であるから，電界のエネルギー密度 w〔J/m^3〕は

$$w = \frac{\varepsilon_0}{2}E^2 \tag{5.11}$$

で与えられる。

これより電界のエネルギー密度 w は，一般に式 (5.12) で与えられる。

$$w = \frac{\varepsilon}{2}\boldsymbol{E}^2 = \frac{1}{2\varepsilon}\boldsymbol{D}^2 = \frac{1}{2}\boldsymbol{E}\cdot\boldsymbol{D} \tag{5.12}$$

例題 5.3　電荷量 Q に帯電した半径 a の導体球が真空中に置かれている。その周囲の空間に蓄えられている全エネルギー W を計算し，それが導体球に蓄えられるエネルギーとして求めたものと等しいことを示せ。

【解答】　導体球の中心から $r(> a)$ の距離にある点の電界 E は $E = (1/4\pi\varepsilon_0)\times(Q/r^2)$ で与えられるから，式 (5.11) に代入して

$$w = \frac{1}{2}\varepsilon_0 E^2 = \frac{1}{32\pi^2\varepsilon_0}\frac{Q^2}{r^4}$$

より

$$W = \int_a^\infty w \times 4\pi r^2 dr = \int_a^\infty \frac{Q^2}{8\pi\varepsilon_0 r^2}\,dr = \frac{Q^2}{8\pi\varepsilon_0}\left[-\frac{1}{r}\right]_a^\infty = \frac{Q^2}{8\pi\varepsilon_0 a}$$

が得られる。ところで，導体球の静電容量は式 (3.9) より $C = 4\pi\varepsilon_0 a$ で，それに蓄えられるとしたエネルギーは式 (5.7) より $W = Q^2/2C$ であるから，上式と一致する。　◇

5.3 導体表面に働く力

電荷密度 σ〔C/m^2〕に帯電している導体表面において，**図 5.2** のように，電荷を面積 $\varDelta S$ の微小部分のものと残りのものとに分け，微小部分のものを外に取り出し，それと残りのものとが重なったものが，もとの電荷であると考える。導体表面付近の外におけるもとの電界を E，微小部分の電荷を取り出した後の表面付近の内外における電界を E_1，取り出した微小部分の電荷の近傍両側における電界を E_2 とすると $E_1 + E_2 = E$ が成り立ち，また導体内の電界は 0 であるから $E_1 - E_2 = 0$ であり，ゆえに $E_1 = E_2 = (1/2)E$ となる。

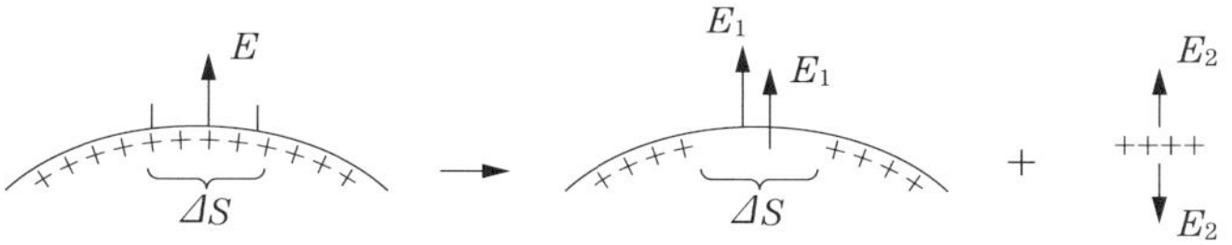

図 5.2　導体表面の電界

表面の微小部分の電荷 $\sigma\varDelta S$ に働く力 $\varDelta F$ は，$\sigma\varDelta S$ が E_1 から受ける力と考えられるから $\varDelta F = \sigma\varDelta S E_1$ であり，$\sigma = \varepsilon_0 E$ であるから $\varDelta F = \varepsilon_0 E E_1 \varDelta S = (1/2)\varepsilon_0 E^2 \varDelta S$ となる。したがって，単位面積当りに働く力を f〔N/m^2〕とすると式 (5.13) が得られる。

$$f = \frac{1}{2}\varepsilon_0 E^2 \tag{5.13}$$

5.4 導体系に働く力

5.4.1 各導体の電荷が一定に保たれる場合

帯電した n 個の導体が，**図 5.3** のように滑らかな絶縁体板上にピンで止められているとする。このとき，導体 1 には**図 5.4** に示すように，x 軸の正方向に力 F_x が働くとして，この F_x により導体 1 を反対方向の力 $-F_x$ を作用

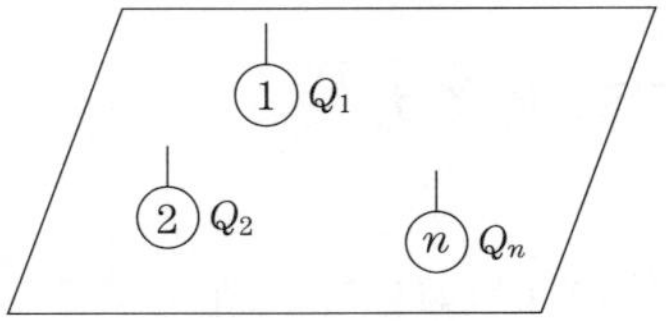

図 5.3　滑らかな絶縁体板上にピン止めされた n 個の帯電導体

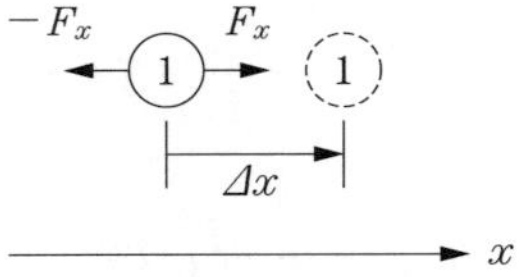

図 5.4　導体 1 の仮想変位

させて準静的過程により，x 軸の正方向へ $\varDelta x$ だけ仮想変位させたとする。すると F_x は外部に対して $F_x\varDelta x$ の仮想仕事をしたことになり，導体系はその分だけ内部エネルギーが変化する。このエネルギーの変化分を $\varDelta W$ とすると

$$F_x \varDelta x + \varDelta W = 0 \tag{5.14}$$

が成り立つ。この関係より F_x について

$$F_x = -\frac{\partial W}{\partial x} \tag{5.15}$$

が得られる。$\partial W/\partial x < 0$ のとき $F_x > 0$ であるから F_x は系のエネルギーが減少する向きに働く。各導体の電荷 $Q_i\,(i = 1,\ 2,\ \cdots,\ n)$ は一定であるから，W を電位係数を用いた式で表すと，式 (5.16) が得られる。

$$F_x = -\frac{1}{2}\sum_{i=1}^{n}\sum_{j=1}^{n}\frac{\partial p_{ij}}{\partial x}Q_iQ_j \quad \text{〔N〕} \tag{5.16}$$

5.4.2　各導体の電位を一定に保つ場合

各導体には**図 5.5** のように電源が接続されており，それらの電位 $V_i\,(i = 1,\ 2\cdots,\ n)$ は一定に保たれているとする。このとき，導体 1 に対し **5.4.1** 項の場合と同様な仮想仕事を行うと，この場合には電位を一定に保つよう電源から導体系へエネルギー $\sum V_i \varDelta Q_i$ の補給が生じるので，式 (5.14) のかわりに

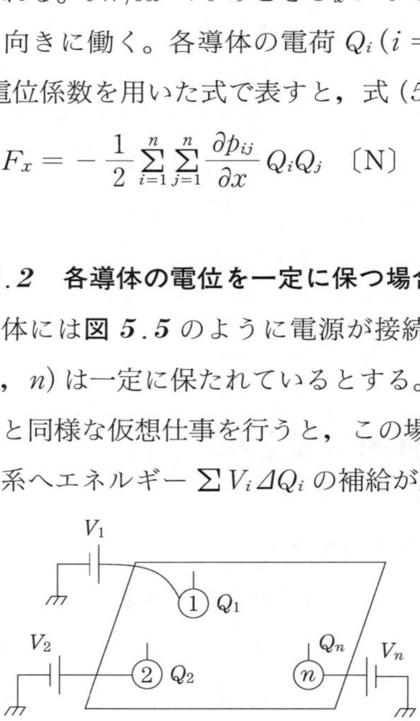

図 5.5　滑らかな絶縁体板上にピン止めされ，電源を接続された n 個の導体

$$F_x \varDelta x + \varDelta W = \sum_{i=1}^{n} V_i \varDelta Q_i \tag{5.17}$$

が成り立つ。ところが，$\varDelta W$ は

$$\varDelta W = \frac{1}{2}\sum_{i=1}^{n}\sum_{j=1}^{n} \varDelta c_{ij} V_i V_j \tag{5.18}$$

で与えられる。また $\varDelta Q_i = \sum_{j=1}^{n} \varDelta c_{ij} V_j$ であるから

$$\sum_{i=1}^{n} V_i \varDelta Q_i = \sum_{i=1}^{n} V_i \sum_{j=1}^{n} \varDelta c_{ij} V_j = \sum_{i=1}^{n}\sum_{j=1}^{n} \varDelta c_{ij} V_i V_j \tag{5.19}$$

となる。したがって，式 (5.17)～(5.19) より $F_x \varDelta x = (1/2)\sum_{i=1}^{n}\sum_{j=1}^{n} \varDelta c_{ij} V_i V_j$ $= \varDelta W$ となり，この関係より式 (5.20) を得る。

$$F_x = \frac{\partial W}{\partial x} = \frac{1}{2}\sum_{i=1}^{n}\sum_{j=1}^{n} \frac{\partial c_{ij}}{\partial x} V_i V_j \quad \text{〔N〕} \tag{5.20}$$

すなわち，この場合の F_x は系のエネルギーが増加する向きに働く。なお

$$\varDelta W = F_x \varDelta x = \frac{1}{2}\sum_{i=1}^{n} V_i \varDelta Q_i \quad \text{〔J〕} \tag{5.21}$$

であるので，電源から移動したエネルギー $\sum V_i \varDelta Q_i$ の半分は導体系の内部エネルギーの増加となり，残りの半分は導体1が外部になす仕事となる。

例題 5.4　**図 5.6** に示すように，間隔 d の長方形平行板キャパシタの極板1と2にそれぞれ Q，$-Q$ を与えたとき，極板1に働く力 F_x を求めよ。極板の面積 S は十分に広く，極板の端における電界の乱れは無視できるものとする。

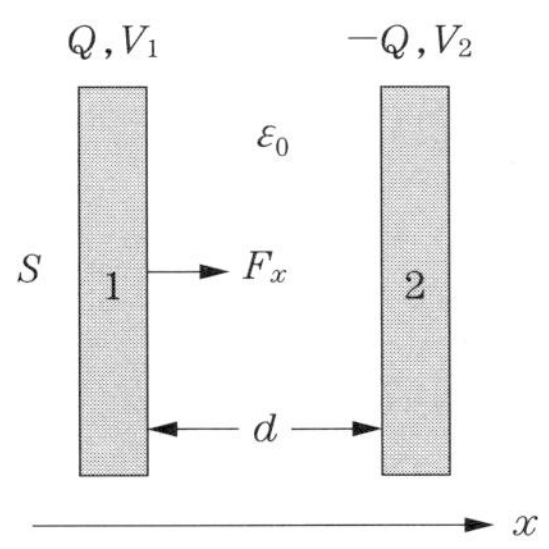

図 5.6　平行板キャパシタの極板に働く力

【解答】 x 軸と力の方向を図のようにとる。電荷が一定に保たれるとすれば，$Q_1 = Q$，$Q_2 = -Q$ とおくと，式 (5.16) より

$$F_x = -\frac{1}{2}Q^2\frac{\partial}{\partial x}(p_{11} - 2p_{12} + p_{22}) \tag{5.22}$$

となる。極板 1 と 2 の電位を V_1 と V_2 とし，極板間の静電容量 C を用いると

$$V_1 = p_{11}Q_1 + p_{12}Q_2 = (p_{11} - p_{12})Q, \quad V_2 = p_{21}Q_1 + p_{22}Q_2 = (p_{21} - p_{22})Q$$

であるから，電位差 $V = V_1 - V_2$ は下式のようになる。

$$V = Q(p_{11} - 2p_{12} + p_{22}) \quad \therefore \quad \frac{V}{Q} = \frac{1}{C} = p_{11} - 2p_{12} + p_{22}$$

以上の関係，$C = \varepsilon_0 S/d$ および $Q/S = \sigma$ を用いて式 (5.22) を書き換えると，$\Delta x = -\Delta d$ であるから

$$F_x = -\frac{1}{2}Q^2\frac{\partial}{\partial x}\frac{1}{C} = \frac{1}{2}Q^2\frac{\partial}{\partial d}\frac{1}{C} = \frac{1}{2}\frac{Q^2}{\varepsilon_0 S}\frac{\partial}{\partial d}d = \frac{1}{2\varepsilon_0}\left(\frac{Q}{S}\right)^2 S \quad \text{〔N〕} \tag{5.23}$$

となり，極板 1 に働く力はその面に垂直で極板 2 のほうへ向かう。 ◇

例題 5.5　**図 5.6** の平行板キャパシタの極板 1 と 2 の間に電源を接続し，電位差 $V = V_1 - V_2 > 0$ を与えたとき，極板 1 に働く力 F_x を求めよ。

【解答】 極板 2 を電位の基準とし $V_2 = 0$ とすると $V_1 = V$ となるので式 (5.20) は式 (5.24) となる。

$$F_x = \frac{1}{2}\frac{\partial c_{11}}{\partial x}V^2 \tag{5.24}$$

ここに $Q_1/V_1 = c_{11} = Q/V = C = (\varepsilon_0/d)S$ であり，$\Delta x = -\Delta d$ であるから

$$F_x = \frac{1}{2}V^2\varepsilon_0 S\frac{\partial}{\partial x}\frac{1}{d} = -\frac{1}{2}V^2\varepsilon_0 S\frac{\partial}{\partial d}\frac{1}{d} = \frac{1}{2}\varepsilon_0\left(\frac{V}{d}\right)^2 S \quad \text{〔N〕} \tag{5.25}$$

となり，この場合も極板 1 に働く力はその面に垂直で極板 2 に向かう。 ◇

5.5　誘電体の境界面に働く力

5.5.1　電界が界面に垂直な場合

誘電率 ε_1 と ε_2 の誘電体 (1) と (2) が，**図 5.7** のように平面を界面として接しており，誘電体 (1) から (2) へ界面に対して垂直方向に電界が存在しているとする。このとき，界面にはその垂直方向に誘電体 (1) から (2) への

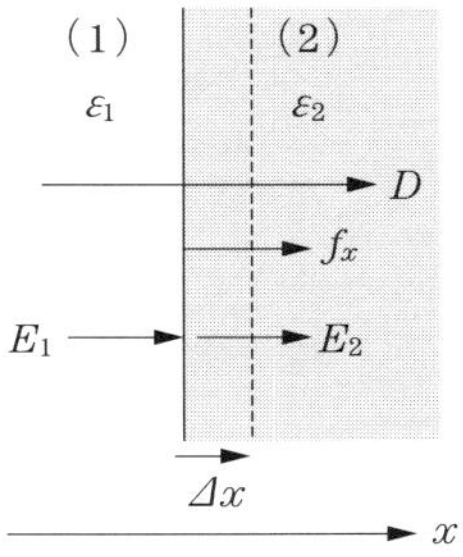

図 5.7 2種類の誘電体の平面上境界面に垂直に電界が加えられたとき，その平面に働く力

向きに力が働いているとして，この力により界面を反対方向の力を作用させて準静的過程により，電界と同じ方向にとった x 軸の正方向に Δx だけ仮想変位したとすると，その部分のエネルギーが変化する。このとき，界面の単位面積当りに働く力を f_x とすると，それが外部になした仮想仕事は単位面積当り $f_x\Delta x$ であり，単位面積当りの内部エネルギー変化を ΔW とすると

$$f_x\Delta x + \Delta W = 0 \tag{5.26}$$

が成り立つ。誘電体 (1) の体積エネルギー密度 w_1，誘電体 (2) のそれを w_2 とすると $\Delta W = (w_1 - w_2)\Delta x$ であるので，これと式 (5.26) から

$$f_x = (w_2 - w_1) \tag{5.27}$$

が得られる。そこで，誘電体 (1) と (2) のなかの電界の強さを E_1 と E_2 とし，電束密度は同じでなのでこれを D とすると下式のようになる。

$$w_2 - w_1 = \frac{1}{2}E_2D - \frac{1}{2}E_1D = \frac{1}{2}(E_2 - E_1)D$$

これを式 (5.27) へ代入し誘電率を用いると，f_x は式 (5.28) となる。

$$f_x = \frac{1}{2}(E_2 - E_1)D = \frac{1}{2}\left(\frac{1}{\varepsilon_2} - \frac{1}{\varepsilon_1}\right)D^2 \quad [\mathrm{N/m^2}] \tag{5.28}$$

この関係より，$\varepsilon_1 > \varepsilon_2$ のときは $f_x > 0$ であるので，f_x は誘電率が大きいほうから小さいほうへ働くことがわかる。

5.5.2 電界が界面に平行な場合

図 5.8 に示すように，誘電率 ε_1 と ε_2 の誘電体 (1) と (2) が間隔 d の2

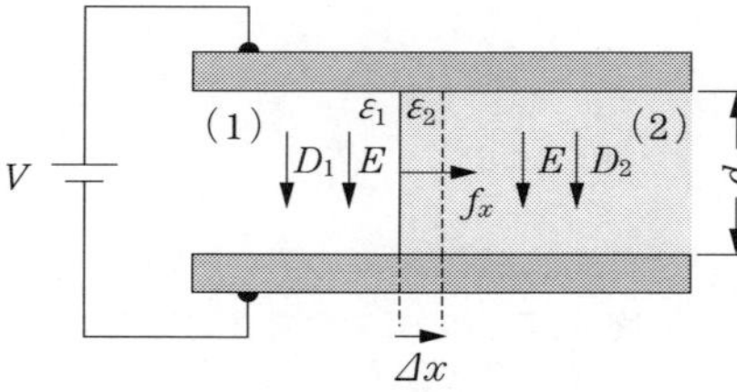

図 5.8　2 種類の誘電体

枚の平行板電極間に，それらの板面に垂直な平面を境界面として置かれ，電極間には電源が接続されて電極間の電位差が一定値 V に保たれているとする。このとき，界面に対して **5.5.1** 項の場合と同様な仮想仕事を行うと，この場合の電界は界面に対して平行で，Δx の部分の電束密度が D_2 から D_1 に変わるので，Δx に対応する電極面上で電源からの電荷補充が生じる。したがって，この場合のエネルギー収支は，Δx 部分の紙面に垂直な単位長当りを考えると

$$f_x d\Delta x + (w_1 - w_2)d\Delta x = V(D_1 - D_2)\Delta x \tag{5.29}$$

となる。またこの関係は，誘電体（1）と（2）のなかにおいて電界の強さ E がいずれも $E = V/d$ であることから $f_x d\Delta x + (w_1 - w_2)d\Delta x = Ed(D_1 - D_2)\Delta x$ となり，これより

$$f_x = -(w_1 - w_2) + E(D_1 - D_2) \tag{5.30}$$

が得られる。ここで

$$w_1 - w_2 = \frac{1}{2}ED_1 - \frac{1}{2}ED_2 = \frac{1}{2}E(D_1 - D_2)$$

であるので，これを式 (5.30) へ代入し，誘電率を用いると，式 (5.31) が得られる。

$$f_x = \frac{1}{2}(D_1 - D_2)E = \frac{1}{2}(\varepsilon_1 - \varepsilon_2)E^2 \quad [\mathrm{N/m^2}] \tag{5.31}$$

この関係より，$\varepsilon_1 > \varepsilon_2$ のとき $f_x > 0$ であるので，この場合も f_x は誘電率が大きいほうから小さいほうへ働くことになる。

例題 5.6　**図 5.9** に示すように，電位差 V が与えられた幅 a の 2 枚の長方形導体板が間隔 d で平行に配置され，その間に導体板と向き合う面がそれ

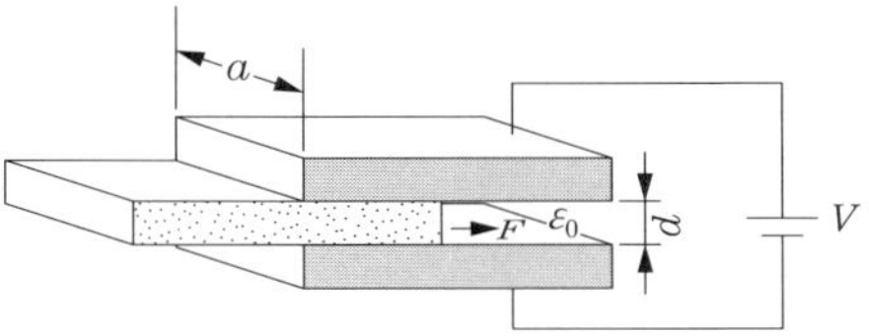

図 5.9 電位差 V を与えられた2枚の平行導体板にはさまれた誘電体板に働く力

コーヒーブレイク

静電マイクロモータ

静電モータは電圧を加えた導体と導体の間に働く力を利用するもので，電圧が高いほど回転力も強くなるが，あまり電圧を高くすると放電が生じてしまうため，実用になるほどの強い回転力を出すことができない。

しかし，静電モータの回転子の寸法を μm 程度にすると放電が起こりにくくなるので，電圧を高めて回転力を増すことができ，マイクロマシン用のモータとして注目されている。**図**(*a*)はアメリカでつくられた回転子直径 120 μm の 8-12 極のサイド駆動マイクロモータを，図(*b*)はヨーロッパでつくられた回転子直径 320 μmの 8-6 極の両面駆動マイクロモータを示す。回転子は必ずしも導体でなくてもよい。図(*c*)は筆者の一人によりつくられた回転子直径 3 mm の駆動面にエレクトレットを取り付けた 4-6 極の片面駆動エレクトレットモータを示す。これらのモータは固定子に多相の方形波電圧を加えることにより回転する。エレクトレットモータの単位体積当りの回転力は，単純なほかの静電モータのそれよりも大きい。なお，リニア形静電マイクロモータを多数集積して人工筋肉とする試みもある。

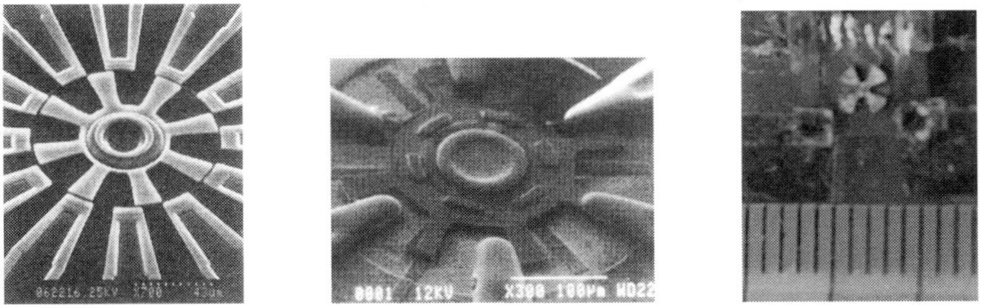

(*a*)　(*b*)　(*c*)

(*a*)(*b*) は M.P. Omar, et al.：Electric and Fluid Field Analysis of Side-Drive Micromotors, Journal of Microelectromechanical Systems, **1**,3, p.130 (Sep. 1992) より転載。

図　静電マイクロモータ

と同形同寸法で，厚さ d，誘電率 ε の誘電体板が挿入されている。この誘電体板の導体板間にある部分の面に働く力 F を求めよ。導体板の端における電界の乱れは無視できるものとする。

【解答】 式 (5.31) において $\varepsilon_1 = \varepsilon$，$\varepsilon_2 = \varepsilon_0$，$E = V/d$ とおくと，$F = f_x da$ であるから

$$F = \frac{1}{2}(\varepsilon - \varepsilon_0)E^2 da = \frac{1}{2}(\varepsilon - \varepsilon_0)\left(\frac{V}{d}\right)^2 da = (\varepsilon - \varepsilon_0)\frac{V^2}{2d}a \quad \text{〔N〕} \tag{5.32}$$

が得られる。◇

演　習　問　題

【1】 電荷 Q に帯電した半径 a の2個の雨滴が合体して1個になった。

（1） 初めの電位 V_0 と後の電位 V を求めよ。

（2） 合体する前と後で，この系のエネルギーに差があるか。あるとすればそれは何により生じたのか。

【2】 **例題 5.4** および **例題 5.5** の解を，極板1の表面における電界 $\boldsymbol{E}$ と式 (5.13) を利用して求めよ。

【3】 **図 5.6** の平行板キャパシタの極板1と2の間に，極板と向かい合う面が同形同寸法の厚さ $h(h < d)$，誘電率 ε の誘電体板を挿入し，さらに極板間に電源をつなぎ，電位差 $V = V_1 - V_2 > 0$ を与えたとき極板1に働く力 F_x をそれぞれつぎの方法で求めよ。

（1） 仮想仕事の原理を用いる方法で求めよ。

（2） 極板1の表面における電界 $\boldsymbol{E}$ と式 (5.13) を用いる方法により求めよ。

【4】 **問図 5.1** に示すように，電極板の長さ L，幅（奥行）a，間隔 d の長方形平行板キャパシタのなかに，極板と向かい合う面が同形同寸法で厚さ $h(h < d)$ の導体板が極板と平行に長さを l の部分まで挿入されている。導体板が挿入されている部分の極板の電荷密度を σ'，導体板と極板間の電界を E'，導体板が挿入されていない部分の極板の電荷密度を σ，極板間の電界を E として，導体板に働く力 F_x を求めよ。極板と導体板の端における電界の乱れは無視できるものとする。

【5】 問題【4】において，挿入する導体板をそれと同形同寸法で誘電率 ε の誘電体

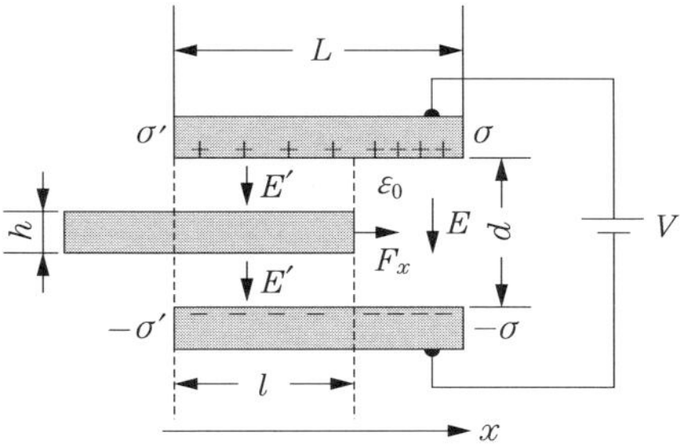

問図 5.1　電位差 V を与えた2枚の平行導体板の間に挿入された導体板に働く力

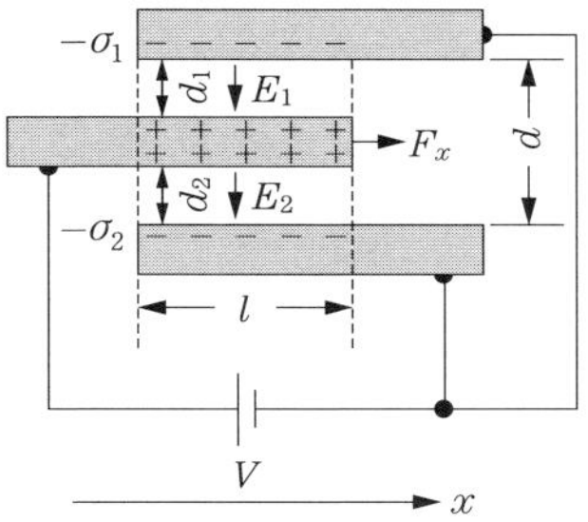

問図 5.2　2枚の平行導体板間に別の導体板が平行に挿入され，両者の間に電位差 V が与えられているとき，挿入導体板に働く力

板で置き換えたとする。誘電体板内の電界を E'' として，それに働く力 F_x を求めよ。

【6】 **問図 5.2** に示すように，幅（奥行）a，間隔 d の長方形平行板キャパシタのなかに，極板と向かい合う面が同形同寸法の導体板が極板と平行に長さを l の部分まで挿入され，電極板との間隙が d_1，d_2 であり，起電力 V の電源が接続されている。導体板が挿入されている部分の極板の電荷密度を $-\sigma_1$，$-\sigma_2$，導体板と極板間の電界を E_1，E_2 として，導体板に働く力 F_x を求めよ。極板と導体板の端における電界の乱れは無視できるものとする。

6

静電界の一解法

6.1　点電荷と導体平面

静電界のなかに導体や誘電体が混在している場合には，電界の様子を簡単に決定できないことが多い。このような場合には，***12*** 章で述べるポアソンまたはラプラスの方程式により解を求めなければならない。この場合でも数式で表されるような解すなわち解析的な解が得られることは少なく，ほとんどの場合において得られるのは数値解となる。しかしながら，問題の性質によってはポアソンまたはラプラスの方程式から出発する必要はない場合がある。その手法の一つに**鏡像法**（method of image）がある。

鏡像法は，対象としている問題の分布電荷を境界条件を変えることなく別の点電荷，点電荷群，または分布電荷で置き換えることにより電界を求める方法であり，境界条件を満たす解はただ一つしか存在しない（これを解の一義性という）ことに基づいている。

図 *6.1* に示すように，電位が 0 の無限に広い導体表面から距離 a の点 A に点電荷 q が置かれている場合を考える。この場合の境界面での条件は，（1）電位が 0 で，（2）電界の接線成分が 0 であることである。導体表面には反対符号の電荷が静電誘導され面分布することは明らかなので，この分布電荷を境界条件を満たすように点電荷 $-q'$ で置き換え，電界を求めてみる。

いま**図 *6.2*** に示すように，点電荷 q が置かれている点を A とし，A を通り導体面に垂直に y 軸をとり，導体面との交点を原点 O，導体面を xz 面とする。また，原点 O から q の反対側に a' 離れた点 A′ に $-q'$ を置き，点 A (0,

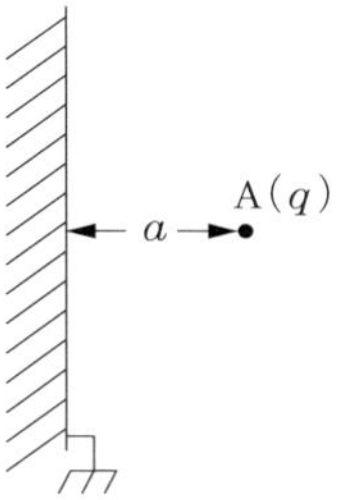

図 6.1 点電荷と導体平面

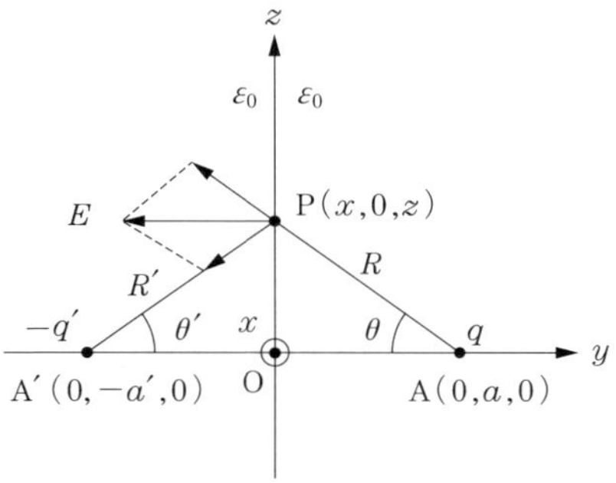

図 6.2 鏡像法と点電荷の配置

a，0) と A′ (0，$-a'$，0) それぞれから xz 面上の任意の点 P (x，0，z) までの距離を R，R'，線分 AP と AO がなす角を θ，線分 A′P と A′O がなす角を θ' とする。境界条件 (1) より，導体面上では電位 V が 0 であることから，点 P において式 (6.1) が得られる。

$$V = \frac{1}{4\pi\varepsilon_0}\left(\frac{q}{R} - \frac{q'}{R'}\right) = 0 \quad \therefore \quad \frac{q}{q'} = \frac{R}{R'} \tag{6.1}$$

境界条件 (2) より，q が点 P につくる電界の接線成分と $-q'$ が点 P につくる電界の接線成分は，大きさが等しく方向が反対でなければならないことから式 (6.2) を得る。

$$\frac{1}{4\pi\varepsilon_0}\frac{q}{R_2}\sin\theta = \frac{1}{4\pi\varepsilon_0}\frac{q'}{R'^2}\sin\theta', \ \sin\theta = \frac{\sqrt{x^2+z^2}}{R}, \ \sin\theta' = \frac{\sqrt{x^2+z^2}}{R'}$$

$$\therefore \quad \frac{q}{q'} = \frac{R^3}{R'^3} \tag{6.2}$$

式 (6.1)，(6.2) より $(R/R')(R^2/R'^2 - 1) = 0$ が成り立つから，これより $R' = R$ となり，式 (6.1) あるいは式 (6.2) より式 (6.3) が得られる。

$$q' = q \tag{6.3}$$

さらに $x^2 + a^2 + z^2 = R^2$，$x^2 + a'^2 + z^2 = R'^2 = R^2$ より

$$a' = a \tag{6.4}$$

が得られる。

以上により，境界条件が満足されるように分布電荷を点電荷で置き換えるた

めには $q' = q$，$a' = a$ であればよく，導体平面より右の半空間の電界は**図 6.3** のように点電荷 q と $-q$ によるものとなる。$-q$ は導体面を鏡面と見なしたとき q が映ったものと考えられるので，これを**鏡像電荷**（image charge）という。導体平面上の電界 E は導体表面の内側を向くので外向きを正にとると

$$E = -\frac{1}{4\pi\varepsilon_0}\frac{q}{R^2}\cos\theta \times 2 = -\frac{2}{4\pi\varepsilon_0}\frac{q}{R^2}\frac{a}{R}$$

$$= -\frac{qa}{2\pi\varepsilon_0(x^2+z^2+a^2)^{3/2}} \tag{6.5}$$

となり，表面電荷密度を σ，点電荷 q に働く力を F とすると

$$\sigma = \varepsilon_0 E = -\frac{qa}{2\pi(x^2+z^2+a^2)^{3/2}} \tag{6.6}$$

$$F = -\frac{1}{4\pi\varepsilon_0}\frac{q^2}{(2a)^2} = -\frac{q^2}{16\pi\varepsilon_0 a^2} \tag{6.7}$$

となる。電荷密度 $|\sigma|$ の分布を**図 6.4** に示す。力 F は q の符号にかかわらず引力である。

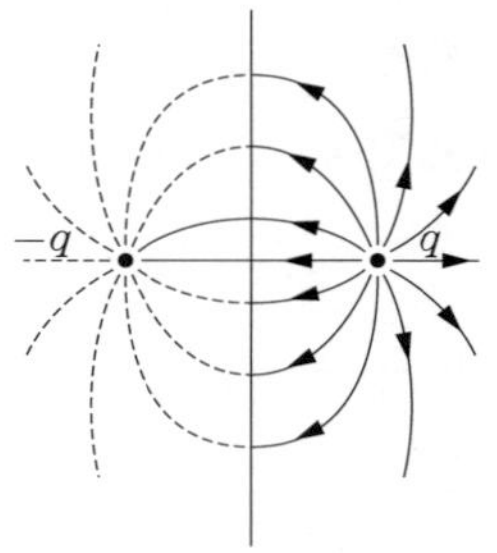

図 6.3　点電荷と導体平面による電界

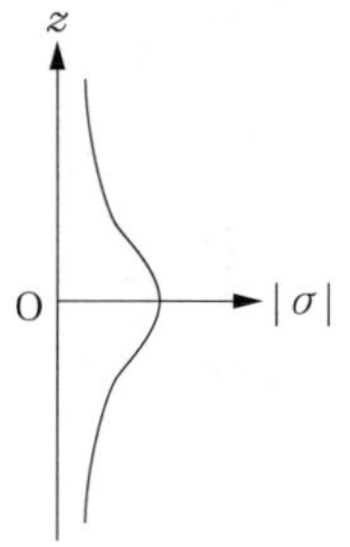

図 6.4　導体平面上の電荷密度の分布

6.2　点電荷と接地導体球

図 6.5 は，半径 a の接地導体球の中心点 O から中心線上 f だけ離れた点 A に点電荷 q を置いた状態を示している。導体球面には q と反対符号の電荷

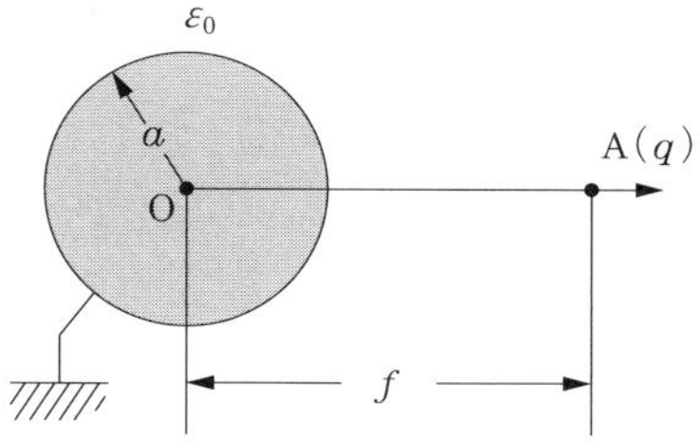

図 6.5 点電荷と接地導体球

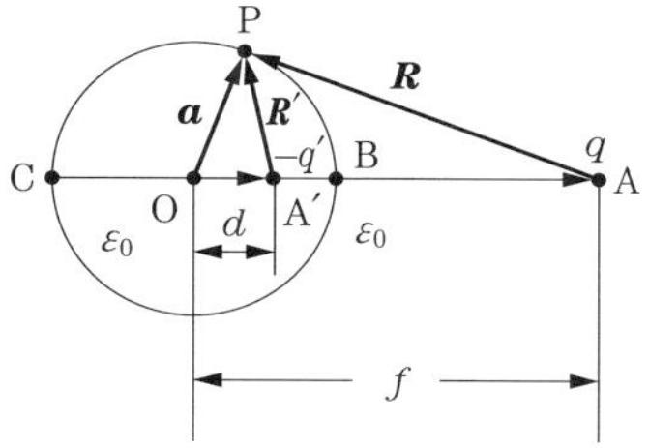

図 6.6 点電荷とその鏡像電荷

が静電誘導され面分布している。前と同様，この分布電荷を境界条件が満たされるように点電荷 $-q'$ で代用することにより，この場合の電界を求めてみる。境界条件は **6.1** 節の場合と同じである。

図 6.6 に示すように，導体球内部の中心線上の点 A′ に鏡像電荷 $-q'$ を置き，球面上の点を P，球の中心 O を原点としたときの点 P の位置ベクトルを $\boldsymbol{a}$，点 A から P への変位ベクトルを $\boldsymbol{R}$，点 A′ から P への変位ベクトルを $\boldsymbol{R}'$ とする。また，$\boldsymbol{R}$ と $\boldsymbol{R}'$ の大きさをそれぞれ R，R'，線分 A′O の長さを d，点 P の電位を V とする。導体表面における電位 V は 0 であることから

$$V = \frac{1}{4\pi\varepsilon_0}\left(\frac{q}{R} - \frac{q'}{R'}\right) = 0 \qquad (6.8)$$

$$\therefore \quad \frac{q}{q'} = \frac{R}{R'} = k \ (一定) \qquad (6.9)$$

となる。この式を球面上の点 B，C に適用すると $(f-a)/(a-d) = (f+a)/(a+d) = k$ なる関係が成り立つ。これより

$$d = \frac{a^2}{f}, \quad k = \frac{f}{a} \qquad (6.10)$$

が得られ，この k を式 (6.9) に代入すると

$$q' = \frac{a}{f}q, \quad R' = \frac{a}{f}R \qquad (6.11)$$

が得られる。

以上で導体球面は 0 電位であるという条件を満たすように d と q' を定めることができたが，つぎに導体球面において電界 $\boldsymbol{E}$ の接線成分 E_t が 0 である

こと，言い換えれば $\boldsymbol{E}$ が法線成分 E_n しかもたないことを確かめる必要がある。**図 6.6** より導体球面における電界 $\boldsymbol{E}$ は

$$\boldsymbol{E} = \frac{q}{4\pi\varepsilon_0}\frac{\boldsymbol{R}}{R^3} - \frac{q'}{4\pi\varepsilon_0}\frac{\boldsymbol{R}'}{R'^3} = \frac{q}{4\pi\varepsilon_0}\left(\frac{\boldsymbol{R}}{R^3} - \frac{a}{f}\frac{\boldsymbol{R}'}{R'^3}\right)$$
$$= \frac{q}{4\pi\varepsilon_0 R^3}\left(\boldsymbol{R} - \frac{f^2}{a^2}\boldsymbol{R}'\right) \qquad (6.12)$$

で与えられる。点 O から A へ向かう単位ベクトルを $\boldsymbol{i}_y$ とし，点 A の位置ベクトルを $f\boldsymbol{i}_y$，点 A′ の位置ベクトルを $d\boldsymbol{i}_y$ と表すと，点 P の位置ベクトル $\boldsymbol{a}$ は

$$\boldsymbol{a} = f\boldsymbol{i}_y + \boldsymbol{R}, \quad \boldsymbol{a} = d\boldsymbol{i}_y + \boldsymbol{R}' = \frac{a^2}{f}\boldsymbol{i}_y + \boldsymbol{R}' \qquad (6.13)$$

と表されるから，式 (6.12)，(6.13) より

$$\boldsymbol{E} = \frac{-q}{4\pi\varepsilon_0 R^3}\left(\frac{f^2}{a^2} - 1\right)\boldsymbol{a} \qquad (6.14)$$

となる。これより $\boldsymbol{E}$ の方向は $\boldsymbol{a}$ の方向（半径方向）と一致し，$\boldsymbol{E}$ は法線成分 E_n しかもたないことがわかり，式 (6.14) より

$$E_n = \frac{-q}{4\pi\varepsilon_0 a}\frac{f^2 - a^2}{R^3} < 0 \qquad (6.15)$$

が得られる。この式 (6.15) は $\boldsymbol{E}$ が球面の内側を向いていることを示している。

導体外の電界は真電荷 q と鏡像電荷 $-aq/f$ によるものとなり，その概略は**図 6.7** のようになる。

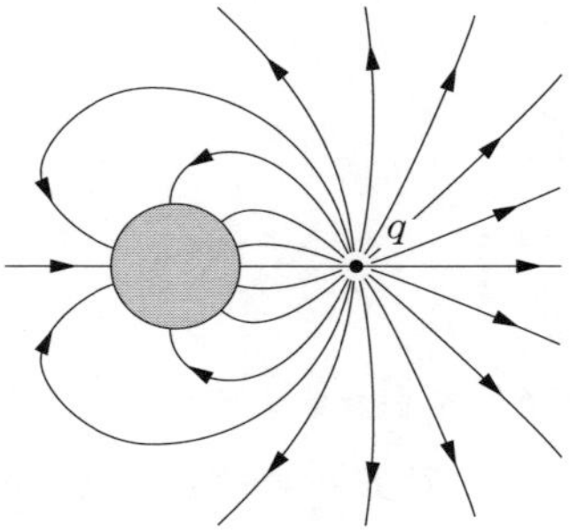

図 6.7 点電荷と導体球による電界

球面における電荷の面密度 σ は

$$\sigma = \varepsilon_0 E_n = \frac{-q}{4\pi a}\frac{f^2 - a^2}{R^3} < 0 \qquad (6.16)$$

であるから，$|\sigma|$ は $R = f - a$ のとき最大となり，$R = f + a$ のとき最小となる。それぞれの場合における σ の値を σ_B，σ_C とすると，式 (6.17) のようになる。

$$\sigma_B = -\frac{q}{4\pi a}\frac{f + a}{(f - a)^2}, \quad \sigma_C = -\frac{q}{4\pi a}\frac{f - a}{(f + a)^2} \qquad (6.17)$$

なお，導体球と点電荷との間に働く力を球の中心から外に向かって F とすると，式 (6.18) で与えられる。

$$F = -\frac{afq^2}{4\pi\varepsilon_0 (f^2 - a^2)^2} \qquad (6.18)$$

6.3　2種類の誘電体と点電荷

図 6.8(*a*) は，誘電率が ε_1 と ε_2 の2種類の誘電体が無限に広い平面を境界面として存在し，誘電体 ε_1 のなか，境界面から距離 a の点 A に点電荷 q が置かれている様子を示している。この場合の境界条件は，（1）境界面で電界の接線成分が連続，（2）電束密度の法線方向成分が連続，なことである。

点電荷 q が誘電体 ε_1 のなかにあるときはその周りにも分極電荷が生じているので，この q とその周りの分極電荷を真空中に置いたとき生じる q の近傍 r における電界 E は，q と分極電荷の和を q_0 とすると，$E = q_0/4\pi\varepsilon_0 r^2$ とな

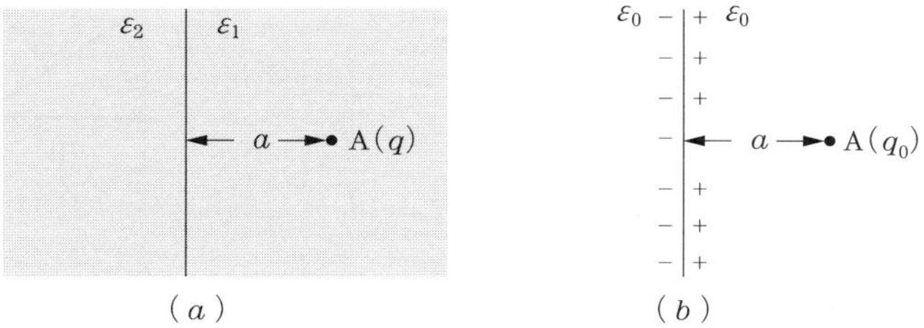

図 6.8　2種類の誘電体と点電荷

る。この電界は q が誘電体 ε_1 のなかにあるときの q の近傍 r における電界 $E = q/4\pi\varepsilon_1 r^2$ と等しい。すなわち $q_0/4\pi\varepsilon_0 r^2 = q/4\pi\varepsilon_1 r^2$ である。これより式 (6.19) のような関係を得る。

$$q\varepsilon_0 = q_0\varepsilon_1 \tag{6.19}$$

この場合の電界を，**図 6.8**(*b*) に示すように誘電体の実体を取り去り，誘電率の差異のため界面に現れた正と負の分極電荷と q_0 を真空中に置いた場合の電界と等価であるとして求めてみよう。

まず界面における誘電体 ε_1 側の電界 $\boldsymbol{E}_1$ を求める。**図 6.9**(*a*) に示すように，界面を直角座標系の xz 面とし，q_0 を y 軸上の点 A (0, a, 0) に置き，界面の分極電荷についてはその代数和の鏡像 q' を y 軸上の点 A′(0, $-a$, 0) に置いてみる。すると，界面上の点 P (x, 0, z) における $\boldsymbol{E}_1$ は q_0 による電界 $\boldsymbol{E}_0$ と q' による電界 $\boldsymbol{E}'$ の和になる。この関係は，P の位置ベクトルを $\boldsymbol{r}$，A から P への変位ベクトルを $\boldsymbol{R}$，A′ から P への変位ベクトルを $\boldsymbol{R}'$ とし，y 軸方向の単位ベクトル $\boldsymbol{i}_y$ を用いると A と A′ の位置ベクトルはそれぞれ $a\boldsymbol{i}_y$，$-a\boldsymbol{i}_y$ となるので

$$\begin{aligned}\boldsymbol{E}_1 = \boldsymbol{E}_0 + \boldsymbol{E}' &= \frac{1}{4\pi\varepsilon_0}\left(\frac{q_0\boldsymbol{R}}{R^3} + \frac{q'\boldsymbol{R}'}{R'^3}\right)\\ &= \frac{1}{4\pi\varepsilon_0}\left(q_0\frac{\boldsymbol{r} - a\boldsymbol{i}_y}{|\boldsymbol{r} - a\boldsymbol{i}_y|^3} + q'\frac{\boldsymbol{r} + a\boldsymbol{i}_y}{|\boldsymbol{r} + a\boldsymbol{i}_y|^3}\right)\end{aligned} \tag{6.20}$$

と表される。ここで

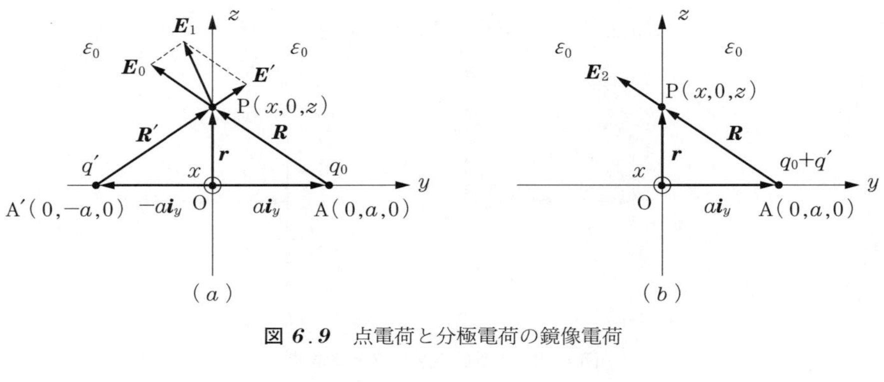

図 6.9　点電荷と分極電荷の鏡像電荷

$$\boldsymbol{r} - a\boldsymbol{i}_y = x\boldsymbol{i}_x - a\boldsymbol{i}_y + z\boldsymbol{i}_z, \quad \boldsymbol{r} + a\boldsymbol{i}_y = x\boldsymbol{i}_x + a\boldsymbol{i}_y + z\boldsymbol{i}_z \tag{6.21}$$

$$|\boldsymbol{r} - a\boldsymbol{i}_y|^3 = |\boldsymbol{r} + a\boldsymbol{i}_y|^3 = R^3, \quad R = (x^2 + a^2 + z^2)^{\frac{1}{2}} \tag{6.22}$$

が成り立つので，$\boldsymbol{E}_1(x,\ 0,\ z)$ の座標軸成分は式 (6.23) のようになる。

$$E_{1x} = \frac{q_0 + q'}{4\pi\varepsilon_0}\frac{x}{R^3}, \quad E_{1y} = \frac{-q_0 + q'}{4\pi\varepsilon_0}\frac{a}{R^3}, \quad E_{1z} = \frac{q_0 + q'}{4\pi\varepsilon_0}\frac{z}{R^3} \tag{6.23}$$

つぎに界面における誘電体 ε_2 側の電界 $\boldsymbol{E}_2$ は，**図 6.9**(*b*) のように $q_0 + q'$ を y 軸上の点 A $(0,\ a,\ 0)$ に置くと，境界面上の電界 $\boldsymbol{E}_2(x,\ 0,\ z)$ は

$$\boldsymbol{E}_2 = \frac{q_0 + q'}{4\pi\varepsilon_0}\frac{\boldsymbol{r} - a\boldsymbol{i}_y}{R^3} \tag{6.24}$$

で与えられるので，その各成分は式 (6.25) のようになる。

$$E_{2x} = \frac{q_0 + q'}{4\pi\varepsilon_0}\frac{x}{R^3}, \quad E_{2y} = -\frac{q_0 + q'}{4\pi\varepsilon_0}\frac{a}{R^3}, \quad E_{2z} = \frac{q_0 + q'}{4\pi\varepsilon_0}\frac{z}{R^3} \tag{6.25}$$

電界 $\boldsymbol{E}_1(x,\ 0,\ z)$ と $\boldsymbol{E}_2(x,\ 0,\ z)$ の接線成分（x, z 成分）どうしを比較するとたがいに等しいので，境界条件 (1) は満たされている。電束密度の法線成分が境界条件 (2) を満足するためには

$$\varepsilon_1 E_{1y}(x,\ 0,\ z) = \varepsilon_2 E_{2y}(x,\ 0,\ z) \tag{6.26}$$

であればよい。式 (6.26) と式 (6.23) の E_{1y} および式 (6.25) の E_{2y} より

$$\varepsilon_1(-q_0 + q') = -\varepsilon_2(q_0 + q') \tag{6.27}$$

が導かれ，さらにこれと式 (6.19) より式 (6.28) が得られる。

$$q' = \frac{\varepsilon_1 - \varepsilon_2}{\varepsilon_1 + \varepsilon_2}q_0 = \frac{\varepsilon_0}{\varepsilon_1}\frac{\varepsilon_1 - \varepsilon_2}{\varepsilon_1 + \varepsilon_2}q, \quad q' + q_0 = \frac{2\varepsilon_1}{\varepsilon_1 + \varepsilon_2}q_0 = \frac{2\varepsilon_0}{\varepsilon_1 + \varepsilon_2}q \tag{6.28}$$

特に，$\varepsilon_1 = \varepsilon_0$, $\varepsilon_2 = \varepsilon$ である場合，すなわち真電荷 q が置かれている真空または空気層が誘電体平面と接している場合は，$q_0 = q$ であるから

$$q' = -\frac{\varepsilon - \varepsilon_0}{\varepsilon_0 + \varepsilon}q < 0, \quad q' + q = \frac{2\varepsilon_0}{\varepsilon_0 + \varepsilon}q \tag{6.29}$$

となる。この場合，電束密度 D の境界面に垂直な成分 $D_{1y} = \varepsilon_0 E_{1y}$ と $D_{2y} =$

εE_{2y} は式（6.23），（6.25），（6.29）より

$$D_{1y} = D_{2y} = -\frac{a}{2\pi R^3}\frac{\varepsilon}{\varepsilon + \varepsilon_0}q \qquad (6.30)$$

となるので，$\boldsymbol{D}$ の力線は連続であり，これに対して電界の強さ $\boldsymbol{E}$ の境界面に垂直な成分 E_{1y} と E_{2y} は

$$E_{1y} = -\frac{a}{2\pi\varepsilon_0 R^3}\frac{\varepsilon}{\varepsilon + \varepsilon_0}q, \quad E_{2y} = -\frac{a}{2\pi\varepsilon_0 R^3}\frac{\varepsilon_0}{\varepsilon + \varepsilon_0}q \qquad (6.31)$$

となり，$|E_{1y}| > |E_{2y}|$ であるから，真空中の電気力線数が誘電体中のそれよりも多くなる。$\boldsymbol{D}$ と $\boldsymbol{E}$ の様子の概略は**図 6.10** のようになる。

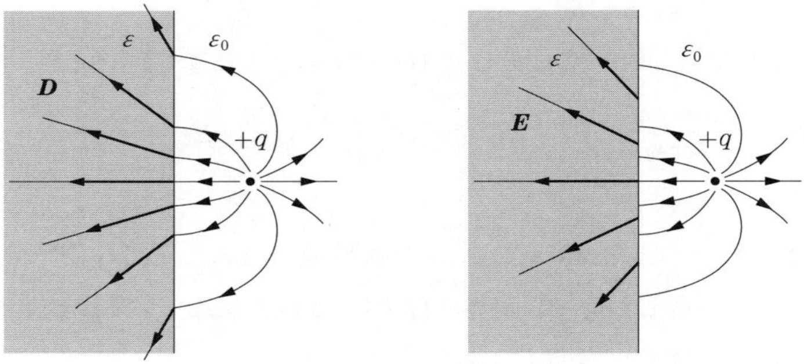

（a）電　束　線　　　（b）電気力線

図 6.10　電束密度 $\boldsymbol{D}$（電束線）と電界の強さ $\boldsymbol{E}$（電気力線）

真空中に置いた分極電荷密度を σ とし，式（6.35）を用い境界面にガウスの定理を適用すると

$$E_{1y} - E_{2y} = -\frac{a}{2\pi\varepsilon_0 R^3}\frac{\varepsilon - \varepsilon_0}{\varepsilon + \varepsilon_0}q = \frac{\sigma}{\varepsilon_0}$$

より式（6.32）となる。

$$\therefore \quad \sigma = -\frac{a}{2\pi R^3}\frac{\varepsilon - \varepsilon_0}{\varepsilon + \varepsilon_0}q \qquad (6.32)$$

演　習　問　題

【1】 たがいに直交する 2 枚の半無限平面導体を接地し，一方の面から a，他方の面

から b の距離に点電荷 q を置くとき，これに働く力 $\boldsymbol{F}$ と導体板面上に誘導される電荷の面密度 σ を求めよ。

【2】 孤立した半径 a の導体球があり，その中心Oから $f\,(f > a)$ の距離の点Pに点電荷 q を置くとき，この q に働く力 $\boldsymbol{F}$ と，導体表面上における電荷密度の最大値 σ_A および最小値 σ_B を求めよ。

【3】 導体のなかに半径 a の球形空洞があり，その中心Oから $f\,(f < a)$ だけ離れた点Pに点電荷 q を置くとき，この q に働く力 $\boldsymbol{F}$ の大きさと，導体内面上における電荷密度の最大値 σ_A および最小値 σ_B を求めよ。

【4】 導体平面より h の距離に半径 a の直線状導線が張ってある。この導線と導体平面間の単位長さ当りの静電容量 C を求めよ。

【5】 式 (6.32) を用いて分極電荷の全体量を求め，それが式 (6.29) の q' と一致することを示せ。

【6】 **図 6.8**(*a*) で示される電荷 q に働く力 $\boldsymbol{F}$ を求めよ。また，図(*a*) で $\varepsilon_1 = \varepsilon_0$，$\varepsilon_2 = \varepsilon$ とした場合において電荷 q に働く力 $\boldsymbol{F}$ を求めよ。

【7】 半径 a の接地された無限長円筒導体の中心軸から d の距離に，それと平行に一様な線電荷密度 λ の無限長直線電荷が置かれている。鏡像電荷および両者の間に働く力 f を求めよ。

【8】 誘電率が ε_1 と ε_2 の二つの誘電体が無限に広い平面を境界面として接しており，界面に垂直な直線上において，界面から誘電体 ε_1 のなかへ a_1 の距離に点電荷 q_1 を置き，界面から誘電体 ε_2 のなかへ a_2 の距離に点電荷 q_2 を置いたとき，点電荷 q_1 に働く力 F を求めよ。

7

定　常　電　流

7.1　電　　　　流

電流 i〔A〕は電荷の移動であり，それらの関係は ***1.4.3*** 項でも述べたように，ある断面 S を dt〔s〕の間に dQ〔C〕の電荷が通過したとすると

$$i = \frac{dQ}{dt} \tag{7.1}$$

で与えられる。また，電流の正方向は正電荷が動く方向とするのが歴史的な習慣である。金属導線中を流れる電流は負電荷をもつ電子によるものであるから，電流の方向と電子の流れる方向とは逆になる。

導線に電流を流すため，すなわち導線中の電荷を動かすためには，導線の両端に電池などを接続して電位差を与え，そのなかに電界を生じさせる必要がある。このとき電界の方向は電流の方向と一致する。このような電位差のことを**電圧**（voltage）ともいう。電位差の単位は電位の単位と同じであるから，電圧の単位も V である。

流れる向きと大きさが時間的に変化しない電流を**定常電流**（steady current）といい，大きさが変わっても向きが変わらない電流を**直流電流**（direct current）という。直流電流に対して向きも大きさも変化する電流を**交流電流**（alternating current）という。電圧についても電流に準じて直流電圧と交流電圧を定義できる。

実験によると，導線に直流電圧 V〔V〕を与え電流 I〔A〕を流すと，その値があまり大きくないときは，定数を R として式（*7.2*）が成り立つ。

$$V = RI \tag{7.2}$$

R は導線の材質・形状や温度などによって決まる。このことは，**オーム**（G.S. Ohm，ドイツ）により実験的に確かめられ（1826 年），**オームの法則**（Ohm's law）と呼ばれる。導線中の電荷に電界による力が働くと，それは加速度運動をし，電流としては定常電流にはならないはずであが，定常電流になるということは導線のなかに抵抗があることを示している。そこで，比例定数 R を**電気抵抗**（electric resistance）といい単位を Ω（オーム）で表す。

抵抗 R の逆数を**コンダクタンス**（conductance）といい G で表すと

$$G = \frac{I}{R} \tag{7.3}$$

であり，G の単位はジーメンス（Siemens：S）で表す。コンダクタンス G を用いるとオームの法則（7.2）は式（7.4）のように表される。

$$I = GV \tag{7.4}$$

金属導線の V と I の関係すなわち V-I 特性は一般的には**図 7.1** のようになり，はじめは V と I は比例関係にあり直線的であるが，あるところから非直線的になる。また，シリコン（Si）のような半導体に電圧 V を与え電流 I を流したときの V-I 特性は**図 7.2**(*a*)のようになり，サーミスタのような半導体の場合は図(*b*)のようになり，直線的範囲は非常に狭い。いずれの場合でも，式（7.2）で定義される抵抗 R は電流 I の値がある程度以上では定数でなくなり，導線の場合には増加し，半導体の場合には減少する。オームの法則は，R が定数であるとして式（7.2）の関係を述べたものにすぎないが，R が定数でない場合にも式（7.2）は成り立つ。

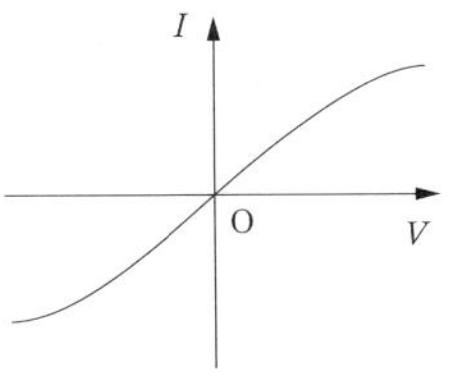

図 7.1　金属導線の V-I 特性

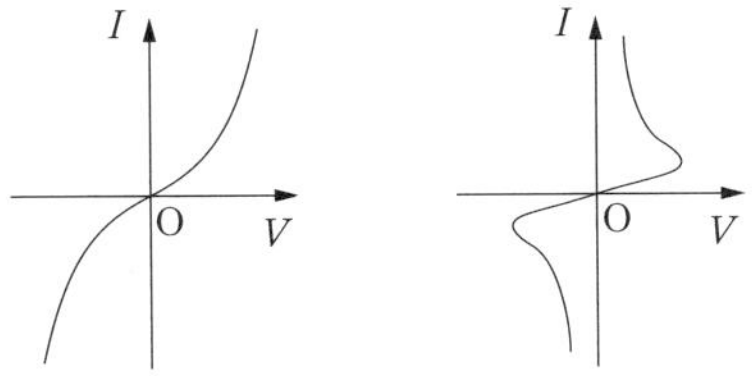

（*a*）シリコンなど　（*b*）サーミスタ

図 7.2　半導体の V-I 特性

図 7.3 のように，定常電流 I〔A〕が流れている導線中に任意の2点AとBをとり，点Aの電位を V_A〔V〕，点Bの電位を V_B〔V〕，そして $V_A > V_B$ とすると $V_A - V_B = V$〔V〕は点A，B間の電位差を表し，この場合も I と V に対し式(7.2)が成り立つ。点Aから点Bへは電位が V だけ降下しているので，式(7.2)の右辺は抵抗による**電圧降下**（voltage drop）と呼ばれる。

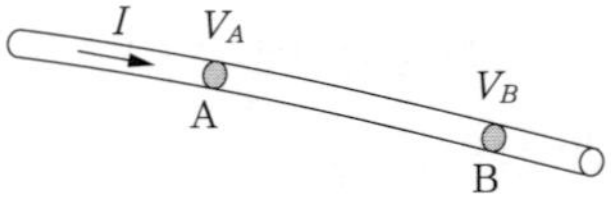

図 7.3　定常電流が流れている導線

いま，**図 7.3** の点Aを含む断面 S_A から導線のAB区間に dt〔s〕の間に dQ〔C〕の電荷が流入したとすると，点Bを含む断面 S_B からは dQ の電荷が出たことになる。このとき導線のAB区間では，dt〔s〕の間に，$V \times dQ$〔J〕の位置エネルギーが失われたことになり，これは熱エネルギーに変わる。このような熱を**ジュール熱**（Joule heat）という。これを単位時間当りに換算したものを P として，オームの法則(7.2)を用いると式(7.5)のようになる。

$$P = \frac{dQ}{dt}V = IV = I^2R = \frac{V^2}{R} \tag{7.5}$$

この式を**ジュールの法則**（Joule's law）という。この P は力学の仕事率と同じ物理量で**電力**（electric power）と呼ばれ，単位はW（ワット：watt）またはJ/sである。また，P が定常電流によるときは，時間 t を掛けて

$$W = Pt \tag{7.6}$$

とおくと，Wは**電力量**を表す。電力が非定常電流によるときには，それを p とすると W は式(7.7)で与えられる。

$$W = \int_0^t p dt \tag{7.7}$$

電力量 W の単位はJであるが，ワット時（Wh）も併用単位として認められている。実用上はキロワット時（kWh）が用いられている。

電流が持続するためには電流の通路の両端に電位差が必要で，この電位差を持続して与える能力を**起電力**（electromotive force）といい，起電力をもつ

ものを**電源**（power supply）という。起電力の単位もVである。定常電流を持続するための電源は直流電源であり，電池は最も身近な直流電源である。

電流の通路を**電気回路**（electric circuit）または単に**回路**（circuit）という。回路を構成する導線や電源は広がりをもつが，電流が時間的に変化しない場合や変化してもそれが緩やかな場合は，導線の抵抗と電源の起電力が一点に集中しているものと見なし，抵抗と起電力を結ぶ導線の抵抗を0として扱える。このような抵抗や起電力からなる回路を**集中定数回路**という。集中定数としての抵抗 R の導線，起電力 V の直流電源は**図 7.4** に示す記号で表される。

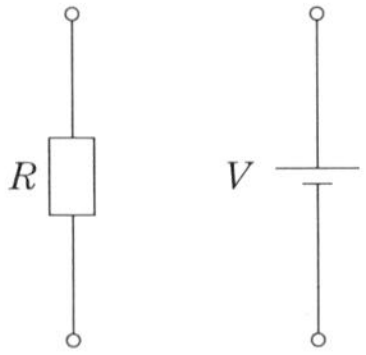

図 7.4　抵抗と直流電源の記号

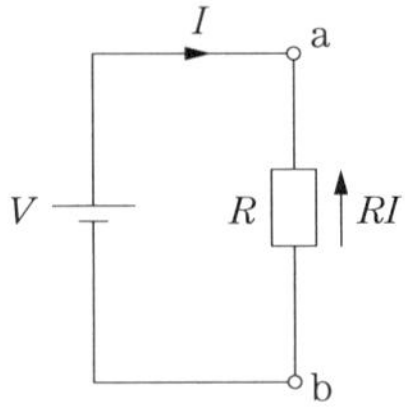

図 7.5　最も簡単な直流回路

このような抵抗 R と起電力 V の直流電源からなる最も簡単な直流回路を**図 7.5** に示す。抵抗 R の端子ab間には電流 I による電圧降下 RI が生じており，これは端子bからaをみると電位が RI だけ上昇していることになる。この電位上昇は起電力と逆向きなので，電圧降下 RI の向きは図示のように起電力 V と逆向きにとられる。また，電圧降下 RI は起電力 V と釣り合っていると考えられるので，**逆起電力**とも呼ばれる。

これまでは電流について，その空間的広がりを無視し全体の大きさだけを考えてきた。しかしながら，電流の広がりが問題となる場合には，その分布に注目しなければならず，それには電流が分布する空間の各点において，それを通過する電流の大きさと方向を考える必要がある。言い換えれば，**電流密度**（current density）というベクトルを定義する必要がある。この定義については **7.2** 節において行う。電流密度ベクトルの界を**電流界**（electric current field）と呼ぶ。また，定常電流が分布している空間を**定常電流界**（steady current field）という。

7.2 定常電流界

7.2.1 オームの法則

7.1節でふれたオームの法則では，電流の通路である導線についてその広がりを無視したが，ここでは導線の広がりを考慮する。**図 7.6** に示す定常電流 I〔A〕が流れる断面積 S〔m^2〕の電流の通路において，長さ l〔m〕の部分の抵抗を R〔Ω〕とすると

$$R = \rho \frac{l}{S} \tag{7.8}$$

が成り立つ。ここに，比例定数 ρ を**体積抵抗率**（volume resistevity）または**固有抵抗**（specific resistance）といい，その単位は Ω·m で，物質の種類と温度などによって決まる定数である。導体，半導体，および絶縁体の体積抵抗率を**図 7.7** に，それぞれの代表的な物質の体積抵抗率を**表 7.1** に示す。

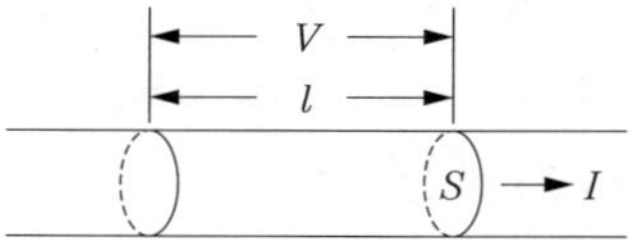

図 7.6　断面積 S の導線を流れる電流 I

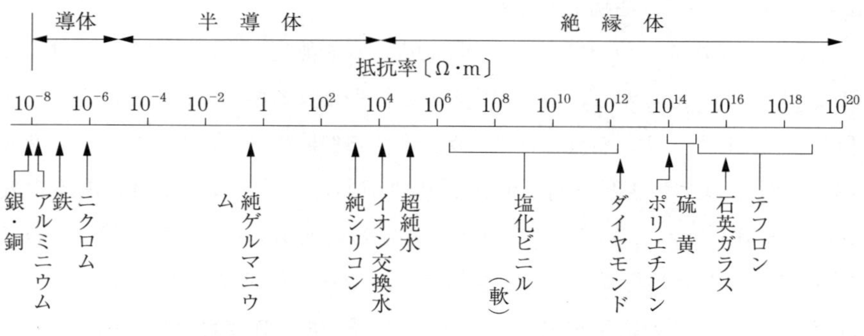

図 7.7　代表的な物質の常温における体積抵抗率

表 7.1 代表的な物質の体積抵抗率

	物質	抵抗率〔Ω・m〕	温度		物質	抵抗率〔Ω・m〕	温度
導体	銀	1.62×10^{-8}	20 °C	絶縁体	イオン交換水	2.5×10^{4}	20°C
	標準軟銅	1.72×10^{-8}			超純水	1×10^{5}	〃
	金	2.4×10^{-8}			フェノール樹脂	$10^{10} \sim 10^{12}$	室温
	アルミニウム	2.75×10^{-8}			ダイヤモンド	5×10^{12}	〃
	タングステン	5.5×10^{-8}			シリコンゴム	$10^{12} \sim 10^{13}$	〃
	鉄	9.8×10^{-8}			絶縁鉱油	$10^{11} \sim 10^{15}$	〃
	ニクロム	1.09×10^{-6}			塩化ビニル(軟)	$5 \times 10^{6} \sim 5 \times 10^{12}$	〃
半導体	グラファイト	$5.5 \times 10^{-5} \sim 5.5 \times 10^{-7}$	300 K		硫黄	$10^{14} \sim 10^{15}$	〃
	純ゲルマニウム	0.46			石英ガラス	$> 10^{16}$	〃
	純シリコン	2.3×10^{3}			ポリエチレン	$> 10^{14}$	〃
					テフロン	$10^{15} \sim 10^{19}$	〃

式 (7.8) で与えられる抵抗 R を用いると，オームの法則 (7.2) は $V = \rho(l/S)I$ と書け，この式の両辺を l で割ると $V/l = \rho I/S$ となる。この式で V/l は電界の強さを，I/S は電流密度を表す。$V/l = E$，$I/S = j_c$ とおくと $E = \rho j_c$ となり，これをベクトル表記すると式 (7.9) となる。

$$\boldsymbol{E} = \rho \boldsymbol{j}_c \tag{7.9}$$

これが定常電流界のある一点で成り立つオームの法則である。また，ρ の逆数を**導電率** (conductivity) といい κ で表すと (7.10) となる。

$$\kappa = \frac{1}{\rho} \tag{7.10}$$

κ の単位は S/m で，この κ を用いると式 (7.9) は式 (7.11) となる。

$$\boldsymbol{j}_c = \kappa \boldsymbol{E} \tag{7.11}$$

また，$\boldsymbol{j}_c$ より**図 7.8** の任意の開曲面 S を通る電流は式 (7.12) となる。

$$i = \int_S \boldsymbol{j}_c \cdot \boldsymbol{n} dS \tag{7.12}$$

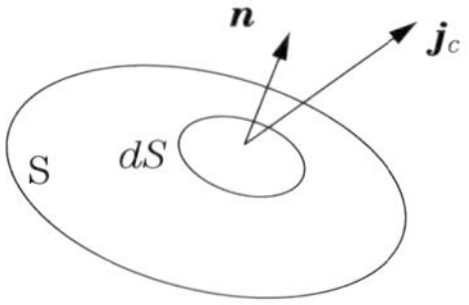

図 7.8 電流

7.2.2　体積抵抗率の温度変化

物質の体積抵抗率 ρ は温度 t によって変化し，金属の ρ は増加し，半導体，絶縁体および電解液の ρ は減少する。なかでも半導体の ρ の変化は著しい。体積抵抗率 ρ の変化の概略を金属と半導体について示すと**図 7.9**(*a*)と(*b*)のようである。

温度が1℃上昇したときの抵抗率が温度上昇前の抵抗率に対し何割変化したかを示す数を**抵抗率の温度係数**（temperature coefficient of resistivity）とい

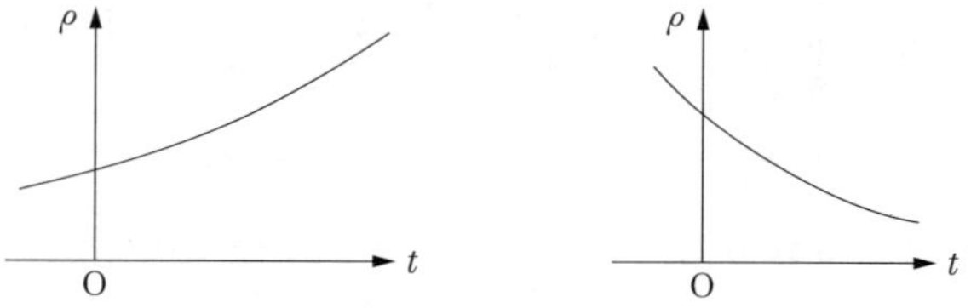

（*a*）金　　属　　　（*b*）半　導　体

図 7.9　抵抗率 ρ の温度 t による変化

い α で表す。いま，抵抗率 ρ の変化曲線の直線部分で温度 t〔℃〕のときの抵抗率を ρ_t〔Ω·m〕，t より高い温度 T〔℃〕における抵抗率を ρ_T〔Ω·m〕，t〔℃〕のときの抵抗率の温度係数を α_t とすると ρ_T は式(7.13)で与えられる。

$$\rho_T = \rho_t [1 + \alpha_t (T - t)] \tag{7.13}$$

つぎに，温度変化による抵抗の変化を調べる。厳密には抵抗率の温度係数と抵抗の温度係数とは異なるが，温度変化による物体の寸法変化が α_t に与える影響はわずかなので，実用上，両者は同じとしてよい。したがって，t〔℃〕のときの抵抗を R_t〔Ω〕，T〔℃〕における抵抗を R_T〔Ω〕とすると，R_T は

$$R_T = R_t [1 + \alpha_t (T - t)] \tag{7.14}$$

で与えられる。一例をあげると，万国標準軟銅の20℃における抵抗率の温度係数は $\alpha_{20} = 1/254.5 = 0.003\,93$ である。金属の α は正（+），半導体，絶縁体および電解液の α は負（−）である。

7.2.3 電気伝導の電子論

金属導線中では，多数の自由電子が温度で決まるある速度でイオンと不規則に衝突を繰り返しながら無秩序な熱運動をしているので，単位体積当りの電子数を n，i 番目の電子の熱運動速度を $\boldsymbol{v}_i$ とすると，外部から電界が加えられていない状態では，それらのベクトル和の平均すなわち平均速度 $\bar{\boldsymbol{v}}$ は，式 (7.15) で与えられる。

$$\bar{\boldsymbol{v}} = \frac{1}{n}\sum_{i=1}^{n}\boldsymbol{v}_i = 0 \tag{7.15}$$

平均速度の大きさ $\bar{v}$ は量子力学的統計により求められる。銅の伝導電子の室温での $\bar{v}$ を一例として示すと，$\bar{v} = 1.57 \times 10^6$ m/s ときわめて大きい。

このような金属に外部から電界 $\boldsymbol{E}$ を加えると，電荷 $-e$ をもつ各電子は $-e\boldsymbol{E}$ なる力を受けて加速度 $-e\boldsymbol{E}/m$ を生じ，イオンと不規則に衝突を繰り返しながらも，電界方向の速度成分をもつようになるので，$\bar{\boldsymbol{v}}$ が 0 でなくなり電流が観測されることになる。このときの $\bar{\boldsymbol{v}}$ を $\boldsymbol{v}_d$ とすると，これは電子の電界方向のドリフト速度を表す。このような電子の運動は，$\boldsymbol{v}_d$ を $\boldsymbol{E}$ と同じ方向にとり，電子がイオンとの衝突によって受ける減速効果を $\boldsymbol{v}_d$ に比例する摩擦抵抗のように扱うと，電子の質量を m として

$$m\frac{d\boldsymbol{v}_d}{dt} = -e\boldsymbol{E} - c\boldsymbol{v}_d \tag{7.16}$$

なる運動方程式で表される。ここに c は比例定数である。電界 $\boldsymbol{E}$ を加えた瞬間を時間 t の起点とし，$t = 0$ のとき $\boldsymbol{v}_d = 0$ として式 (7.16) を解くと

$$\boldsymbol{v}_d = \frac{e\boldsymbol{E}}{m}\tau\left[\exp\left(-\frac{1}{\tau}t\right) - 1\right], \quad \tau = \frac{m}{c} \tag{7.17}$$

が得られる。ここに τ は $\boldsymbol{v}_d$ が定常状態に達する速さを示す時定数で，**緩和時間** (relaxation time) と呼ばれる。τ は電子群がイオンと衝突する平均の時間間隔を意味する。定常状態に達すると，式 (7.17) は

$$\boldsymbol{v}_d = -\frac{e\boldsymbol{E}}{m}\tau \tag{7.18}$$

となり，これは電子が加速と減速を繰り返す $\boldsymbol{E}$ 方向の運動を等速直線運動と

見なしたときの平均速度を意味する。そこで

$$\boldsymbol{v}_d = -\mu \boldsymbol{E} \tag{7.19}$$

とおくと，これと式 (7.18) より

$$\mu = \frac{e\tau}{m} \tag{7.20}$$

を得る。μ は**移動度** (mobility) と呼ばれ電子の動きやすさを表す。

定常電流の電流密度 $\boldsymbol{j}_c$ は，**図 7.10** のように電子群が平均速度 $\boldsymbol{v}_d$ でそれに垂直な微小面積 ΔS を Δt の間に横切ったときの電荷量が $-ne\Delta S v_d \Delta t$ となることから，式 (7.21) で与えられる。

$$\boldsymbol{j}_c = -ne\boldsymbol{v}_d \tag{7.21}$$

式 (7.21) に式 (7.18) を代入すると式 (7.22) となる。

$$\boldsymbol{j}_c = \frac{ne^2\tau}{m}\boldsymbol{E} \tag{7.22}$$

式 (7.7)，(7.10) および式 (7.22) より抵抗率 ρ と導電率 $\varkappa$ に対して

$$\rho = \frac{1}{\varkappa} = \frac{m}{ne^2\tau} = \frac{1}{ne\mu} \tag{7.23}$$

が得られる。式 (7.23) を用いると緩和時間 τ を推定できる。例として，銅の伝導電子の室温における τ を求めると $\tau = m/\rho ne^2 = 2.5 \times 10^{-14}$ s が得られる（本章の演習問題【5】)。この τ の値と式 (7.18) より，電界の大きさ $E = 0.2$ V/m における電界方向の平均速度成分は $v_d = -0.87 \times 10^{-3}$ m/s となる。この大きさは $\bar{v}$ の値に比べてきわめて小さい。

式 (7.23) より抵抗率は n と τ に依存することがわかる。種々の金属の抵抗率が通常の温度範囲で 3 けた程度の範囲内にあるのは，n と τ の値が金属

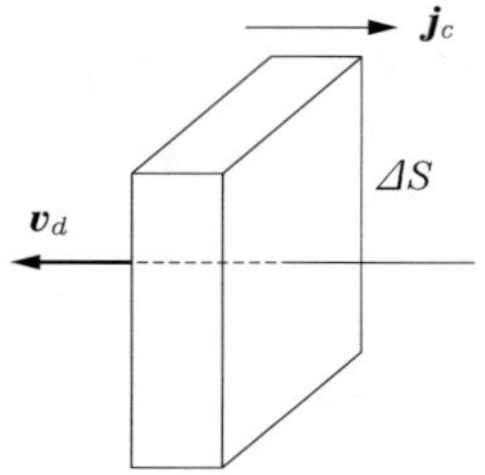

図 7.10　面積 ΔS の微小面を垂直に平均速度 $\boldsymbol{v}_d$ で微小時間 Δt に通過する電子群と電流密度 $\boldsymbol{j}_c$

の種類によってあまり変わらないことによる。金属の抵抗率が温度変化によって変わる理由は，n は変わらず τ が変わるためである。電子が衝突しないで運動できる平均距離 l は**平均自由行程**（mean free path）と呼ばれ

$$l = \bar{v}\tau \tag{7.24}$$

で与えられる。この式（7.24）により室温における銅の自由電子の平均自由行程を計算すると $l = 3.9 \times 10^{-8}$ m となり，室温における銅の最近接原子間隔 2.55 Å（オングストローム：10^{-10}m）の約 150 倍であるから，電子は約 150 個ものイオンの間を衝突することなく通り抜けていることになる。

じつは電子はその波動性のため規則的に配列しているイオンとは衝突せず，規則的配列からの乱れに衝突してその運動を妨げられる。乱れの一つはイオンの熱振動で，高温になるほど振動の振幅が大きくなり，そのため τ が短くなって抵抗率は増加する。逆に温度を下げていくとこの熱振動の振幅は小さくなるが，不純物原子または格子欠陥という別の乱れの影響が顕（あら）わになるため，銅や鉄などのような金属の抵抗率は絶対零度で 0 にならず一定値に落ち着く。

ところが水銀やアルミニウムなどのような金属は，温度を下げていくとその抵抗率が絶対零度（0 K）付近のある**臨界温度**（critical temperature）T_c で急に 0 になる現象を生じる。この現象を**超伝導**（superconductivity）といい，超伝導状態にある導線に一度電流を流すと，電流はいつまでも流れつづけるので，これを**永久電流**という。最近では，酸化物（水銀系）で T_c が 136 K のものも見いだされている。このような伝導体を**高温超伝導体**という。

室温における半導体の抵抗率は金属に近いものから 10 けた以上も大きいものがあり，絶縁体の抵抗率は半導体に近いものから金属に比べてさらに 22 けた程度も大きいものがある。これは n と τ の値が半導体や絶縁体の種類によって異なることによる。半導体では，温度が上昇すると電子密度 n と正孔密度 n'（真性半導体では $n = n'$）は増加し，τ は減少するが，n と n' の増加の割合のほうがはるかに大きいため，その抵抗は急激に低下する。絶縁体においても，温度が上昇すると半導体ほどではないが n と n' の増加により，その抵抗率は減少する。

さて，上述のように電界により加速された電子がイオンと衝突すると，電界より得た運動エネルギーを衝突のつどイオンに与えてその熱振動エネルギーを増加させ，結晶全体の温度を高めることになる。このことがジュールの法則の成り立つ理由である。単位体積当り n 個の電子が電界より 1 個当り $-e\boldsymbol{E}$ の力を受けながら平均 $\boldsymbol{v}_d$ の一定速度で動くとすると，電界がこの電子群に対して単位時間当りにする仕事 p〔$\mathrm{J \cdot s^{-1} m^{-3}}$〕は式 (7.22) を考慮すると

$$p = -neEv_d = j_c E = \boldsymbol{j}_c \cdot \boldsymbol{E} \tag{7.25}$$

と表される。これは導線のなかで単位時間に発生する単位体積当りの熱エネルギーでもあり，ジュールの法則の別形式である。

演　習　問　題

【1】 断面積が 2.0 mm^2 の導線がある。この導線の 5 m の抵抗を測定したら 0.04 Ω であった。いま，この導線に 20 A の電流を流したとすると，導線内の電界 E はいくらになるか。

【2】 xyz 座標系において，電流密度が $\boldsymbol{j}_c = x^2 \boldsymbol{i}_z$〔A/m^2〕（$\boldsymbol{i}_z$ は z 方向単位ベクトル）で与えられている。$z = 0$ の面上，$0 \leqq x \leqq a$，$-b/2 \leqq y \leqq b/2$ で囲まれた面を通る電流 I の大きさを求めよ。

【3】 抵抗が温度に対して直線的に増加する場合において，温度 t〔°C〕における抵抗の温度係数が α_t であるとき，t'〔°C〕の温度係数 $\alpha_{t'}$ を与える式を導け。

【4】 断面積が 1.0 mm^2 の導線に 2 A の電流が流れているとき，導線内の自由電子が全体として移動する速さ v を求めよ。ただし，1 m^3 当りの自由電子の数を 8.5×10^{28} とする。

【5】 20°C における万国標準軟銅の伝導電子の緩和時間（平均の自由時間）τ を求めよ。温度 20°C における万国標準軟銅の体積抵抗率は $\rho = 1.72 \times 10^{-8}$ Ωm，密度は 8.89 g/cm^3，銅の原子量は 63.5，銅原子 1 個当りの伝導電子数は 1 個である。

8

真空中の静磁界

8.1　磁石と電流に関する現象

以下に述べるような磁石と電流に関する現象は，現代では，われわれの多くがよく知るところである。

〔*1*〕 **磁石どうしの間に力が働く**　　棒磁石を2本用意したがいに近づけると，帯電体の場合と同様，引き合う場合と反発し合う場合がある。また1本の棒磁石の中心を糸でつるし水平に保つと，それは決まって南北の方向を向く。

歴史的には，**磁石**（magnet）に力が作用する中心は**磁極**といわれ，力が作用するのは**磁気**（magnetism）または**磁荷**（magnetic charge）というものが磁極の付近にあると考えられた。そして，力には**吸引力**と**反発力**があるので磁極と磁荷にも2種類あり，北を向く極は**北極**（**N 極**，正極），南を向く極は**南極**（**S 極**，負極）と決められた。したがって，二つの棒磁石を近づけたときの様子は図 *8.1* に，一つの棒磁石を水平に保ったときの様子は図 *8.2* に示すようになる。

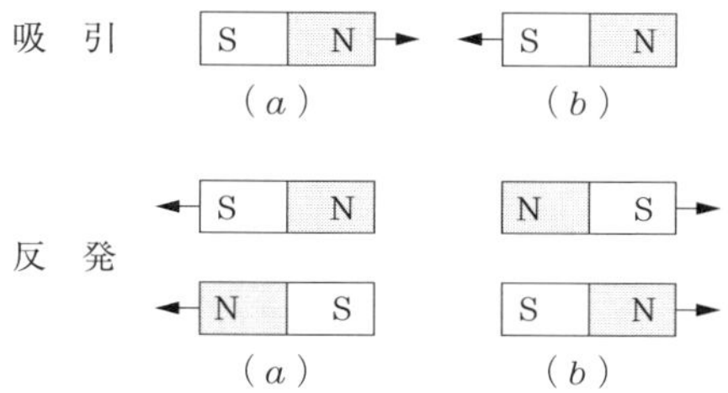

図 *8.1*　二つの棒磁石を近づけたときに働く力

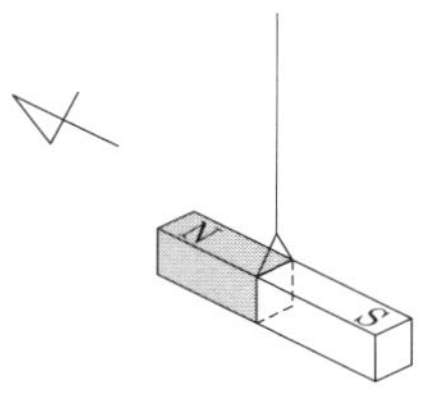

図 *8.2*　水平に保たれ北を向く棒磁石

磁石が南北を指すのは地球自体が大きな磁石であるためで，このことはギルバート（Gillbert，イギリス）によって見いだされた（1600年に公刊の『磁石論』のなかに記述がある)。英語の magnet または magnetism は，古代ギリシャの時代に，磁石が磁鉄鉱石として小アジアのマグネシア（magnesia）地方に産出したことに由来するとされている。磁極の根源については **9** 章で詳しく述べる。

磁石の間に働く力の測定は**クーロン**（Coulomb，フランス）により，帯電体の場合と同様，ねじれ秤を用いてなされ（1785年)，磁荷を q_{m1} と q_{m2}，磁極間の距離を r，磁極間に働く力を F とすると式 (8.1) で与えられた。

$$F \propto \frac{q_{m1}q_{m2}}{r^2} \tag{8.1}$$

〔***2***〕 **電流と磁石の間に力が働く**　導線の巻線すなわち**コイル**（coil）に電流を通じたものを棒磁石に近づけると，棒磁石どうしの場合と同様，引き合う場合と反発し合う場合とがある。引き合う場合を**図 *8.3*** に示す。この場合のコイルは，**図 *8.1*** に示す磁石どうしが引き合う場合の磁石 (*b*) に相当する。しかし，電流の向きまたはコイルの巻く向きを逆にすれば，N 極どうしが反発する場合の磁石 (*b*) に相当することになる。

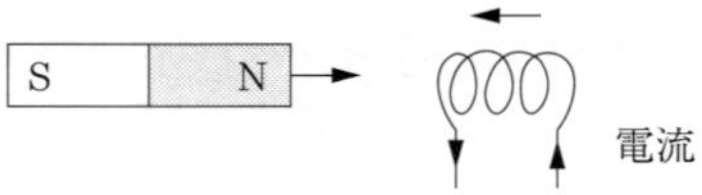

図 *8.3*　たがいに引き合う棒磁石とコイル

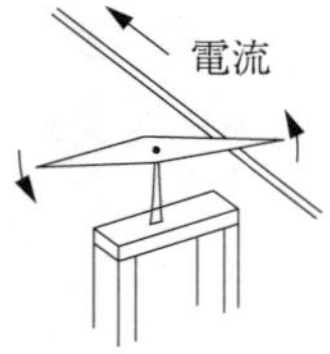

図 *8.4*　電流と磁針

歴史的には**エルステッド**（Oersted，デンマーク）が，**図 *8.4*** に示すように，電流を通じた導線の近くに磁針を置くとその方向が変わることを見いだした（1820年)。当時は電気と磁気はまったく別物であると思われていたので，この発見の反響はきわめて大きかった。

〔***3***〕 **電流どうしの間に力が働く**　電流を通じた二つのコイルをたがいに

近づけると，やはり引き合う場合と反発し合う場合とがある。引き合う場合を**図 *8.5*** に示す。この場合のコイル（a）と（b）は，それぞれ，**図 *8.1*** の磁石どうしが引き合う場合の，磁石（a）と（b）に相当する。

図 *8.5*　たがいに引き合う二つのコイル

歴史的にはエルステッドの発見のすぐ後，この発見に触発されて，まず**アンペア**（Ampère，フランス）が二つの電流間に働く力を研究した（1820～1822年）。また，アンペアは電流が磁石と同じ働きをすることから，磁石が磁性を示すのはその構成分子内部の荷電粒子による環状電流のためと想像していた(分子電流説)。この考えは磁性に対する最初の原子論的解釈である。現在では磁石の本質もわかっている。磁石は分子磁石の集合体であり，さらに分子磁石が磁性を示す原因は電子の**自転**（スピン：spin）と**軌道運動**の二つである。結局，自転あるいは軌道運動をする電子は微小電流と考えられるから，磁石は微小環状電流の集合体と見なせる。これについては，***9*** 章で詳しく述べる。

8.2　定常平行直線電流間に働く力

アンペアは実験に基づき「2本の十分に長い直線状平行導線に電流を通じると電流間に力が働く」ことを見いだした。それは**図 *8.6***（a）のように電流の

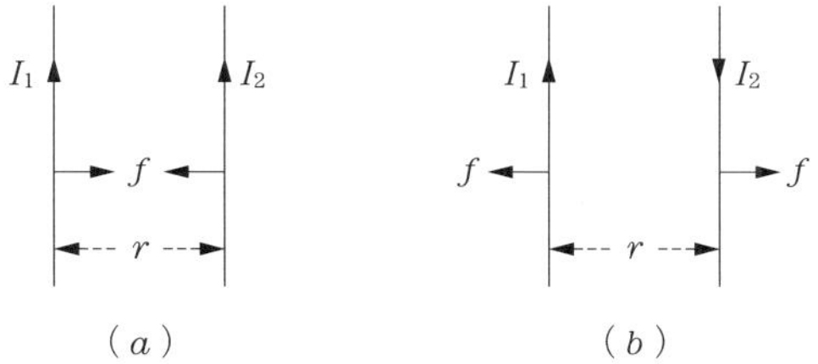

図 *8.6*　2本の定常平行直線電流間に働く力

向きが同じときには引力，図（b）のように反対のときには反発力となり，それぞれの電流の単位長さ当りに働く力の大きさ f は，それぞれの電流の大きさ I_1 と I_2 との積に比例し，その間の距離 r に反比例する。これを式で表せば

$$f \propto \frac{I_1 I_2}{r} = k_2 \frac{I_1 I_2}{r} \tag{8.2}$$

となる。ここで，k_2 は比例定数である。

アンペアはまた，ある電流にほかの電流または磁石を近づけたとき，その電流には接線方向の力は働かないことを見いだした。このことは電流に働く力はつねに電流に対して垂直であることを意味する。

式（8.2）の定数 k_2 は，電流の単位を決めることによって決まる。国際単位系では，真空中において $r = 1$ m，$I_1 = I_2 = I$ とし，$f = 2 \times 10^{-7}$ N/m となるときの I を1アンペア (A) と定義する。これより $k_2 = 2 \times 10^{-7}$ N·A^{-2} となる。この N·A^{-2} は SI 単位では H/m と表される。この単位系ではさらに，マクスウェルの方程式に 4π が現れないようにするため μ_0 なる定数を導入し

$$k_2 = \frac{\mu_0}{2\pi} \tag{8.3}$$

とおく。μ_0 の値は式（8.4）となる。

$$\mu_0 = 4\pi \times 10^{-7} \quad \text{〔H/m〕} \tag{8.4}$$

ここで導入した μ_0 は真空の**透磁率**（magnetic permiability）と呼ばれる。式（8.4）の単位 H は，後述のインダクタンスの単位でヘンリー（Henry）と呼ばれる。この μ_0 を用いると式（8.2）は式（8.5）となる。

$$f = \frac{\mu_0}{2\pi} \frac{I_1 I_2}{r} \tag{8.5}$$

8.3 磁　　　界

電荷間に働く力を考えるのに電界という概念を仲立ちとしたのと同様に，電流間に働く力を考えるのに**磁界**（magnetic field）という概念を仲立ちとする。例えば式（8.5）において，二つの定常電流 I_1 と I_2 の間に働く力を考える際に

「（1）I_1 はその周囲に磁界をつくる，（2）その磁界のなかに I_2 が置かれると I_2 は磁界から力を受ける」

というように考える。別な言い方をすれば，空間の任意の点を通過する電流または運動電荷に，電荷が静止しているときとは異なった特有な力が作用するならば，その空間は自身のもつ物理的性質にある変化を生じていると考えられる。この変化の空間的分布を磁界という。磁界が時間的に変化しない場合，それを**静磁界**（magnetostatic field）という。

式 (8.5) より，電流 I_2 の長さ l 部分に働く力の大きさを F〔N〕とすると

$$F = fl = \frac{\mu_0}{2\pi}\frac{I_1 I_2 l}{r} \tag{8.6}$$

となる。式 (2.1)，(2.2) で電界を定義したように，式 (8.6) を2分割して

$$F = I_2 l B \tag{8.7}$$

$$B = \frac{\mu_0}{2\pi}\frac{I_1}{r} \tag{8.8}$$

とすると，B は直線電流 I_1 が I_2 のところにつくる磁界の大きさを表すことになる。この B を**磁束密度**（magnetic flux density）という。B の単位は式 (8.7) の関係により決められる。直線電流 I_2 が1Aであり，それに働く力 F が1m当り1Nであるときの磁束密度 B を，国際単位系では1テスラ（tesla：T）という。直線電流がつくる B の値の一例を式 (8.8) から求めてみると，I_1 を1A，r を1mとしたとき B は 2×10^{-7} T となる。身近な地磁気による B は日本の中央部で約 3×10^{-5} T である。現在，最も強力な磁石として知られているネオジウム系磁石の一例として，一辺が1cmの立方体のものを製作したとすると，その磁極面から中心軸上1cm離れたところの B は 0.06 T，磁極面上の B は 0.6 T くらいになる。

式 (8.7) は磁界を表す磁束密度，そのなかに置かれた直線電流，およびそれに働く力を関係づける式であるが，それらの大きさだけの関係を表しているにすぎず，しかも特別な場合の関係である。力はベクトルであり，電流も電荷の運動であるからベクトルであることを考慮して，力，電流，磁束密度の一般

的な関係を明らかにする必要がある。

I_1 のような直線電流の生じる磁束密度 $\boldsymbol{B}$ の大きさは式 (8.8) によれば，半径 r の円周上では同じである。その方向を調べるためにエルステッドにならい I_1 に垂直な平面上に I_1 を中心とした半径 r の円周上に，微小な磁針をいくつか並べてみると，**図 8.7** のように並ぶ。このことから，直線電流 I_1 による磁束密度 $\boldsymbol{B}$ の力線（磁束線という。**8.6** 節で述べる）は，電流の方向に右ねじを進ませるとき右ねじの回る向きに円を描いており，$\boldsymbol{B}$ の方向は円の接線方向であることがわかる。

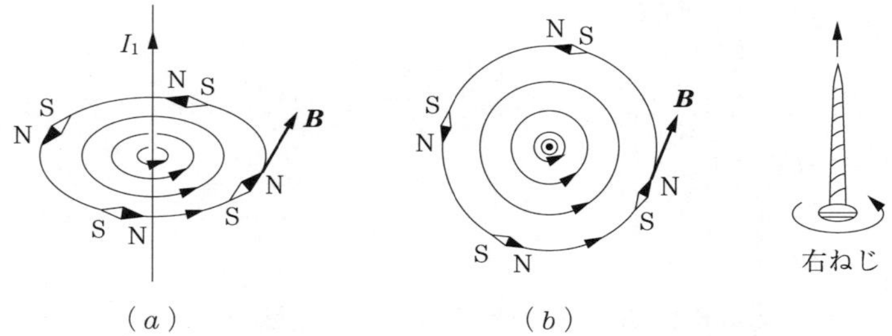

図 8.7　直線電流 I_1 が生じる磁束密度 $\boldsymbol{B}$ の力線とその方向

直線電流 I_1 による磁束密度 $\boldsymbol{B}$ の方向がわかったところで，電流 I_2 の長さ s 部分を考え，電流の流れている向きに $\boldsymbol{s}$ ベクトルの向きをとると，その部分に働く力 $\boldsymbol{F}$ と $\boldsymbol{B}$，$\boldsymbol{s}$ の関係は**図 8.8** のようになる。これらの関係をベクトル積（外積）を用いて表すと式 (8.9) となる。

$$\boldsymbol{F} = I_2\boldsymbol{s} \times \boldsymbol{B} \tag{8.9}$$

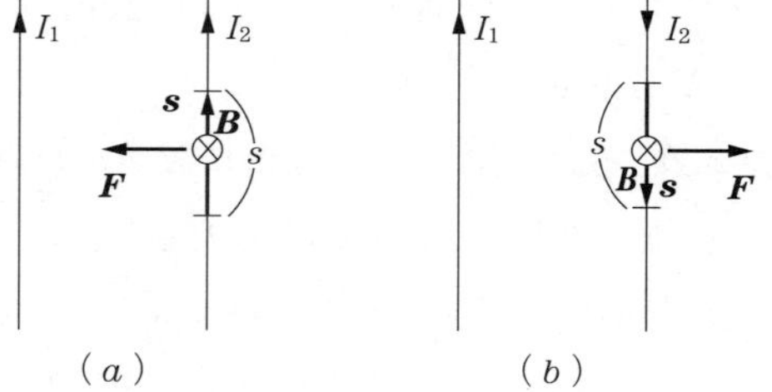

図 8.8　磁界と電流と力の向きの関係

8.4 電流素片および運動する荷電粒子に作用する力

式 (8.9) は，直線導線による電流および導線上での磁界の大きさが一定の場合より導いたが，磁界が一様でない場合や電流の経路が曲線のような場合は，$\boldsymbol{s}$ のかわりに微小長さ $d\boldsymbol{s}$ の導線を考え，それらの結果を加えればよい。その微小部分で磁界は一様と見なせるので，$d\boldsymbol{s}$ 部に働く力 $d\boldsymbol{F}$ は

$$d\boldsymbol{F} = I d\boldsymbol{s} \times \boldsymbol{B} \tag{8.10}$$

と表される。この $Id\boldsymbol{s}$ を**電流素片**という。式 (8.10) において，$Id\boldsymbol{s}$ と $\boldsymbol{B}$ とのなす角が θ であるとき，$d\boldsymbol{F}$ の大きさは式 (8.11) で与えられる。

$$dF = IdsB \sin \theta \tag{8.11}$$

電流は電荷の移動であるので，式 (8.10) をもとに磁界中を運動する電荷に働く力を求める。いま，簡単のため，電荷は**図 8.9** に示す断面積が S の微小導体中を，正の電荷のみが平均速度 $\boldsymbol{v}$ で移動しているとする。電荷は単位体積当り N 個あり，1 個の電荷の電気量は q とすると，dt 秒間に S の面を通過した電気量は $dQ = NqSvdt$ であるので，電流 I は dQ/dt より

$$I = NqSv \tag{8.12}$$

となる。$\boldsymbol{v}dt$ に相当する導線の長さを $d\boldsymbol{s}$ とし，式 (8.12) を式 (8.10) に代入し，さらにその結果を $NSvdt$ で割り，1 個当りの電荷に働く式に直すと

$$\boldsymbol{F} = q\boldsymbol{v} \times \boldsymbol{B} \tag{8.13}$$

となる。この式で表される力 $\boldsymbol{F}$ を**ローレンツ力** (Lorentz force) という。磁界 $\boldsymbol{B}$ と電界 $\boldsymbol{E}$ が共存している場合には，荷電粒子が受ける力 $\boldsymbol{F}$ は

$$\boldsymbol{F} = q(\boldsymbol{E} + \boldsymbol{v} \times \boldsymbol{B}) \tag{8.14}$$

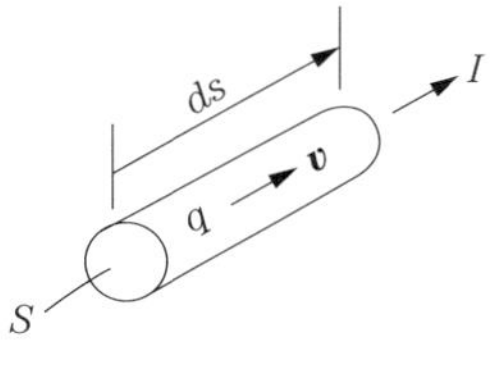

図 8.9 微小導体

で与えられる。この力をローレンツ力ということもある。

式(8.9),(8.10),または式(8.13)はいずれも磁束密度 $\boldsymbol{B}$ の定義を与える。

式(8.13)より質量 m,電荷 q の荷電粒子が速度 $\boldsymbol{v}$ で磁界 $\boldsymbol{B}$ のなかを運動するときの運動方程式は

$$m\frac{d\boldsymbol{v}}{dt} = q\boldsymbol{v}\times\boldsymbol{B} \tag{8.15}$$

で与えられる。ここで,$\boldsymbol{v}$ と $\boldsymbol{B}$ を直角座標成分を用いて表すと,それぞれ $\boldsymbol{v} = v_x\boldsymbol{i}_x + v_y\boldsymbol{i}_y + v_z\boldsymbol{i}_z$,$\boldsymbol{B} = B_x\boldsymbol{i}_x + B_y\boldsymbol{i}_y + B_z\boldsymbol{i}_z$ となる。したがって,式(8.15)を直角座標成分で表すと

$$m\frac{dv_x}{dt} = q(v_yB_z - v_zB_y),\quad m\frac{dv_y}{dt} = q(v_zB_x - v_xB_z),$$

$$m\frac{dv_z}{dt} = q(v_xB_y - v_yB_x) \tag{8.16}$$

となる。

例題 8.1　一様な磁束密度 $\boldsymbol{B}$ の磁界のなかに,質量 m,電荷量 q の荷電粒子が $\boldsymbol{B}$ に垂直に初速度 $\boldsymbol{v}_0$ で飛び込んで円運動するときの,半径 r と角周波数(角速度)ω を求めよ。

【解答】　円運動の向心力は,この場合 $\boldsymbol{B}\perp\boldsymbol{v}_0$ であるので,qv_0B となるから,運動の第二法則より $mv_0^2/r = qv_0B$ が成り立つ。これより $r = mv_0/qB$,$\omega = v_0/r = qB/m$ が得られる。この ω は粒子の速さによらず,$f = \omega/2\pi$ は**サイクロトロン周波数**(cyclotron frequency)といわれる。　◇

例題 8.2　一様な磁界 $\boldsymbol{B}$ のなかに,はじめ辺ADの長さ a,ABの長さ b の長方形コイルABCDを $\boldsymbol{B}$ に対して垂直な面内に置き,つぎにこれを辺ABとCDを二分する中心軸の周りに角度 α だけ回転させ,電流 I を流したとすると(電源は省略),コイルにはどのような力が働くか。

【解答】　コイル全体の様子は**図 8.10**(a)のようになり,それを辺AB側から見

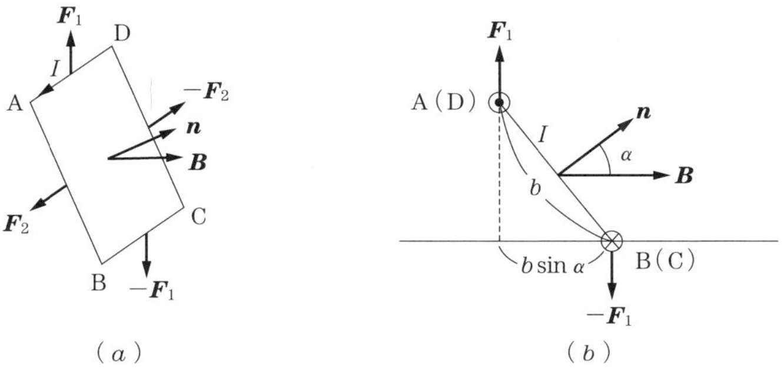

図 8.10　一様な磁界中に置かれた長方形コイル

ると図（b）のようになる。辺 AB と CD に働く力は，式（8.16）によればコイルと同じ面内にあってそれぞれコイルの外を向き，大きさ F_2 がいずれも $F_2 = IbB\cos\alpha$ で等しく，打ち消し合う。一方，辺 AD および BC に働く力の大きさ F_1 は，それらの辺いずれも $\boldsymbol{B}$ と垂直であるから，$F_1 = IaB$ となる。それらの力は偶力を形成するから，コイルには回転力 $N = F_1 b\sin\alpha = IBab\sin\alpha = ISB\sin\alpha$ が働く。ここに $S = ab$ はコイルの面積である。したがって，ベクトルとしての回転力 $\boldsymbol{N}$ は，電流の向きに右ねじを回すときねじの進む方向を向くコイル面の法線単位ベクトルを $\boldsymbol{n}$ とすると，ベクトル積

$$\boldsymbol{N} = IS\boldsymbol{n} \times \boldsymbol{B} \tag{8.17}$$

で表せる。ここで

$$IS\boldsymbol{n} = \boldsymbol{m} \tag{8.18}$$

とおくと，式（8.17）は

$$\boldsymbol{N} = \boldsymbol{m} \times \boldsymbol{B} \tag{8.19}$$

となる。この $\boldsymbol{m}$ の方向は $\boldsymbol{n}$ と同じく，コイル面に垂直で電流の向きに右ねじを回すときねじの進む方向である。　◇

式（8.19）を式（2.9）と比較すると，$\boldsymbol{m}$ は $\boldsymbol{p}$ に対応しており，この $\boldsymbol{m}$ を**磁気双極子モーメント**（magnetic dipole moment）という。以上により，コイルのなかを流れるループ電流は電気双極子と同じような性質をもっており，これを**磁気双極子**（magnetic dipole）という。一般に磁界が一様でない場合でも，ループ電流の寸法が十分に小さく，磁界が一様と見なせるほどであれば式（8.19）が適用できる。

8.5　ビオ・サバールの法則

定常直線電流がつくる磁界は式（8.8）のようになるが，一般に任意形状の定常電流がつくる磁界を求めるには別の方法によらなければならない。

ビオ（J. B. Biot，フランス）とサバール（F. Savart，フランス）は，定常電流 I の微小部分 ds すなわち電流素片 Ids がつくる磁界についての法則を提唱した（1820 年）。この法則を今日の言い方で表すと，「電流素片 Ids がそれから r_d だけ離れた点 P につくる磁束密度 dB は，Ids の方向と r_d の方向とのなす角を θ とすると

$$dB = \frac{\mu_0}{4\pi}\frac{Ids \sin\theta}{{r_d}^2} \tag{8.20}$$

であり，その方向は ds と P を含む面に垂直で紙面の表から裏へ向かう」となる。これを**ビオ・サバールの法則**（Biot-Savart's law）という。この法則は，**図 8.11** に示すように，ds 上の点における I と同じ向きをもつ接線単位ベクトルを $\boldsymbol{t}$，ds から点 P に向かう変位ベクトルを $\boldsymbol{r}_d$ とすると，ベクトル形式で

$$d\boldsymbol{B} = \frac{\mu_0}{4\pi}\frac{Ids\boldsymbol{t} \times \dfrac{\boldsymbol{r}_d}{r_d}}{{r_d}^2} = \frac{\mu_0}{4\pi}\frac{Id\boldsymbol{s} \times \boldsymbol{r}_d}{{r_d}^3} \tag{8.21}$$

と書くことができる。この $d\boldsymbol{B}$ の向きが紙面の表から裏へ向かうということは，**8.3** 節の直線電流 I による $\boldsymbol{B}$ の向きと同様，右ねじの規則が成り立って

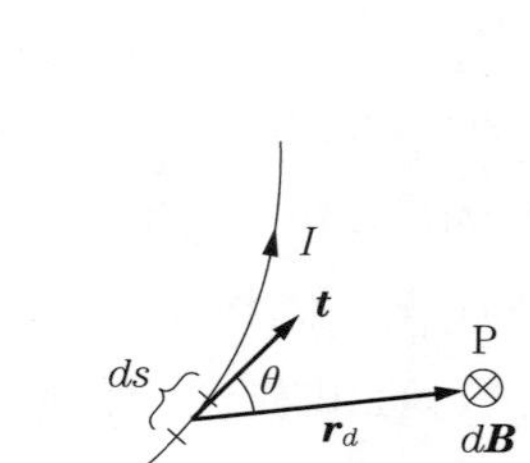

図 8.11　電流の微小部分が点 P につくる磁束密度

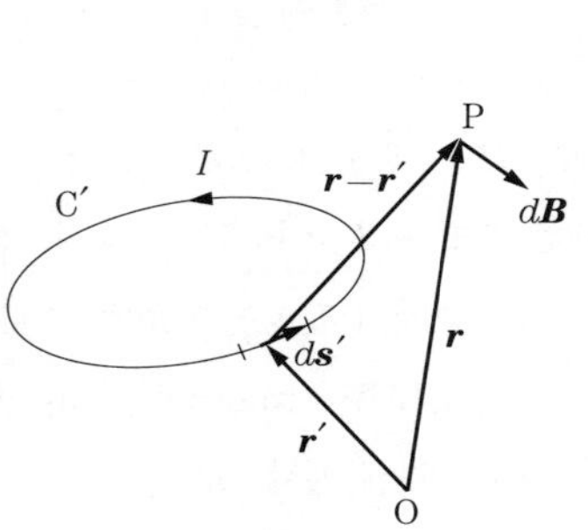

図 8.12　電流全体とその微小部分が点 P につくる磁束密度

いる。

定常ループ電流 I が任意の点Pにつくる磁束密度 $\boldsymbol{B}$ を求めるには式(8.21)を積分することになるが，**図 8.12** に示すように回路をC′（電源は省略）とし，原点Oに対する点Pの位置ベクトルを $\boldsymbol{r}$，線要素を $d\boldsymbol{s}'$，その位置ベクトルを $\boldsymbol{r}'$ とすると $\boldsymbol{r}-\boldsymbol{r}'=\boldsymbol{r}_d$ であるから，これを用いて式(8.21)を書き換え積分すると式(8.22)となる。

$$\boldsymbol{B}(\boldsymbol{r})=\frac{\mu_0 I}{4\pi}\oint_{C'} d\boldsymbol{s}'\times\frac{\boldsymbol{r}-\boldsymbol{r}'}{|\boldsymbol{r}-\boldsymbol{r}'|^3} \tag{8.22}$$

例題 8.3　直線電流 I〔A〕がつくる磁束密度 $\boldsymbol{B}$〔T〕をビオ・サバールの法則を用いて求めよ。

【解答】　**図 8.13** のように，直角座標系をその z 軸が直線電流 I と一致するようにとる。点 $P_1(0,\ 0,\ z_1)$ と $P_2(0,\ 0,\ -z_2)$ 間の電流による xy 面上の点 $P(x,\ y,\ 0)$ における磁束密度 $\boldsymbol{B}$ は，電流素片 $Id\boldsymbol{s}'$ に含まれる点 $P'(0,\ 0,\ z')$ の位置ベクトルを $\boldsymbol{r}'$，点Pの位置ベクトルを $\boldsymbol{r}$ とすると，式(8.22)より

$$\boldsymbol{B}(\boldsymbol{r})=\frac{\mu_0 I}{4\pi}\int_{P_2}^{P_1} d\boldsymbol{s}'\times\frac{\boldsymbol{r}-\boldsymbol{r}'}{|\boldsymbol{r}-\boldsymbol{r}'|^3}$$

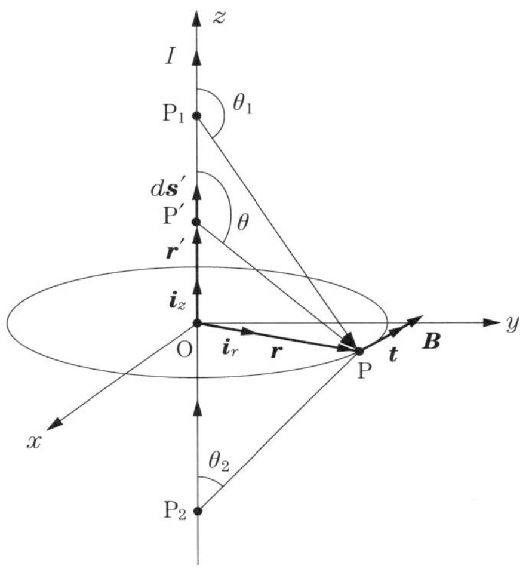

図 8.13　直線電流による磁束密度

で与えられる。ここで，z 軸方向の単位ベクトル $\boldsymbol{i}_z$ を用いて $d\boldsymbol{s}'=dz'\boldsymbol{i}_z$，$\boldsymbol{r}'=z'\boldsymbol{i}_z$，$\boldsymbol{r}$ 方向の単位ベクトル $\boldsymbol{i}_r$ を用いて $\boldsymbol{r}=r\boldsymbol{i}_r$ と表し，$|\boldsymbol{r}-\boldsymbol{r}'|=r_d$ とすると

$$\boldsymbol{B}(\boldsymbol{r})=\frac{\mu_0 I}{4\pi}\int_{-z_2}^{z_1}\frac{dz'\boldsymbol{i}_z\times(r\boldsymbol{i}_r-z'\boldsymbol{i}_z)}{r_d{}^3}=\frac{\mu_0 I}{4\pi}\int_{-z_2}^{z_1}\frac{dz'r\boldsymbol{i}_z\times\boldsymbol{i}_r}{r_d{}^3}$$

となる。

点 P′ から P へ向かう線分が z 軸となす角を θ とすると $r/r_d=\sin(\pi-\theta)=\sin\theta$ であり，$\boldsymbol{i}_z\times\boldsymbol{i}_r=\boldsymbol{t}$ とすると

$$\boldsymbol{B}(\boldsymbol{r})=\frac{\mu_0 I}{4\pi}\int_{-z_2}^{z_1}\frac{\sin\theta\,dz'}{r_d{}^2}\boldsymbol{t},\quad B(\boldsymbol{r})=\frac{\mu_0 I}{4\pi}\int_{-z_2}^{z_1}\frac{\sin\theta\,dz'}{r_d{}^2}$$

となる。

ところが**図 8.13** より $r_d=r\operatorname{cosec}\theta$，$z'=-r\cot\theta$，$dz'=r\operatorname{cosec}^2\theta d\theta$ であるから，線分 P_1P と z 軸のなす角を θ_1，P_2P と z 軸のなす角を θ_2 とすると

$$B(\boldsymbol{r})=\frac{\mu_0 I}{4\pi r}\int_{\theta_2}^{\theta_1}\sin\theta d\theta=-\frac{\mu_0 I}{4\pi r}(\cos\theta_1-\cos\theta_2) \tag{8.23}$$

となる。

導線が無限長のときの磁束密度 B は $\theta_1=\pi$，$\theta_2=0$ であるから，式 (8.23) より

$$B=\frac{\mu_0 I}{2\pi r} \tag{8.24}$$

となり式 (8.8) と同じ結果が得られる。また，$\boldsymbol{B}$ の方向は図示の $\boldsymbol{t}$ の方向である。 ◇

例題 8.4　半径が a の円形電流 I がその中心軸上につくる磁束密度 $\boldsymbol{B}$ を求めよ。

【解答】　**図 8.14** に示すように，円形電流の中心を原点 O とし，中心軸を z 軸としてその上に任意の点 P をとり，電流素片 Ids と P を結ぶ線分が z 軸となす角を α，線分の長さを r_d とする。式 (8.20) より Ids による点 P における磁束密度 dB は

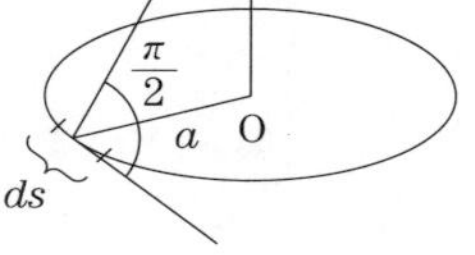

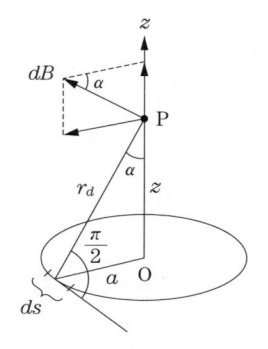

図 8.14　円形電流による磁束密度

$$dB = \frac{\mu_0 I}{4\pi}\frac{\sin(\pi/2)}{{r_d}^2}ds = \frac{\mu_0 I}{4\pi(a^2+z^2)}ds$$

となる。この dB を z 軸に垂直な成分 $dB\cos\alpha$ と z 軸方向成分 $dB\sin\alpha$ とに分けると，$dB\cos\alpha$ は円周全体について集めると打ち消し合ってしまうので，$dB\sin\alpha$ を円周全体について積分したものが求める磁束密度 B となる。すなわち

$$B = \frac{\mu_0 I\sin\alpha}{4\pi(a^2+z^2)}\oint ds = \frac{\mu_0 I\sin\alpha}{4\pi(a^2+z^2)}\times 2\pi a = \frac{\mu_0 I a^2}{2(a^2+z^2)^{3/2}} \tag{8.25}$$

であり，B の方向は z 軸方向となる。◇

例題 8.5　一定速度 $\boldsymbol{v}$ で運動する電子による磁束密度 $\boldsymbol{B}$ を求めよ。

【解答】　ビオ・サバールの式 (8.21) を電流 $I = dq/dt$ を用いて

$$d\boldsymbol{B} = \frac{\mu_0}{4\pi}\frac{\frac{dq}{dt}d\boldsymbol{s}\times\boldsymbol{r}_d}{{r_d}^3} = \frac{\mu_0}{4\pi}\frac{dq\frac{d\boldsymbol{s}}{dt}\times\boldsymbol{r}_d}{{r_d}^3}$$

と変形してみる。すると，$d\boldsymbol{s}/dt$ は電流の $d\boldsymbol{s}$ 部分にある電荷 dq の速度と見なせるので，$d\boldsymbol{s}/dt = \boldsymbol{v}$ とおき，$dq \to q$，$d\boldsymbol{B} \to \boldsymbol{B}$ とすると

$$\boldsymbol{B} = \frac{\mu_0}{4\pi}\frac{q\boldsymbol{v}\times\boldsymbol{r}_d}{{r_d}^3} \tag{8.26}$$

が得られる。この式は，電子の速さ v が光速に比べて十分に小さく，また r_d もあまり大きくない場合に成り立つ。◇

8.6　磁束線による磁界の表示

電界 $\boldsymbol{E}$ を電気力線で表したように，磁束密度 $\boldsymbol{B}$ も線で表すことができる。その力線を**磁束線**（lines of magnetic induction）といい，これを用いれば磁界の様子を視覚的に表示することができる。

図 8.15 に示すように，磁束密度 $\boldsymbol{B}$ の磁界内に閉曲面 S で囲まれた領域 V を考えガウスの定理を適用すると，磁束線には発生や消滅がないので

$$\oint_S \boldsymbol{B}\cdot\boldsymbol{n}dS = 0 \tag{8.27}$$

が成り立つ。

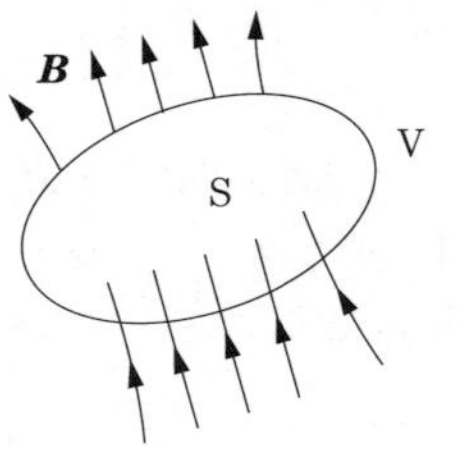

図 8.15　閉曲面Sで囲まれた領域Vを通る磁束線

ここで $d\Phi = \boldsymbol{B}\cdot\boldsymbol{n}dS$ とおくと，$d\Phi$ は面 dS をその法線単位ベクトル $\boldsymbol{n}$ の向きに通る**磁束**（magnetic flux）を意味し，式（8.27）の左辺は閉曲面Sを貫く全磁束 Φ である。磁束のSI単位はWbでウェーバ（weber）という。

静電界を表す電気力線は正電荷から出て負電荷に終わるが，静磁界を表す磁束線は始まりも終わりもなく閉じている。このような状態について，静電界には**渦**（vortex）がないが，静磁界には渦があるという。

8.7 アンペアの法則

8.7.1 磁束密度の線積分

静電界において電界と点電荷の関係をガウスの法則で表したのと同様に，距離を含まない形の磁束密度と電流との関係を求めることを考える。いま，簡単のため，**図 8.16** に示す無限に長い直線導線に電流 I が流れている場合を考え，その周りに沿って一周するつぎの積分（8.28）がどのような結果になるかを調べる。

$$\oint_{\mathrm{C}} \boldsymbol{B}\cdot d\boldsymbol{s} \tag{8.28}$$

ここで，$d\boldsymbol{s}$ は積分の経路Cに沿う微小長さベクトルである。いま，経路Cは I を中心として半径 r の円周上，電流と右ねじの関係にある向きにとると，$\boldsymbol{B}$ と $d\boldsymbol{s}$ は同じ向きであるので式（8.28）の積分は式（8.8）の結果を用いて

$$\oint_{\mathrm{C}} \boldsymbol{B}\cdot d\boldsymbol{s} = \oint_{\mathrm{C}} B ds = \frac{\mu_0 I}{2\pi r}\oint_{\mathrm{C}} ds = \frac{\mu_0 I}{2\pi r}\times 2\pi r = \mu_0 I \tag{8.29}$$

となる。無限長直線導体は，無限に遠い点を介して一つのループになっている

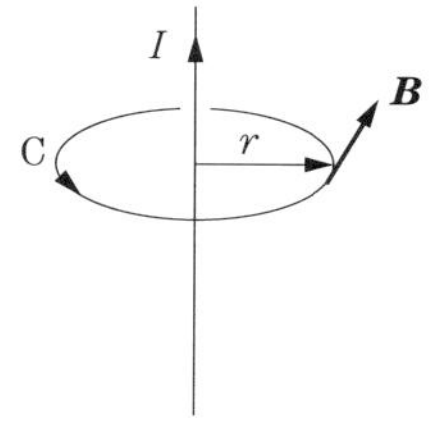

図 8.16　無限長直線電流による磁界

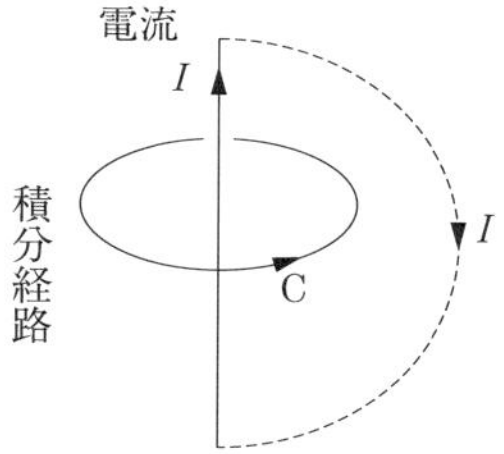

図 8.17　電流と積分経路 C の鎖交

と考えると，電流と積分経路 C は**図 8.17** のような関係にある。このような交わりの関係を，積分経路 C と電流は**鎖交**（interlinkage）しているという。式 (8.29) の関係は，両者が鎖交していれば電流の流れている導線の形状や積分経路のとり方に無関係に成り立つ。以下にそれをより一般的に示す。

図 8.18 のようなループ電流 I が任意の点 P に生じる磁束密度 $\boldsymbol{B}$ は，経路を C′（電源は省略）とし，式 (8.22) において $\boldsymbol{r}-\boldsymbol{r}'=\boldsymbol{r}_d$ とおくと

$$\boldsymbol{B}(\boldsymbol{r})=\frac{\mu_0 I}{4\pi}\oint_{C'} d\boldsymbol{s}'\times\frac{\boldsymbol{r}_d}{{r_d}^3}$$

で与えられる。この $\boldsymbol{B}(\boldsymbol{r})$ を，点 P を含む任意の経路 C に沿って積分すると

$$\oint_C \boldsymbol{B}\cdot d\boldsymbol{s}=\frac{\mu_0 I}{4\pi}\oint_C\oint_{C'}\frac{d\boldsymbol{s}'\times\boldsymbol{r}_d}{{r_d}^3}\cdot d\boldsymbol{s} \tag{8.30}$$

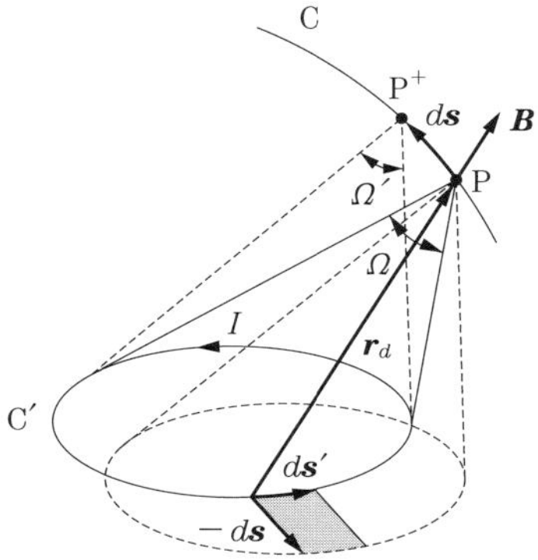

図 8.18　線電流 I が流れる回路 C′ がつくる磁界 $\boldsymbol{B}$ と積分経路 C

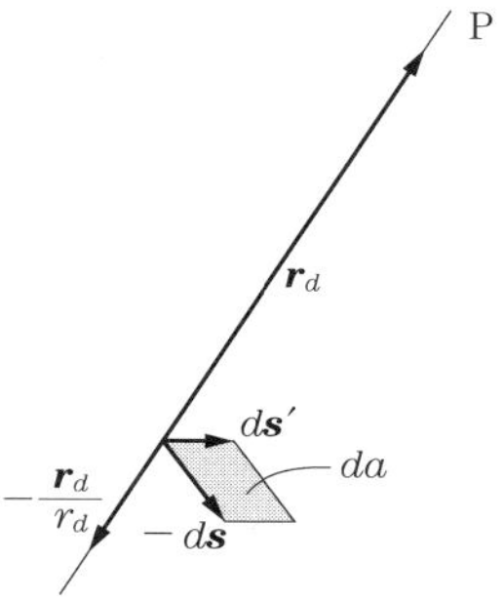

図 8.19　帯状曲面を構成する四辺形

となる。ところが，点Pから C′ がつくる面を見込む立体角 Ω と，点Pから $\boldsymbol{ds}$ だけ離れた点 P^+ から C′ がつくる面を見込む立体角 Ω^+ との差 $\delta\Omega = \Omega^+ - \Omega$ は，C′ を $-\boldsymbol{ds}$ だけ動かしたときにできる帯状曲面を点Pから見込む立体角に等しい。そこで，**図 8.19** に示す帯状曲面のなかの微小四辺形を点Pから見た見掛けの面積 $da = (-\boldsymbol{ds} \times \boldsymbol{ds}')\cdot(-\boldsymbol{r}_d/r_d) = (\boldsymbol{ds} \times \boldsymbol{ds}')\cdot(\boldsymbol{r}_d/r_d)$ であり，この da が点Pに張る立体角 $d\Omega$ は

$$d\Omega = \frac{da}{{r_d}^2} = \frac{\boldsymbol{ds} \times \boldsymbol{ds}'}{{r_d}^2}\cdot\frac{\boldsymbol{r}_d}{r_d}$$

である。したがって $\delta\Omega$ は

$$\delta\Omega = \oint_{\mathrm{C}'} \frac{\boldsymbol{ds} \times \boldsymbol{ds}'}{{r_d}^2}\cdot\frac{\boldsymbol{r}_d}{r_d} \tag{8.31}$$

となる。ここで三つのベクトル $\boldsymbol{A}$，$\boldsymbol{B}$，$\boldsymbol{C}$ について

$$\boldsymbol{A}\cdot(\boldsymbol{B} \times \boldsymbol{C}) = \boldsymbol{B}\cdot(\boldsymbol{C} \times \boldsymbol{A}) = \boldsymbol{C}\cdot(\boldsymbol{A} \times \boldsymbol{B}) \tag{8.32}$$

なる関係が成り立つことを利用すると，$(\boldsymbol{ds} \times \boldsymbol{ds}')\cdot\boldsymbol{r}_d = (\boldsymbol{ds}' \times \boldsymbol{r}_d)\cdot\boldsymbol{ds}$ と変形できるから，式 (8.31) は

$$\delta\Omega = \oint_{\mathrm{C}'} \frac{\boldsymbol{ds}' \times \boldsymbol{r}_d}{{r_d}^3}\cdot\boldsymbol{ds} \tag{8.33}$$

とも書ける。したがって式 (8.30)，(8.33) より式 (8.34) が得られる。

$$\oint_{\mathrm{C}} \boldsymbol{B}\cdot\boldsymbol{ds} = \frac{\mu_0 I}{4\pi}\oint_{\mathrm{C}} \delta\Omega \tag{8.34}$$

式 (8.34) で与えられる積分は，**図 8.20** に示すようにCがC′と交わる場合と交わらない場合の二つに分かれる。ここで，C′ がつくる面の表と裏を定義する。C′ に沿って流れる電流の向きに右ねじを回すとき，右ねじが C′ のつ

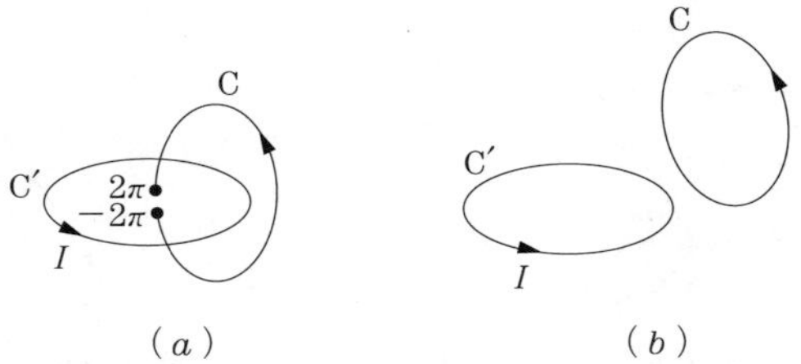

図 8.20　回路と積分経路の関係

くる面に入る側を裏，出る側を表とする。すると，図（a）のようにCがC′と交わりかつC′の面を表から裏へ貫く場合は，C′を見込む立体角が $-2\pi-(2\pi)=-4\pi$ 変化し，逆の場合は $2\pi-(-2\pi)=4\pi$ 変化するから，$\oint_C \delta\Omega=\pm 4\pi$ と表すことができる。一方，図（b）のようにCがC′と交わらない場合は，Cを一周するときC′を見込む立体角の変化は生じないから，$\oint_C \delta\Omega=0$ となる。したがって，式（8.34）は図（a），（b）の場合，それぞれ以下の式（8.35），（8.36）のようになる。

$$\oint_C \boldsymbol{B}\cdot d\boldsymbol{s}=\pm\mu_0 I \tag{8.35}$$

$$\oint_C \boldsymbol{B}\cdot d\boldsymbol{s}=0 \tag{8.36}$$

式（8.35）の右辺は，Cのつくる面の表と裏を，Cをたどる向きに右ねじを回すことによりC′の場合と同様に定義すると，図（a）のようにCの面を表から裏へ抜ける電流は $-I$，逆の電流は $+I$ であることを意味する。

以上により，一般に積分経路Cと複数の正または負の電流が交わる場合は，電流を一般に正，負を含めて I_i として

$$\oint_C \boldsymbol{B}\cdot d\boldsymbol{s}=\mu_0\sum_i I_i \tag{8.37}$$

と表し，交わらない場合は式（8.36）となる。式（8.36），（8.37）で表される関係を**アンペアの法則**（Ampere's law）という。

図 8.21 のように電流が三次元分布している場合のアンペアの法則は，積分経路Cを縁とする開曲面をS，S面上の面積要素を dS，その法線単位ベク

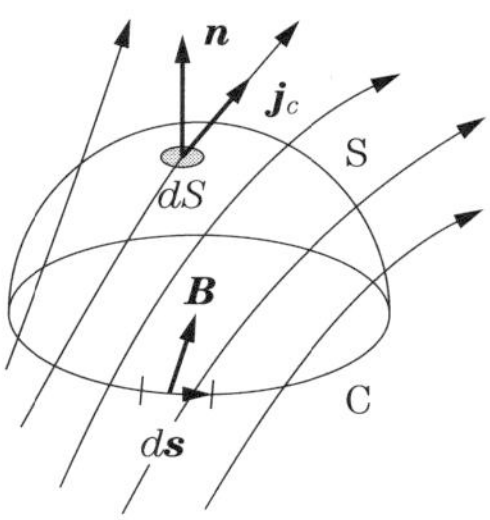

図 8.21　三次元分布電流による磁界と積分経路

トルを $\boldsymbol{n}$, 電流密度を $\boldsymbol{j}_c$ として式 (8.38) のように書ける。

$$\oint_C \boldsymbol{B}\cdot d\boldsymbol{s} = \mu_0 \int_S \boldsymbol{j}_c\cdot\boldsymbol{n}dS \tag{8.38}$$

例題 8.6　無限に長い直線電流 I による磁界 $\boldsymbol{B}$ をアンペアの法則を用いて求めよ。

【解答】　**図 8.16** に示すように，電流 I に垂直な面上に I を中心軸とする半径 r の円 C を考え，これにアンペアの法則を適用する。磁界 $\boldsymbol{B}$ は円周上どこでも接線方向を向くため $\boldsymbol{B}$ と線要素 $\boldsymbol{t}ds = d\boldsymbol{s}$ は平行すなわち $\boldsymbol{B} \parallel d\boldsymbol{s}$ であり，$\boldsymbol{B}$ の大きさは円周上では一定なので，アンペアの法則 (8.37) の左辺は

$$\oint_C \boldsymbol{B}\cdot d\boldsymbol{s} = \oint_C Bds = B\oint_C ds = B \times 2\pi r$$

となる。積分経路 C のなかに含まれる電流は I だけであるからアンペアの法則は $B \times 2\pi r = \mu_0 I$ と書ける。これより，**例題 8.3** の解と同じ $B = \mu_0 I/2\pi r$ が得られる。

◇

例題 8.7　半径 a の無限に長い円筒表面を，電流 I が中心軸に平行に一様に分布して流れている。円筒内外の磁界 $\boldsymbol{B}$ を求めよ。

【解答】　直線電流の場合と同様，**図 8.22** に示すように，電流 I に垂直な面上に円筒の中心軸と同心である半径 r の円 C を考え，これにアンペアの法則を適用する。磁界 $\boldsymbol{B}$ は円周上どこでも接線方向を向くため $\boldsymbol{B} \parallel d\boldsymbol{s}$ であり，$\boldsymbol{B}$ の大きさ B は円周上では一定なので，アンペアの法則 (8.37) は，$0 \leqq r < a$ のとき積分経路 C が円

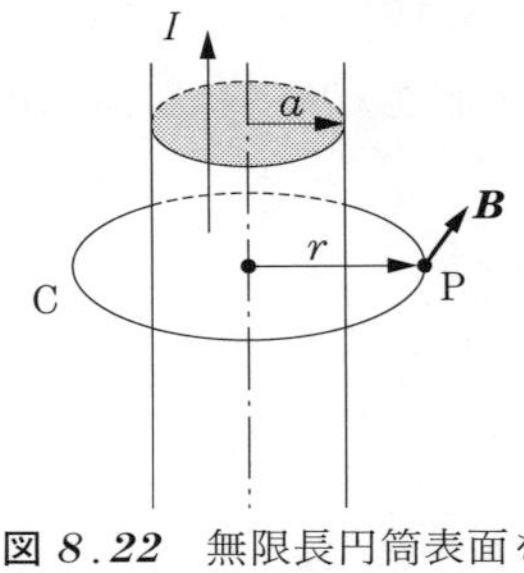

図 8.22　無限長円筒表面をその中心軸と平行に，一様に分布して流れる電流

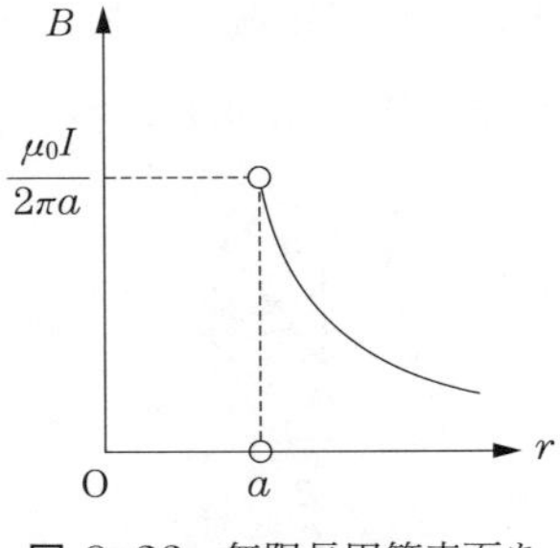

図 8.23　無限長円筒表面を流れる電流による磁界

筒のなかにあるので $B \times 2\pi r = 0$ となり，$a < r$ のとき積分経路Cが円筒の外にあるので $B \times 2\pi r = \mu_0 I$ となる。以上により

$$B = 0 \quad (0 \leqq r < a), \quad B = \frac{\mu_0 I}{2\pi r} \quad (a < r)$$

が得られる。この場合の B と r の関係を図示すると**図 8.23** のようになる。 ◇

例題 8.8 半径 a の無限に長い円柱内部を，電流 I が中心軸に平行に一様に分布して流れている。円柱内外の磁界 $\boldsymbol{B}$ を求めよ。

【解答】 **図 8.24** のように，電流 I に垂直な面上に円柱の中心軸と同心である半径 r の円Cを考え，これにアンペアの法則を適用する。**例題 8.7** の場合と同様，$\boldsymbol{B} \,/\!/\, d\boldsymbol{s}$ であり，$\boldsymbol{B}$ の大きさは円周上では一定なので，アンペアの法則 (8.37) は，$0 \leqq r \leqq a$ のとき積分経路Cが円柱のなかにあり，電流密度を j_c とすると $j_c = I/\pi a^2$ であるから $B \times 2\pi r = \mu_0 j_c \pi r^2 = \mu_0 (I/\pi a^2)\, \pi r^2$ となり，$a \leqq r$ のとき積分経路Cが円柱の外にあるので $B \times 2\pi r = \mu_0 j_c \pi a^2 = \mu_0 I$ となる。以上の二つの場合について B を求めると

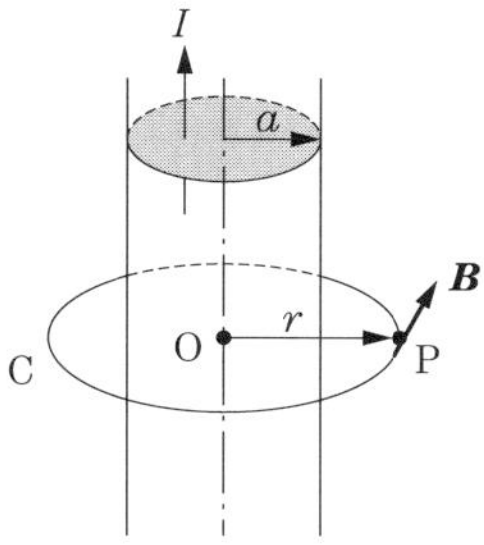

図 8.24 無限長円柱の内部をその中心軸と平行に一様に分布して流れる電流

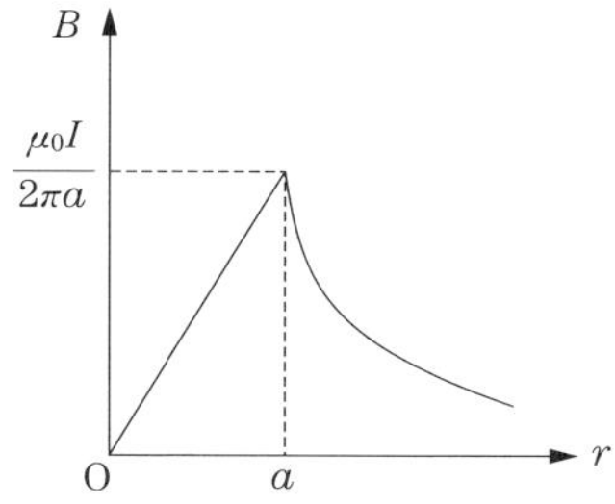

図 8.25 無限長円柱の内部を流れる電流による磁界

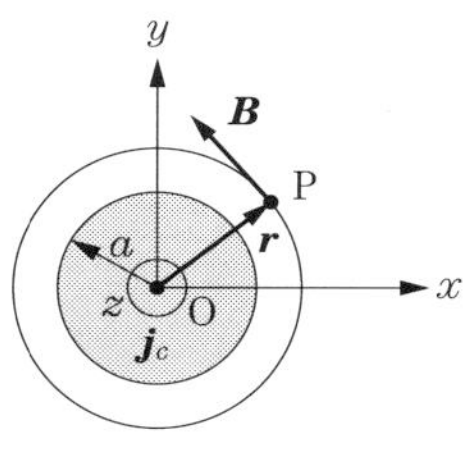

図 8.26 磁界 $\boldsymbol{B}$，電流密度 $\boldsymbol{j}_c$ と位置ベクトル $\boldsymbol{r}$ の関係

$$B = \frac{\mu_0 j_c r}{2} = \frac{\mu_0 I r}{2\pi a^2} \quad (0 \leqq r \leqq a), \quad B = \frac{\mu_0 a^2 j_c}{2r} = \frac{\mu_0 I}{2\pi r} \quad (a \leqq r)$$

が得られる。二つの場合の B と r の関係を図示すると**図 8.25** のようになる。

ここで**図 8.26** に示すように，中心軸上に原点 O をとり，中心軸を z 軸としその正の向きを電流の向きとして，それに垂直に x, y 軸をとり，点 P の位置ベクトルを $\boldsymbol{r}$，電流密度を $\boldsymbol{j}_c$ とすると，ベクトルとしての磁界 $\boldsymbol{B}$ は

$$\boldsymbol{B} = \frac{\mu_0 \boldsymbol{j}_c \times \boldsymbol{r}}{2} \quad (0 \leqq r \leqq a), \quad \boldsymbol{B} = \frac{\mu_0 a^2 \boldsymbol{j}_c \times \boldsymbol{r}}{2r^2} \quad (a \leqq r) \qquad (8.39)$$

と表される。◇

例題 8.9　無限に長い，1 m 当りの巻数が n 回の円筒形ソレノイド（導線を密接してらせん状に巻いた長いコイルのこと）に電流 I が流れているときの磁界 $\boldsymbol{B}$ を求めよ。

【解答】　有限長で導線の巻き方があまり密でないソレノイドを**図 8.27** に示す。ソレノイドの外側では $\boldsymbol{B}$ は弱め合い，内側では強め合うので，$\boldsymbol{B}$ の力線の様子は図示のようになる。導線が密接して巻かれ，かつソレノイドが無限長になれば，その外側では $\boldsymbol{B}$ は 0 になり，内部では一様なある値になると考えてよい。**図 8.28** は無限長ソレノイドの断面と，その内部と外部にまたがるようにとった長方形の積分経路 ABCD を示す。これにアンペアの法則を適用すると，長さ l の辺 AB はソレノイドの中心軸と平行なので，経路 AB に沿っての積分だけが残り，積分経路と電流の交わる数すなわち鎖交数は nl なので $Bl = \mu_0 Inl$ となり式 (8.40) が得られる。

$$B = \mu_0 nI \qquad (8.40)$$

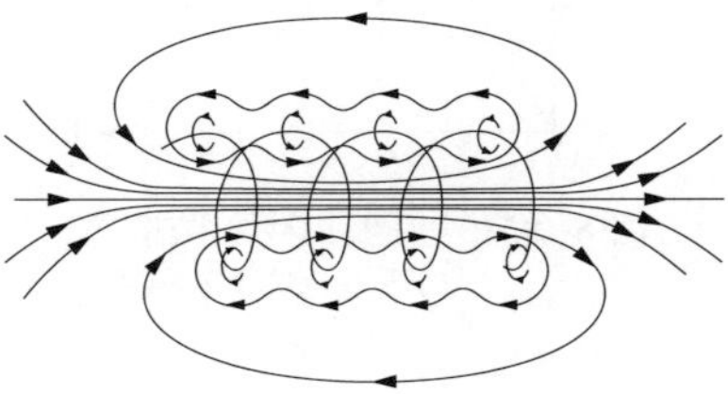

図 8.27　ゆるく巻かれたソノレイド

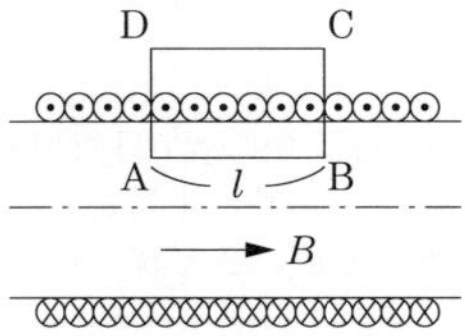

図 8.28　密に巻かれた無限長ソノレイドの断面

◇

8.7.2 磁界の強さ

電界の強さ $\boldsymbol{E}$ に関するガウスの法則は，電束密度 $\boldsymbol{D} = \varepsilon_0 \boldsymbol{E}$ を導入するこ

とにより，ε_0 を含まないより簡単な形の $\boldsymbol{D}$ に関するガウスの法則となった。そこで磁束密度 $\boldsymbol{B}$ に関するアンペアの法則 (8.37)，(8.38) とも，両辺を μ_0 で割って

$$\boldsymbol{H} = \frac{\boldsymbol{B}}{\mu_0} \tag{8.41}$$

とおくと，式 (8.42)，(8.43) のような μ_0 を含まないより簡単な形に変形される。

$$\oint_C \boldsymbol{H}\cdot d\boldsymbol{s} = \sum_i I_i \tag{8.42}$$

$$\oint_C \boldsymbol{H}\cdot d\boldsymbol{s} = \int_S \boldsymbol{j}_c\cdot \boldsymbol{n}dS \tag{8.43}$$

この $\boldsymbol{H}$ を**磁界の強さ**（intensity of magnetic field）という。$\boldsymbol{H}$ の SI 単位は A/m である。$\boldsymbol{H}$ は，歴史的には，磁石の磁荷間に働く力を考えるための仲立ちとして考えられた。すなわち，磁荷 q_m〔Wb〕に働く力を $\boldsymbol{F}$ とするとき

$$\boldsymbol{H} = \frac{\boldsymbol{F}}{q_m} \tag{8.44}$$

で定義された。また，$\boldsymbol{H}$ の力線として**磁力線**（line of magnetic force）が定義され，それは正磁荷（N 極）から負磁荷（S 極）へ向かうものと決められた。これらの関係については **9** 章で再び述べる。

演　習　問　題

【1】 **問図 8.1** に示すように，電荷 q，質量 m の粒子が，一様な磁界 $\boldsymbol{B}$ のなかに初速度 $\boldsymbol{v}_0$ で $\boldsymbol{B}$ と角度 θ をなして入射した。粒子はどのような運動をするか。

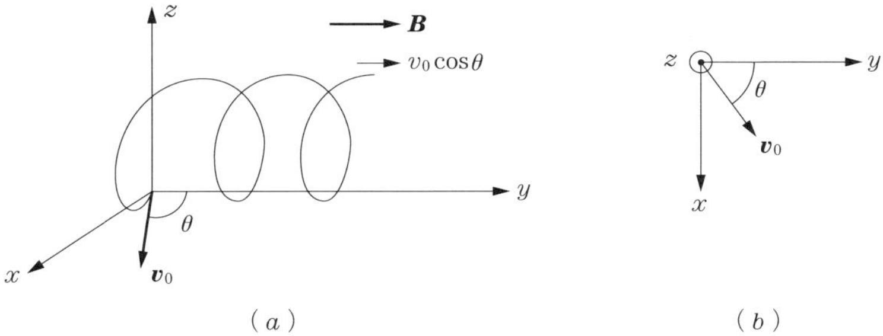

問図 8.1　磁界に対して角度 θ で入射する荷電粒子の運動

【2】 **問図 8.2** のように，間隔 h の 2 枚の平行平板電極に電位差 V が与えられ，電極間の電界 $\boldsymbol{E}$ に垂直に磁界 $\boldsymbol{B}$ が加えられているとき，電子が陰極面に初速度 $\boldsymbol{v}_0 = 0$ で現れたとする。

（1） その後の電子の運動軌跡は陽極に衝突しない場合には，図のような**サイクロイド**（cycloid）と呼ばれる曲線になることを，電子の現れた点を原点とする xyz 直角座標系を用いて示せ。電子の電荷を $-e$，質量を m とする。

（2） 電子が陽極に到達しない電磁界の条件を求めよ。

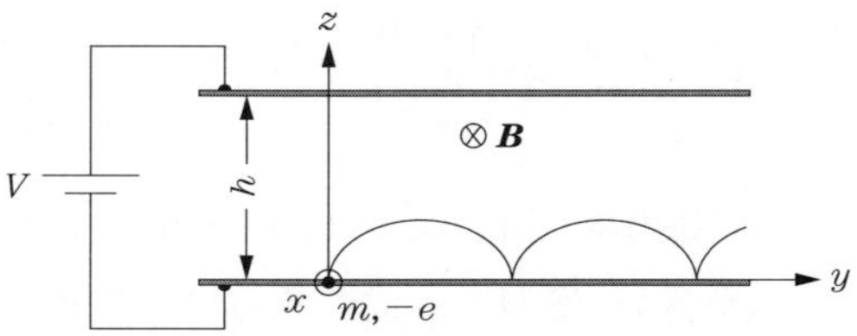

問図 8.2

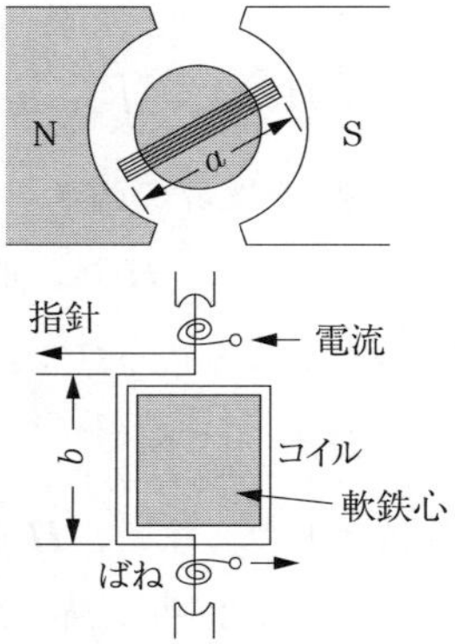

問図 8.3

【3】 直流電流計の原理を**問図 8.3** に示す。磁石と鉄心でギャップには一様な磁界 $\boldsymbol{B}$ ができており，そのなかに置かれた長方形コイルの寸法は $a \times b$，巻数は N である。コイルの電流が I であるときの回転力 T を求めよ。

【4】 **問図 8.4** のような半径 a の半円とその中心 O に向かう二つの半直線からなる回路に電流 I を流すとき，中心 O に生じる磁束密度 $\boldsymbol{B}_0$ を求めよ。

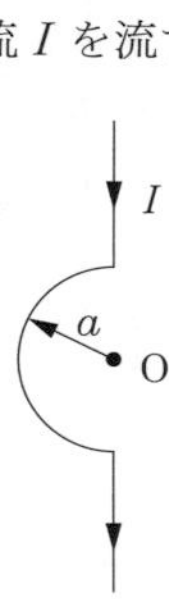

問図 8.4

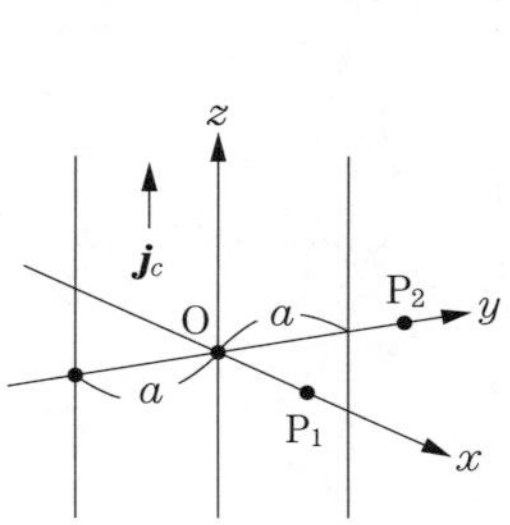

問図 8.5

【5】 問図 **8.5** のように，幅 $2a$ の薄い（厚さを無視する）無限に長い導体板があり，その長さ方向に一様な線密度 $\boldsymbol{j}_c$〔A/m〕の電流が流れている。導体板の中心線を z 軸として図のように xyz 直角座標系を設けたとき

（1） x 軸上の点 $P_1(x,\ 0,\ 0)$ における磁束密度 $\boldsymbol{B}$ を求めよ。この $\boldsymbol{B}$ は導体板の幅を無限大にするとどうなるか。

（2） y 軸上の点 $P_2(0,\ y,\ 0)$ における磁束密度 $\boldsymbol{B}$ を求めよ。

【6】 問図 **8.6** のようなコイルが密に巻かれている有限長の円筒形ソレノイドがあり，コイルの単位長さ当りの巻数は n，円筒の半径は a である。電流 I を流したときソレノイドの中心軸上任意の点 P における磁束密度 $\boldsymbol{B}$ の大きさは

$$B = \frac{\mu_0 nI\,(\cos\theta_2 - \cos\theta_1)}{2}$$

で与えられることを証明せよ。また，ソレノイドが十分に長いときには，その両端における磁界は中心部の半分になることを示せ。

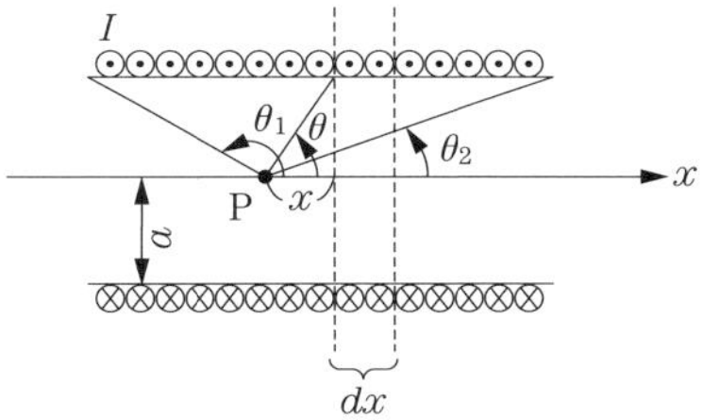

問図 **8.6**

【7】 半径 a の同じ二つの円形コイル C_1 と C_2 が中心軸を共有して間隔 $2d$ で平行に置かれており，同じ向きに電流 I が流れている。

（1） x 軸を C_1 から C_2 の向きに中心軸と重ねてとり，中点を原点 O とするとき，x 軸上原点から $x\,(0 < x < d)$ 離れた点 P および原点における磁束密度 $\boldsymbol{B}$ の大きさはどのようになるか。

（2） $a = 2d$ である場合，$\boldsymbol{B}$ の大きさは原点付近で一定になることを示せ。

【8】 半径 a のリング上に電荷が一様な密度 λ〔C/m〕で分布している。このリングを中心軸の周りに一定の角速度 ω で回転させるとき，中心軸上の点 P に生じる磁束密度 $\boldsymbol{B}$ を求めよ。

【9】 電荷が一様な密度 σ〔C/m^2〕で分布している半径 a の円板がある。この円板を中心軸の周りに一定の角速度 ω で回転させるとき，中心軸上の点 P に生じる磁束密度 $\boldsymbol{B}$ の大きさを求め，さらにこの円板のもつ磁気双極子モーメント $\boldsymbol{m}$

の大きさも求めよ。

【10】 問題【5】における導体板の幅が無限大の場合の磁束密度 $\boldsymbol{B}$ の大きさをアンペアの法則を用いて求めよ。

【11】 無限に長い二つの同軸円筒導体があり，内導体と外導体にたがいに反対向きの電流 I が流れている。この場合の磁束密度 $\boldsymbol{B}$ の大きさを求めよ。内導体の外径は a で外導体の内径は b，外径は c である。導体の透磁率は真空の透磁率 μ_0 と等しいものとする。

【12】 無限に長い半径 a の円柱導体があり，その中心Oから c だけ離れた点O′を中心として半径 b の円筒空洞があけられており，$b + c < a$，$c < b$ である。この導体に電流が一様な密度 $\boldsymbol{j}_c$〔A/m²〕で流れているとき，空洞内に生じる磁束密度 $\boldsymbol{B}$ の大きさを求めよ。

【13】 **問図 8.7** のように，無限に長い直線電流 I_1 と寸法 $a \times b$ の長方形電流 I_2（ABCD）が同一面内に，直線と長方形の二辺ABとCDが平行になるように，d だけ離れて置かれている。長方形電流 I_2 に働く力 $\boldsymbol{F}$ を求めよ。

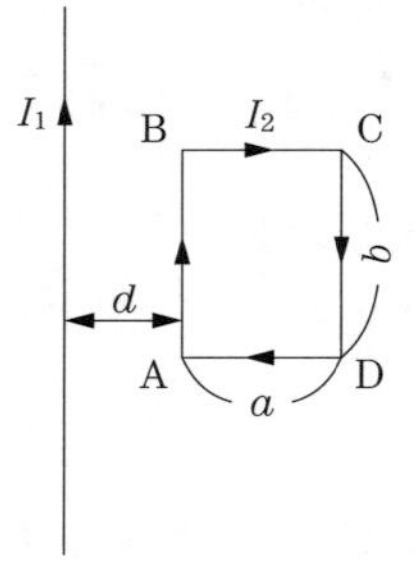

問図 8.7

9

磁性体を含む静磁界

9.1 物質の磁化

9.1.1 磁　性　体

鉄の棒にコイルを巻いて電流を流すと，コイルだけの場合に比べて強い磁界ができることは，多くの人が経験しているであろう。これはコイルに流れる電流の磁界によって，鉄自体が新たな磁界をつくるようになったからである。このように，物質が磁界をつくる性質をもったとき，その物質は**磁化**（magnetization）されたといい，物質が磁化される現象を磁気誘導（magnetic induction）という。また，磁気誘導が起こる物質を**磁性体**（magnetic substance）という。

磁化によって生じる磁界の向きは物質により異なり，**図 9.1**(*a*)，(*b*)のように2種類ある。外部磁界の向きに対して図(*a*)のような向きに磁界を生じる物質を**常磁性体**（paramagnetic substance）といい，図(*b*)のように磁界を生じる物質を**反磁性体**（diamagnetic substance）という。図(*a*)のように

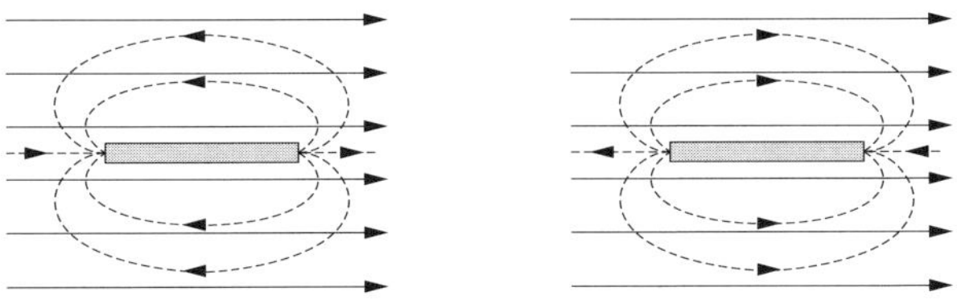

(*a*)　常磁性体　　(*b*)　反磁性体

図 9.1　磁化現象

磁化される物質のうち，非常に強い磁気現象を示すものを**強磁性体**（ferromagnetic substance）という。

なお，強磁性体は外部磁界を取り去っても磁化の状態を保つ性質があり，これを**永久磁石**（permanent magnet）という。

9.1.2　磁 化 の 原 因

8章で電流による磁界を学んだ。ここでは，磁化された物質による磁界を考える。物質は原子から構成され，原子は，原子核とその周囲を軌道運動するいくつかの電子からなっている。また，電子は自転運動（スピン）を行っている。電子は負の電気量をもっており，これが原子核の周りを軌道運動すれば微小電流ループと同じ働きをする。また，電子を球形とし，そこに負の電荷が分布していると考えると，電子の自転運動もまた微小電流ループと同じ働きをする。このように，電子の軌道運動や自転運動は，**図 9.2**（c）に示すように微小電流ループと等価である。

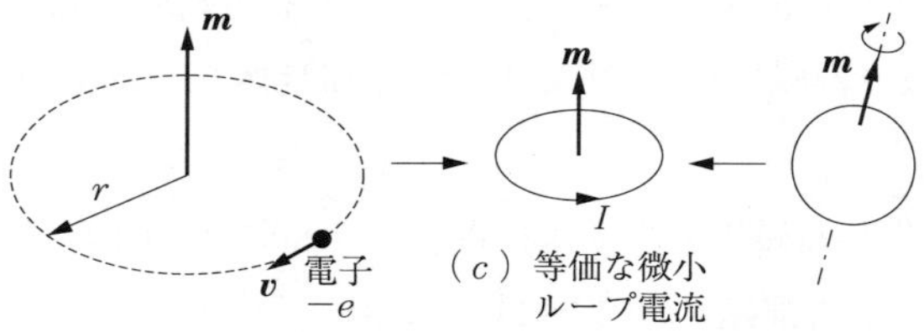

（a）　電子の軌道運動　　　　　（b）　電子の自転運動

図 9.2　電子の軌道運動や自転による磁気モーメント

8.4節の**例題 8.2**で示したように，電流ループは磁気双極子モーメント（以後，本章では単に磁気モーメントと記す）をもっているので，電子の運動は磁気モーメントを伴う。**図 9.2**（a）の軌道運動によるものを軌道電子による磁気モーメントといい，図（b）の電子の自転運動によるものをスピンによる磁気モーメントという。

原子核も自転をしているので磁気モーメントをもつが，その自転速度は電子の自転速度に比べて非常に小さいので，通常は無視することができる。磁性体内に磁気モーメントが存在すれば，それにより磁界が生じることは明らかであろう。

例題 9.1　**図 9.2**(a)において，1個の電子の電気量を $-e$，軌道運動の半径を r，その速度を v とするとき，磁気モーメントを求めよ。

【解答】　運動に伴う電子電流は

$$I = \frac{ev}{2\pi r} \tag{9.1}$$

となる。したがって，磁気モーメントは，軌道ループの面積を S とすると

$$\boldsymbol{m} = IS\boldsymbol{n} = \frac{evr}{2}\boldsymbol{n} \tag{9.2}$$

となる。ここで $\boldsymbol{n}$ は軌道の平面に垂直で I と右ねじの関係になる向きをもつ単位ベクトルである。◇

以上のように，磁化の根源は磁気モーメントに起因している。また，それが外部磁界中に置かれると電子の軌道運動や自転軸の状態が変化するので，それによって生じる磁界も変化することになる。その影響が物質全体にどのような形で現れるかによって前に述べた磁性の種類が違ってくる。磁性体の詳しいメカニズムや性質は，量子力学に基づく物性論を学ばなくてはならないが，ここではつぎに述べる二つのことを通して磁性の原因を巨視的にみてみよう。

最初に，**図 9.3** に示すような磁束密度 $\boldsymbol{B}$ の一様磁界中に置かれた長方形コイルに電流 I を流した場合を考える。この結果はすでに**例題 8.2** で示した。

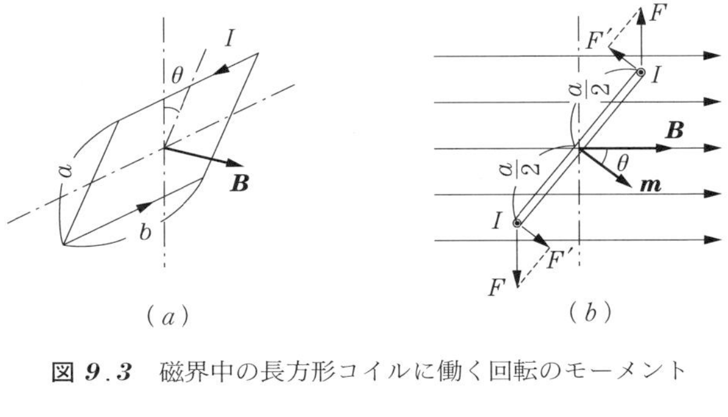

図 9.3　磁界中の長方形コイルに働く回転のモーメント

すなわち，この場合，コイルには

$$\boldsymbol{N} = \boldsymbol{m} \times \boldsymbol{B} \tag{9.3}$$

の回転のモーメントが生じる。ここに，$\boldsymbol{m}$ は磁気モーメントでその大きさは

$$m = IS = Iab \tag{9.4}$$

である。以上の結果は，コイルには磁気モーメント $\boldsymbol{m}$ が磁界 $\boldsymbol{B}$ の向きと同じになろうとする向きに力が働くことを示している。

つぎに，原子核の周りを半径 r で電子が軌道運動しているとき，この原子に電子の軌道平面と垂直な向きに磁界を加えると，磁気モーメントはどれだけ変化するかを考えてみる。磁界を加える前，電子は半径 r の円周上を速度 v_0 で円運動しているとする。円運動を続けるためには，中心からの電気的な引力 F と遠心力が釣り合っていなければならないので

$$F = m_e \frac{{v_0}^2}{r} \tag{9.5}$$

が成り立つ。ここで，m_e は電子の質量である。いま，この原子に磁界を加えると，電子にはさらに $-e\boldsymbol{v} \times \boldsymbol{B}$ の力が加わる。その向きは遠心力と同じであるので，電子の軌道半径は変化しないと考えると，式 (9.6) が成り立つ。

$$F = m_e \frac{v^2}{r} + evB \tag{9.6}$$

これと式 (9.5) より

$$\frac{m_e}{r}(v - v_0)(v + v_0) = -evB \tag{9.7}$$

となる。また，$\Delta v = v - v_0$，$v + v_0 \cong 2v$ とおき，式 (9.8) を得る。

$$\Delta v = -\frac{er}{2m_e} B \tag{9.8}$$

式 (9.8) は，磁界をかけると電子の速度が減少することを示している。この速度の減少は，磁気モーメントを減少させる。**例題 9.1** の結果より，その変化は式 (9.9) となる。

$$\Delta \boldsymbol{m} = -\frac{e^2 r^2}{4m_e} B\boldsymbol{n} \tag{9.9}$$

この結果は，誘導された磁気モーメントは外部磁界と逆向きであることを示しており，これが反磁性の原因となる。上の例は原子の場合であるが，金属の自由電子の場合も，磁界を加えると螺旋運動をするので，その運動は，加えた磁界と逆向きに磁界をつくることになり，反磁性の原因となる。

さて，物質には，個々の分子あるいは原子が，はじめから磁気モーメントをもっているものと，すべての電子の磁気モーメントがたがいに打ち消され，分子あるいは原子全体として磁気モーメントが0となっているものがある。後者の物質に外部から磁界をかけると，式（*9.9*）の現象が現れ反磁性となる。磁気モーメントが打ち消されず，はじめから磁気モーメントをもっている原子や分子の場合も，式（*9.9*）の現象は起こるが，もともとの磁気モーメントのほうが大きいので反磁性は観測されない。このような物質では，磁気モーメントは，外部から磁界が加えられないときはランダム方向を向いていて全体としては磁化作用が現れない。しかし，外部から磁界が加えられると，式（*9.3*）で示した作用により個々の磁気モーメントは磁界の方向に並ぼうとする。これが常磁性である。

常磁性体では，原子の磁気モーメントはたがいに相互作用をもたず，勝手な方向を向いているが，磁性体のなかには，隣り合う磁気モーメントの相互作用が強く，外部からの磁界がない場合でも，**磁区**（magnetic domain）と呼ばれる小さな領域で磁気モーメントが同一方向に整列されるものがある。これを**自発分極**（spontaneous polarization）という。

磁区内の磁気モーメントは非常に大きなもので，外部からまったく磁界を加えたことがない初期状態では，物質内の磁区全体の磁気モーメントは平均として0となっているが，磁界を加えると全体として非常に強い磁性を示すようになる。このような性質をもつ磁性体を強磁性体という。鉄，コバルト，ニッケルなどは強磁性体である。強磁性体については ***9.3.1*** 項で詳述する。

強磁性体と同じように，自発分極をもっているが，隣り合う磁気モーメントが同じ大きさでたがいに反対向きに整列し，外部に磁性を示さない物質もある。これを**反強磁性体**（antiferromagnetic substance）という。クロムはこれに属する。一方，隣り合う磁気モーメントがたがいに反対方向で，その大きさに差がある物質を**フェリ磁性体**（ferrimagnetic substance）という。フェライトは代表的な物質である。

9.1.3　磁化の強さと磁化電流

これまで説明したように，物質の磁化の根源は電子の運動すなわち電流にあるので，その効果は磁気モーメントで表すことができる。そこで，微小体積 δv 内の磁気モーメントのベクトル和を用いて，式（9.10）のように**磁化の強さ**（intensity of magnetization）を定義する。

$$\boldsymbol{M} = \frac{\sum_i \boldsymbol{m}_i}{\delta v} \tag{9.10}$$

すなわち，単位体積当りの磁気モーメントが磁化の強さである。

物質の磁化の根源は電子の運動にあるので，磁化の存在は物質内に循環電流を生じると考えることができる。物質の磁化によって生じる電流を**磁化電流**（magnetization current）という。ここで，磁化の強さと等価な電流ループの関係を調べるために，図 9.4(a)に示すような y 方向に強さ $\boldsymbol{M}$ で磁化された微小体積を考える。式（9.10）より微小体積中の磁気モーメントは

$$\Delta \boldsymbol{m} = M\Delta x\Delta y\Delta z\boldsymbol{i}_y \tag{9.11}$$

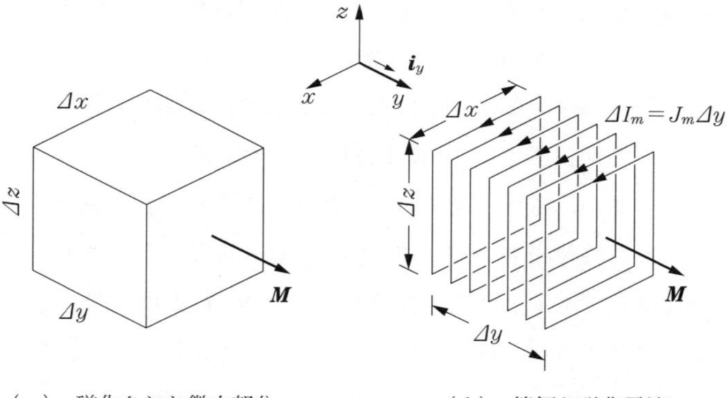

（a）磁化された微小部分　　（b）等価な磁化電流

図 9.4　磁化と磁化電流

となる。$\boldsymbol{i}_y$ は y 方向単位ベクトルである。つぎに，図(a)と等価な $\boldsymbol{M}$ を生じる磁化電流 $\varDelta I_m$ のループを図(b)のように考え，その y 方向の単位長さ当りの電流を J_m とおく。この電流による磁気モーメントは

$$\varDelta \boldsymbol{m} = \varDelta I_m \varDelta x \varDelta z \boldsymbol{i}_y = (J_m \varDelta y) \varDelta x \varDelta z \boldsymbol{i}_y \tag{9.12}$$

であるので，これと式 (9.11) を比較して

$$M = J_m \tag{9.13}$$

の関係を得る。J_m は**表面磁化電流密度**と呼ばれる。

磁化の強さ $\boldsymbol{M}$ が物質中で一様な場合は，**図 9.5** に示すように，磁化電流は物質内部では打ち消し合い，表面にだけ流れる。磁化が一様でない場合は，物質内部で磁化電流は打ち消されず，物質内部に流れることになる。

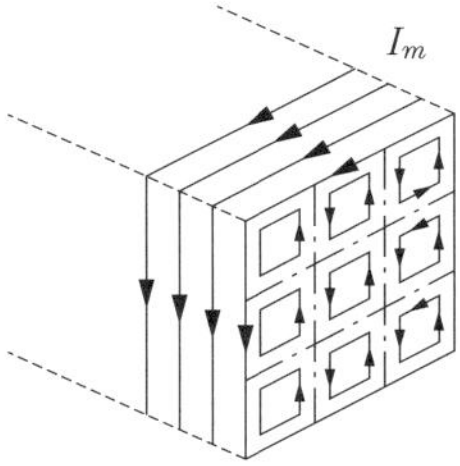

図 9.5 磁化が一様な場合の磁化電流

9.2 磁性体中の磁界

9.2.1 磁束密度と磁界

磁性体が磁化された場合，それによってどのような磁界が生じるのであろうか。**9.1** 節で，磁化現象は，等価な電流で表されることを示した。この磁化電流は，分子や原子中に束縛された電子の運動に基づくものであるが，それによる磁界は，導体中の自由電子に基づく伝導電流による磁界と同様に扱ってよいであろう。

8.6 節で，電流による磁束密度に関し，式 (9.14) が成り立つことを示した。

$$\oint_S \boldsymbol{B}\cdot\boldsymbol{n}dS = 0 \tag{9.14}$$

これは，磁界中の任意の閉曲面Sに対して成り立ち，磁束線の連続性を示している。上の議論から，この**磁束密度に関するガウスの法則**は磁性体を含む場合であっても成り立つことは理解できよう。

つぎに，**図 9.6** に示すような長さ l の細長い磁性体にコイルが N 回巻かれ，伝導電流 I が流れている場合を考える。磁性体はこの電流による磁界により一様に磁化され，その向きはコイル電流による磁界の向きと同じとする。**9.1** 節で示したように，この場合，磁化電流は磁性体内部では打ち消し合い表面にだけ流れる。ここで，図の磁性体を含む領域にアンペアの法則を適用する。電流として，伝導電流 I および磁化電流を考慮し，式 (9.15) を得る。

$$\oint_C \boldsymbol{B}\cdot d\boldsymbol{s} = \mu_0(NI + J_m l) = \mu_0(NI + Ml) \tag{9.15}$$

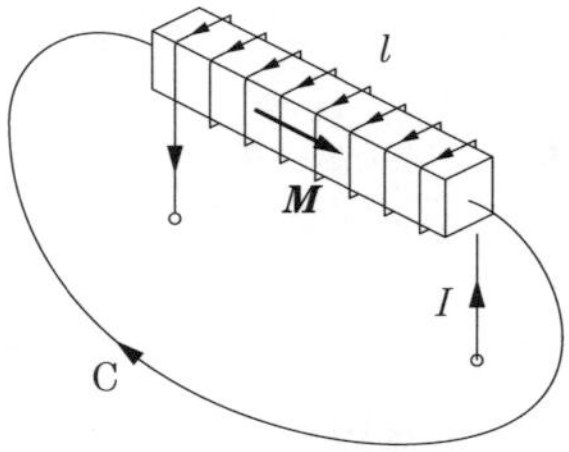

図 9.6　ソレノイド内の磁性体と磁化

式 (9.15) において，表面磁化電流密度 J_m（すなわち磁化の強さ M）は，伝導電流 I によって変化する量である。そこで，誘電体において真電荷のみで決まる量として電束密度を導入したように，磁性体においても，伝導電流のみに依存する量を導入すると便利になる。

図 9.6 において，$\boldsymbol{M}$ は磁性体中にのみ一様に存在し，その他の積分路上では 0 であるので，式 (9.15) において

$$Ml = \oint_C \boldsymbol{M}\cdot d\boldsymbol{s} \tag{9.16}$$

としても一般性は失われない。式 (9.16) を式 (9.15) に代入して整理すると

$$\oint_C \left(\frac{\boldsymbol{B}}{\mu_0} - \boldsymbol{M} \right) \cdot d\boldsymbol{s} = NI \tag{9.17}$$

となる。式 (9.17) の括弧内は伝導電流 I のみに関係する量となり，それを

$$\frac{\boldsymbol{B}}{\mu_0} - \boldsymbol{M} = \boldsymbol{H} \tag{9.18}$$

とおく。この $\boldsymbol{H}$〔A/m〕は **8.7.2** 項で導入された**磁界の強さ**であり，式 (8.41) は式 (9.18) において $\boldsymbol{M} = 0$ とおいた場合，すなわち磁性体が存在しない場合に相当する。$\boldsymbol{H}$ を使うと式 (9.17) は

$$\oint_C \boldsymbol{H} \cdot d\boldsymbol{s} = NI \tag{9.19}$$

となり，式 (9.19) は磁性体の存在の有無に関係なく成り立つことがわかる。式 (9.19) を**磁界 $\boldsymbol{H}$ に関するアンペアの法則**という。

つぎに，式 (9.18) の $\boldsymbol{H}$ が，磁性体内でどのようになるか，もう少し詳しくみてみよう。上の議論で，磁化の強さ $\boldsymbol{M}$ は伝導電流によって生じるとしたが，永久磁石のような場合は伝導電流がなくても存在するので，式 (9.18) は伝導電流の有無に関係なく成り立つ。いま，**図 9.7** に示すような強さ $\boldsymbol{M}$

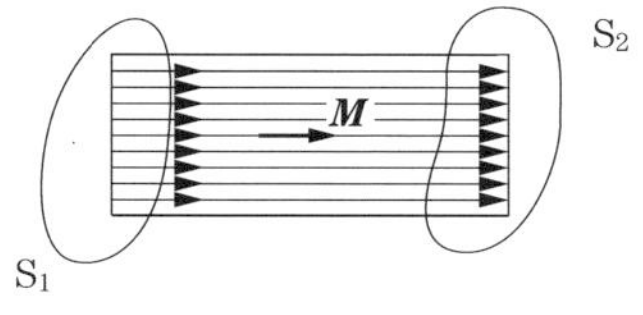

(a) 磁 化 線 ($\boldsymbol{M}$)

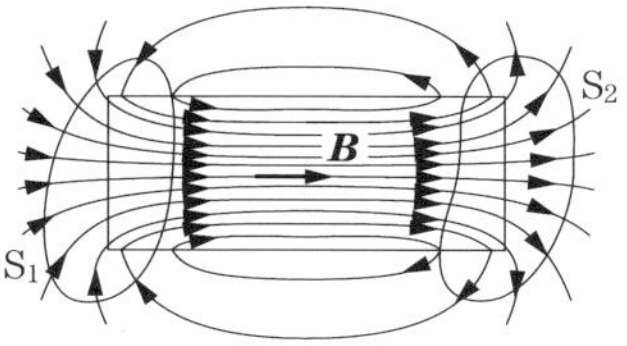

(b) 磁 束 線 ($\boldsymbol{B}$)

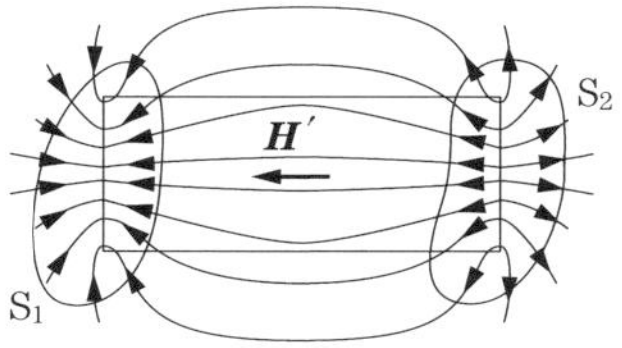

(c) 磁 力 線 ($\boldsymbol{H}$)

図 9.7 棒状磁性体の磁化線，磁束線，磁力線

で一様に磁化された断面積 S の棒磁石を考える。磁化線（$\boldsymbol{M}$ を表す線）は左端から MS 本出て，右端に MS 本入ることは明らかであろう〔図(a)〕。磁束線（$\boldsymbol{B}$ を表す線）は式（9.14）で示したようにつねに閉じていなくてはならない〔図(b)〕。ここで磁力線（$\boldsymbol{H}$ を表す線）がどうなるかを調べるため，磁性体の左端を囲むように閉曲面 S_1 を考える。S_1 から出る磁力線は式（9.19）および式（9.14）を考慮して式（9.20）となる。

$$\int_{S_1} \boldsymbol{H}\cdot\boldsymbol{n}dS = \frac{1}{\mu_0}\int_{S_1} \boldsymbol{B}\cdot\boldsymbol{n}dS - \int_{S_1} \boldsymbol{M}\cdot\boldsymbol{n}dS = -MS \tag{9.20}$$

同様に，閉曲面 S_2 から出ていく磁力線は

$$\int_{S_2} \boldsymbol{H}\cdot\boldsymbol{n}dS = MS \tag{9.21}$$

となる。以上のように，磁力線は磁石の片端から出て，もう一方の端に入ることがわかる。すなわち，磁性体において磁力線は始点と終点をもつ〔図(c)〕。また，磁性体の外では，磁力線は磁束線と同じ分布となるが，磁性体内部では，磁界の向きは，磁束密度の向きと逆になる。磁性体内の磁界 $\boldsymbol{H}'$ を**自己減磁力**（self-demagnetizing force）あるいは単に**減磁力**という。これは，コイルなどに電流を流し磁性体を磁化する際に，コイル電流による外部磁界をおのずから減少させる作用をするのでこう呼ばれる。

9.2.2　磁化率と透磁率

式（9.18）において，磁化の強さ $\boldsymbol{M}$ と磁界の強さ $\boldsymbol{H}$ は多くの常磁性体，反磁性体の場合は比例関係にある。

$$\boldsymbol{M} = \chi_m \boldsymbol{H} \tag{9.22}$$

ここで，χ_m は**磁化率**（magnetic susceptibility）と呼ばれる。常磁性体においては $\boldsymbol{M}$ と $\boldsymbol{H}$ は同方向なので $\chi_m > 0$ であり，反磁性体では逆であるので $\chi_m < 0$ となる。おもな物質の磁化率の例を**表 9.1** に示す。式（9.22）を用いて式（9.18）を表すと

$$\boldsymbol{B} = \mu_0(\boldsymbol{H} + \boldsymbol{M}) = \mu_0(1 + \chi_m)\boldsymbol{H} \tag{9.23}$$

表 9.1 おもな物質の磁化率 (20°C)

物　　質	磁化率 χ	物　　質	磁化率 χ
白　　金	2.6×10^{-4}	水	-9.05×10^{-6}
アルミニウム	2.1×10^{-5}	銀	-2.5×10^{-5}
空気(1気圧)	3.6×10^{-7}	銅	-9.7×10^{-6}

となる。また

$$1 + \chi_m = \mu_r \tag{9.24}$$

$$\mu_0 \mu_r = \mu \tag{9.25}$$

とおくと式 (9.26) となる。

$$\boldsymbol{B} = \mu \boldsymbol{H} \tag{9.26}$$

ここで，$\mu_0 \mu_r = \mu$ は物質の**透磁率**（magnetic permeability），μ_r は**比透磁率**（relative permeability）と呼ばれる。真空中の場合は式 (9.27) となる。

$$\boldsymbol{B} = \mu_0 \boldsymbol{H} \tag{9.27}$$

常磁性体，反磁性体では，χ_m の値は非常に小さく $\mu_r \cong 1$ と見なすことができる。これに対し，強磁性体では比透磁率の値は非常に大きく，数百から数万程度となる。

9.2.3 磁束密度と磁界の境界条件

いま透磁率が μ_1，μ_2 の二つの異なる磁性体が接している場合，その境界面で磁束密度 $\boldsymbol{B}$ や磁界 $\boldsymbol{H}$ がどのようになるかみてみよう。

はじめに磁束密度 $\boldsymbol{B}$ の**境界条件**（boundary condition）を求める。そのため**図 9.8**(a)に示すように，境界面を含むように微小円筒形閉曲面を考え，式 (9.14) の磁束密度に関するガウスの法則を適用する。μ_1，μ_2 の磁性体中での磁束密度を $\boldsymbol{B}_1$，$\boldsymbol{B}_2$ として

$$\boldsymbol{B}_1 \cdot \boldsymbol{n}_1 \varDelta S_1 + \boldsymbol{B}_2 \cdot \boldsymbol{n}_2 \varDelta S_2 + (\text{側面に関する項}) = 0$$

となる。ここで $\varDelta l \to 0$ の極限を考えると，側面に関する項は 0 となり，また

$$-\boldsymbol{n}_1 = \boldsymbol{n}_2 = \boldsymbol{n}, \quad \varDelta S_1 = \varDelta S_2 = \varDelta S$$

を用いて

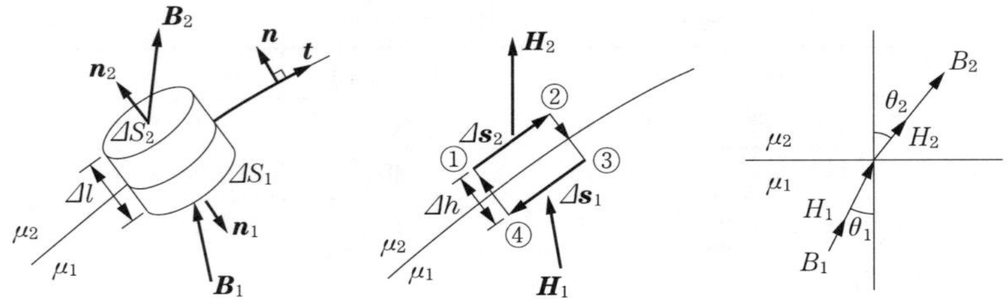

（a）磁束密度（$\boldsymbol{B}$）　　（b）磁界（$\boldsymbol{H}$）　　（c）屈　折

図 9.8　境　界　条　件

$$\boldsymbol{B}_1\cdot\boldsymbol{n} = \boldsymbol{B}_2\cdot\boldsymbol{n} \qquad (9.28)$$

を得る。$\boldsymbol{n}$ は透磁率 μ_1 の磁性体から μ_2 の磁性体に向かう境界面に垂直な単位ベクトルである。式 (9.28) より，磁束密度の境界面に垂直な成分（法線方向成分）は連続であることがわかる。この関係を，図(c)に示すように，$\boldsymbol{B}_1$, $\boldsymbol{B}_2$ が法線と成す角 θ_1, θ_2 を用いて表すと式 (9.29) となる。

$$B_1 \cos\theta_1 = B_2 \cos\theta_2 \qquad (9.29)$$

つぎに，磁界に関する境界条件を求める。図(b)のように，境界面を含むように長方形①②③④①のループを考え，これに磁界 $\boldsymbol{H}$ に関するアンペアの法則を適用する。境界面に電流は流れてないとすると式 (9.21) の右辺は 0 となるので

$$\boldsymbol{H}_1\cdot\Delta\boldsymbol{s}_1 + \boldsymbol{H}_2\cdot\Delta\boldsymbol{s}_2 + (\text{辺②③に関する項}) + (\text{辺④①に関する項}) = 0$$

となる。ここで $\Delta h \to 0$ の極限をとると上式の第 3，4 項は 0 となる。また

$$-\Delta\boldsymbol{s}_1 = \Delta\boldsymbol{s}_2 = \Delta s\boldsymbol{t}$$

を用いて，つぎの結果を得る。

$$\boldsymbol{H}_1\cdot\boldsymbol{t} = \boldsymbol{H}_2\cdot\boldsymbol{t} \qquad (9.30)$$

ここで，$\boldsymbol{t}$ は境界面に接する単位ベクトルである。すなわち磁界に関しては境界面に接する成分が連続となる。図(c)の θ_1, θ_2 を用いて表すと

$$H_1 \sin\theta_1 = H_2 \sin\theta_2 \qquad (9.31)$$

となる。式 (9.29)，(9.31) より，$B_1 = \mu_1 H_1$, $B_2 = \mu_2 H_2$ を考慮して式 (9.32) の関係を得る。

$$\frac{\tan\theta_1}{\tan\theta_2} = \frac{\mu_1}{\mu_2} \tag{9.32}$$

境界面において磁力線や磁束線は式 (9.32) に従って屈折する。

9.2.4 磁性体中の磁界の計算

これまで述べたことから，磁性体を含む場合の磁界の基本式は式 (9.14), (9.19), および式 (9.26) となる。これらに **9.2.3** 項の境界条件を考慮して，磁性体中の磁界は計算できる。例題を通してそれを示そう。

例題 9.2 図 **9.9** に示すように，透磁率 μ_1, μ_2 の磁性体が，内半径 a, 外半径 b, 幅 c の長方形断面をもち，かつ直列に環状になっている領域を考える。この直列環状磁性体に一様に N 回のコイルを巻き（これを環状ソレノイドという），電流 I を流したとき，磁性体内の磁界を求めよ。

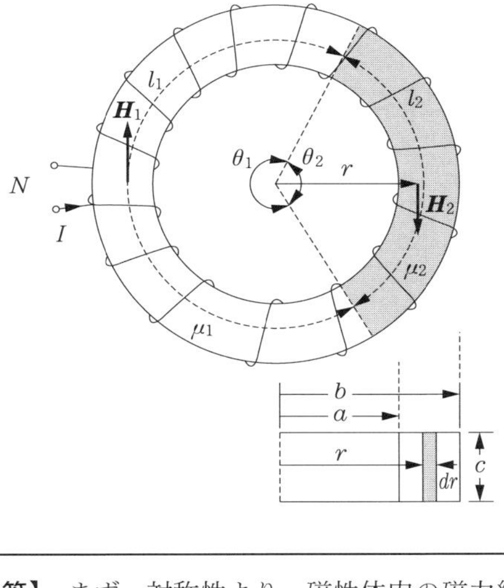

図 9.9 2種の磁性体をもつ環状ソレノイド

【解答】 まず，対称性より，磁性体内の磁力線，磁束線が同心円となるのは明らかである。また，式 (9.19) の磁束線の連続性あるいは式 (9.28) より，両媒質中で磁束密度の大きさは等しくなる。したがって，磁界の大きさは，式 (9.27) より両媒質中で異なり，いまそれらを，μ_1 の媒質中で $\boldsymbol{H}_1$, μ_2の媒質中で $\boldsymbol{H}_2$ とする。ここで，式 (9.19) のアンペアの法則を適用すると

$$\oint_C \boldsymbol{H}\cdot d\boldsymbol{s} = H_1 l_1 + H_2 l_2 = NI \tag{9.33}$$

となる。ここで，l_1，l_2 はそれぞれの磁性体部の円周上の積分路の長さであり，中心からの距離を r とし，それぞれの磁性体をみた扇形の角を θ_1，θ_2 とすると

$$l_1 = r\theta_1, \quad l_2 = r\theta_2 \tag{9.34}$$

となる。また

$$H_1 = \frac{B}{\mu_1}, \quad H_2 = \frac{B}{\mu_2} \tag{9.35}$$

であるので，これらの関係を式 (9.33) に代入して磁束密度を得ることができる。

$$B(r) = \frac{NI}{\left(\dfrac{\theta_1}{\mu_1} + \dfrac{\theta_2}{\mu_2}\right)r} \tag{9.36}$$

各磁性体中の磁界は式 (9.36) を式 (9.35) に代入してただちに得られる。式 (9.36) を用いて，磁性体断面を通る磁束は

$$\Phi = \int_a^b B(r)cdr = \frac{cNI}{\left(\dfrac{\theta_1}{\mu_1} + \dfrac{\theta_2}{\mu_2}\right)} \ln\frac{b}{a} \tag{9.37}$$

となる。　◇

9.3　強磁性体と磁気回路

9.3.1　強磁性体の磁化特性

9.2 節で述べたように，強磁性体では，磁区と呼ばれる小領域内で自発分極により磁気モーメントが一方向にそろっている。**図 9.10**(a)は強磁性体の単結晶を示したものである。磁界を加えない場合は，図(a)のように各磁区の磁気モーメントはたがいに打ち消し合うように向いているので，全体の磁気モーメントは 0 となり，外部に磁界は生じない。しかし，外部から磁界を加える

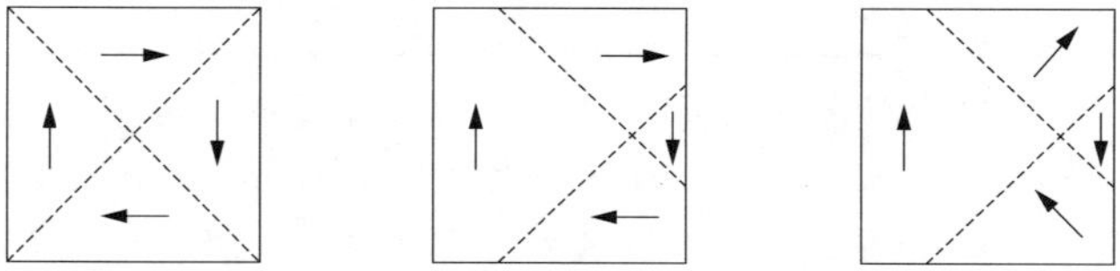

(a)　外部磁界なし　　(b)　磁区壁の移動　　(c)　磁区の回転

図 9.10　強磁性体の磁気モーメント

と，各磁区の磁気モーメントは磁界の方向に力を受け，まず図(b)のように，外部磁界と方向が同じ磁区の領域がだんだん広くなっていく。外部磁界がさらに大きくなると，各磁区内の磁気モーメントは図(c)のように磁界の方向に回転を始め，ついにはすべての磁区の磁気モーメントは外部磁界の向きにそろい飽和する。

この現象を磁界 $\boldsymbol{H}$ と磁束密度 $\boldsymbol{B}$ の関係でみると**図 9.11** に示すようになる。最初磁化されていない強磁性体に外部から磁界を作用させると，はじめ磁束密度はゆるやかに増加し，しだいに磁界を大きくすると磁束密度は急激に増加し，磁界の大きさがある値以上になると，磁束密度の大きさは一定値 B_s に近づき飽和の状態となる。B_s を**飽和磁束密度**（saturation magnetic flux density）という。

磁性体内部の磁束密度と磁界の関係を示した**図 9.11** の曲線を**磁化曲線**（magnetization curve）という。また，強磁性体では透磁率 $\mu = B/H$ は定数ではなく図に示すように H の値に対して変化する。したがって，比透磁率 μ_r も定数にならないが，その値は，例えば鉄の場合では $\mu_r \cong 10^3 \sim 10^4$ 程度の非常に大きな値となる。このことは，強磁性体を用いると小さな H（すなわち小さな電流）で大きな B が得られることを意味する。これが電気機器などにおいて鉄などの強磁性体が多く使われる理由である。

つぎに，磁化曲線において，飽和状態から磁界の大きさを逆に減らした場合の磁束密度の変化をみてみよう。**図 9.12** において Oa 部が**図 9.11** の磁化

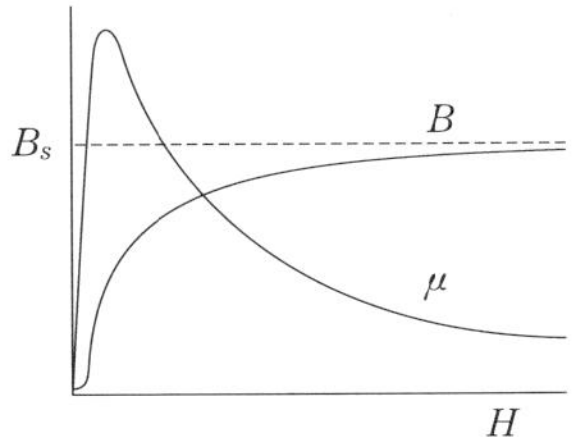

図 9.11　磁 化 曲 線

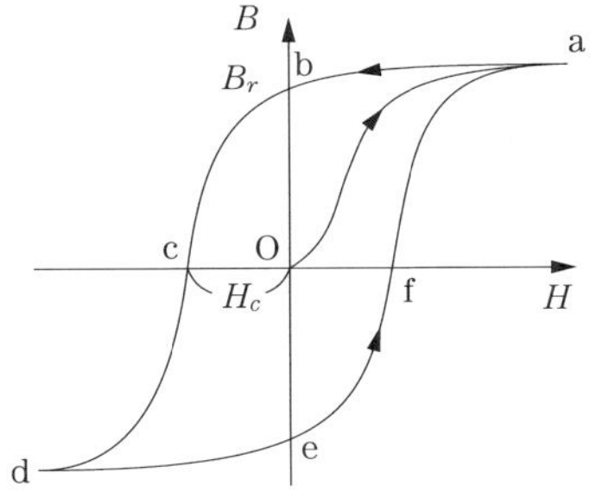

図 9.12　ヒステリシスループ

曲線を示すとする。点 a から H の値を減少させていくと B の値は曲線 Oa 上を通らず，図の ab 部のように変化し，$H=0$ でも B は有限の値をもつ。このように磁界を取り去った後にも残る磁気を**残留磁気**（residual magnetism）という。また，このときの B_r を残留磁束密度という。

磁界を増加させる場合と減少させる場合で同じ経路をたどらないのは，磁界を増加させた場合に磁区壁の抵抗力に逆らって移動および磁区の回転が行われたので，いったん外部磁界のほうを向いた磁区がもとの状態に戻ろうとするときにも磁区壁に抵抗力が働くからである。点 b からさらに磁界の向きを逆にし，その大きさを増していくと，点 c で $B=0$ となる。このときの磁界の大きさ H_c を**保磁力**（coercive force）という。磁界の大きさをさらに増していくと $\boldsymbol{B}$ は $\boldsymbol{H}$ と同じ逆向きとなり cd 部のように変化し飽和に至る。点 d から再び磁界の向きを変え，大きさを変化させていくと磁束密度の値は defa 部のように変化する。

以上のように強磁性体における $\boldsymbol{B}$ と $\boldsymbol{H}$ の関係は複雑であり，B の値は H の値を与えただけでは定まらず，その状態に至るまでの履歴が関係してくる。このような現象を**ヒステリシス**（履歴現象：hysteresis）という。H の値を循環的に変化させると B の値は abcdefa のようなループを描く。これを**ヒステリシスループ**（hysteresis loop）という。ヒステリシスがある材料は損失に結び付く。

9.3.2　磁　気　回　路

磁性体を含む場合に磁界を厳密に求めるには，**9.2.4** 項で示したように，境界条件などを考慮して方程式を解かなければならない。しかしながら，**図 9.13**(*a*)に示すようなコイルが巻かれた強磁性体中の磁界などを求める場合，解は実用上近似値で十分なことが多い。ここでは，簡便に磁性体中の磁界などを求める方法を述べる。

図(*a*)のように磁性体にコイルが巻かれたものを**磁気回路**（magnetic circuit）という。この場合，磁性体中にとった積分路 C に関してアンペアの法則

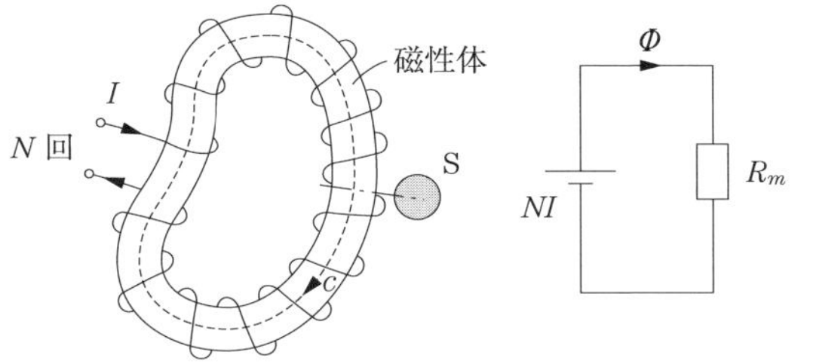

（a） 磁 気 回 路　　（b） 対応する電気回路

図 9.13 磁気回路と電気回路

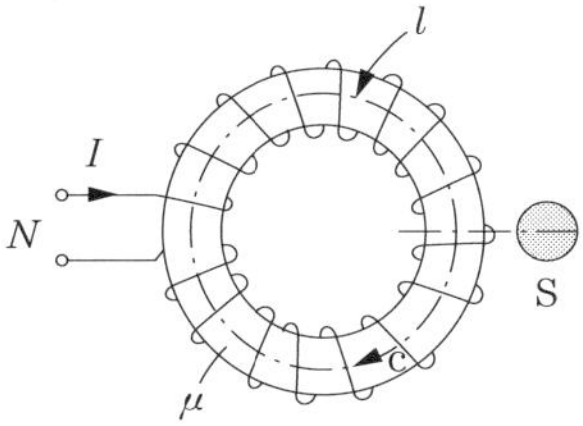

図 9.14 環状磁気回路

を適用すると

$$\oint_C \boldsymbol{H}\cdot d\boldsymbol{s} = NI \tag{9.38}$$

となる。NI は**起磁力**（magnetomotive force）と呼ばれる。磁性体中の磁束密度を $\boldsymbol{B}$ とすると，断面Sを通っている磁束は

$$\Phi = \int_S \boldsymbol{B}\cdot\boldsymbol{n}dS \tag{9.39}$$

となる。この磁束の大きさは，磁性体の形状や透磁率などによって異なってくる。そこで，式（9.40）のように**磁気抵抗**（magnetic reluctance）という量を定義する。

$$R_m = \frac{NI}{\Phi} \tag{9.40}$$

式（9.38）～(9.40）の NI，Φ，R_m は，ちょうど電気回路における起電力 E，電流 I，電気抵抗 R の関係と同じであり，磁性体中の磁束は電気回路の電流を求めるのと同じ方法で得られる。すなわち，図(*a*)の磁気回路を電気回路に対応させると図(*b*)のように書くことができる。

以上の方法を用いていくつかの磁気回路を解析してみる。**図 9.14** に示すような透磁率 μ の円環形磁性体にコイルが N 回巻かれた環状磁気回路を考える。磁束密度の連続性，また均一媒質であることを考慮して

$$NI = \oint_C \boldsymbol{H}\cdot d\boldsymbol{s} = Hl \tag{9.41}$$

となる。ここで，l は積分路の一周の長さであり，これを磁性体の磁路の長さと呼ぶ。断面 S を通る磁束 Φ は式 (9.39) で与えられるが，磁束密度 $\boldsymbol{B}$ の大きさを断面内のどこでも同じと近似すると

$$\Phi = BS \tag{9.42}$$

となる。式 (9.41) および $B = \mu H$ を考慮して磁束は式 (9.43) となる。

$$\Phi = \mu HS = \frac{\mu S}{l} NI \tag{9.43}$$

式 (9.40) の定義に従って磁気抵抗は

$$R_m = \frac{l}{\mu S} \tag{9.44}$$

となる。

ここで，導電率 κ，長さ l，断面積 S の抵抗体の電気抵抗は

$$R = \frac{l}{\kappa S} \tag{9.45}$$

で表されたことを思い出そう。式 (9.44) と式 (9.45) は同じ形をしている。導電率 κ は電流の通りやすさを表す量であり，透磁率 μ は磁束の通りやすさを表している。

以上の結果より，磁気回路と電気回路の諸量はつぎのように対応していることがわかる。

(磁気回路)				(電気回路)
起磁力	NI	⇔	E	起電力
磁　束	Φ	⇔	I	電　流
磁気抵抗	R_m	⇔	R	電気抵抗
透磁率	μ	⇔	κ	導電率

これらの対応関係を用いれば**図 9.15** のようなより複雑な磁気回路であっても容易に解析できる。まず，各脚部を通る磁束 Φ_1，Φ_2，Φ_3 を図中のように仮定する。磁束の連続性より明らかに

$$\Phi_1 = \Phi_2 + \Phi_3 \tag{9.46}$$

が成り立つ。AB 部，ACB 部，ADB 部の磁気抵抗はそれぞれ

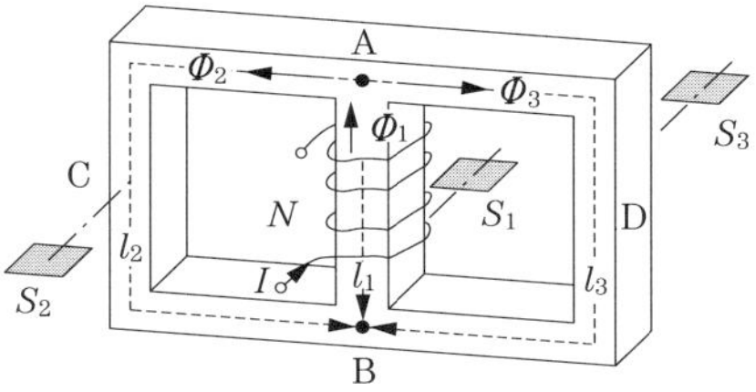

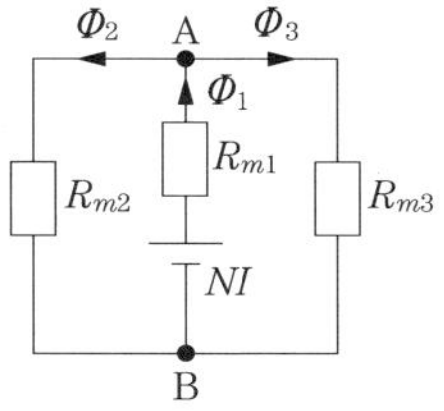

図 9.15 並列磁気回路

$$R_{m1} = \frac{l_1}{\mu S_1}, \quad R_{m2} = \frac{l_2}{\mu S_2}, \quad R_{m3} = \frac{l_3}{\mu S_3} \tag{9.47}$$

となる。磁路 ACBA および磁路 ADBA にそれぞれアンペアの法則を適用し，それらを磁束と磁気抵抗で表すと

$$NI = R_{m1}\Phi_1 + R_{m2}\Phi_2 \tag{9.48}$$

$$NI = R_{m1}\Phi_1 + R_{m3}\Phi_3 \tag{9.49}$$

となる。式 (9.46)，(9.48)，(9.49) の連立方程式を解いて，各脚部を通る磁束は

$$\Phi_1 = \frac{\mu S_1 (S_3 l_2 + S_2 l_3)}{S_3 l_1 l_2 + S_2 l_1 l_3 + S_1 l_2 l_3} NI \tag{9.50}$$

$$\Phi_2 = \frac{\mu S_1 S_2 l_3}{S_3 l_1 l_2 + S_2 l_1 l_3 + S_1 l_2 l_3} NI \tag{9.51}$$

$$\Phi_3 = \frac{\mu S_1 S_3 l_2}{S_3 l_1 l_2 + S_2 l_1 l_3 + S_1 l_2 l_3} NI \tag{9.52}$$

のように得られる。

以上のように，磁気回路は電気回路と対応させて容易に解くことができるが，得られる結果はあくまでも近似的なものである。その理由は，磁路断面中の磁束密度を一様としていること，漏れ磁束はないとしていること，また前にみたように強磁性体では透磁率は一定ではなく磁界の大きさによって変化することなどによる。しかしながら，ここで述べた方法は簡単であり概略値を得るには便利であるので広く用いられている。

式 (9.44) でみたように，μ は磁束の通りやすさを示している。この性質は**磁気遮へい** (magnetic shielding) に利用できる。

図 9.16 のように，中空磁性体球を磁界中に置くと，磁束線は磁性体の部分に集中するので，中空部の磁界を小さくすることができる。ただし，静電界では，導体を用いて外部電界を完全に遮へいできたのに対し，磁界では静電界の導体に相当するような物質は存在しないので，外部磁界の影響を完全に遮へいすることはできず，小さくできるだけである。磁気遮へいには通常，鉄やパーマロイなどが用いられている。

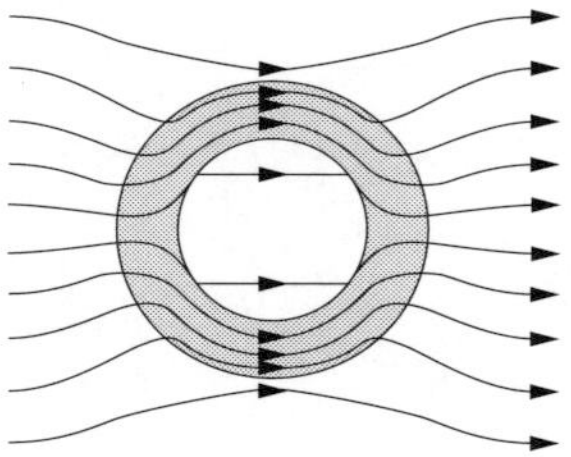

図 9.16　磁気遮へい

9.3.3　永　久　磁　石

磁性体を磁化し，外部磁界を取り去っても磁化の状態を保っているものを永久磁石と呼ぶことは前に述べた。永久磁石となるのは，**9.3.1** 項の磁化曲線において，磁界 $\boldsymbol{H}$ を 0 にしても磁性体内部の磁束密度は 0 にならず残留磁束密度が存在することによる。しかし，実際われわれが使用している棒磁石や馬蹄(てい)形磁石の磁束密度は**図 9.12** の残留磁束密度 B_r ではなく，もっと小さな値である。その理由はつぎのようである。

棒磁石や馬蹄形磁石は**図 9.17**(a)に示すような空隙（ギャップ）のある強磁性体と本質的に同じ構造である。これにコイルを巻いて磁化すると，磁化曲線は図(b)のようになる。つぎに，コイルを取り去ったときの磁性体内の磁束密度や磁界を，前に述べた磁気回路の解析法を用いて求める。アンペアの法則を図(a)右側の磁気回路に適用し，いま $I = 0$ を考慮すると

$$0 = H_i l + H_g l_g \tag{9.53}$$

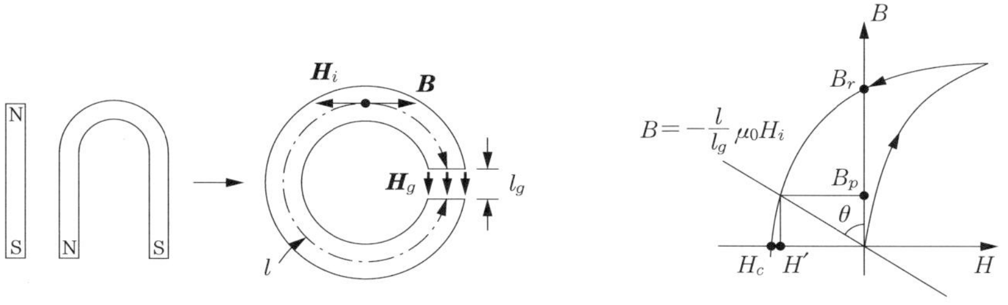

（a） 空隙のある磁気回路　　（b） B-H 曲線

図 9.17 空隙のある磁気回路と B-H 曲線

となる。ここで，H_i，H_g はそれぞれ磁性体中，空気中の磁界であり，l は磁性体の磁路の長さ，l_g は空隙長である。磁束は空隙の部分で広がらず，磁性体の断面積と同じとすると，磁束線は連続であるので磁性体中，空隙部の磁束密度の大きさは同じである。その大きさを B とすると，空隙部で $B=\mu_0 H_g$ であるので，これを式 (9.53) に代入し整理すると

$$B=-\frac{l}{l_g}\mu_0 H_i \qquad (9.54)$$

を得る。これは磁性体中の磁界と磁束密度の関係を示しており，負符号は磁性体中では磁界と磁束密度は向きが逆であることを示している。式 (9.54) の関係を図(b)に書き加え，磁性体の磁化曲線との交点を求めると，その点の磁束密度 B_p，磁界 H' が磁性体中の磁束密度，磁界となる。この B_p は空隙中でも

コーヒーブレイク

電気・磁気で加熱する

電気や磁気を利用してものを加熱する方法は広い分野で使われている。家庭用で代表的なものは，電熱器（ヒータ），電子レンジ，電磁調理器などであろう。電熱器は，一般に抵抗の大きな金属線でできている。金属中では，自由電子は加えられた電圧によって加速され原子に衝突する。電熱器は，この電子のもつ運動エネルギーが衝突により原子に与えられたとき発生する熱（ジュール熱）を利用している。

電子レンジは，周波数が 2 450 MHz の電磁波をマグネトロンと呼ばれる装置で発生させ，食品などに当てて加熱するのものである。食品などには水の分子が

多く含まれており，水の分子は交番電界（交互に向きを変える電界）を加えると，それに従って向きを変えようとする。電界の周波数が高くなると，水の分子はその変化についていけなくなり分子内に摩擦熱のようなものを発生する。その熱で食品そのものを内部から温めるのである。電子レンジに 2 450 MHz の周波数が使用されているのは，その周波数が水の分子を最も振動させやすいからである。

ガスや調理用電熱器にかわり最近広く用いられるようになってきた加熱器に電磁調理器がある。電子レンジが電磁波の電界を利用しているのに対し，電磁調理器は磁界を利用している。

図に示すように，プレート上に鉄製の鍋(なべ)を置き，プレート下部にあるコイルに電流を流すと，その周りには磁界が発生し，鍋を通る磁束線が生じる。鍋の底部を通る磁束が時間的に変化すると，電磁誘導の法則により鍋の底部に渦電流（***12.8.2*** 項参照）が発生する。鉄は電気抵抗があるので，それに渦電流が流れるとジュール熱が発生し，鍋そのものを加熱する。鍋がないと渦電流は発生せず，したがってプレートに触れても安全である。

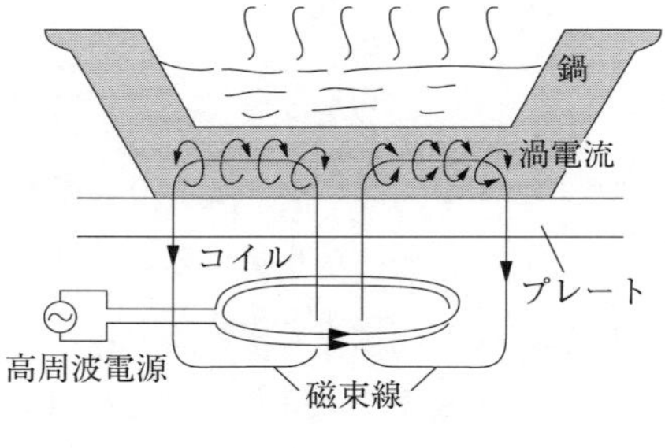

図　電磁調理器の原理

電磁調理器は誘導加熱（induction heating）を利用しているので，IH 調理器などとも呼ばれる。電磁調理器で使える鍋は，磁束を通しやすいものに限られる。

電磁調理器には 25 kHz 付近の周波数が使われるが，それは，人間の耳に聞こえない電磁波の周波数は約 20 kHz 以上であること，また，周波数を高くしすぎると表皮効果により，渦電流は鍋底部の表面付近にしか流れなくなり，熱効率が低下してしまうことによる。

電磁調理器と同じ誘導加熱の原理を用いた加熱法は，鋼材の焼き入れや焼きなましなど産業用にも広く使われている。

大きさは同じであり，空隙での磁界の大きさは B_p/μ_0 となる。また，磁束密度 B の軸と式 (9.54) の直線の傾きは

$$\tan\theta = \frac{l_g}{\mu_0 l} \tag{9.55}$$

となり，$\mu_0 = 4\pi \times 10^{-7}$〔H/m〕であるので θ は一般に大きな値となる。

強い永久磁石には大きな保磁力と残留磁束密度をもつ材質が適している。一般には，B_rH_c の積で永久磁石材料のよさを表す。

9.4 磁極（磁荷）に基づく静磁界

棒状磁石を鉄粉中に入れると，鉄粉はその両端部分に多く付着し，中央部にはほとんど付着しない。この吸引力の最も強い両端部を**磁極**（magnetic pole）という。ここでは，この磁極がこれまでに述べた磁化現象とどのような関係になっているかを示す。いま，**図 9.18** に示すような一様に磁化された断面積 S の細長い磁性体を考え，それを包むように閉曲面 $\mathrm{S_1}$，$\mathrm{S_2}$，$\mathrm{S_3}$ を両端部とそれ以外の部分に分けてとる。それぞれの閉曲面で磁化の強さ $\boldsymbol{M}$ に関する面積分を行うと

$$\int_{\mathrm{S_1}} \boldsymbol{M}\cdot\boldsymbol{n}dS = MS,\quad \int_{\mathrm{S_2}} \boldsymbol{M}\cdot\boldsymbol{n}dS = 0,\quad \int_{\mathrm{S_3}} \boldsymbol{M}\cdot\boldsymbol{n}dS = -MS \tag{9.56}$$

となる。これは **9.2.1** 項でも示したように，磁性体の左端から MS 本の磁化線が出ていき，右端に入り込んでいることを意味する。この両端部に現れる MS という量を用いて**磁極の強さ**（**磁荷**）を式 (9.57) のように定義する。

$$-\int_{\mathrm{S}} \boldsymbol{M}\cdot\boldsymbol{n}dS = q_m \tag{9.57}$$

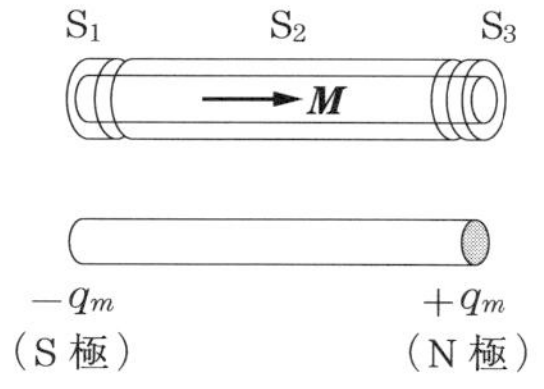

図 9.18　磁化と磁極

すなわち，磁化線の終点に**正の磁極**（**N 極**）が現れ，磁化線の始点に**負の磁極**（**S 極**）が現れる。磁化された物質による磁界はこの磁極によって生じると考えることができる。国際単位系では，磁極の単位は A·m である。

8.1 節で述べたように，古くから同符号の磁極間には反発力が働き，異符号の磁極間には吸引力が働くことが知られている。いま，式 (*8.1*) で示した**磁極に関するクーロンの法則**を SI 単位で表すと，式 (*9.58*) のようになる。

$$\boldsymbol{F} = \frac{\mu_0 q_{m1} q_{m2}}{4\pi r^3}\boldsymbol{r} \tag{9.58}$$

また，式 (*8.44*) で示したように，古くは 1 Wb の磁極に働く力を磁界の強さ $\boldsymbol{H}$ と定義した。これを国際単位系で言い換えると μ_0〔A·m〕の磁極に働く力となる。この定義に従うと q_m〔A·m〕の磁極により r〔m〕離れた点に生じる磁界の強さは

$$\boldsymbol{H} = \frac{q_m}{4\pi r^3}\boldsymbol{r} \tag{9.59}$$

となる。式 (*9.58*)，(*9.59*) より，磁界 $\boldsymbol{H}$ 中に置かれた q_m〔A·m〕の磁極にはつぎの力が働く。

$$\boldsymbol{F} = \mu_0 q_m \boldsymbol{H} \tag{9.60}$$

式 (*9.59*) より，q_m〔A·m〕の磁極からは q_m 本の磁力線が出ていき，$-q_m$ の磁極には q_m 本の磁力線が入ってくることは明らかであろう。すなわち，***9.2.1*** 項でもみたように，磁石では，磁力線は始点と終点をもつ。

演　習　問　題

【1】 比透磁率 μ_r，断面積 S の鉄心を用いて，**問図 *9.1*** のような空隙をもつ磁気回路を構成した。鉄心部の磁路の平均長さを l，空隙部の長さを l_g とし，起磁力 nI を加えたとき，下記についてそれぞれ求めよ。ただし，空隙部の磁束の広がりはないものとする。

（1） 空隙部の磁束密度 $\boldsymbol{B}$ の大きさ

（2） 鉄心中の磁化の強さ $\boldsymbol{M}$ の大きさ

（3） 鉄心両端に現れる磁極の強さ q_m

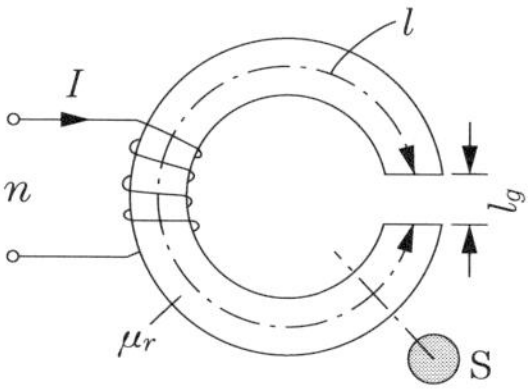

問図 *9.1*

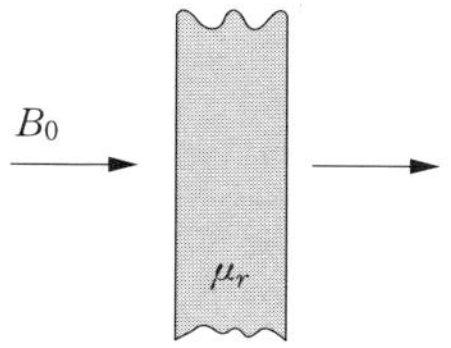

問図 *9.2*

【2】 磁束密度 B_0 の一様な磁界中に，比透磁率 μ_r の磁性体を**問図 *9.2*** のように磁界と垂直に置いた。磁性体内部の磁界の強さ $\boldsymbol{H}$ および磁化の強さ $\boldsymbol{M}$ の大きさをそれぞれ求めよ。真空の透磁率を μ_0 とする。

【3】 **問図 *9.3*** のように，空気中から非透磁率 μ_r の磁性体に入射角 $\theta_1 = \pi/6$ で入った磁束線の屈折角 θ_2 は $\pi/4$ であるという。μ_r はいくらか。

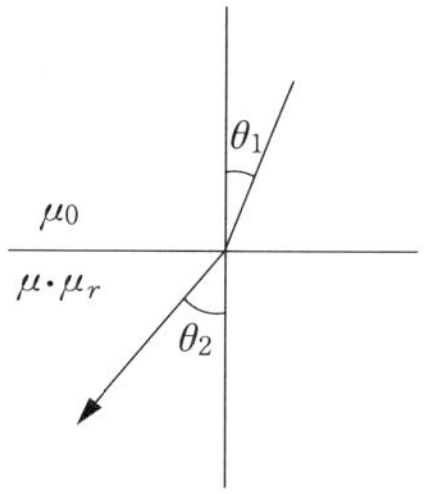

問図 *9.3*

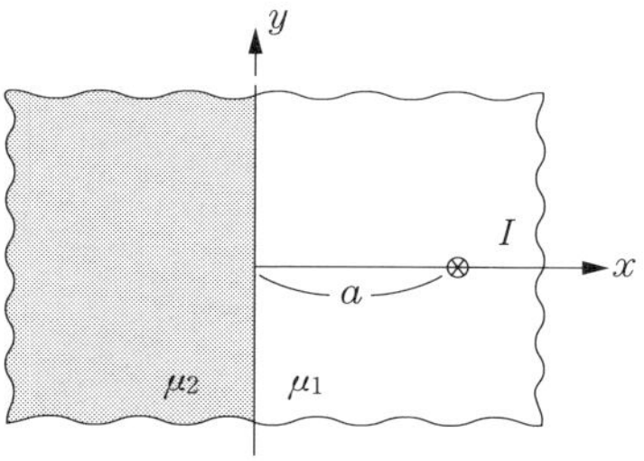

問図 *9.4*

【4】 **問図 *9.4*** のように透磁率が μ_1, μ_2 の二つの磁性体が $x = 0$ の平面で接している。また，透磁率 μ_1 の磁性体内で境界面から $x = a$ だけ離れた点に，紙面に垂直に無限長直線導線が置かれている。いま導線に電流 I が流れているとき，磁性体中の任意の点の磁界の強さ $\boldsymbol{H}$ の大きさを求めよ。

【5】 **問図 *9.5*** の透磁率が μ で，内半径 a，外半径 b，幅 c の長方形断面をもつ環状磁性体に n 巻のコイルを巻き，電流 I を流した。この磁気回路の磁気抵抗 R_m を求めよ。

【6】 **問図 *9.6*** の磁気回路において，各脚の断面積は S，磁路の平均長さは AD = l_0，ABCD = l_1，AFED = l_2 である。左右の脚にそれぞれ巻数 n_1，n_2 のコイルを図のように巻き，電流 I_1，I_2 を流したとき，中央脚部を通る磁束 Φ_0 を求めよ。透磁率を μ とする。

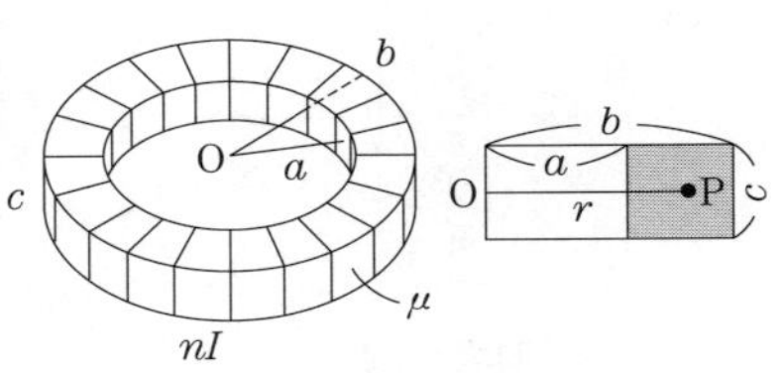

問図 *9.5*

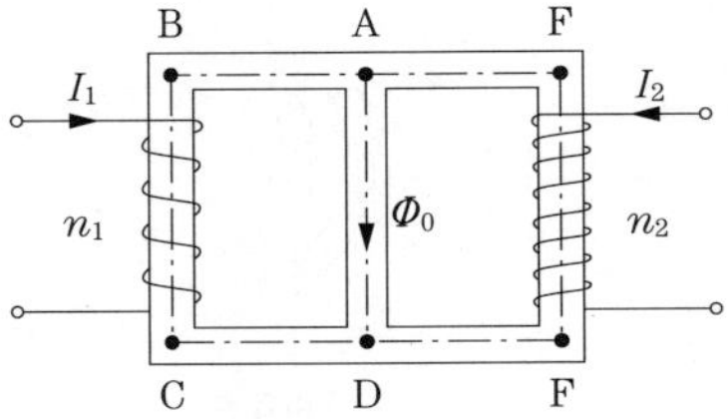

問図 *9.6*

【7】 **問図 *9.7***(a)のように断面積 5 cm^2，空隙の長さ 1 cm，平均半径が 12 cm の鉄心に巻線を一様に施した。いま，巻数が 2 000 であるとき，空隙部の磁束を 3×10^{-4} Wb とするには巻線にいくらの電流 I を流せばよいか。ただし，鉄心材料の B-H 特性は図(b)のようであるとし，また，空隙部での磁束の広がりは無視できるとする。

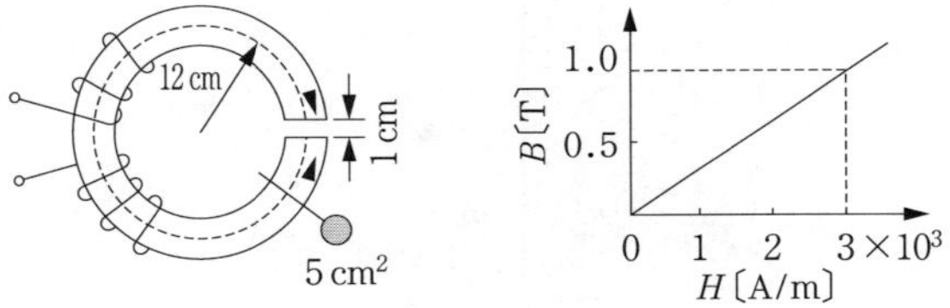

(a)　　(b)

問図 *9.7*

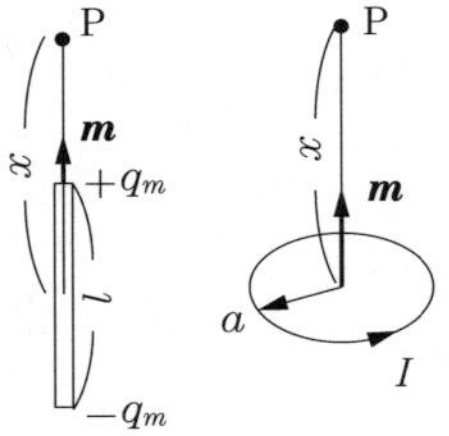

(a)　　(b)

問図 *9.8*

【8】 **問図 *9.8*** のような磁気モーメント m の棒磁石と電流ループによる点 P の磁界の大きさはどちらも

$$H = \frac{m}{2\pi x^3}$$

で得られることを示せ。ただし x は l，a に対して十分大きいとする。

【9】 磁極の強さ $\pm q_m$，長さ l の細長い棒磁石の中心から垂直に x だけ離れた点 P の磁界 $\boldsymbol{H}$ の大きさを求めよ。

10

電　磁　誘　導

10.1　電磁誘導現象

コイルを貫く磁束が変化するとコイルに電流が生じる。このような電流を**誘導電流**（induced current）という。誘導電流が生じるのは起電力が生じるからで，このような起電力を**誘導起電力**（induced emf）という。誘導電流または誘導起電力を生じる現象を**電磁誘導**（electromagnetic induction）という。

電磁誘導には三つのタイプがある。一つは，コイルと磁石または電流が流れている別のコイルとの相対運動，言い換えればコイルと磁界との相対運動によって生じる現象で，例をあげると，**図 *10.1***(*a*)のように，コイル C に磁石を近づけると，コイルを磁束 Φ が貫きその増加を妨げる向きに電流 i が生じる場合と，図(*b*)のように，コイル C_2 に電流 i_1 が流れているコイル C_1 を近づけると，コイル C_2 を磁束 Φ が貫きその増加を妨げる向きにコイル C_2 に電流 i_2 が生じる場合がある。

ほかの二つは，**図 *10.2*** のようにコイル C_1 に電流 i_1 を流すと，それによっ

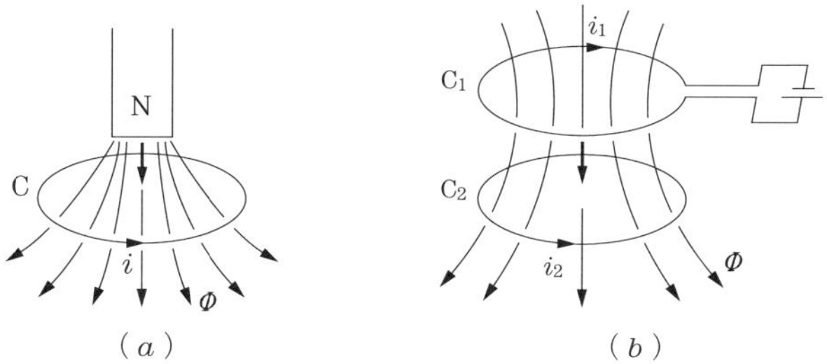

図 *10.1*　コイルと磁界の相対運動による電磁誘導現象

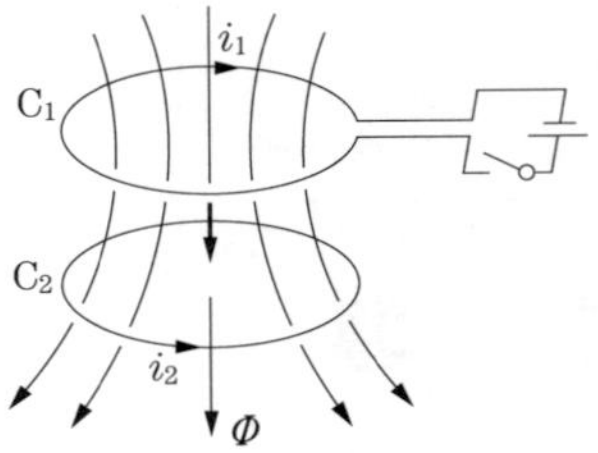

図 *10.2*　相互誘導による電磁誘導現象

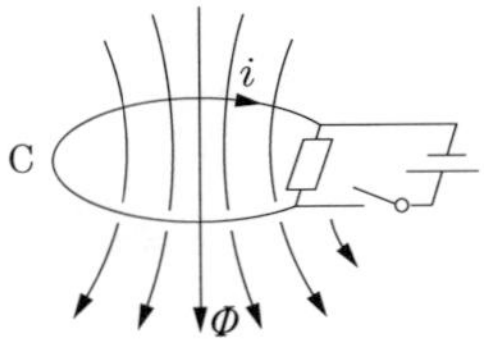

図 *10.3*　自己誘導による電磁誘導現象

て生じる磁束 Φ がコイル C_2 を貫き，その磁束を打ち消す向きに C_2 に電流 i_2 が生じる**相互誘導**（mutual induction）と呼ばれる現象と，図 *10.3* のようにコイル C を含む回路において，電源を切ってもコイルを流れる電流 i はすぐには 0 にならず，コイルを貫く磁束 Φ が減少するのを引き留めるようにある時間流れ続ける**自己誘導**（self- induction）と呼ばれる現象がある。

歴史上は，ヘンリー（J. Henry，アメリカ）が 1830 年に初めて相互誘導を見いだしたが，発表がファラデー（M. Faraday，イギリス）より遅れたため発見の名を失った。ファラデーは 1831 年にはじめ相互誘導を，つぎにコイルと電流が流れている別のコイルとの相対運動による誘導現象を，さらにコイルと磁石との相対運動による誘導現象，および「運動の速さが速いと生じる電流も大きい」ことを見いだした。ヘンリーは 1832 年に電磁石の電流の断続時に生じたスパークにより自己誘導を見いだした。レンツ（H.F.E. Lenz, ドイツ）は 1834 年に「電磁誘導によって生じる誘導起電力はコイルを貫く磁束の変化を妨げる向きをとる」ことを見いだした。ノイマン（F.E. Neumann, ドイツ）は 1845 年に電磁誘導についての従来の事実をまとめて「コイルを貫く磁束が変化するときには，磁束の負の変化割合に等しい起電力を生じる」とした。

いずれにせよ電磁誘導によりコイルに起電力が誘起されるということは，コイルのループに沿って電界が生じていることを意味し，この電界を**誘導電界**（induced electric field）という。したがって，誘導起電力を v_e〔V〕，誘導電界を $\boldsymbol{E}$〔V/m〕，コイルのループを C とすると，v_e は式（*10.1*）で与えられる。

$$v_e = \oint_C \boldsymbol{E} \cdot d\boldsymbol{s} \tag{10.1}$$

10.2 ファラデーの法則

式 (10.1) をもとにして，まずコイルと磁界との相対運動によって生じる誘導起電力 v_e を求めてみる。**図 10.4** に示すように，コイルが磁束密度 $\boldsymbol{B}$〔T〕の磁界中を速度 $\boldsymbol{v}$〔m/s〕で運動しているとする。するとコイルの $d\boldsymbol{s}$ 部分の電荷 dq〔C〕は，式 (8.13) で与えられる $d\boldsymbol{F} = dq\boldsymbol{v} \times \boldsymbol{B}$〔N〕なる力を受ける。電荷 dq に力 $d\boldsymbol{F}$ が働くということは，dq に電界 $\boldsymbol{E}$ が作用していると考えることができ，それは式 (10.2) で与えられる。

$$\boldsymbol{E} = \frac{d\boldsymbol{F}}{dq} = \boldsymbol{v} \times \boldsymbol{B} \tag{10.2}$$

したがって，このコイルに誘導される起電力 v_e〔V〕は式 (10.1) に式 (10.2) を代入し，さらに式 (8.32) を適用すると式 (10.3) となる。

$$v_e = \oint_C (\boldsymbol{v} \times \boldsymbol{B}) \cdot d\boldsymbol{s} = \oint_C (d\boldsymbol{s} \times \boldsymbol{v}) \cdot \boldsymbol{B} \tag{10.3}$$

ところが $d\boldsymbol{A} \times \boldsymbol{v}$ は $d\boldsymbol{s}$ が単位時間に描く面積で，$(d\boldsymbol{s} \times \boldsymbol{v}) \cdot \boldsymbol{B}$ は $d\boldsymbol{s}$ が単位時間に描く面積のなかに入る磁束 $d\Phi$〔Wb〕であるから，式 (10.3) は「コイルに生じる誘導起電力 v_e は，コイルのなかの磁束 Φ が単位時間に増加する割合に等しい」ということを表している。誘導起電力 v_e の向きは，**図 10.5** のように右ねじを $\boldsymbol{B}$ の方向に進むように回すとき，右ねじの回る向きを v_e の正

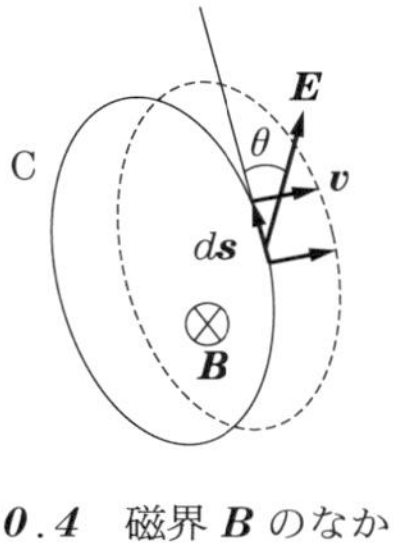

図 10.4 磁界 $\boldsymbol{B}$ のなかを速度 $\boldsymbol{v}$ で運動するコイル

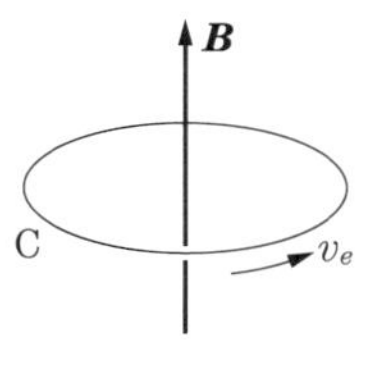

図 10.5 誘導起電力 v_e の正の向き

の向きと定義する。そこで，時間 t〔s〕とともに変化する磁束を $\Phi(t)$ として

$$v_e = -\frac{d\Phi(t)}{dt} \tag{10.4}$$

とすると，式 (10.4) は，Φ が増加するときは $v_e < 0$ で v_e は負の向きすなわち Φ の増加を妨げる向きに生じ，減少するときは $v_e > 0$ で v_e は正の向きすなわち Φ の減少を妨げる向きに生じることを表す。これはノイマンの報告の今日的表現であり，**ファラデー・ノイマンの法則**または単に**ファラデーの法則**と呼ばれる。式 (10.4) はコイルが一巻の場合の v_e を与える式であるが，コイルが N 巻の場合 v_e は式 (10.5) で与えられる。

$$v_e = -N\frac{d\Phi(t)}{dt} = -\frac{d\,[N\Phi(t)]}{dt} \tag{10.5}$$

$N\Phi$ は**磁束鎖交数**（magnetic flux linkage）と呼ばれる。相互誘導と自己誘導の場合の誘導起電力 v_e も式 (10.4) または式 (10.5) で与えられる。

$N = 1$ の場合，式 (10.5) を誘導電界 $\boldsymbol{E}$，磁束密度 $\boldsymbol{B}$ で表すと式 (10.1) を考慮して

$$\oint_{\mathrm{C}} \boldsymbol{E}\cdot d\boldsymbol{s} = -\frac{d}{dt}\int_{\mathrm{S}} \boldsymbol{B}\cdot\boldsymbol{n}dS = -\int_{\mathrm{S}} \frac{\partial \boldsymbol{B}}{\partial t}\cdot\boldsymbol{n}dS \tag{10.6}$$

となる。式 (10.6) の左辺は，**図 10.6** においてCを端とする導線に誘導される起電力を表し，右辺はCを端とする閉曲面Sを通る磁束の時間変化を表す。端Cが同じであれば開曲面Sの形はどのようにとってもよい。

式 (10.6) は導線に誘導される電界として導いたが，この式は導線がなくても成り立つ。それについては，**12 章**で述べる。

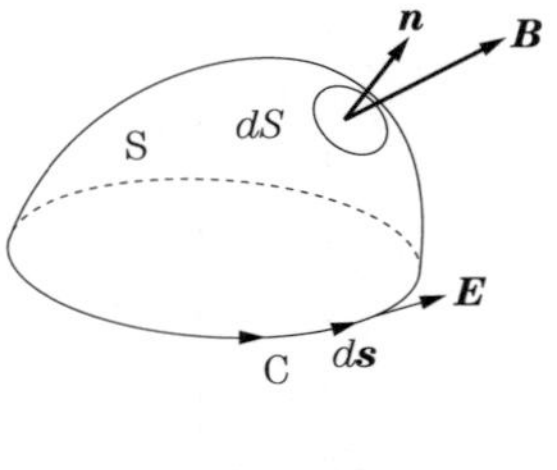

図 10.6　誘導電界 $\boldsymbol{E}$ と磁束密度 $\boldsymbol{B}$ の関係

例題 10.1　一様な磁界 $\boldsymbol{B}$ のなかで，長さ a の細い導体棒がその一端を中

心として，$\boldsymbol{B}$ に対して垂直な面内を，角速度 ω〔rad〕で回転している。この棒の両端に発生する起電力 v_e を求めよ。

【解答】 磁界 $\boldsymbol{B}$ の方向と導体棒の回転の向きが図 10.7 のようであるとし，導体棒の回転中心をC，他端をRとする。導体棒上の任意の点Pにおける接線方向の速度 $\boldsymbol{v}$，誘導電界 $\boldsymbol{E}$ は図のようになるので，Rを原点とし棒上をCに向かって r 軸をとると，$\boldsymbol{v} \perp \boldsymbol{B}$ であるから，点Pにおける $\boldsymbol{E}$ の大きさは式 (10.2) より $E = vB = \omega(a - r)B$ となる。したがって v_e は下式のようなる。

$$v_e = \int_0^a E dr = \int_0^a \omega B (a - r) dr = \omega B \left[ar - \frac{1}{2} r^2 \right]_0^a = \frac{1}{2} \omega B a^2$$

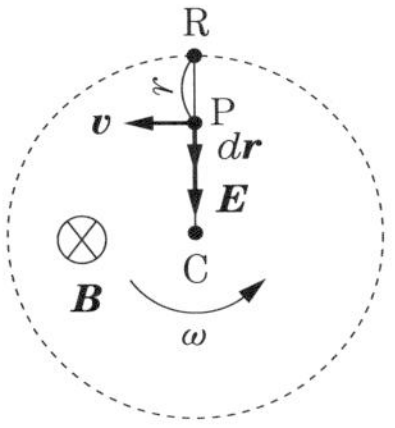

図 10.7 磁界 $\boldsymbol{B}$ のなかを角速度 ω で回転する長さ a の導体棒

◇

例題 10.2 一様な磁界 $\boldsymbol{B}$ のなかで，$\boldsymbol{B}$ に対して垂直な面内に長方形コイルが置かれ，その一辺Cは間隔 a のほかの二辺上を滑れるようになっており，その対辺には抵抗 R が接続されている。辺Cを対辺に向けて平行に等速度 $\boldsymbol{v}$ で近づけるときに要する仕事率（W，J/s）は，抵抗 R で消費される電力 P〔W，J/s〕に等しいこと（発電機の原理）を示せ。

【解答】 $\boldsymbol{v} \perp \boldsymbol{B}$ であるから，C上の任意の点には図 10.8 に示すように電界 $\boldsymbol{E}$ がC上を矢印の向きに作用し，これから $v_e = Ea = vBa$ なる起電力が生じ，コイルに矢印の向きに一定の電流 I が流れる。$I = v_e/R$ なので，$P = RI^2 = (vBa)^2/R$ とな

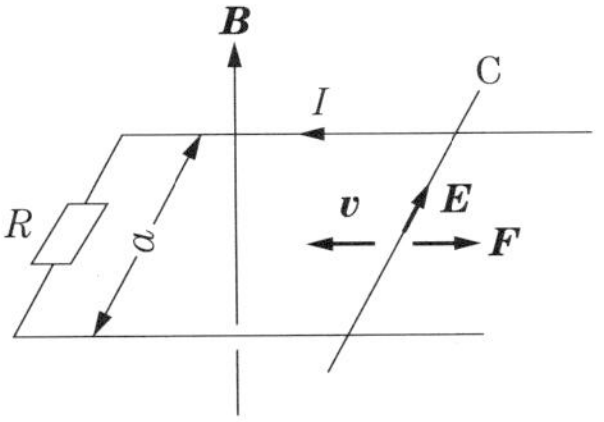

図 10.8 磁界 $\boldsymbol{B}$ のなかに $\boldsymbol{B}$ に対して垂直に置かれた一辺が，ほかの二辺上を滑れるようになっている長方形コイル

る。一方，C 上の単位ベクトルを $\boldsymbol{t}$ とすると，$I\boldsymbol{t} \perp \boldsymbol{B}$ であるから C には $\boldsymbol{t}$ と $\boldsymbol{B}$ に垂直な力 $\boldsymbol{F}$ が矢印の向きに働くので，C を等速度で動かすためには大きさが F の反対向きの力を加える必要がある。$F = IBa$ であるから，この F による仕事率 Fv は $Fv = IBav = (vBa)^2/R$ となる。以上により，$Fv = P$ が成り立つ。 ◇

例題 *10.3*　正弦波交流発電機（sine-wave generator）の原理を**図 *10.9*** に示す。一様な磁界 $\boldsymbol{B}$ のなかを巻数 N，面積 S の長方形コイルを一定の角速度 ω で反時計式に回転させたとき端子 a–b 間に生じる起電力 v_e を求めよ。

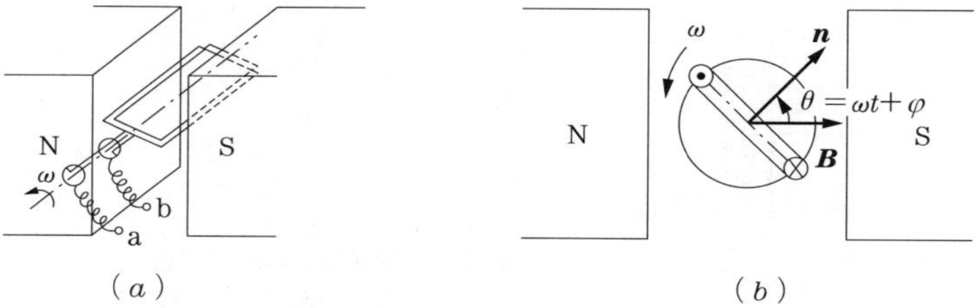

図 *10.9*　交流発電機の原理

【解答】　図(*b*)のようにコイル面の法線 $\boldsymbol{n}$ が時間 t において $\boldsymbol{B}$ と角度 $\theta = \omega t + \varphi$ をなすとき，コイルを通過する磁束を Φ とすると $\Phi = BS\cos\theta = BS\cos(\omega t + \varphi)$ であるから，式 (*10.4*) より $v_e = \omega NBS\sin(\omega t + \varphi)$ なる正弦波の交流起電力が得られる。ここで，$V_m = \omega NBS$ とおくと v_e は

$$v_e = V_m \sin(\omega t + \varphi) \tag{10.7}$$

と表される。ここで，v_e は**瞬時値**（instantaneous value），V_m は**振幅**（amplitude）または**最大値**（maximum value），$(\omega t + \varphi)$ は**位相角**（phase angle）または**位相**，φ は**初期位相角**（initial phase angle）または**初期位相**と呼ばれ，角速度 ω は**角周波数**（angular frequency）とも呼ばれる。 ◇

10.3　電界と磁界の相互変換

10.2 節では磁界 $\boldsymbol{B}$ 中を運動するコイルの微小部分の電荷 dq に働く力を電界 $\boldsymbol{E}$ によるものと考えた。しかしこう考えるのは，コイルと同じ運動系にいる者の考え方である。磁界に対して静止している者は，コイルの微小部分の電

荷に働く力は単に磁界によるものと考えるはずである。コイルの微小部分の電荷を点電荷 q に置き換えても同じことがいえる。一方，点電荷 q がつくる電界中を運動する座標系にいる者にとり，点電荷は電流として観測されるので磁界が生じると考えられるはずである。このように電界と磁界は，観測者のいる座標系と電界または磁界との相対運動によって相互に変換される。

演　習　問　題

【1】 問図 ***10.1*** のように，端子 a-b をもつコイル内に磁束 $\Phi = \Phi_m \cos \omega t$ を通過させるとき，端子 a-b，b-c，a-c 間に発生する起電力 v_{ab}，v_{bc}，v_{ac} を求めよ。

【2】 問図 ***10.2*** に示すように，無限に長い直線状電流 I に対して垂直な長さ l の導体棒が，I に対して平行に一定の速さ v で I と同じ向きに動いており，棒の一端は I から a だけ離れている。この棒に生じる起電力 v_e を求めよ。

【3】 問図 ***10.3*** に示すように，無限に長い直線状電流 I に対して平行な長さ l の導体棒が，I に対して垂直方向に一定の速さ v で I から離れている。この棒に生じる起電力 v_e を求めよ。

【4】 問図 ***10.4*** に示すように，一様な磁界 $\boldsymbol{B}$ のなかで，半径 a の導体円板が $\boldsymbol{B}$ と平行な中心軸の周りに角速度 ω で回転すると，中心軸と円板側面上の点との間に起電力 v_e が生じる。この v_e を求めよ。このような現象を**単極誘導** (unipolar induction) という。

【5】 無限長ソレノイドの半径が a である場合において，電流 I を時間 t に比例して増加させるとき，ソレノイド内外に生じる電界 E を求めよ。

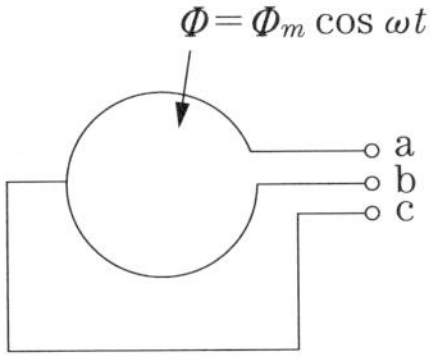

問図 ***10.1***

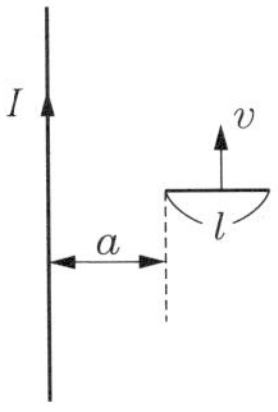

問図 ***10.2***

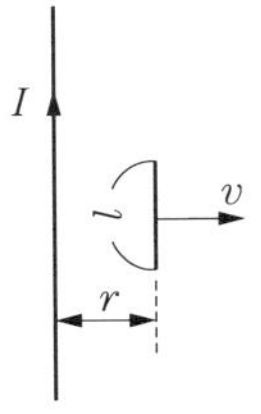

問図 ***10.3***

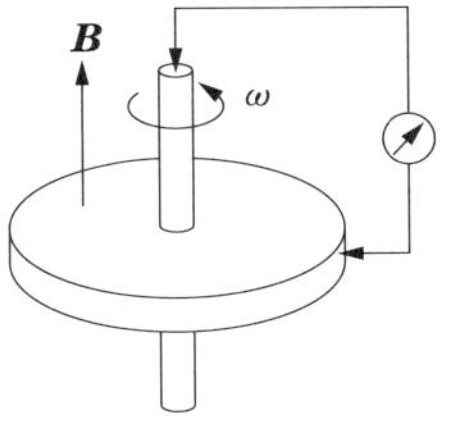

問図 ***10.4***

11

インダクタンス

11.1 自己誘導と自己インダクタンス

コイルに電流を流すとそれにより生じる磁束密度 B〔T〕は，アンペアの法則により電流 I に比例するので，コイルを貫く磁束 Φ〔Wb〕もまた電流に比例する。**図 *11.1*** に示すように巻数 N のコイルに電流 i を流した場合，$\Phi \propto Ni$ であるので，式 (*10.5*) における磁束鎖交数 $N\Phi$ は比例係数を L として

$$N\Phi = Li \tag{11.1}$$

なる形に表すことができる。この L を**自己インダクタンス**（self inductance）といい，これは一般的にはコイルの形，大きさ，巻数，およびコイル周囲の媒質の透磁率 μ によって定まる。コイル周囲の媒質が空気の場合には L は定数であるが，コイルのなかに鉄などの強磁性体が入っている場合には L は定数とはならない。この L の SI 単位は，式 (*11.1*) より $L = N\Phi/i$ となるから Wb/A と表されるが，これを H と表しヘンリー（henry）と呼ぶ。

この L を用いると，コイルに電流 $i(t)$ が流れているとき生じる誘導起電力

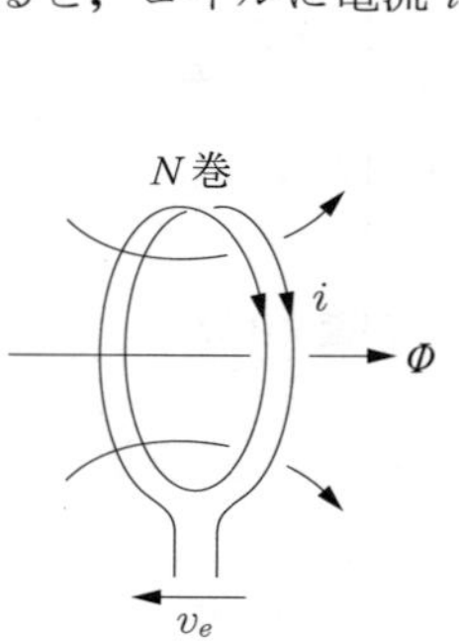

図 *11.1* 自己誘導現象

$v_e(t)$〔V〕は，式 (11.1) と式 (10.5) より

$$v_e = -\frac{d(Li)}{dt} \qquad (11.2)$$

となり，L が電流 i によらない定数のときは

$$v_e = -L\frac{di}{dt} \qquad (11.3)$$

となる。このとき v_e の正の向きは **10.2** 節の定義により**図 11.1** に示すようになる。

例題 11.1　断面積が S〔m²〕の十分に長い円柱形鉄心入り**ソレノイド** (solenoid) を**図 11.2** に示す。長さ l〔m〕の部分の自己インダクタンス L〔H〕を求めよ。鉄心の透磁率を μ〔H/m〕，コイルの単位長さ当りの巻数を n〔回/m〕とする。

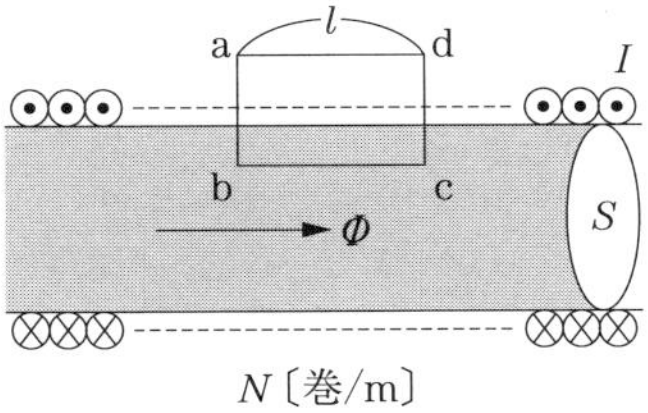

図 11.2　円柱形鉄心入りソレノイド

【解答】　図に示すように，定常電流 I〔A〕が流れている巻線をはさんで，長方形経路 abcd を ad の長さが l になるようにとり，これにアンペアの法則を適用すると $Bl = \mu Inl$ となるので式 (11.4) が成り立つ。

$$B = \mu In \qquad (11.4)$$

これより $\Phi = BS = \mu InS$ であり，また長さ l 部分の巻数を N とすると $N = nl$ であるから，これらの関係を用い，式 (11.1) を適用すると

$$L = \mu n^2 Sl \qquad (11.5)$$

が得られる。　◇

鉄のような強磁性体の μ は磁界の強さ H により変化し，H は電流 I により決まるので，結局，I によって変化する。したがって，そのような強磁性体がなかに入っているコイルの L は電流 I によって変化する。コイルが空心の場

合には，式 (11.5) において $\mu = \mu_0$ とおけばよい。

11.2　相互誘導と相互インダクタンス

11.2.1　相互インダクタンス

図 11.3 (a) のように，巻数がそれぞれ N_1, N_2 の二つの空心コイル C_1, C_2を対向して置き，コイル C_1 に電流 $i_1(t)$ を流すと，それによる磁束 $\Phi_1(t)$ のうち C_2 を貫く磁束 $\Phi_{21}(t)$ について，自己インダクタンスの場合と同様，$\Phi_{21} \propto N_1 i_1$ なる関係が成り立つ。したがって，コイル C_2 の磁束鎖交数 $N_2\Phi_{21}$ は比例係数を L_{21} として式 (11.6) のような形に表すことができる。

$$N_2\Phi_{21} = L_{21} i_1 \tag{11.6}$$

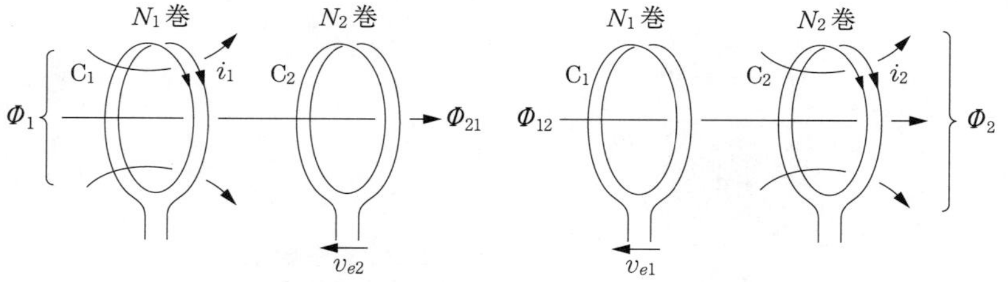

(a) コイル C_1 に電流を流したとき　　(b) コイル C_2 に電流を流したとき

図 11.3　二つのコイル間の相互誘導

ここで，L_{21} を**相互インダクタンス** (mutual inductance) といい，これは一般に自己インダクタンスと同様な要因のほかコイル相互の配置によって決まる。コイルのなかに鉄などの強磁性体が入っている場合の L_{21} は自己インダクタンスの場合と同様，やはり定数とはならない。式 (11.6) より $L_{21} = N_2\Phi_{21}/i_1$ となるから，L_{21} の単位も Wb/A または H である。

この L_{21} を用いると，コイル C_1 に電流 i_1 を流したときコイル C_2 に生じる誘導起電力 $v_{e2}(t)$ は式 (11.6) と式 (10.5) より

$$v_{e2} = -\frac{d(L_{21} i_1)}{dt} \tag{11.7}$$

となり，L_{21} が定数のときには式 (11.8) のようになる。

$$v_{e2} = -L_{21}\frac{di_1}{dt} \tag{11.8}$$

このとき v_{e2} の正の向きも **10.2** 節の定義から**図 11.3** (*a*) のように表す。

逆に，図 (*b*) のようにコイル C_2 に電流 $i_2(t)$ を流すと，それによる磁束 $\Phi_2(t)$ のうちコイル C_1 を貫く磁束 $\Phi_{12}(t)$ について $\Phi_{12} \propto N_2 i_2$ なる関係が成り立つ。したがって，コイル C_1 の磁束鎖交数 $N_1\Phi_{12}$ も比例係数を L_{12} として

$$N_1\Phi_{12} = L_{21}i_2 \tag{11.9}$$

なる形に表すことができる。この L_{12} も相互インダクタンスであり，L_{21} と同じ単位をもつ。この L_{12} を用いるとコイル C_1 に生じる誘導起電力 $v_{e1}(t)$ も $v_{e2}(t)$ と同様にして

$$v_{e1} = -\frac{d(L_{12}d_2)}{dt} \tag{11.10}$$

となり，L_{12} が定数のときには

$$v_{e1} = -L_{12}\frac{di_2}{dt} \tag{11.11}$$

となる。このとき v_{e1} の正の向きも v_{e2} の向きと同様，図 (*b*) のように表す。

また，L_{12} と L_{21} の間には

$$L_{12} = L_{21} = M \tag{11.12}$$

の関係が成り立つ。相互インダクタンスは M の記号で用いられることが多い。式 (11.12) の関係が成り立つことは，**11.4.3** 項で説明する。

11.2.2　結　合　係　数

図 11.3 のコイル C_1 の電流 i_1 による磁束 Φ_1 と Φ_{21}，コイル C_2 の電流 i_2 による磁束 Φ_2 と Φ_{12} については次式が成り立つ。

$$\Phi_1 \geqq \Phi_{21}, \quad \Phi_2 \geqq \Phi_{12} \quad \therefore \quad N_1\Phi_1 N_2\Phi_2 \geqq N_2\Phi_{21}N_1\Phi_{12}$$

上の式に，コイル C_1 の自己インダクタンスを L_1，コイル C_2 の自己インダクタンスを L_2 として，式 (11.1)，(11.6) および式 (11.9) を適用すると

$$L_1 i_1 L_2 i_2 \geqq L_{21} i_1 L_{12} i_2 \quad \therefore \quad L_1 L_2 \geqq L_{12} L_{21}$$

となる。ここで，式 (11.12) の関係を用いると

$$L_1L_2 \geqq M^2 \tag{11.13}$$

となる。これを

$$M = k\sqrt{L_1L_2}, \quad 1 \geqq k > 0 \tag{11.14}$$

と書くことにして，k を**結合係数**（coupling coefficient）という。

11.2.3　相互インダクタンスの正，負

自己インダクタンス L はつねに正の値をとるが，相互インダクタンス M は正と負の値をとるとすると都合がよい。二つのコイル C_1 と C_2 において，C_1 に電圧 $v_1(t)$ を加え電流 $i_1(t)$ を流し，相互誘導により C_2 に電圧 $v_2(t)$ を発生させ，それに接続した負荷抵抗に電流 $i_2(t)$ を流したとする。コイル C_1 を**一次コイル**（primary coil），コイル C_2 を**二次コイル**（secondary coil）という。

まず電流 i_1 を増加させる場合を考える。コイル C_1 に対してコイル C_2 の巻く向きを考慮した空間配置は本質的には**図 11.4** のように四通りあり，そこにはおのおのにおける電圧 v_1 と v_2，電流 i_1 と i_2，i_1 による C_2 を貫く磁束 Φ_{21}，i_2 による C_1 を貫く磁束 Φ_{12} の自然の向き，および今後の考察の結論である相互インダクタンス M の正負が示されている。図 (*a*) では C_1 に対して C_2 の巻く向きが逆で，図 (*b*) では C_1 と C_2 の巻く向きが同じである。いずれの場合も，コイル C_1 の自己インダクタンス L_1 による誘導起電力を v_{11}，相互インダクタンス M による誘導起電力を v_{12} とすると

$$v_1 + v_{11} - v_{12} = 0, \quad v_{11} = -L_1\frac{di_1}{dt}, \quad v_{12} = -M\frac{di_2}{dt}$$

$$\therefore \quad v_1 = L_1\frac{di_1}{dt} - M\frac{di_2}{dt} \tag{11.15}$$

が成り立つ。また，コイル C_2 の自己インダクタンス L_2 による誘導起電力を v_{22}，相互インダクタンス M による誘導起電力を v_{21} とすると

$$v_2 + v_{21} - v_{22} = 0, \quad v_{21} = -M\frac{di_1}{dt}, \quad v_{22} = -L_2\frac{di_2}{dt}$$

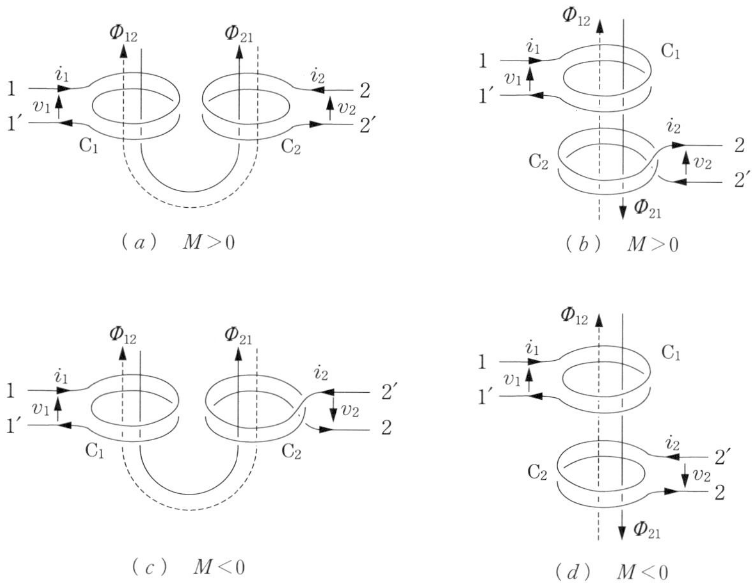

図 11.4　二つのコイルの巻く向きと配置，および相互インダクタンスの正と負

$$\therefore \quad v_2 = M\frac{di_1}{dt} - L_2\frac{di_2}{dt} \tag{11.16}$$

が成り立つ。図（c）では C_1 と C_2 の巻く向きが同じで，図（d）では C_1 に対して C_2 の巻く向きが逆である。いずれの場合も，C_1 に対しては式（11.15）が，C_2 に対して式（11.16）が成り立つ。

つぎに，図（a）～（d）に示すコイルの配置において電流 i_1 を減少させる場合を考えると，いずれの場合も $di_1/dt < 0$ であり，また i_2 と v_2 の向きが i_1 増加の場合に対して反転する。したがって，図（a）～（d）のコイルの配置に対する電圧と電流の関係は式（11.17）のようになる。

$$v_1 = L_1\frac{di_1}{dt} + M\frac{di_2}{dt}, \quad v_2 = -M\frac{di_1}{dt} - L_2\frac{di_2}{dt} \tag{11.17}$$

ここで，相互誘導を統一して扱うためにコイル C_1 と C_2 における電圧と電流の正の向きを以下のように定義する。図（a），（b）においては v_1 と v_2 の正の向きを，それぞれ1′から1，2′から2へ向かう向きとし，i_1とi_2の正の向きを，それぞれv_1とv_2の高電位側からコイルへ流入する向きとする。図(*c*)，(*d*)においてはv_1の正の向きを1′から1へ，v_2の正の向きを2から2′へ向かう向きとし，i_1とi_2の正の向きを，それぞれv_1とv_2の高電位側からコイルへ流入する向きとする。そこで図(*a*)，(*b*)において，電流i_2の向きを逆にとると$i_2 < 0$であるから，式(*11.15*)，(*11.16*)は

$$v_1 = L_1 \frac{di_1}{dt} + M \frac{di_2}{dt}, \quad v_2 = M \frac{di_1}{dt} + L_2 \frac{di_2}{dt} \qquad (11.18)$$

と表せる。また，図(*c*)，(*d*)において電圧v_2の向きを逆にとると$v_2 < 0$であり，さらにMを$M < 0$とすると式(*11.15*)，(*11.16*)は式(*11.18*)で表せる。電流i_1を減少させる場合においても，図(*a*)，(*b*)のコイルの配置でv_2の向きを逆にとると$v_2 < 0$であり，式(*11.17*)においてv_1の式はそのままであるがv_2の式が変わり式(*11.18*)で表せる。また，図(*c*)，(*d*)のコイル配置の場合も，電流i_2の向きを逆にとると$i_2 < 0$であり，さらにMを$M < 0$とすると式(*11.17*)は式(*11.18*)で表せる。そこで，コイルC_1とC_2の配置が図(*a*)，(*b*)のような場合には$M > 0$，図(*c*)，(*d*)のような配置の場合には$M < 0$とする。

以上により，電圧と電流の正の向きを上記のように定義すると，相互インダクタンスは二つのコイルの巻く向きと空間配置により正または負の値をとることになる。

例題 *11.2*　**図 *11.5***のように，十分に長い空心円筒ソレノイド（第1コイル：断面積S_1，単位長さ当りの巻数n_1）のなかに十分に長い円柱形鉄心入

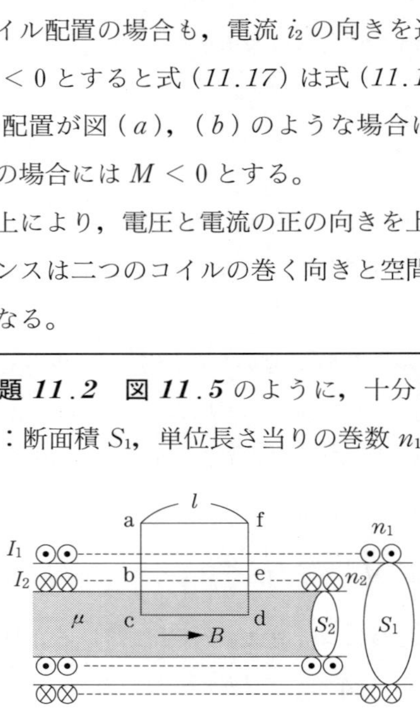

図 *11.5*　円柱形鉄心入り二重円筒ソレノイド

りソレノイド（第2コイル：断面積 S_2，単位長さ当りの巻数 n_2，透磁率 μ）を中心軸を一致させて置いた。このときの長さ l の部分の相互インダクタンス M を求めよ。

【解答】 第1コイルの定常電流 I_1 によって第2コイルのなかに生じる磁束密度を B_{21} とし，図のなかにとった長方形経路 acdf にアンペアの法則を適用すると

$$lB_{21} = \mu I_1 n_1 l \quad \therefore \quad B_{21} = \mu I_1 n_1$$

となる。これより第2コイルの長さ l 部分の磁束鎖交数 $N_2\Phi_{21}$ は

$$N_2\Phi_{21} = n_2 lB_{21}S_2 = \mu n_1 n_2 lS_2 I_1 = L_{21}I_1 \quad \therefore \quad L_{21} = \mu n_1 n_2 lS_2$$

となる。第2コイルの定常電流 I_2 による磁界は鉄心内のみに生じる。この磁束密度を B_2 とし，長方形経路 bcde にアンペアの法則を適用すると

$$lB_2 = \mu I_2 n_2 l \quad \therefore \quad B_2 = \mu I_2 n_2$$

となり，これより第1コイルの長さ l 部分の磁束鎖交数 $N_1\Phi_{12}$ は，$\Phi_{12} = \Phi_2 = B_2S_2$ であることに注意すると

$$N_1\Phi_{12} = n_1 lB_2S_2 = \mu n_1 n_2 lS_2 I_2 = L_{12}I_2 \quad \therefore \quad L_{12} = \mu n_1 n_2 lS_2$$

となる。以上により

$$L_{12} = L_{21} = M = \mu n_1 n_2 lS_2 \qquad (11.19)$$

が得られる。◇

例題 11.3　**図 11.6** のように，中心軸の長さ l，断面積 S，透磁率 μ の環状鉄心に，巻数がそれぞれ N_1，N_2 のコイル C_1，C_2 が巻いてある。コイル C_1 に電圧 v_1 を加え電流 i_1 を流したとき，v_1 とコイル C_2 に生じる電圧 v_2 との関係を求めよ。

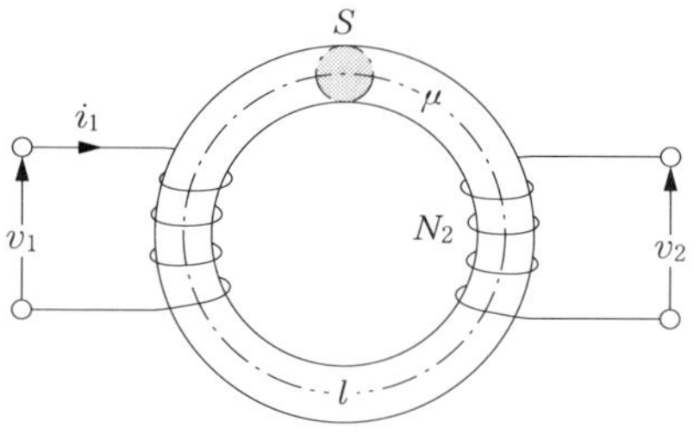

図 11.6　変圧器の原理

【解答】 コイル C_1 の自己インダクタンスを L_1，相互インダクタンスを M とすれ

ば，式 (*11.18*) において $i_2 = 0$ とおくと

$$v_1 = L_1 \frac{di_1}{dt}, \quad v_2 = M \frac{di_1}{dt} \quad \therefore \quad v_2 = \frac{M}{L_1} v_1$$

となる。この場合，**図 *11.4*** (*a*) より $M > 0$ であるから v_1 と v_2 は同相である。そこで，電流 i_1 による磁束を Φ_1，磁路の磁気抵抗を R_m とし，磁路の漏れ磁束を無視すると $\Phi_1 = N_1 i_1 / R_m$，$R_m = l / \mu S$ であり，コイル C_1，C_2 の磁束鎖交数は $N_1 \Phi_1$，$N_2 \Phi_1$ であるから

$$L_1 = \frac{N_1 \Phi_1}{i_1} = \frac{N_1{}^2 \mu S}{l}, \quad M = \frac{N_2 \Phi_1}{i_1} = \frac{N_1 N_2 \mu S}{l} \tag{11.20}$$

となる。これらの式より

$$v_2 = \frac{N_2}{N_1} v_1 \tag{11.21}$$

が得られる。◇

したがって，巻数比 N_2/N_1 によって電圧比 v_2/v_1 を変えることができる。これが**変圧器** (transformer) の原理である。

なお，コイル C_2 の自己インダクタンス L_2 は L_1 の導出と同様にして

$$L_2 = \frac{N_2^2 \mu S}{l} \tag{11.22}$$

となるから $L_1 L_2 = M^2$ が成り立つ。これは漏れ磁束を無視した結果である。

11.3 インダクタンスの例

11.3.1 有限長円筒ソレノイドの自己インダクタンス

断面積 S，単位長さ当り n 巻の無限長空心ソレノイドにおける，長さ l 部分の自己インダクタンス L は，式 (*11.5*) において $\mu = \mu_0$ とおくことにより $L = \mu_0 n^2 S l$ で与えられる。ところが，例えば**図 *11.7*** に示すような半径 a，

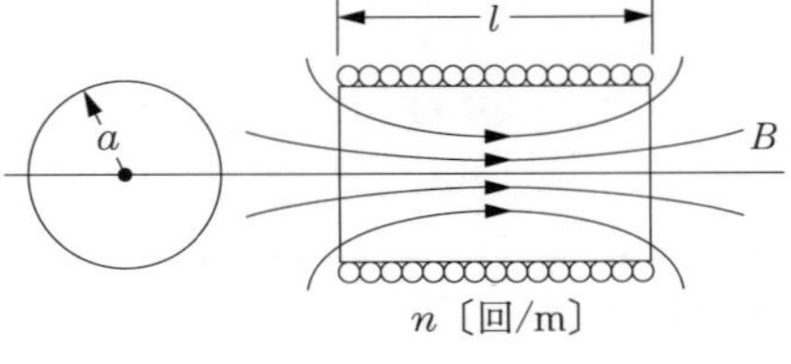

図 *11.7* 有限長円筒ソレノイド

長さ l の有限長ソレノイドにおいては，磁束密度 B が不均一になり，無限長のものに比べて磁束鎖交数が減少するため，その L は1より小さい係数 $\mathfrak{L}$ を用いて

$$L = \mathfrak{L}\mu_0 n^2 S l \tag{11.23}$$

で与えられる。ここに $\mathfrak{L}$ は長岡半太郎博士によって計算され，長岡係数と呼ばれる係数で $2a/l$ の関数である。**表 11.1** に $\mathfrak{L}$ の値を示す。

表 11.1 長　岡　係　数（$\mathfrak{L}$）

$\frac{2a}{l}$	$\mathfrak{L}$	$\frac{2a}{l}$	$\mathfrak{L}$	$\frac{2a}{l}$	$\mathfrak{L}$	$\frac{2a}{l}$	$\mathfrak{L}$
0	1.000	0.55	0.803	1.10	0.667	2.50	0.472
0.05	0.979	0.60	0.789	1.20	0.648	3.00	0.429
0.10	0.959	0.65	0.775	1.30	0.629	3.50	0.394
0.15	0.939	0.70	0.761	1.40	0.611	4.00	0.365
0.20	0.920	0.75	0.748	1.50	0.595	4.50	0.341
0.25	0.902	0.80	0.735	1.60	0.580	5.00	0.319
0.30	0.884	0.85	0.723	1.70	0.565	6.00	0.285
0.35	0.867	0.90	0.711	1.80	0.551	7.00	0.258
0.40	0.850	0.95	0.700	1.90	0.538	8.00	0.237
0.45	0.834	1.00	0.688	2.00	0.526	9.00	0.219
0.50	0.818					10.00	0.203

11.3.2 円形断面をもつ導線の直線部分の内部インダクタンス

定常電流 I が一様な密度で流れている半径 a の円形断面をもつ導線の直線部分を**図 11.8** に示す。このような直線部分の中心軸より距離 $r\,(\leqq a)$ の点

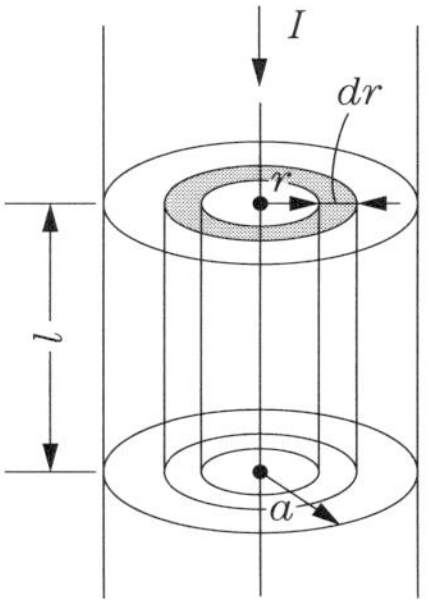

図 11.8 円形断面の導線

における磁束密度 B は，**例題 8.8** と同様にして $B = \mu Ir/2\pi a^2$ となる。したがって半径 r，厚さ dr，長さ l の円筒部分の磁束を $d\Phi$ とすると $d\Phi = Bldr$ である。この $d\Phi$ が鎖交するのは半径 r 内の電流 Ir^2/a^2 であるから，この部分の磁束鎖交数 $Nd\Phi$ は $N = r^2/a^2 < 1$ と考えられるので

$$Nd\Phi = \frac{r^2}{a_2}\frac{\mu Ir}{2\pi a^2}ldr = \frac{\mu Ilr^3}{2\pi a^4}dr$$

となる。したがって，全磁束鎖交数は

$$N\Phi = \int Nd\Phi = \frac{\mu lI}{2\pi a^4}\int_0^a r^3 dr = \frac{\mu l}{8\pi}I$$

で与えられる。ここで，$N\Phi = L_i I$ とおくと

$$L_i = \frac{\mu l}{8\pi} \tag{11.24}$$

が得られる。この L_i を，円形断面をもつ導線の長さ l の直線部分における**内部インダクタンス**という。これは導線の半径に無関係である。

もし電流が導体表面にのみ一様に分布しているとすると，導体内部には磁束 Φ が存在しないので $L_i = 0$ となる。

11.3.3　往復平行導線の自己インダクタンス

図 11.9 のように，2 本の半径 a の導線が中心間隔 d で平行に置かれ，それらの一方の端には電源が他方の端には負荷が接続され，それらには定常電流 I が往復している。この電流は導線の太さが間隔に比べて細いので導線内で一

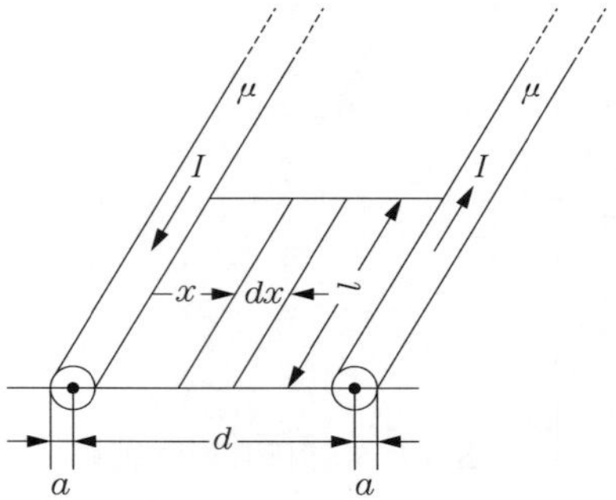

図 11.9　往復平行導線

様に分布しており，また導線は十分に長いので両端における接続部分による磁束は無視できるものとする。

まず外部インダクタンス L_e を求める。一方の導線の中心から垂直に $x\,(<d)$ 離れたところに長さ l，幅 dx の方形をとり，その面を貫く磁束を $d\Phi$ とすると，その方形内における磁束密度 B は式 (8.8) を両方の導線に適用して

$$d\Phi = Bldx = \mu_0\left[\frac{1}{2\pi x} + \frac{1}{2\pi(d-x)}\right]Ildx$$

となる。したがって，長さ l の両導線間の磁束鎖交数 $N\Phi$ は $N = 1$ とおいて

$$\Phi = \int d\Phi = \frac{\mu_0 Il}{2\pi}\int_a^{d-a}\left(\frac{1}{x} + \frac{1}{d-x}\right)dx = \frac{\mu_0 Il}{\pi}\log\frac{d-a}{a}$$

で与えられる。これより $L_e = \Phi/I$ であるから，式 (11.25) が得られる。

$$L_e = \frac{\mu_0 l}{\lambda}\log\frac{d-a}{a} \tag{11.25}$$

つぎに，これら導線の長さ l 部分の内部インダクタンス L_i は，式 (11.24) より

$$L_i = \frac{\mu l}{8\pi}\times 2 = \frac{\mu l}{4\pi} \tag{11.26}$$

となる。以上により，求める自己インダクタンス L は

$$L = L_i + L_e = \frac{l}{4\pi}\left(\mu + 4\mu_0\log\frac{d-a}{a}\right) \tag{11.27}$$

となる。特に $d \gg a$ のときは

$$L = \frac{l}{4\pi}\left(\mu + 4\mu_0\log\frac{d}{a}\right) \tag{11.28}$$

となり，さらに $\mu = \mu_0$ と見なせるときには

$$L = \frac{l\mu_0}{4\pi}\left(1 + 4\log\frac{d}{a}\right) \tag{11.29}$$

となる。もし，この往復平行導線を流れる電流が導線表面にのみ分布している場合には，$L_i = 0$ なので

$$L = L_e = \frac{\mu_0 l}{\pi}\log\frac{d-a}{a},\quad L = L_e = \frac{\mu_0 l}{\pi}\log\frac{d}{a}\quad (d \gg a) \tag{11.30}$$

となる。導線1本当りでは，式 (*11.28*)～(*11.30*) の各場合についてその1/2になる。このような往復平行導線の実例としては，テレビとアンテナを結ぶ給電線（フィーダ：feeder）がある。

11.3.4 同軸円筒導体の自己インダクタンス

図 *11.10* のように，外径 a の内部導体と内径 b で外径 c の外部円筒導体からなる十分に長い同軸円筒導体を定常電流 I が一様な密度で往復している。

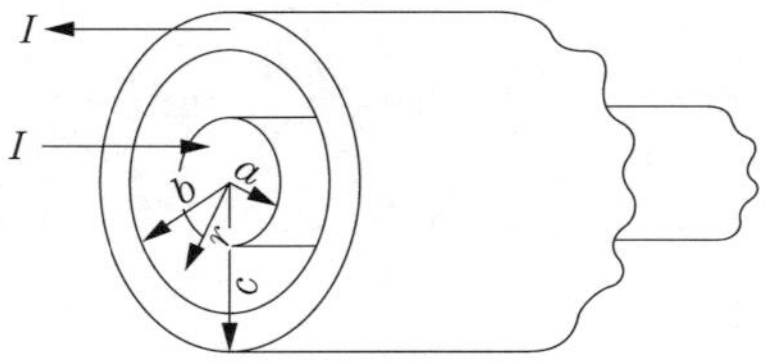

図 *11.10* 同軸円筒導体

まず円筒導体間の長さ l 部分の外部インダクタンス L_e を求める。内部導体の中心からの距離を $r\ (a < r < b)$ とすると，磁束密度 B はアンペアの法則より $B = \mu_0 I/2\pi r$ であるから，円筒面に垂直で軸に平行な面積 $(b - a) \times l$ の長方形を貫く磁束を Φ とすると

$$\Phi = \int_a^b Bldr = \int_a^b \frac{\mu_0 I}{2\pi r}\,ldr = \frac{\mu_0 I}{2\pi r}\log\frac{b}{a}$$

で与えられる。これと $L_e = \Phi/I$ より

$$L_e = \frac{\mu_0 l}{2\pi}\log\frac{b}{a} \qquad (11.31)$$

となる。つぎに内部導体の内部インダクタンス L_a は透磁率を μ_a とすると，式 (*11.24*) より

$$L_a = \frac{\mu_a l}{8\pi} \qquad (11.32)$$

である。つぎに外部導体の内部インダクタンス L_c を求める。半径 $r\ (b < r < c)$ の円周上における磁束密度 B はアンペアの法則より

$$B = \frac{\mu_0}{2\pi r}\left(I - I\,\frac{r^2 - b^2}{c^2 - b^2}\right) = \frac{\mu_c I}{2\pi r}\,\frac{c^2 - r^2}{c^2 - b^2}$$

となる。したがって半径 r，厚さ dr，長さ l の円筒部分の磁束 $d\Phi_c = Bldr$ が鎖交する電流は

$$I - I\frac{r^2 - b^2}{c^2 - b^2} = I\frac{c^2 - r^2}{c^2 - b^2}$$

であるから，全磁束鎖交数 $N\Phi_c$ は

$$N\Phi_c = \int N d\Phi_c = \int_b^c \frac{c^2 - r^2}{c^2 - b^2}\frac{\mu_c I}{2\pi r}\frac{c^2 - r^2}{c^2 - b^2}\, ldr$$

$$= \frac{\mu_c Il}{2\pi(c^2 - b^2)^2}\int_b^c \frac{(c^2 - r^2)^2}{r}\, dr$$

$$= \frac{\mu_c Il}{2\pi(c^2 - b^2)}\left(\frac{c^4}{c^2 - b^2}\log\frac{c}{b} - \frac{3c^2 - b^2}{4}\right)$$

で与えられる。これより $L_c = N\Phi_c/I$ であるから

$$L_c = \frac{\mu_c l}{2\pi}\left[\frac{c^4}{(c^2 - b^2)^2}\log\frac{c}{b} - \frac{3c^2 - b^2}{4(c^2 - b^2)}\right] \tag{11.33}$$

となる。以上により，求める自己インダクタンス L は

$$L = L_a + L_e + L_c \tag{11.34}$$

である。

外部導体の厚みがきわめて薄い場合を考えてみる。式 (11.33) において

$$\left[\frac{c^4}{(c^2 - b^2)^2}\log\frac{c}{b} - \frac{3c^2 - b^2}{4(c^2 - b^2)}\right] = \frac{c^2}{2}\left[\frac{2c^2\log(c/b) - c^2 + b^2}{(c^2 - b^2)^2}\right]$$

$$-\frac{1}{4}$$

と変形し $b \to c$ の極限をとると

$$L_c = \frac{\mu_c l}{2\pi}\left(\frac{1}{4} - \frac{1}{4}\right) = 0$$

である。したがって，この場合の自己インダクタンス L は

$$L = L_a + L_e \tag{11.35}$$

となる。さらに電流が内部導体の表面に集中して流れる場合には，L_a もなくなり L_e のみとなる。このような同軸円筒導体もテレビとアンテナを結ぶ給電線として用いられている。

11.3.5　二重円筒ソレノイド間の相互インダクタンス

図 11.11 のように，半径 a，単位長さ当りの巻数 n の十分に長い空心円筒ソレノイド C_1 のなかに，半径 b，巻数 N_2 の空心円筒ソレノイド C_2 を，その中心点が C_1 の中心軸上にあるように，またその中心軸が C_1 の中心軸と角度 θ をなすように置いたとする。

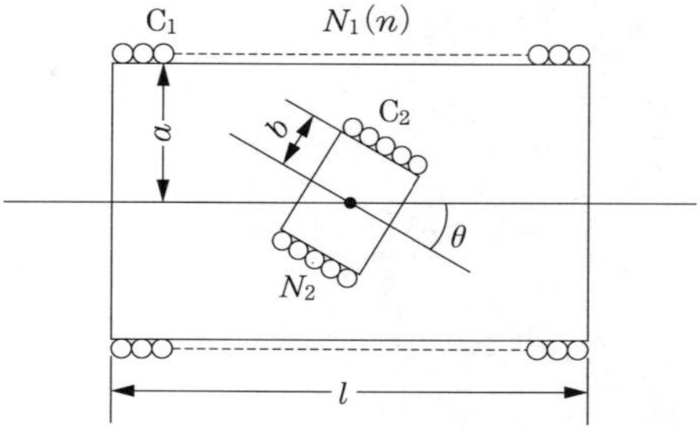

図 11.11　二重円筒ソレノイド

ソレノイド C_1 に定常電流 I を流したとき生じる磁束密度 B は，$\mu = \mu_0$ とおき式 (11.4) を適用すると $B = \mu_0 nI$ であるから，ソレノイド C_2 の磁束鎖交数は

$$N_2\Phi_{21} = N_2 B\pi b^2 \cos\theta = \mu_0\pi b^2 nN_2 \cos\theta I$$

となる。これより相互インダクタンス M として

$$M = \pm\ \mu_0\pi b^2 nN_2 \cos\theta \tag{11.36}$$

が得られる。この場合の M の正負は**図 11.4** (b)，(d) と同様，二つのソレノイドの巻く向きによって決まる。ソレノイド C_1 の長さを l，全巻数を N_1 とし，これらを用いて M を表すと式 (11.36) は式 (11.37) のようになる。

$$M \fallingdotseq \pm\mu_0\pi b^2 \frac{N_1}{l} N_2 \cos\theta \tag{11.37}$$

11.3.6　直列接続されたコイルのインダクタンス

二つのコイルを直線上に並べて直列に接続する方法としては，**図 11.12** に示すように，巻く向きが同じ二つのコイルの巻終わりと巻始めを一致させる，それらの巻終わりと巻終わりを一致させる，巻く向きが反対である二つのコイ

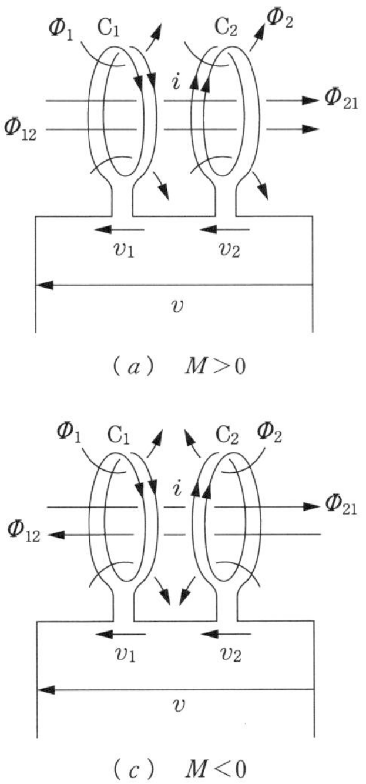

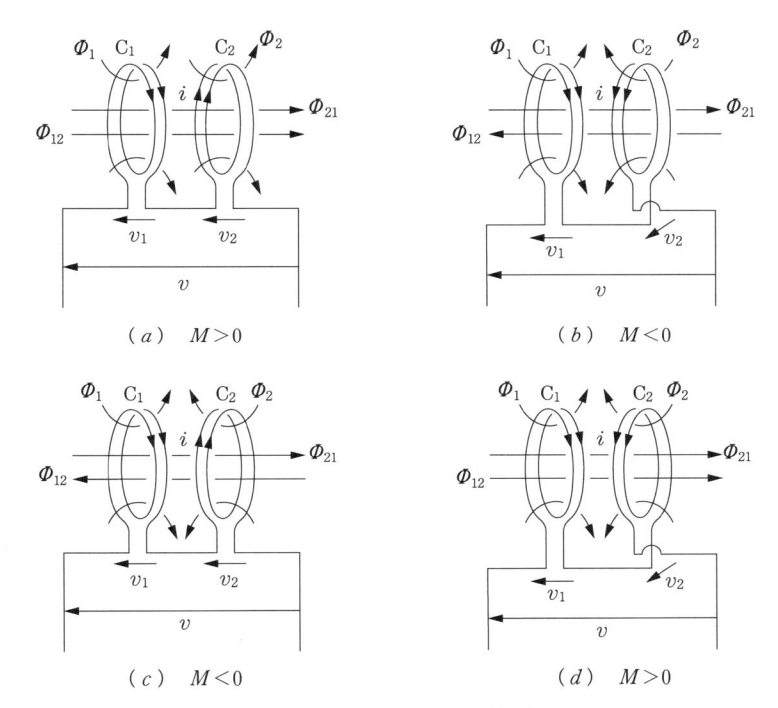

図 11.12　コイルの直列接続

ルの巻終わりと巻始めを一致させる，それらの巻終わりと巻終わりを一致させる方法の四つがある。

これら四つの方法により接続したコイル C_1 と C_2 に，電圧 v を加え電流 i を増加する場合について，コイル C_1 自体による磁束 Φ_1，C_1 を貫くコイル C_2 からの磁束 Φ_{12}，C_2 自体による磁束 Φ_2，C_2 を貫く C_1 からの磁束 Φ_{21}，C_1 と C_2 の端子電圧 v_1 と v_2 の正の向きを図（a）～（d）に示す。

コイル C_1 の自己インダクタンスを L_1，コイル C_2 の自己インダクタンスを L_2，相互インダクタンスを M とする。**図 11.12**（a）の場合には C_1 と C_2 の巻く向きが同じであり，かつ C_1 と C_2 の配置が**図 11.4**（b）と同じなので $M>0$ である。**図 11.12**（b）の場合には C_2 の端子の位置関係が図（a）の場合に対して反転しているので $M<0$ である。図（c）の場合には C_2 の巻く向

きが C_1 と反対であり，C_1 と C_2 の配置が図（d）と同じなので $M<0$ である。図（d）の場合には C_2 の端子の位置関係が図（c）の場合に対して反転しているので $M>0$ である。いずれの場合においても，M の正負に注意すれば電流 i は共通であるから，C_1 と C_2 の端子電圧 v_1 と v_2 はそれぞれ

$$v_1 = L_1\frac{di}{dt} + M\frac{di}{dt}, \quad v_2 = L_2\frac{di}{dt} + M\frac{di}{dt}$$

で与えられる。ここで，C_1 の巻数を N_1，C_2 の巻数を N_2 とすると

$$L_1 = \frac{N_1\Phi_1}{i}, \quad N_2\Phi_2 = L_2 i, \quad M = \frac{N_1\Phi_{12}}{i} = \frac{N_2\Phi_{21}}{i}$$

である。以上により，v_1 と v_2 の和を v とすると

$$v = v_1 + v_2 = (L_1 + L_2 + 2M)\frac{di}{dt}$$

となり，これより合成インダクタンス L_t として

$$L_t = L_1 + L_2 + 2M \tag{11.38}$$

が得られる。ここで M は図（b），（c）の場合には $M<0$ である。

図 *11.11* に示したソレノイド C_1 と C_2 を直列に接続した場合の合成インダクタンス L は，C_1 と C_2 の自己インダクタンスをそれぞれ L_1 と L_2 とすると，式（*11.37*），（*11.38*）より

$$L = L_1 + L_2 + 2M\cos\theta, \quad M \fallingdotseq \pm\frac{\mu_0\pi b^2 N_1 N_2}{l} \tag{11.39}$$

と表される。この場合における M の正負は図に示したように二つのソレノイドの巻く向きと接続方法によって決まる。したがって，C_2 を回転させることにより合成インダクタンス L の値を広範囲に変えることができる。**バリオメータ**（variometer）はこの原理を応用したものである。

11.4 磁界のエネルギーと力

11.4.1 磁界のエネルギー密度

5 章において，導体を帯電するのに要する仕事を求め，導体はその仕事量

だけポテンシャルエネルギーをもっていると考え，さらにそのエネルギーは，じつは周囲の空間に電界のエネルギーとして蓄えられていると考えた。

ここでは，コイルに定常電流 I〔A〕を流すために必要な外部から与えるべきエネルギーを求める。抵抗 R〔Ω〕と，巻数 N で自己インダクタンス L〔H〕のコイルを直列に接続し，それらに直流起電力 V〔V〕を加えた回路（RL 直列回路）を**図 11.13** に示す。

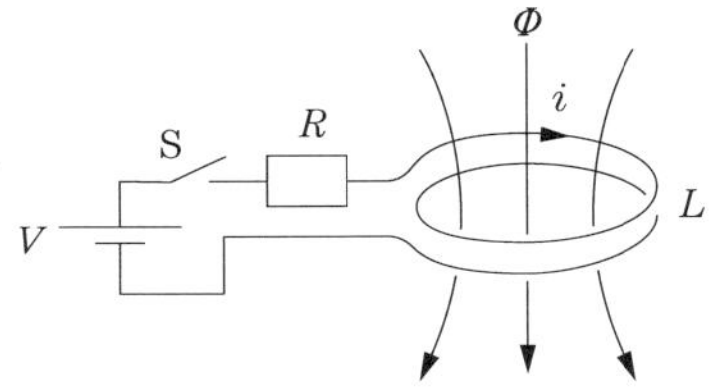

図 11.13　RL 直列回路

この回路において，スイッチ S を閉じてから時間 t〔s〕後における電流を $i(t)$〔A〕，コイルを貫く磁束を $\Phi(t)$ とする。このときコイルの抵抗は小さいとして，また，回路全体を貫く磁束のうちコイル部分以外の磁束は少ないとして無視すると

$$V = Ri + N\frac{d\Phi}{dt} \tag{11.40}$$

が成り立つ。この式 (11.40) の両辺に $i(t)dt$ を掛け，τ〔s〕後に電流が $i(\tau) = I$ となり磁束が $\Phi(\tau) = \Phi$ となったとして積分すると

$$\int_0^\tau Vidt = \int_0^\tau Ri^2dt + N\int_0^\Phi id\Phi \tag{11.41}$$

となる。この式 (11.41) の左辺は時間 τ の間に電源が供給したエネルギーであり，右辺第 1 項は抵抗 R に生じた熱エネルギーである。したがって，エネルギー保存則より，右辺第 2 項はコイルの電流を 0 から I にするまでに要したエネルギーであることになる。したがって，このエネルギーを W_m〔J〕とすると

$$W_m = N\int_0^\Phi id\Phi \tag{11.42}$$

である。ここで，自己インダクタンス L が定数である場合を考えると，$d\Phi =$

$(L/N)di$ であるから，これと式 (11.42) より式 (11.43) のようになる。

$$W_m = L\int_0^I idi = \frac{1}{2}LI^2 \qquad (11.43)$$

以上により，自己インダクタンス L が定数である場合には式 (11.43) で，定数でない場合には式 (11.42) で与えられるエネルギーが磁界中に蓄えられていると考えられる。そこで，このような磁界中に蓄えられるエネルギーの体積密度を求めてみる。

まず磁界が一様な場合として，**例題 11.1** の**図 11.2** に示した十分に長い鉄心入りソレノイド内の磁界について考える。ソレノイド内の磁束密度 $B(t)$〔T〕は，式 (11.4) において $n = N/l$，$I = i$ とおくと $B = \mu(N/l)$ で与えられる。この式と $d\Phi = SdB$ なる関係を式 (11.42) に適用し，Φ を $B(\tau) = B$ で置き換えると，ソレノイドの長さ l 部分の W_m は $W_m = Sl\int_0^B (B/\mu)dB$ となる。この式において Sl は鉄心の長さ l 部分の体積であるから，単位体積当りの磁界のエネルギーを w_m〔J/m^3〕とし，$B = \mu H$ なる関係を用いると

$$w_m = \int_0^B \frac{B}{\mu}\,dB = \int_0^B HdB \qquad (11.44)$$

が得られる。特に μ が定数のときには

$$w_m = \frac{1}{\mu}\int_0^B BdB = \frac{1}{2\mu}B^2 = \frac{\mu}{2}H^2 = \frac{1}{2}HB \qquad (11.45)$$

となる。媒質が真空の場合の w_m は式 (11.45) において $\mu \to \mu_0$ とした式で与えられる。式 (11.45) は，より一般的に $\boldsymbol{B} = \mu\boldsymbol{H}$ の関係を用いて

$$w_m = \frac{1}{2\mu}\boldsymbol{B}^2 = \frac{\mu}{2}\boldsymbol{H}^2 = \frac{1}{2}\boldsymbol{B}\cdot\boldsymbol{H} \qquad (11.46)$$

と書くことができる。

11.4.2　ヒステリシス損

9.3.1 項で述べたように，鉄などの強磁性体には一般にヒステリシスがあるから，μ は定数でない。強磁性体のヒステリシス曲線は一般に**図 11.14** のようになるので，式 (11.44) はループに囲まれた面積を求めることと同じで

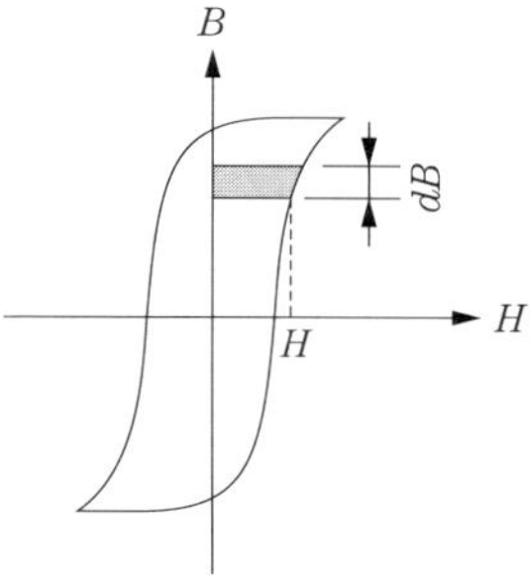

図 11.14 ヒステリシス曲線

ある。すなわち全体の面積を w_h とすると

$$w_h = \oint H dB \tag{11.47}$$

で与えられる。これはヒステリシス曲線を一周するときに強磁性体の単位体積当りに外部から供給されるエネルギー（単位は J/m^3）である。ヒステリシス曲線を一周すると，B と H はもとの値にもどり，強磁性体磁化の状態ももとの状態に戻る。その間に与えられたエネルギーは磁化に際して生じる磁気的な摩擦のため熱エネルギーとなって外へ放出される。したがって，このような強磁性体を周波数 f〔Hz〕の交流磁界中に置くと

$$p_h = f w_m \tag{11.48}$$

なる電力 p_h〔W/m^3〕が熱となる。これを**ヒステリシス損**（hysteresis loss）という。

11.4.3 複数のコイル（回路）による磁界のエネルギー

図 11.15 のように，巻数がそれぞれ N_1 と N_2 の二つのコイル C_1 と C_2 が

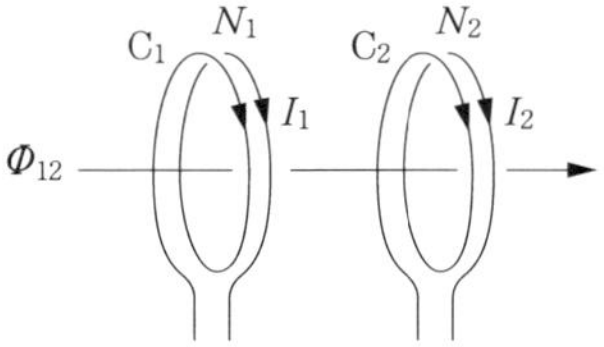

図 11.15 二つのコイルに蓄えられる磁界のエネルギー

一様な媒質中に置かれ，それぞれに定常電流 I_1〔A〕と I_2〔A〕が流れているとする。このようなコイルの電流による磁界のエネルギー W〔J〕を求めてみる。

まず，コイル C_1 にだけ電流 I_1 を流したときの磁界のエネルギー W_1 は，C_1 の自己インダクタンスを L_1 とすると，$W_1 = (1/2)L_1 I_1^2$ である。つぎにコイル C_2 にも電流を流しはじめ，それが時間 t〔s〕で $i_2(t)$ になったとき，さらに di_2 だけ増加させたとすると，コイル C_1 を貫く全磁束 $\Phi_{1t}(t)$ も増加しそれによる誘導起電力が生じる。この全磁束の増分 $d\Phi_{1t}$ は，i_2 による磁束を $\Phi_{12}(t)$，相互インダクタンスを L_{12} とすると，$d\Phi_{1t} = d\Phi_{12} = (L_{12}/N_1)di_2$ であるから，C_1 に生じる起電力 $v_{e1}(t)$ は

$$v_{e1} = -N_1 \frac{d\Phi_{1t}}{dt} = -L_{12}\frac{di_2}{dt}$$

で与えられる。この v_{e1} は I_1 を変えようとするので，I_1 を一定に保つためには C_1 に $-v_{e1}$ を外から加えなければならない。したがって，C_2 の電流 i_2 を 0 から I_2 まで増加させる間に C_1 に与えるべきエネルギー W_{12} は，$dW_{12} = -v_{e1}I_1 dt = L_{12}I_1 di_2$ であるから式 (11.49) となる。

$$W_{12} = \int_0^{I_2} L_{12}I_1 di_2 = L_{12}I_1 I_2 \tag{11.49}$$

また，コイル C_2 に電流 I_2 が流れると，それによる磁界のエネルギー W_2 は，C_2 の自己インダクタンスを L_2 とすると，$W_2 = (1/2)L_2 I_2^2$ となる。以上

コーヒーブレイク

電界と磁界のエネルギーの比較

1気圧中における電界エネルギー密度の最大値 $w_{e\max}$ を求めてみると，大気の絶縁耐力 $E_{\max}$ は数 cm 以上の間隔の平行平板間で，$E_{\max} \fallingdotseq 3 \times 10^6$V/m であるので，$w_{e\max} \fallingdotseq (1/2) \times 8.854 \times 10^{-12} \times (3 \times 10^6)^2 \fallingdotseq 40$J/m^3 となる。これに対して通常の状態で得られる磁界エネルギー密度の最大値 $w_{m\max}$ は，通常の状態で得られる実用的な磁束密度の最大値 $B_{\max}$ が $B_{\max} \fallingdotseq 1.5$T (Wb/m^2) であるので，$w_{m\max} \fallingdotseq (1/2) \times (10^7/4\pi) \times (1.5)^2 \fallingdotseq 9 \times 10^5$ J/m^3 となる。したがって，$w_{m\max}$ は $w_{e\max}$ の約2万倍である。このことが，現在，磁界形の電気機械が普及し電界形のものは特殊用途に限られている最大の理由である。

を総合すると，求める磁界の全エネルギー W は式 (11.50) で与えられる。

$$W = \frac{1}{2}L_1 I_1^2 + L_{12} I_1 I_2 + \frac{1}{2}L_2 I_2^2 \tag{11.50}$$

上記の手続きを逆にして，はじめコイル C_2 に電流 I_2 を流しておき，つぎにコイル C_1 の電流を 0 から I_1 まで増加させることにより，この場合の相互インダクタンス L_{21} を用いて，磁界の全エネルギー W' を求めると

$$W' = \frac{1}{2}L_1 I_1^2 + L_{21} I_1 I_2 + \frac{1}{2}L_2 I_2^2 \tag{11.51}$$

となる。

手続きがたがいに逆でも W と W' は等しくなければならない。このことから式 (11.12) の関係 $L_{12} = L_{21} = M$ が得られる。

式 (11.50) を書き直すと

$$W = \frac{1}{2}(L_1 I_1^2 + L_{12} I_1 I_2 + L_{21} I_2 I_1 + L_2 I_2^2) = \frac{1}{2}\sum_{j=1}^{2}\sum_{i=1}^{2} L_{ji} I_j I_i$$

となる。したがって，一般に n 個の回路（コイル）があって，それぞれに流れている電流を I_1，I_2，…，I_n とすれば，これらによる磁界のエネルギー W は式 (11.52) で与えられる。

$$W = \frac{1}{2}\sum_{j=1}^{n}\sum_{i=1}^{n} L_{ji} I_j I_i \tag{11.52}$$

11.4.4 磁界のエネルギーと力

電流回路や磁性体に働く力は，静電界の場合と同様，仮想変位の原理を用いて計算することができる。一般論を述べるのは複雑であるのでここでは簡単な例を通して磁界のエネルギーと力の関係を説明する。

図 11.16 (*a*) に示すような無限に広い平行導体板に電流が流れている場合を考える。導体板は $z = 0$ と $z = z$ の位置にあり，$z = 0$ の導体板には y の正の方向に x 方向単位長さ当り J の密度の電流が流れ，$z = z$ の導体板には y の負の方向に J の電流が流れているとする。この例をもとに磁界のエネルギーと力の関係を求めてみよう。導体板間にある $x = 0$，$x = a$，$y = 0$，

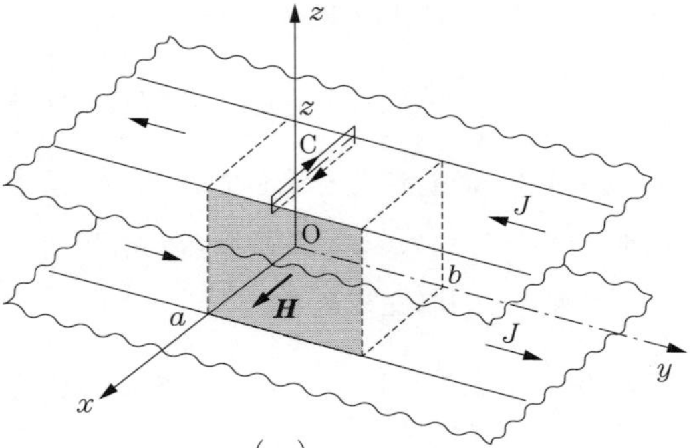

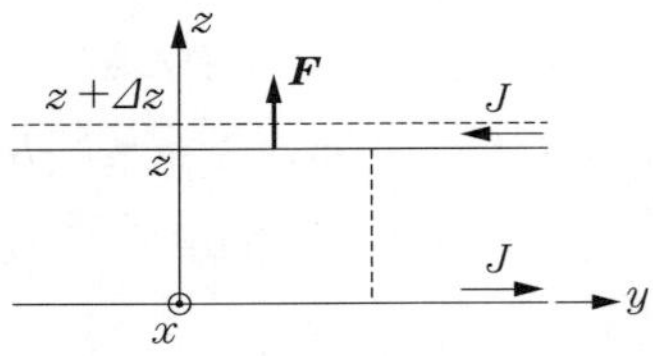

図 11.16　平行導体板

$y = b$ および $z = 0$，$z = z$ で囲まれた領域の磁界のエネルギーをまず求める。導体板間の磁界はアンペアの法則を図中の長方形ループ C に適用し，導体板の外側の領域には磁界が存在しないことを考慮すると式 (11.53) のようになる。

$$H_x = J \tag{11.53}$$

したがって，$z \times b$ の面積部を通る磁束は

$$\Phi = \mu_0 H_x bz \tag{11.54}$$

となる。また，磁界のエネルギーは，考えている部分の体積は abz であるので，式 (11.45) を考慮して

$$W_m = \frac{1}{2}\mu_0 H_x^2 abz \tag{11.55}$$

となる。これを式 (11.54) の Φ で表すと

$$W_m = \frac{a\Phi^2}{2\mu_0 bz} \tag{11.56}$$

となる。$x = 0$，$x = a$ の間の帯に流れる電流を I〔A〕とすると，$I = Ja$ であるので，式 (11.55) は式 (11.57) のように書くこともできる。

$$W_m = \frac{\mu_0 bzI^2}{2a} \tag{11.57}$$

図 11.16 (a) の導体板にはたがいに反対方向に電流が流れているので反

発力が働く。いま，上側の導体板に着目し，それに F の力が加わり Δz だけ z の正方向に動いたと仮定しよう〔図（b)〕)。そのとき磁束 Φ は一定に保つとする。この場合，磁界が外部にした仕事は $F\Delta z$ である。また，それはエネルギー保存則より，変位前の磁界のエネルギーから変位後の磁界のエネルギーを引いたものに等しいので，磁界のエネルギーの変化量 ΔW_m〔＝(変位後の磁界のエネルギー)－(変位前の磁界のエネルギー)〕を用いて

$$F\Delta z = -\Delta W_m \tag{11.58}$$

となる。式（11.58）において $\Delta z \to 0$ の極限を考えると式（11.59）となる。

$$F = -\left(\frac{\partial W_m}{\partial z}\right)_{\Phi=\text{const.}} \tag{11.59}$$

式（11.56）を式（11.59）に代入して，力は式（11.60）のように求まる。

$$F = \frac{a\Phi^2}{2\mu_0 b z^2} = \frac{1}{2}\mu_0 H_x^2 ab \tag{11.60}$$

つぎに，導体板に流れる電流を一定にするという条件下で磁界のエネルギーと力の関係を求めてみよう。いま，前と同じように上側の導体板に F の力が加わり Δz だけ z の正方向に動いたと仮定する。この場合は，電流は一定であるので磁界も一定となる。しかし体積は変化するので磁束は変化する。磁束が変化すると電磁誘導の法則により $-d\Phi/dt$ の起電力が導体板に発生し，電流の値を変化させようとする。電流値を一定に保つには発生した起電力を打ち消す新たな起電力を外部電源から供給しなければならない。したがって，この場合の系全体のエネルギーの関係は

$$F\Delta z = -\Delta W_m + (\text{電源からの供給エネルギー}) \tag{11.61}$$

となる。電源から供給されるエネルギーは

$$\Delta W = \int \frac{d\Phi}{dt} I dt = I d\Phi = 2\Delta W_m \tag{11.62}$$

であるので，式（11.62）を式（11.61）に代入して

$$F\Delta z = -\Delta W_m + \Delta W = \Delta W_m \tag{11.63}$$

を得る。前と同様，$\Delta z \to 0$ の極限をとり

$$F=\left(\frac{\partial W_m}{\partial z}\right)_{I=\mathrm{const.}} \tag{11.64}$$

となる。式 (11.61) の関係より

$$F=\frac{\mu_0 b I^2}{2a}=\frac{1}{2}\mu_0 H_x^2 ab \tag{11.65}$$

となり，結果は式 (11.60) と一致する。

以上のように，磁界のエネルギーより仮想変位の方法で力を求めるには，磁束一定の条件下で式 (11.59) を適用するか，あるいは電流一定の条件下で式 (11.64) を適用すればよい。

例題 11.4　**図 11.17** のように，中心間の距離が z で向かい合って置かれた半径 a，b の 2 個の円形コイルに，電流 I_1，I_2 がそれぞれ流れているとき，コイル間に働く力を求めよ。ただし，$a \gg b$ とする。

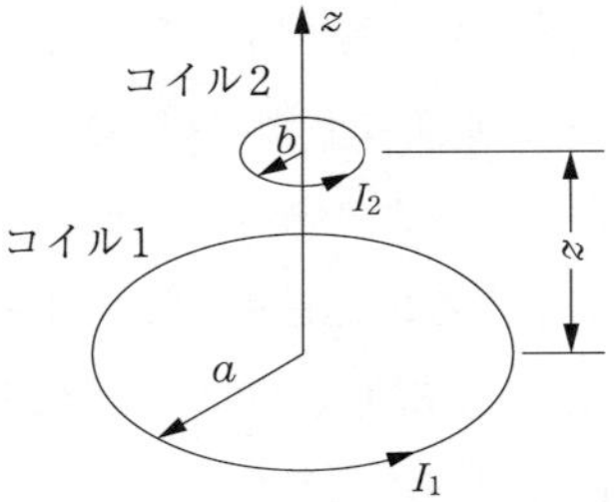

図 11.17　二つのコイル間の力

【解答】　二つのコイルの自己インダクタンスを L_1，L_2，コイル間の相互インダクタンスを M としたときの磁界のエネルギーは，式 (11.50) より

$$W_m=\frac{1}{2}L_1 I_1^2+\frac{1}{2}L_2 I_2^2+M I_1 I_2$$

で与えられる。いま，コイルに z 軸方向の力が働いたとき，それぞれのコイルの形状は不変で，また位置の変位による自己インダクタンスの変化もないとする。このとき，上式の第 1 項と第 2 項は一定であるので，力と磁界のエネルギーの関係は式 (11.64) より

$$F=\left(\frac{\partial W_m}{\partial z}\right)_{I=\mathrm{const.}}=\frac{\partial M}{\partial z}I_1 I_2 \tag{11.66}$$

となる。また，I_1 によるコイル 2 の磁束鎖交数を Φ_{21}，I_2 によるコイル 1 の磁束鎖交

数を Φ_{12} とすると

$$\Phi_{21} = MI_1, \quad \Phi_{12} = MI_2 \tag{11.67}$$

であるので，力は

$$F = \frac{\partial \Phi_{21}}{\partial z} I_2 = \frac{\partial \Phi_{12}}{\partial z} I_1 \tag{11.68}$$

と書くこともできる。式 (11.68) を用いて**図 11.17** のコイル間の力を求める。

I_1 によりコイル 2 に生じる磁束密度は

$$B = \frac{\mu_0 I_1 a^2}{2\,(a^2 + z^2)^{3/2}} \tag{11.69}$$

であった。$a \gg b$ であるので，コイル 2 内の磁束密度は一定とすると，磁束鎖交数は

$$\Phi_{21} = B\pi a^2 = \frac{\mu_0 \pi a^2 b^2 I_1}{2\,(a^2 + z^2)^{3/2}} \tag{11.70}$$

となる。したがって，コイル 2 に働く力は

$$F = \frac{\partial \Phi_{21}}{\partial z} I_2 = -\frac{3\mu_0 \pi a^2 b^2 z I_1 I_2}{2\,(a^2 + z^2)^{5/2}} < 0 \tag{11.71}$$

となり，吸引力となることがわかる。 ◇

例題 11.5　**図 11.18** に示すような馬蹄形磁石において，鉄板を引き付ける力を求めよ。

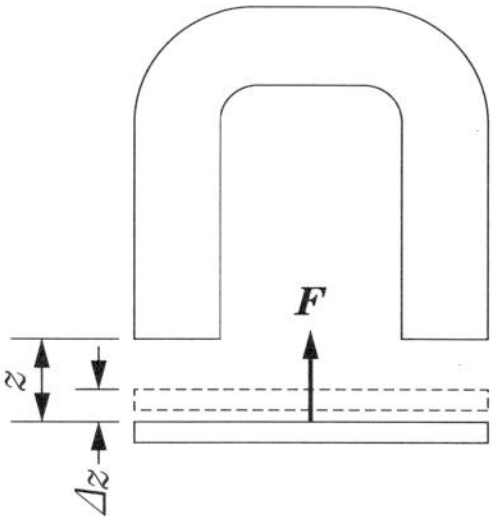

図 11.18　磁 石 の 力

【解答】　図において，空隙部で磁束の広がりはないとする。下の鉄板に F の力が加わり，鉄板は Δz だけ上に移動したとする。移動により空隙部の磁束密度は変化しないものとすると，磁石の断面積を S，磁束密度を B として空隙部の磁界のエネルギーの変化量 ΔW_m は

$$\Delta W_m = 2\frac{B^2}{2\mu_0} S\,(z - \Delta z) - 2\frac{B^2}{2\mu_0} z = -\frac{B^2 S}{\mu_0} \Delta z \tag{11.72}$$

したがって，求める力は

$$F = -\left(\frac{\partial W_m}{\partial z}\right)_{\Phi=\text{const.}} = \frac{B^2}{\mu_0}S > 0 \qquad (11.73)$$

となり，吸引力である。単位面積当りの力で表すと

$$f = \frac{B^2}{2\mu_0} \qquad (11.74)$$

となる。これは，単位体積当りの磁界のエネルギーに等しい。 ◇

演　習　問　題

【1】 半径 1 cm，長さ 10 cm，巻数 500 のソレノイドの自己インダクタンス L〔H〕を，（1）空心の場合，（2）鉄心入りの場合（比透磁率：1 000）につき長岡係数を考慮して求めよ。

【2】 円形断面の半径 a，中心軸の半径 R，透磁率 μ の環状鉄心に，導線が N 回一様に巻かれた環状ソレノイドがある。自己インダクタンス L を求めよ。

【3】 **問図 9.5** のような形の，寸法が内径 a，外径 b，厚さ c，透磁率 μ の長方形断面をもつ環状鉄心に，導線が N 回一様に巻かれた環状ソレノイドがある。自己インダクタンス L を求めよ。

【4】 導線の直線部分の内部インダクタンス L_i を与える式（11.24）を導体内に蓄えられる磁界のエネルギーを用いて導け。

【5】 **問図 11.1** のように，電流 I が往復する送電線 1 と 2，3 と 4 が平行に張られている。電線の太さは電線間の間隔に比べて無視できるとして，単位長さ当りの相互インダクタンス M と，$M = 0$ となる条件を求めよ。

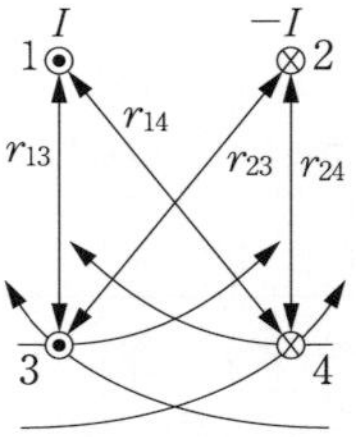

問図 11.1

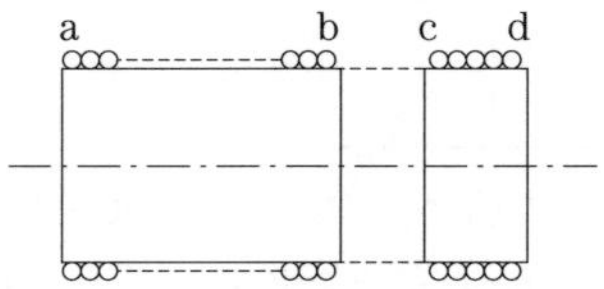

問図 11.2

【6】 **問図 11.2** のような，同径で同軸の二つの円筒形ソレノイド間の相互インダクタンス M は $M = [(L_{ad} + L_{bc}) - (L_{ac} + L_{bd})]/2$ で与えられることを証明

せよ。ここに，L_{ad}，L_{bc}，L_{ac}，L_{bd} はそれぞれコイルが ad，bc，ac，bd 間に一様に巻かれているとしたときの，円筒ソレノイドの自己インダクタンスである。

【7】 同一の平面内に十分に長い直線導線と辺の長さ a，b の長方形コイルが置かれており，長さ a の辺は導線と平行でそれから d の距離にある。相互インダクタンス M を求めよ。

【8】 同一の平面内に十分に長い直線導線と半径 a の円形コイルが置かれており，その中心は導線から $d(d > a)$ の距離にある。相互インダクタンス M を求めよ。

【9】 **問図 *11.3*** のように，半径 a，単位長さ当りの巻数 n のソレノイドに電流 I を流すとき，ソレノイドの縮まろうとする力 F を求めよ。

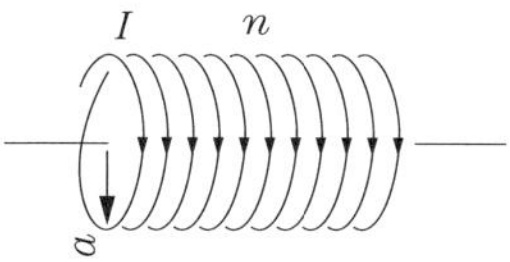

問図 *11.3*

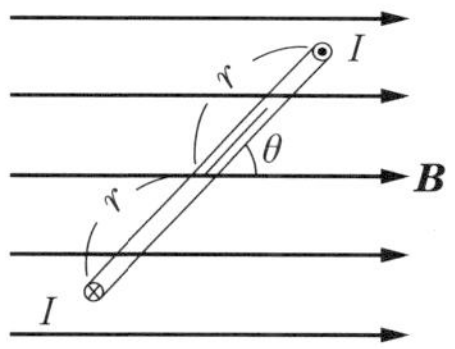

問図 *11.4*

【10】 **問図 *11.4*** のように，磁束密度 $\boldsymbol{B}$ の一様な磁界中に，辺の長さがそれぞれ $2r$，l の長方形コイルが $\boldsymbol{B}$ と角 θ をなして置かれている。コイルに電流 I を流したとき，コイルに働くトルクは $T = I\partial\Phi/\partial\theta$ で得られることを示せ。また，そのトルクを求めよ。Φ はコイルを貫く磁束である。

【11】 問題【7】において，長方形コイルに働く力 F を求めよ。

【12】 **問図 *11.5*** のように，磁束密度 $\boldsymbol{B}$ の一様磁界中に，断面積 S，磁化率 χ_m の常磁性体の棒を置いたとき，これに働く力 F を求めよ。ただし，常磁性体の棒は磁界と垂直の方向にだけ動けるものとする。

【13】 **問図 *11.6*** のように，半径 r の円筒の表面に電流 I が流れているとき，円筒

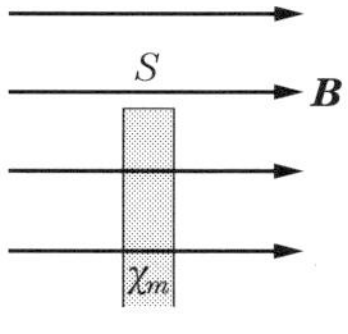

問図 *11.5*

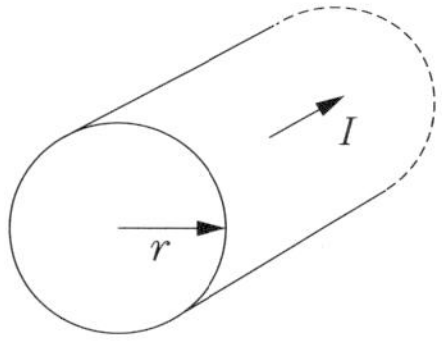

問図 *11.6*

表面に働く力 F を求めよ。

【14】 **問図 *11.7*** のように，内半径 a，外半径 b の円筒導体に電流 I がたがいに逆向きに流れているとき，外半径 b の導体に働く力 F を求めよ。

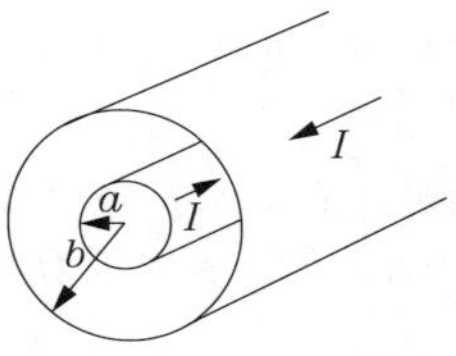

問図 *11.7*

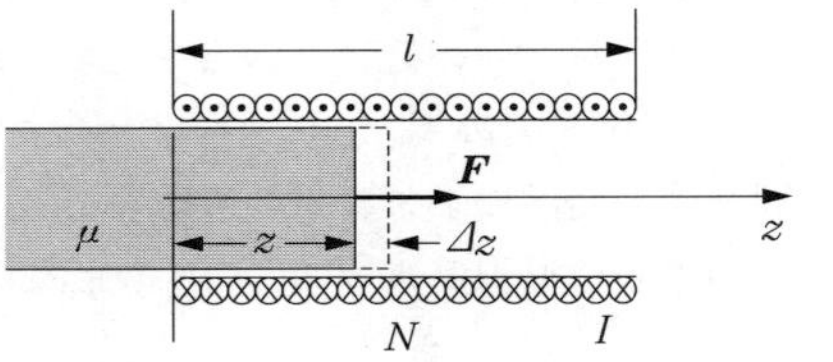

問図 *11.8* ソレノイド中の鉄棒に働く力

【15】 **問図 *11.8*** のように，長さ l，巻数 N の長いソレノイドに透磁率 μ，断面積 S の鉄棒が挿入されている。ソレノイドに電流 I を流したとき，鉄棒にはソレノイドに引き込まれる向きに力が働くことを示せ。

【16】 巻数 N，抵抗 r のコイルを永久磁石からの磁束 Φ_0 が貫いている。永久磁石を十分遠方に遠ざけるとき，コイルのなかを通過する電荷量 Q を求めよ。

【17】 半径 a の電線が地上 h の高さに地面に対して平行に張られている。電線の単位長さ当りの自己インダクタンス L を求めよ。

12

マクスウェルの方程式

12.1 電荷の保存則

図 ***12.1*** に示すような閉曲面 S_0 を考え，そのなかの電荷量が時間的に変化する場合を考える。時刻 t での電荷量を $Q(t)$，時刻 $t+\varDelta t$ での電荷量 $Q(t+\varDelta t)$ とする。はじめに，電荷が閉曲面 S_0 の外に流出する場合（放電）を考えると，S_0 から流れ出す電流は

$$i=\oint_{S_0}\boldsymbol{j}_c\cdot\boldsymbol{n}dS \tag{12.1}$$

となる。$\boldsymbol{j}_c(\boldsymbol{r},\ t)$ は電流密度であり，$\boldsymbol{n}$ は面 dS に垂直な単位ベクトルである。そのとき，$\varDelta t$ 秒間に流出した電荷量は

$$Q(t)-Q(t+\varDelta t)=-[Q(t+\varDelta t)-Q(t)] \tag{12.2}$$

であるので，単位時間当りの流出電荷量は

$$-\frac{Q(t+\varDelta t)-Q(t)}{\varDelta t} \tag{12.3}$$

となる。この単位時間当りの流出電荷量は式 (*12.1*) の流出電流に等しいので

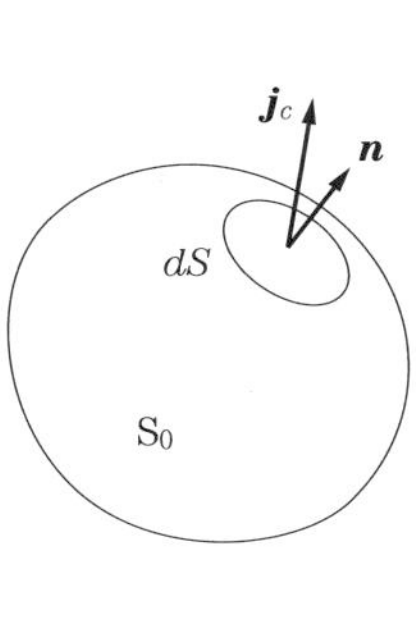

図 ***12.1*** 電荷の保存則

$$i = -\lim_{\Delta t \to 0} \frac{Q(t+\Delta t) - Q(t)}{\Delta t} = -\frac{dQ}{dt} \quad (dQ < 0) \tag{12.4}$$

を考慮して，式 (12.5) を得る。

$$\oint_{S_0} \boldsymbol{j}_c \cdot \boldsymbol{n} dS = -\frac{dQ}{dt} \tag{12.5}$$

つぎに，電荷が閉曲面 S_0 のなかに流入する場合（充電）を考える。S_0 に流れ込む電流は，流れ出る向きを基準にしているので，式 (12.6) となる。

$$i = -\oint_{S_0} \boldsymbol{j}_c \cdot \boldsymbol{n} dS \tag{12.6}$$

この場合の単位時間当りの流出電荷量は

$$\lim_{\Delta t \to 0} \frac{Q(t+\Delta t) - Q(t)}{\Delta t} = \frac{dQ}{dt} \quad (dQ > 0) \tag{12.7}$$

であるので，充電の場合は式 (12.8) が成り立つ。

$$-\oint_{S_0} \boldsymbol{j}_c \cdot \boldsymbol{n} dS = \frac{dQ}{dt} \tag{12.8}$$

式 (12.5) および式 (12.8) より，放電，充電の場合とも表示は同じで

$$\oint_{S_0} \boldsymbol{j}_c(\boldsymbol{r},\ t) \cdot \boldsymbol{n} dS = -\frac{dQ(t)}{dt} \tag{12.9}$$

となる。これを**電荷保存則**または**電流連続の式**（equation of continuity）という。定常電流の場合は，流れ込む電流と流れ出る電流は等しいので

$$\oint_{S_0} \boldsymbol{j}_c(\boldsymbol{r}) \cdot \boldsymbol{n} dS = 0 \tag{12.10}$$

となる。

12.2　変 位 電 流

定常電流によるアンペアの法則〔式 (8.38)〕をもう一度考えてみる。**図 12.2** に示すように，体積分布した定常電流のなかに閉曲面 S をとり，それを閉曲線 C で二つに分割して得られる開曲面を S_1 と S_2 とする。この場合，式 (12.10) のように定常電流は循環，すなわち S のなかに流入した電流はす

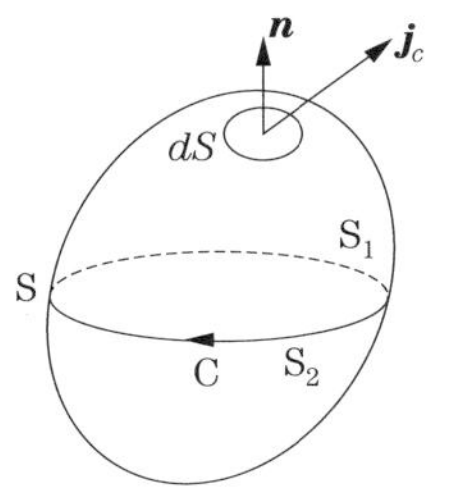

図 12.2　体積分布電流中にとった閉曲面 S と S_1，S_2 への分割

べて流出するから

$$\int_{S_1} \boldsymbol{j}_c(\boldsymbol{r})\cdot\boldsymbol{n}dS + \int_{S_2} \boldsymbol{j}_c(\boldsymbol{r})\cdot\boldsymbol{n}dS = \oint_S \boldsymbol{j}_c(\boldsymbol{r})\cdot\boldsymbol{n}dS = 0 \tag{12.11}$$

が成り立つ。したがって，このような定常電流による磁界のアンペアの法則は，式（8.38）より式（12.12）で表すことができる。

$$\oint_C \boldsymbol{B}(\boldsymbol{r})\cdot d\boldsymbol{s} = \mu_0\int_{S_1} \boldsymbol{j}_c(\boldsymbol{r})\cdot\boldsymbol{n}dS = -\mu_0\int_{S_2} \boldsymbol{j}_c(\boldsymbol{r})\cdot\boldsymbol{n}dS \tag{12.12}$$

これに対して時間 t に依存する非定常電流 $\boldsymbol{j}_c(\boldsymbol{r},\ t)$ の場合は，式（12.9）のように循環せず，一般に閉曲面 S 内に流入する電流と流出する電流には差があり，アンペアの法則は成り立たない。ここで，アンペアの法則を非定常電流の場合に拡張することを考える。まず，閉曲面 S 内の電荷量を $Q(t)$ として，電荷保存則を再記する。

$$\oint_S \boldsymbol{j}_c(\boldsymbol{r},\ t)\cdot\boldsymbol{n}dS = -\frac{dQ(t)}{dt} \tag{12.13}$$

一方，**2** 章のガウスの法則は電界 $\boldsymbol{E}$ や電荷 Q が時間的に変化する場合にも成り立つとして，閉曲面 S に適用すると式（12.14）が成り立つ。

$$\oint_S \boldsymbol{E}(\boldsymbol{r},\ t)\cdot\boldsymbol{n}dS = \frac{Q(t)}{\varepsilon_0} \tag{12.14}$$

式（12.14）を式（12.13）に代入して

$$\oint_S \boldsymbol{j}_c\cdot\boldsymbol{n}dS = -\varepsilon_0\frac{d}{dt}\oint_S \boldsymbol{E}\cdot\boldsymbol{n}dS = -\oint_S \frac{\partial}{\partial t}(\varepsilon_0\boldsymbol{E})\cdot\boldsymbol{n}dS \tag{12.15}$$

となる。整理すると式（12.16）となる。

$$\oint_S \left\{\boldsymbol{j}_c(\boldsymbol{r},\ t) + \frac{\partial}{\partial t}[\varepsilon_0\boldsymbol{E}(\boldsymbol{r},\ t)]\right\}\cdot\boldsymbol{n}dS = 0 \tag{12.16}$$

この式は，$\partial(\varepsilon_0 \boldsymbol{E})/\partial t$ が電流密度 $\boldsymbol{j}_c$ と同じ物理量であり，$\boldsymbol{j}_c + \partial(\varepsilon_0 \boldsymbol{E})/\partial t$ の電流がつねに閉じている(連続である)ことを意味している。この $\partial(\varepsilon_0 \boldsymbol{E})/\partial t$ を**変位電流**(displacement current)**密度**といい $\boldsymbol{j}_d$ で表すとする。単位は A/m² となる。

$$\boldsymbol{j}_d = \frac{\partial}{\partial t}(\varepsilon_0 \boldsymbol{E}) = \frac{\partial \boldsymbol{D}}{\partial t} \tag{12.17}$$

変位電流の概念は 1861 年に**マクスウェル**（J.C. Maxwell，イギリス）により初めて導入された。変位電流という名称は，式（12.17）において電束密度 $\boldsymbol{D}$ を以前は電気変位（electric displacement）と呼んでいたことからきている。変位電流に対して，導体中を流れる $\boldsymbol{j}_c$ を**伝導電流密度**という。$\boldsymbol{j}_c$ は電荷の流れであり，$\boldsymbol{j}_d$ に対して真電流（true current）とも呼ばれる。

$\boldsymbol{j}_c$ のかわりに $\boldsymbol{j}_c + \partial(\varepsilon_0 \boldsymbol{E})/\partial t$ を用いれば，非定常電流による磁界のアンペアの法則が成り立つと考えられる。すなわち，式（8.38）のアンペアの法則は，式（12.18）のように拡張される。

$$\oint_{\mathrm{C}} \boldsymbol{B}(\boldsymbol{r},\ t)\cdot d\boldsymbol{s} = \mu_0 \int_{\mathrm{S}} \left[\boldsymbol{j}_c(\boldsymbol{r},\ t) + \varepsilon_0 \frac{\partial \boldsymbol{E}(\boldsymbol{r},\ t)}{\partial t} \right] \cdot \boldsymbol{n} dS \tag{12.18}$$

ここで注意すべきは，右辺の面 S は開曲面であることである。式（12.18）を**アンペア・マクスウェルの法則**という。

式（12.18）は変化する電界も周りに磁界を生じることを示している。マクスウェルは 1864 年にこの変位電流にも磁気作用があることを仮定し，電磁波の存在を予言した。

例題 12.1　対向面の面積が等しい 2 枚の円形電極板を間隔 d で平行に配置し，それらの間に交流電圧 $v = V_m \sin \omega t$ を加えるとき，電極板間において，電極板の中心から r 離れた点に生じる磁束密度 $\boldsymbol{B}$ を求めよ。また，r 離れた点に，半径 r_0 $(r_0 \ll r)$，巻数 N の探りコイルを入れるとき，そのコイルに生じる起電力 v_e を求めよ。

【解答】　まず，**図 12.3** に示すように，電極板間の中心点 O を中心とする面 S が電極板と平行な半径 r の円を考える。すると，電界 $\boldsymbol{E}$ の方向は電極板に垂直である

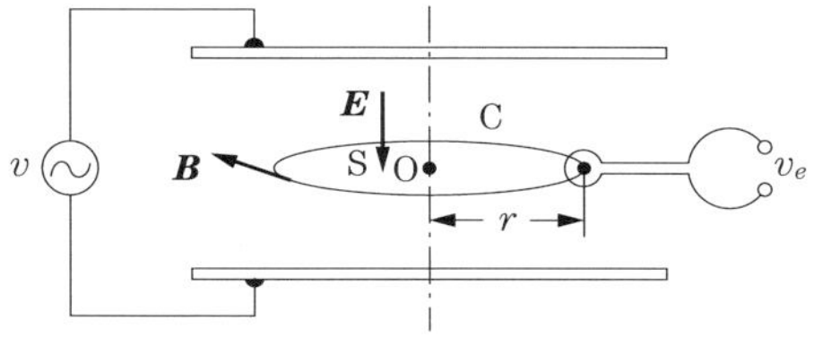

図 12.3　変位電流の磁気作用

から，円の面Sにも垂直となるので，変位電流による磁束密度 $\boldsymbol{B}$ は円周Cに沿って生じる。したがってこの場合，電極間に伝導電流は存在しないことを考慮すると，式（12.18）は

$$\oint_C \boldsymbol{B}\cdot d\boldsymbol{s} = \mu_0 \int_S \left(\varepsilon_0 \frac{\partial \boldsymbol{E}}{\partial t}\right)\cdot \boldsymbol{n} dS$$

となる。ところが，$\boldsymbol{B} \parallel d\boldsymbol{s}$，$\boldsymbol{E} \parallel \boldsymbol{n}$ であるので

$$\oint_C B ds = \mu_0 \int_S \left(\varepsilon_0 \frac{\partial E}{\partial t}\right) dS = \mu_0 \varepsilon_0 \frac{\partial E}{\partial t} \int_S dS$$

と変形され $B \times 2\pi r = \mu_0\varepsilon_0(\partial E/\partial t) \times \pi r^2$ となる。ここで

$$\frac{\partial E}{\partial t} = \frac{\partial}{\partial t}\left(\frac{v}{d}\right) = \frac{\omega V_m}{d}\cos\omega t$$

であるから，上記二つの式より

$$B = \frac{\mu_0\varepsilon_0\omega r V_m}{2d}\cos\omega t$$

が得られる。つぎに，図に示すように，電極間に入れた探りコイルを貫く磁束 Φ は，$\boldsymbol{B}$ がコイルの断面に垂直であり，かつ $r_0 \ll r$ であることから $\Phi = B\pi r_0^2$ としてよいので，起電力 v_e は式（10.4）より

$$v_e = -N\frac{d\Phi}{dt} = -N\frac{\partial}{\partial t}(B\pi r_0^2) = \frac{\mu_0\varepsilon_0\omega^2 r\pi r_0^2 N V_m}{2d}\sin\omega t$$

となる。　◇

12.3　マクスウェルの方程式（積分形）

これまで電磁気現象について，静電界，定常電流界，静磁界，電磁誘導と考察を進めてきた。ここでは，時間的に変化する電磁界について考察し，それらの基本法則のまとめを行う。

時間的に変化する電磁界に関する基本法則としては，まず変化する磁界の周りに電界ができることを示す式（10.6）のファラデーの法則と，変化する電界の周りに磁界ができることを示すアンペア・マクスウェルの法則（12.18）の二つをあげることができる。ところでアンペア・マクスウェルの法則を導く過程において，電荷およびそれによる電界が時間的に変化する場合にもガウスの法則が成り立つことを仮定したので，これも基本法則に入れ，式（2.18），（2.21）に時間変数を導入する。さらに，ここで非定常電流による磁界に関してもガウスの法則が成り立つとして，これも基本法則に入れ，式（8.27）にも時間変数を導入する。

以上のようにして，電磁界を支配する基本法則はつぎの四つにまとめることができる。

1）　ファラデーの法則

$$\oint_{\mathrm{C}} \boldsymbol{E}(\boldsymbol{r},\ t)\cdot d\boldsymbol{s} = -\int_{\mathrm{S}} \frac{\partial \boldsymbol{B}(\boldsymbol{r},\ t)}{\partial t}\cdot \boldsymbol{n}dS \tag{12.19}$$

2）　アンペア・マクスウェルの法則

$$\oint_{\mathrm{C}} \boldsymbol{B}(\boldsymbol{r},\ t)\cdot d\boldsymbol{s} = \mu_0\int_{\mathrm{S}}\left[\boldsymbol{j}_c(\boldsymbol{r},\ t) + \varepsilon_0 \frac{\partial \boldsymbol{E}(\boldsymbol{r},\ t)}{\partial t}\right]\cdot \boldsymbol{n}dS \tag{12.20}$$

3）　電界の強さに関するガウスの法則

$$\oint_{\mathrm{S}} \boldsymbol{E}(\boldsymbol{r},\ t)\cdot \boldsymbol{n}dS = \frac{1}{\varepsilon_0}\int_{\mathrm{V}} \rho_e(\boldsymbol{r},\ t)dv \tag{12.21}$$

4）　磁束密度に関するガウスの法則

$$\oint_{\mathrm{S}} \boldsymbol{B}(\boldsymbol{r},\ t)\cdot \boldsymbol{n}dS = 0 \tag{12.22}$$

式（12.19）～（12.22）を**マクスウェルの方程式**（Maxwell's equation）という。これらの式において，$\boldsymbol{E}$ と $\boldsymbol{B}$ はそれぞれ三つの成分をもっているので，未知関数の数は6個であり，これに対して $\boldsymbol{E}$ と $\boldsymbol{B}$ の成分に関する方程式の数はみたところ8個で，方程式の数のほうが多すぎる。ところが，式（12.21），（12.22）は式（12.19），（12.20）より導き出されるので，独立な方程式の数は6個となって，未知関数の数と一致する。それについては **12.8** 節で説明する。式 (*12.19*), (*12.20*) は主方程式，式 (*12.21*), (*12.22*) は補助方程式と呼ばれることがある。

12.4 方程式の積分形から微分形への変換

電磁気現象をいろいろな式で表す場合，積分形と微分形がある。例えば，上に述べた式 (*12.19*) ～ (*12.22*) は積分形で表されている。これらの式は物理的意味はとらえやすいが，閉曲面全体の現象を表しており，一点で物理量がどうなっているかを表すには適していない。空間中の一点での物理量を表すには，微分形が適している。電磁気現象を微分形で表すには，スカラ関数の傾きや，ベクトル関数の発散，回転などの知識を必要とする。そのため，***12.4.1*** 項以降でそれらの定義を示し，直角座標系でそれらが具体的にどのような形で表されるかを導出する。そのほかの代表的な座標系である円柱座標系，極（球）座標系については付録 ***4*** に示す。

12.4.1 スカラ関数の傾き

2.6 節で電位の傾きと電界の関係について述べた。その結果は

$$\boldsymbol{E} = -\frac{\partial V}{\partial n}\boldsymbol{n} \qquad (12.23)$$

であった。式 (*12.23*) の $(\partial V/\partial n)\boldsymbol{n}$ を電位 V の**こう配** (gradient) といい，$\mathrm{grad}\,V$ または ∇V で表す。すなわち

$$\frac{\partial V}{\partial n}\boldsymbol{n} = \mathrm{grad}\,V = \nabla V \qquad (12.24)$$

である。これより，こう配は，V の変化が最大となる向きをもち，V の変化率が最大の大きさをもつベクトルと定義される。ここに，∇ は**ナブラ** (nabla, 竪琴（たてごと）) とも呼ばれる。式 (*12.24*) の関係を用いれば，式 (*12.23*) は

$$\boldsymbol{E} = -\,\mathrm{grad}\,V = -\,\nabla V \qquad (12.25)$$

と表される。直角座標形における電界 $\boldsymbol{E}$ と電位 V の関係は式 (*2.51*) で与え

られた。したがって

$$\mathrm{grad} \equiv \nabla = \frac{\partial}{\partial x}\boldsymbol{i}_x + \frac{\partial}{\partial y}\boldsymbol{i}_y + \frac{\partial}{\partial z}\boldsymbol{i}_z \tag{12.26}$$

と書くことができる。このように書くと，grad または ∇ はあたかもベクトルであるかのようになる。

式 (12.24) は，V の変化が最大となる向き $\boldsymbol{n}$ で表したものであるが，任意の微小線素を $d\boldsymbol{s} = dx\boldsymbol{i}_x + dy\boldsymbol{i}_y + dz\boldsymbol{i}_z$ とすると

$$dV = (\mathrm{grad}\, V)\cdot d\boldsymbol{s} \tag{12.27}$$

と表すことができる。

12.4.2 ベクトル関数の発散と微分形のガウスの法則

ここでは電界に関するガウスの法則の微分形を導くことを通してベクトル関数の発散について説明する。すなわち，電荷が体積分布している場合の，電界 $\boldsymbol{E}$ と電荷密度 ρ_e との一点における関係がどうなるかを考える。体積分布電荷による電界中に，**図 12.4**（a）に示すような閉曲面 S で囲まれた体積 V の領域をとり，これを図（b）のように一つの面で二つに分割し，それらの曲面を S_1，S_2，体積を V_1，V_2 とする。S_1 と S_2 の法線単位ベクトルを $\boldsymbol{n}_1$，$\boldsymbol{n}_2$ とし，これら二つの領域にガウスの法則を適用し，その結果を加え合わせると

$$\oint_{\mathrm{S}_1} \boldsymbol{E}\cdot\boldsymbol{n}_1 dS + \oint_{\mathrm{S}_2} \boldsymbol{E}\cdot\boldsymbol{n}_2 dS = \frac{1}{\varepsilon_0}\int_{\mathrm{V}_1}\rho_e dv + \frac{1}{\varepsilon_0}\int_{\mathrm{V}_2}\rho_e dv \tag{12.28}$$

が得られる。式 (12.28) の左辺は，S_1，S_2 の共通部分において $\boldsymbol{n}_1 = -\boldsymbol{n}_2$ であり，この部分の積分は打ち消し合うので，式 (2.21) の面積積分と等しくなる。また，右辺も $\mathrm{V}_1 + \mathrm{V}_2 = \mathrm{V}$ なので，式 (2.21) の右辺と等しい。このこ

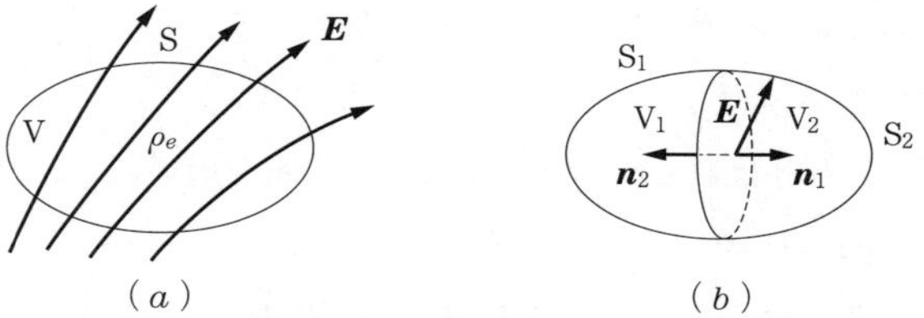

図 12.4　体積分布電荷のなかにとった領域

とから，領域を**図 12.5** のように多数（n 個）に分割し，それら $\mathrm{S}_i\,(v_i)$：$i = 1, \cdots, n$ のおのおのにガウスの法則を適用し，その結果を加え合わせても結果は同じである。すなわち式 (12.29) となる。

$$\oint_{\mathrm{S}} \boldsymbol{E}\cdot\boldsymbol{n}dS = \sum_{i=1}^{n}\oint_{\mathrm{S}_i} \boldsymbol{E}\cdot\boldsymbol{n}_i dS = \frac{1}{\varepsilon_0}\sum_{i=1}^{n}\int_{\mathrm{V}_i}\rho_e dv_i = \frac{1}{\varepsilon_0}\int_{\mathrm{V}}\rho_e dv \quad (12.29)$$

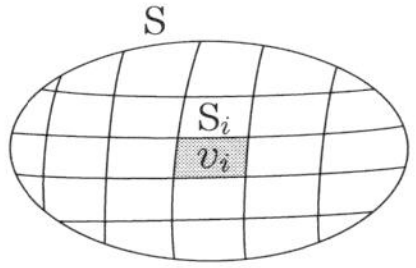

図 12.5　多数に分割された領域

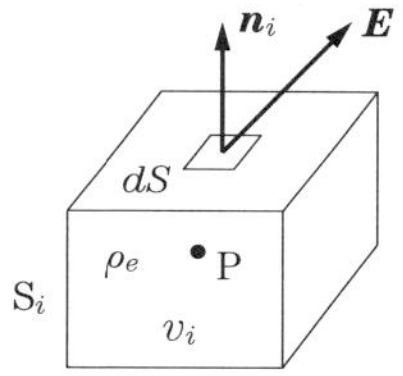

図 12.6　分割により生じた微小領域

分割をきわめて細かくすると，点 P を含む**図 12.6** のような一つの微小領域に関するガウスの法則は，領域内で ρ_e がほぼ一定と見なせるので

$$\oint_{\mathrm{S}_i} \boldsymbol{E}\cdot\boldsymbol{n}_i dS \approx \frac{1}{\varepsilon_0}\rho_e v_i$$

と書ける。これより

$$\frac{\rho_e}{\varepsilon_0} = \lim_{v_i\to 0}\frac{\oint_{\mathrm{S}_i}\boldsymbol{E}\cdot\boldsymbol{n}_i dS}{v_i} \quad (12.30)$$

を得る。式 (12.30) の右辺を電界 $\boldsymbol{E}$ の**発散**（divergence）といい

$$\lim_{v_i\to 0}\frac{\oint_{\mathrm{S}_i}\boldsymbol{E}\cdot\boldsymbol{n}_i dS}{v_i} \equiv \mathrm{div}\boldsymbol{E} \quad (12.31)$$

と表すと，式 (12.30)，(12.31) より

$$\mathrm{div}\boldsymbol{E} = \frac{\rho_e}{\varepsilon_0} \quad (12.32)$$

を得る。これはガウスの法則の微分形式で，$\boldsymbol{E}$ と ρ_e の一点における関係を表している。また $\varepsilon_0\boldsymbol{E} = \boldsymbol{D}$ なる関係を用いると，式 (12.32) は

$$\mathrm{div}\boldsymbol{D} = \rho_e \quad (12.33)$$

となる。式 (12.32) を式 (12.29) へ代入すると

$$\oint_S \boldsymbol{E}\cdot\boldsymbol{n}dS = \int_V \mathrm{div}\,\boldsymbol{E}dv \tag{12.34}$$

なる関係を得る。これは $\boldsymbol{E}$ を一般の微分可能なベクトルに置き換えても成り立ち，数学的な**ガウスの発散定理**（Gauss' divergence theorem）といわれる。

［ **div** $\boldsymbol{E}$ **の直角座標表示** ］

領域内には正電荷のみが存在するとして，領域の分割を xy，yz，zx 各平面に平行な平面で行ったとすると，分割された領域のおのおのは**図 12.7**（a），（b）に示すような各辺が Δx，Δy，Δz の微小直方体になる。この直方体のなかも正電荷しかないので，直方体各面上の電界 $\boldsymbol{E}$ の方向は図のように，なかから外へ向いている。

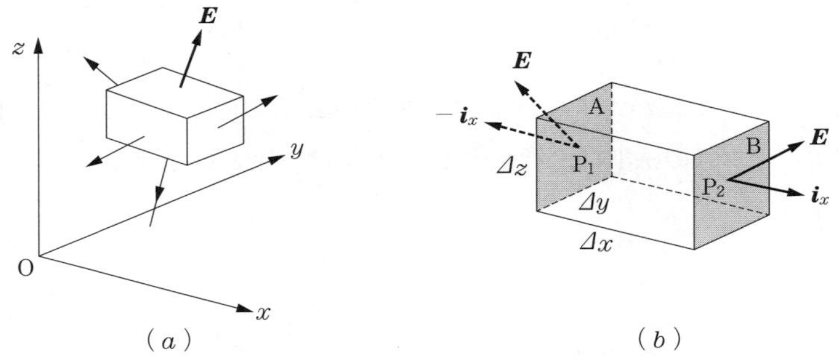

図 12.7　xy，yz，zx 面に平行な面で分割された微小領域

まず，図（b）に示す微小直方体において，x 軸に垂直な面 A と面 B から外へ出る電気力線数を計算する。面 A と面 B 上の任意の点を，それぞれ，$P_1(x,\ y,\ z)$ と $P_2(x+\Delta x,\ y,\ z)$ とし，x 軸方向の単位ベクトル $\boldsymbol{i}_x$ を用いると，点 P_1，P_2 を含む面積要素はそれぞれ $\boldsymbol{n}\cdot dS = -dydz\boldsymbol{i}_x$，$\boldsymbol{n}\cdot dS = dydz\boldsymbol{i}_x$ と表せ，電界は $\boldsymbol{E} = E\boldsymbol{i}_x + E\boldsymbol{i}_y + E\boldsymbol{i}_z$ と表せる。すると面 A から外へ出る電気力線数は

$$\oint_A \boldsymbol{E}\cdot\boldsymbol{n}dS = \int_A E_x(P_1)dydz$$

である。また，面 B から外へ出る電気力線数は，E_x を点 P_1 においてテイラー展開したときの，P_2 における値の第一近似式

$$E_x(\mathrm{P}_2) \fallingdotseq E_x(\mathrm{P}_1) + \frac{\partial E_x(\mathrm{P}_1)}{\partial x}\varDelta x$$

を用いると

$$\oint_{\mathrm{B}} \boldsymbol{E}\cdot\boldsymbol{n}dS = \int_{\mathrm{B}} E_x(\mathrm{P}_2)dydz \cong \int_{\mathrm{B}}\left[E_x(\mathrm{P}_1) + \frac{\partial E_x(\mathrm{P}_1)}{\partial x}\varDelta x\right]dydz$$

で与えられる。したがって，2 面 A と B から外へ出る電気力線数の合計は

$$\oint_{\mathrm{A+B}} \boldsymbol{E}\cdot\boldsymbol{n}dS = \int_{\mathrm{B}} E_x(\mathrm{P}_1)dydz - \int_{\mathrm{A}} E_x(\mathrm{P}_1)dydz + \int_{\mathrm{B}}\frac{\partial E_x(\mathrm{P}_1)}{\partial x}\varDelta xdydz$$

となる。ところが，この式の右辺第 1 項と第 2 項は，面 A と B の面積が等しいため，たがいに打ち消し合うので式 (*12.35*) が得られる。

$$\oint_{\mathrm{A+B}} \boldsymbol{E}\cdot\boldsymbol{n}dS \cong \int_{\mathrm{B}}\frac{\partial E_x(\mathrm{P}_1)}{\partial x}\varDelta xdydz = \frac{\partial E_x}{\partial x}\varDelta x\varDelta y\varDelta z \qquad (12.35)$$

y 軸と z 軸それぞれと直交するほかの 2 組の面についても，それらの方向の単位ベクトル $\boldsymbol{i}_y$，$\boldsymbol{i}_z$ を用いて同様な計算を行い，3 組分の結果を加え合わせると，体積 $\varDelta x\varDelta y\varDelta z$ の直方体のなかから外へ出る全電気力線数が求められる。すなわちこの直方体の全表面を S とすると，全電気力線数は

$$\oint_{\mathrm{S}} \boldsymbol{E}\cdot\boldsymbol{n}dS \approx \left(\frac{\partial E_x}{\partial x} + \frac{\partial E_y}{\partial y} + \frac{\partial E_z}{\partial z}\right)\varDelta x\varDelta y\varDelta z \qquad (12.36)$$

となる。そこで $\varDelta x\varDelta y\varDelta z = \varDelta v$ とおき，式 (*12.31*) より

$$\mathrm{div}\boldsymbol{E} \equiv \lim_{\varDelta v\to 0}\frac{1}{\varDelta v}\oint_{\mathrm{S}} \boldsymbol{E}\cdot\boldsymbol{n}dS = \frac{\partial E_x}{\partial x} + \frac{\partial E_y}{\partial y} + \frac{\partial E_z}{\partial z} \qquad (12.37)$$

が得られる。式 (*12.26*) の ∇ を用いると，式 (*12.37*) の $\mathrm{div}\boldsymbol{E}$ は形式的に

$$\mathrm{div}\boldsymbol{E} = \nabla\cdot\boldsymbol{E} \qquad (12.38)$$

と書くことができる。

12.4.3　ベクトル関数の回転と微分形のアンペアの法則

ここでは式 (*8.38*) のアンペアの法則の微分形を導出することを通して，ベクトル関数の回転について述べる。すなわち，電流が体積分布している場合の，磁束密度 $\boldsymbol{B}$ と電流密度 $\boldsymbol{j}_c$ との一点における関係がどうなるかを考える。

分布電流による磁界中に**図 *12.8*** (*a*) に示すような閉じた経路 C をとり，

それを周辺とする開曲面をSとする。さらに経路Cに，図（b）のように新しい経路を付け加えて二つの閉じた経路C_1とC_2をつくり，C_1，C_2を周辺とする開曲面をそれぞれS_1，S_2とする。図（b）のそれぞれの領域にアンペアの法則を適用すると

$$\oint_{C_1}\boldsymbol{B}\cdot d\boldsymbol{s}=\mu_0\int_{S_1}\boldsymbol{j}_c\cdot\boldsymbol{n}dS,\quad \oint_{C_2}\boldsymbol{B}\cdot d\boldsymbol{s}=\mu_0\int_{S_2}\boldsymbol{j}_c\cdot\boldsymbol{n}dS$$

となり，これらの式を加えると

$$\oint_{C_1}\boldsymbol{B}\cdot d\boldsymbol{s}+\oint_{C_2}\boldsymbol{B}\cdot d\boldsymbol{s}=\mu_0\int_{S_1}\boldsymbol{j}_c\cdot\boldsymbol{n}dS+\mu_0\int_{S_2}\boldsymbol{j}_c\cdot\boldsymbol{n}dS \qquad (12.39)$$

となる。

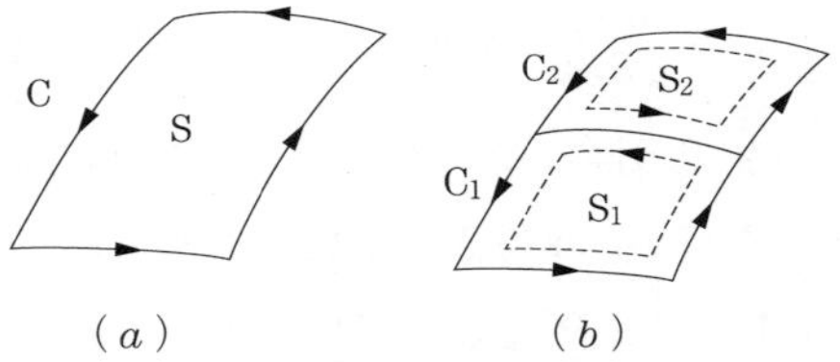

図 12.8　積分経路の分割

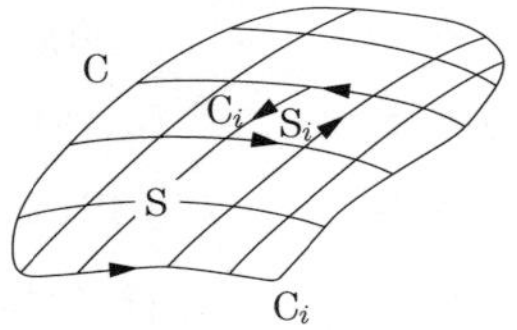

図 12.9　多数の微小網目状経路に分割された積分経路

式（12.39）の左辺は，経路C_1とC_2をたどる向きを図（b）の点線で示すように同一の向きにとれば，共通部分で$d\boldsymbol{s}_1=-d\boldsymbol{s}_2$となり共通部分の積分は打ち消し合うので，式（$8.38$）の左辺に等しくなる。また，右辺も$S_1$と$S_2$を合わせるとSとなるので式（$8.38$）の右辺と等しい。このことは，積分領域を**図 12.9**のように多数（n個）に分割し，それらのC_i（S_i）（$i=1$，…，n）のおのおのにアンペアの法則を同じ向きに経路をたどるように適用し，それらの結果を加え合わせた場合にも同じことがいえる。すなわち

$$\oint_{C}\boldsymbol{B}\cdot d\boldsymbol{s}=\sum_{i=1}^{n}\oint_{C_i}\boldsymbol{B}\cdot d\boldsymbol{s}=\mu_0\sum_{i=1}^{n}\oint_{S_i}\boldsymbol{j}_c\cdot\boldsymbol{n}dS=\mu_0\int_{S}\boldsymbol{j}_c\cdot\boldsymbol{n}dS \qquad (12.40)$$

である。

領域の分割をきわめて細かくすれば，分割された面は微小平面と見なせる。したがって**図 12.10**に示すように，点Pを含む一つの微小平面領域S_i（C_i）

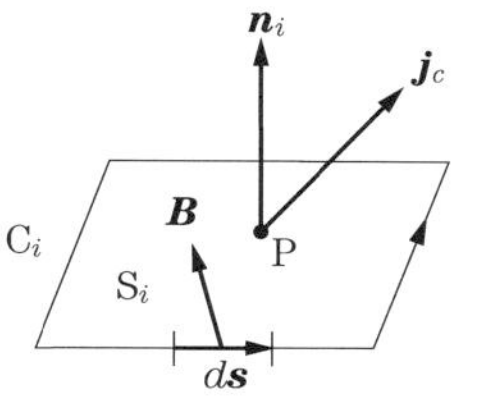

図 12.10　微小積分経路を縁とする微小平面

にアンペアの法則を適用すると

$$\oint_{\mathrm{C}_i} \boldsymbol{B}\cdot d\boldsymbol{s} \fallingdotseq \mu_0 \boldsymbol{j}_c\cdot \boldsymbol{n}_i \mathrm{S}_i \tag{12.41}$$

となるので，これより

$$\mu_0 \boldsymbol{j}_c\cdot \boldsymbol{n}_i = \lim_{\mathrm{S}_i\to 0} \frac{\oint_{\mathrm{C}_i} \boldsymbol{B}\cdot d\boldsymbol{s}}{\mathrm{S}_i} \tag{12.42}$$

が得られる。式 (12.42) の右辺はあるベクトル量の $\boldsymbol{n}_i$ 方向の成分と考えられるので，このベクトルを $\boldsymbol{B}$ の**回転**（rotation または curl）と呼び $\mathrm{rot}\boldsymbol{B}$ で表すと

$$\lim_{\mathrm{S}_i\to 0} \frac{\oint_{\mathrm{C}_i} \boldsymbol{B}\cdot d\boldsymbol{s}}{\mathrm{S}_i} = (\mathrm{rot}\boldsymbol{B})\cdot \boldsymbol{n}_i \tag{12.43}$$

となる。式 (12.42)，(12.43) より

$$\mathrm{rot}\boldsymbol{B} = \mu_0 \boldsymbol{j}_c \tag{12.44}$$

を得る。これはアンペアの法則の微分形式で，$\boldsymbol{B}$ と $\boldsymbol{j}_c$ の一点 P における関係を表している。また $\boldsymbol{B} = \mu_0 \boldsymbol{H}$ なる関係を用いると，式 (12.44) は

$$\mathrm{rot}\boldsymbol{H} = \boldsymbol{j}_c \tag{12.45}$$

となる。式 (12.44) を式 (12.40) に代入すると

$$\oint_{\mathrm{C}} \boldsymbol{B}\cdot d\boldsymbol{s} = \int_{\mathrm{S}} \mathrm{rot}\boldsymbol{B}\cdot \boldsymbol{n} dS \tag{12.46}$$

なる関係を得る。これを**ストークスの定理**（Stokes' theorem）という。この定理は $\boldsymbol{B}$ を微分可能な一般のベクトルに置き換えても成り立つ。

[rot$\boldsymbol{B}$ の直角座標表示]

閉曲線 C を縁とする開曲面 S を，**図 12.11** のように，多数の微小三角形

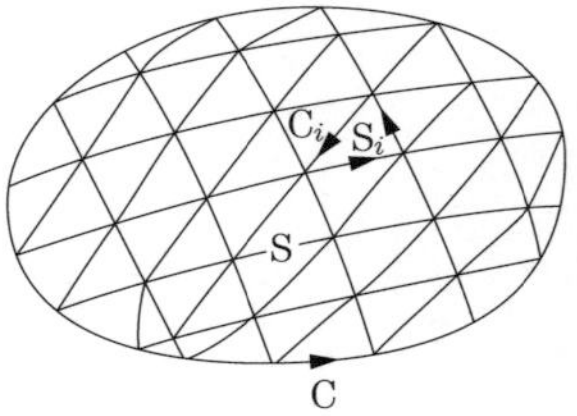

図 12.11　微小三角形に分割された曲面

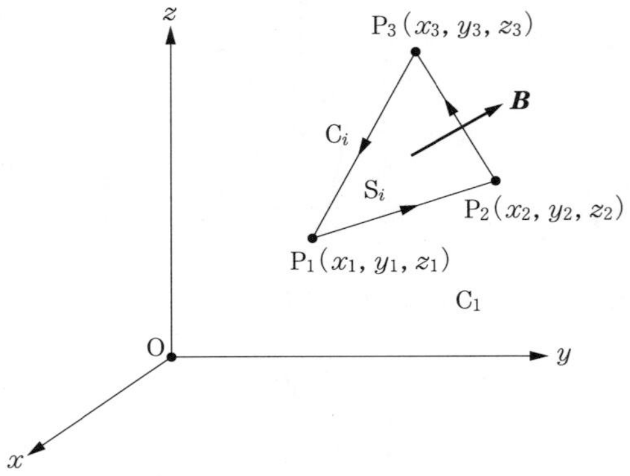

図 12.12　微小三角領域

に分割し，それらのなかのある一つを $S_i(C_i)$ とする。その微小三角形を取り出して，**図 12.12** のように各頂点とその座標を $P_1(x_1,\ y_1,\ z_1)$，$P_2(x_2,\ y_2,\ z_2)$，$P_3(x_3,\ y_3,\ z_3)$，それを貫く磁束密度を $\boldsymbol{B}$ とすると，積分路 C_i に関する $\boldsymbol{B}$ の線積分は

$$\oint_{C_i} \boldsymbol{B}\cdot d\boldsymbol{s} = \int_{P_1}^{P_2} \boldsymbol{B}\cdot d\boldsymbol{s} + \int_{P_2}^{P_3} \boldsymbol{B}\cdot d\boldsymbol{s} + \int_{P_3}^{P_1} \boldsymbol{B}\cdot d\boldsymbol{s} \tag{12.47}$$

で与えられる。ここで，この三角形の各頂点の座標の差を

$$\left.\begin{aligned} &x_2 - x_1 = \varDelta x_1, \quad &&y_2 - y_1 = \varDelta y_1, \quad &&z_2 - z_1 = \varDelta z_1 \\ &x_3 - x_2 = \varDelta x_2, &&y_3 - y_2 = \varDelta y_2, &&z_3 - z_2 = \varDelta z_2 \\ &x_1 - x_3 = -\varDelta x_3, &&y_1 - y_3 = -\varDelta y_3, &&z_1 - z_3 = -\varDelta z_3 \end{aligned}\right\} \tag{12.48}$$

と表すと

$$\varDelta x_1 + \varDelta x_2 - \varDelta x_3 = 0, \quad \varDelta y_1 + \varDelta y_2 - \varDelta y_3 = 0, \quad \varDelta z_1 + \varDelta z_2 - \varDelta z_3 = 0 \tag{12.49}$$

が成り立つ。

また，$\boldsymbol{B} = B_x\boldsymbol{i}_x + B_y\boldsymbol{i}_y + B_z\boldsymbol{i}_z$ の各成分を，三角形の頂点 P_1 においてテイラー展開したときの，ほかの頂点 P_2，P_3 における値の第一次近似はそれぞれ

$$B_i(\mathrm{P}_2) \fallingdotseq B_i(\mathrm{P}_1) + \frac{\partial B_i}{\partial x}\Delta x_1 + \frac{\partial B_i}{\partial y}\Delta y_1 + \frac{\partial B_i}{\partial z}\Delta z_1,$$

$$B_i(\mathrm{P}_3) \fallingdotseq B_i(\mathrm{P}_1) + \frac{\partial B_i}{\partial x}\Delta x_3 + \frac{\partial B_i}{\partial y}\Delta y_3 + \frac{\partial B_i}{\partial z}\Delta z_3 \quad (i = x,\ y,\ z) \tag{12.50}$$

となる。

そこでまず式 (12.47) の右辺第1項を計算する。$\mathrm{P}_1 \to \mathrm{P}_2$ の区間では，$d\boldsymbol{s} = dx\boldsymbol{i}_x + dy\boldsymbol{i}_y + dz\boldsymbol{i}_z$ であり，$B_i\,(i = x,\ y,\ z)$ は直線的に変化すると見なせることを考慮し，式 (12.50) を用いると

$$\begin{aligned}
\int_{\mathrm{P}_1}^{\mathrm{P}_2} \boldsymbol{B}\cdot d\boldsymbol{s} &= \int_{\mathrm{P}_1}^{\mathrm{P}_2} B_x dx + \int_{\mathrm{P}_1}^{\mathrm{P}_2} B_y dy + \int_{\mathrm{P}_1}^{\mathrm{P}_2} B_Z dz \\
&\fallingdotseq \frac{1}{2}[B_x(\mathrm{P}_2) + B_x(\mathrm{P}_1)]\Delta x_1 + \frac{1}{2}[B_y(\mathrm{P}_2) + B_y(\mathrm{P}_1)]\Delta y_1 \\
&\quad + \frac{1}{2}[B_x(\mathrm{P}_2) + B_x(\mathrm{P}_1)]\Delta z_1 \\
&\fallingdotseq \frac{1}{2}\left[2B_x(\mathrm{P}_1) + \frac{\partial B_x}{\partial x}\Delta x_1 + \frac{\partial B_x}{\partial y}\Delta y_1 + \frac{\partial B_x}{\partial z}\Delta z_1\right]\Delta x_1 \\
&\quad + \frac{1}{2}\left[2B_y(\mathrm{P}_1) + \frac{\partial B_y}{\partial x}\Delta x_1 + \frac{\partial B_y}{\partial y}\Delta y_1 + \frac{\partial B_y}{\partial z}\Delta z_1\right]\Delta y_1 \\
&\quad + \frac{1}{2}\left[2B_z(\mathrm{P}_1) + \frac{\partial B_z}{\partial x}\Delta x_1 + \frac{\partial B_z}{\partial y}\Delta y_1 + \frac{\partial B_z}{\partial z}\Delta z_1\right]\Delta z_1
\end{aligned}$$

式 (12.47) の右辺第2項も同様にして

$$\begin{aligned}
\int_{\mathrm{P}_2}^{\mathrm{P}_3} \boldsymbol{B}\cdot d\boldsymbol{s} &= \int_{\mathrm{P}_2}^{\mathrm{P}_3} B_x dx + \int_{\mathrm{P}_2}^{\mathrm{P}_3} B_y dy + \int_{\mathrm{P}_2}^{\mathrm{P}_3} B_z dz \\
&\fallingdotseq \frac{1}{2}[B_x(\mathrm{P}_3) + B_x(\mathrm{P}_2)]\Delta x_2 + \frac{1}{2}[B_y(\mathrm{P}_3) + B_y(\mathrm{P}_2)]\Delta y_2 \\
&\quad + \frac{1}{2}[B_z(\mathrm{P}_3) + B_z(\mathrm{P}_2)]\Delta z_2 \\
&\fallingdotseq \frac{1}{2}\left[2B_x(\mathrm{P}_1) + \frac{\partial B_x}{\partial x}\Delta x_3 + \frac{\partial B_x}{\partial y}\Delta y_3 + \frac{\partial B_x}{\partial z}\Delta z_3 + \frac{\partial B_x}{\partial x}\Delta x_1\right. \\
&\quad \left. + \frac{\partial B_x}{\partial y}\Delta y_1 + \frac{\partial B_x}{\partial z}\Delta z_1\right]\Delta x_2 + \frac{1}{2}\left[2B_y(\mathrm{P}_1) + \frac{\partial B_y}{\partial x}\Delta x_3\right.
\end{aligned}$$

$$+ \frac{\partial B_y}{\partial y} \varDelta y_3 + \frac{\partial B_y}{\partial z} \varDelta z_3 + \frac{\partial B_y}{\partial x} \varDelta x_1 + \frac{\partial B_y}{\partial y} \varDelta y_1 + \frac{\partial B_y}{\partial z} \varDelta z_1 \biggr] \varDelta y_2$$

$$+ \frac{1}{2}\biggl[2B_z(\mathrm{P}_1) + \frac{\partial B_z}{\partial x} \varDelta x_3 + \frac{\partial B_z}{\partial y} \varDelta y_3 + \frac{\partial B_z}{\partial z} \varDelta z_3 + \frac{\partial B_z}{\partial x} \varDelta x_1$$

$$+ \frac{\partial B_z}{\partial y} \varDelta y_1 + \frac{\partial B_z}{\partial z} \varDelta z_1 \biggr] \varDelta z_2$$

式 (*12.47*) の右辺第3項も同様にして計算し，さらに式 (*12.49*) を用いると

$$\int_{\mathrm{P}_3}^{\mathrm{P}_1} \boldsymbol{B} \cdot d\boldsymbol{s} = \int_{\mathrm{P}_3}^{\mathrm{P}_1} B_x dx + \int_{\mathrm{P}_3}^{\mathrm{P}_1} B_y dy + \int_{\mathrm{P}_3}^{\mathrm{P}_1} B_z dz$$

$$\fallingdotseq -\frac{1}{2}[B_x(\mathrm{P}_1) + B_x(\mathrm{P}_3)]\varDelta x_3 - \frac{1}{2}[B_y(\mathrm{P}_1) + B_y(\mathrm{P}_3)]\varDelta y_3$$

$$-\frac{1}{2}[B_z(\mathrm{P}_1) + B_z(\mathrm{P}_3)]\varDelta z_3$$

$$\fallingdotseq -\frac{1}{2}\biggl[2B_x(\mathrm{P}_1) + \frac{\partial B_x}{\partial x} \varDelta x_3 + \frac{\partial B_x}{\partial y} \varDelta y_3 + \frac{\partial B_x}{\partial z} \varDelta z_3 \biggr] (\varDelta x_1 + \varDelta x_2)$$

$$-\frac{1}{2}\biggl[2B_y(\mathrm{P}_1) + \frac{\partial B_y}{\partial x} \varDelta x_3 + \frac{\partial B_y}{\partial y} \varDelta y_3 + \frac{\partial B_y}{\partial z} \varDelta z_3 \biggr] (\varDelta y_1 + \varDelta y_2)$$

$$-\frac{1}{2}\biggl[2B_z(\mathrm{P}_1) + \frac{\partial B_z}{\partial x} \varDelta x_3 + \frac{\partial B_z}{\partial y} \varDelta y_3 + \frac{\partial B_z}{\partial z} \varDelta z_3 \biggr] (\varDelta z_1 + \varDelta z_2)$$

となる。これらの結果を用いると式 (*12.47*) は

$$\oint_{\mathrm{C}_i} \boldsymbol{B} \cdot d\boldsymbol{s} \fallingdotseq \left(\frac{\partial B_z}{\partial y} - \frac{\partial B_y}{\partial z} \right) \frac{\varDelta y_1 \varDelta z_2 - \varDelta z_1 \varDelta y_2}{2}$$

$$+ \left(\frac{\partial B_z}{\partial z} - \frac{\partial B_z}{\partial x} \right) \frac{\varDelta z_1 \varDelta x_2 - \varDelta x_1 \varDelta z_2}{2}$$

$$+ \left(\frac{\partial B_y}{\partial x} - \frac{\partial B_x}{\partial y} \right) \frac{\varDelta x_1 \varDelta y_2 - \varDelta y_1 \varDelta x_2}{2} \qquad (12.51)$$

となる。

図 *12.13* に示すように，微小三角形の頂点 P_1 から P_2 へと P_2 から P_3 への変位ベクトルを，それぞれ $\boldsymbol{\varDelta}_1$ と $\boldsymbol{\varDelta}_2$，それらの大きさを $\varDelta_1$ と $\varDelta_2$，$\boldsymbol{\varDelta}_1$ と $\boldsymbol{\varDelta}_2$ のなす角度を θ とすると，その三角形がきわめて微小ならば，その面積 S_i は

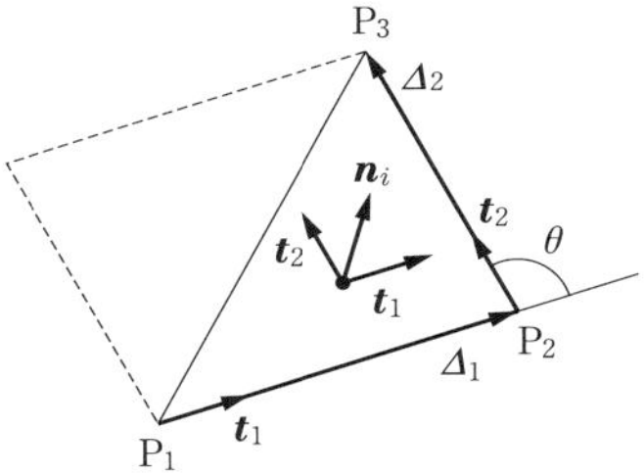

図 12.13　微小三角形と変位ベクトル

$$S_i = \frac{1}{2}\Delta_1\Delta_2 \sin\theta = \left|\frac{\boldsymbol{\Delta}_1 \times \boldsymbol{\Delta}_2}{2}\right| \tag{12.52}$$

で与えられると考えてよい。ところで，P_1 から P_2 へと P_2 から P_3 への単位ベクトルを，それぞれ $\boldsymbol{t}_1$ と $\boldsymbol{t}_2$，微小三角形の法線単位ベクトルを $\boldsymbol{n}_i$ とすると

$$\boldsymbol{\Delta}_1 = \Delta_1\boldsymbol{t}_1, \quad \boldsymbol{\Delta}_2 = \Delta_2\boldsymbol{t}_2, \quad \boldsymbol{t}_1 \times \boldsymbol{t}_2 = \boldsymbol{n}_i \sin\theta$$

であり，また，$\boldsymbol{\Delta}_1 = \Delta x_1\boldsymbol{i}_x + \Delta y_1\boldsymbol{i}_y + \Delta z_1\boldsymbol{i}_z$，$\boldsymbol{\Delta}_2 = \Delta x_2\boldsymbol{i}_x + \Delta y_2\boldsymbol{i}_y + \Delta z_2\boldsymbol{i}_z$ であるから

$$\begin{aligned}
\frac{\boldsymbol{\Delta}_1 \times \boldsymbol{\Delta}_2}{2} &= \frac{1}{2}\Delta_1\Delta_2\boldsymbol{t}_1 \times \boldsymbol{t}_2 = S_i\boldsymbol{n}_i \\
&= \frac{(\Delta y_1\Delta z_2 - \Delta z_1\Delta y_2)\boldsymbol{i}_x}{2} + \frac{(\Delta z_1\Delta x_2 - \Delta x_1\Delta z_2)\boldsymbol{i}_y}{2} \\
&\quad + \frac{(\Delta x_1\Delta y_2 - \Delta y_1\Delta x_2)\boldsymbol{i}_z}{2} \\
&= S_x\boldsymbol{i}_x + S_y\boldsymbol{i}_y + S_z\boldsymbol{i}_z
\end{aligned} \tag{12.53}$$

となる。式 (12.53) を用いると式 (12.51) は

$$\begin{aligned}
\oint_{C_i} \boldsymbol{B}\cdot d\boldsymbol{s} &\fallingdotseq \left(\frac{\partial B_z}{\partial y} - \frac{\partial B_y}{\partial z}\right)S_x + \left(\frac{\partial B_x}{\partial z} - \frac{\partial B_z}{\partial x}\right)S_y + \left(\frac{\partial B_y}{\partial x} - \frac{\partial B_x}{\partial y}\right)S_z \\
&= \left[\left(\frac{\partial B_z}{\partial y} - \frac{\partial B_y}{\partial z}\right)\boldsymbol{i}_x + \left(\frac{\partial B_x}{\partial z} - \frac{\partial B_z}{\partial x}\right)\boldsymbol{i}_y \right. \\
&\quad \left. + \left(\frac{\partial B_y}{\partial x} - \frac{\partial B_x}{\partial y}\right)\boldsymbol{i}_z\right]\cdot\boldsymbol{n}_i S_i
\end{aligned}$$

となる。この式の両辺を S_i で割り $S_i \to 0$ としたものを式 (12.43) と比較すると

$$\mathrm{rot}\,\boldsymbol{B} = \left(\frac{\partial B_z}{\partial y} - \frac{\partial B_y}{\partial z}\right)\boldsymbol{i}_x + \left(\frac{\partial B_x}{\partial z} - \frac{\partial B_z}{\partial x}\right)\boldsymbol{i}_y + \left(\frac{\partial B_y}{\partial x} - \frac{\partial B_x}{\partial y}\right)\boldsymbol{i}_z$$

$$= \begin{vmatrix} \boldsymbol{i}_x & \boldsymbol{i}_y & \boldsymbol{i}_z \\ \dfrac{\partial}{\partial x} & \dfrac{\partial}{\partial y} & \dfrac{\partial}{\partial z} \\ B_x & B_y & B_z \end{vmatrix} \qquad (12.54)$$

が得られる。この式はベクトル形式の微分演算子 ∇ を用いると

$$\mathrm{rot}\,\boldsymbol{B} = \nabla \times \boldsymbol{B} \qquad (12.55)$$

と表される。

12.5　微分形のマクスウェルの方程式

以上でベクトル解析の導入が済んだので，ここで，式 (12.19)～(12.22) の積分形のマクスウェルの方程式を微分形に変換する。

〔1〕 ファラデーの法則　　はじめに，式 (12.19) を再記する。

$$\oint_{\mathrm{C}} \boldsymbol{E}(\boldsymbol{r},\ t)\cdot d\boldsymbol{s} = -\int_{\mathrm{S}} \frac{\partial \boldsymbol{B}(\boldsymbol{r},\ t)}{\partial t}\cdot \boldsymbol{n}dS \qquad (12.19)$$

ここで，左辺に式 (12.46) のストークスの定理を適用し，右辺を左辺に移項し整理すると

$$\int_{\mathrm{S}} \left(\mathrm{rot}\,\boldsymbol{E} + \frac{\partial \boldsymbol{B}}{\partial t}\right)\cdot \boldsymbol{n}dS = 0$$

となる。この式が S のとり方に無関係に成り立つためには，式 (12.56) が成り立たなければならない。

$$\mathrm{rot}\,\boldsymbol{E}(\boldsymbol{r},\ t) = -\frac{\partial \boldsymbol{B}(\boldsymbol{r},\ t)}{\partial t} \qquad (12.56)$$

これがファラデーの法則の微分形である。

〔2〕 アンペア・マクスウェルの法則

$$\oint_{\mathrm{C}} \boldsymbol{B}(\boldsymbol{r},\ t)\cdot d\boldsymbol{s} = \mu_0 \int_{\mathrm{S}} \left[\boldsymbol{j}_c(\boldsymbol{r},\ t) + \varepsilon_0 \frac{\partial \boldsymbol{E}(\boldsymbol{r},\ t)}{\partial t}\right]\cdot \boldsymbol{n}dS \qquad (12.20)$$

式 (12.20) の左辺にストークスの定理を適用し，〔**1**〕の場合と同様にして式 (12.57) の微分形を得る。

$$\mathrm{rot}\,\boldsymbol{B}(\boldsymbol{r},\ t) = \mu_0\left[\boldsymbol{j}_c(\boldsymbol{r},\ t) + \varepsilon_0\frac{\partial \boldsymbol{E}(\boldsymbol{r},\ t)}{\partial t}\right] \tag{12.57}$$

〔3〕 電界の強さに関するガウスの法則

$$\oint_{\mathrm{S}} \boldsymbol{E}(\boldsymbol{r},\ t)\cdot\boldsymbol{n}dS = \frac{1}{\varepsilon_0}\int_{\mathrm{V}} \rho_e(\boldsymbol{r},\ t)dv \tag{12.21}$$

左辺に式 (12.34) のガウスの発散定理を適用し，右辺を左辺に移項して整理すると

$$\oint_{\mathrm{V}}\left(\mathrm{div}\,\boldsymbol{E} - \frac{1}{\varepsilon_0}\rho_e\right)dv = 0$$

となる。v のとり方に無関係であるためには式 (12.58) が成り立たなければならない。

$$\mathrm{div}\,\boldsymbol{E}(\boldsymbol{r},\ t) = \frac{1}{\varepsilon_0}\rho_e(\boldsymbol{r},\ t) \tag{12.58}$$

こうして電界に関するガウスの法則が得られる。

〔4〕 磁束密度に関するガウスの法則

$$\oint_{\mathrm{S}} \boldsymbol{B}(\boldsymbol{r},\ t)\cdot\boldsymbol{n}dS = 0 \tag{12.22}$$

式 (12.58) を導出したのと同様にして，式 (12.59) の微分形を得る。

$$\mathrm{div}\,\boldsymbol{B}(\boldsymbol{r},\ t) = 0 \tag{12.59}$$

式 (12.56) ～(12.59) を微分形の**マクスウェルの方程式**という。

12.3 節で，式 (12.21)，(12.22) は式 (12.19)，(12.20) より，すなわち式 (12.58)，(12.59) は式 (12.56)，(12.57) から導くことができることを述べた。ここでそれを示す。まず式 (12.57) に対して div の演算を行うと

$$\mathrm{div}\,(\mathrm{rot}\,\boldsymbol{B}) \equiv 0 = \mu_0\,\mathrm{div}\,\boldsymbol{j}_c + \mu_0\,\varepsilon_0\,\mathrm{div}\,\frac{\partial \boldsymbol{E}}{\partial t} = \mu_0\,\mathrm{div}\,\boldsymbol{j}_c + \mu_0\,\varepsilon_0\frac{\partial}{\partial t}\mathrm{div}\,\boldsymbol{E}$$

となる。ところが，式 (12.9) の右辺を電荷密度 $\rho_e(\boldsymbol{r},\ t)$ を用いて

$$\oint_S \boldsymbol{j}_c(\boldsymbol{r},\ t)\cdot\boldsymbol{n}dS = -\frac{\partial}{\partial t}\int_V \rho_e(\boldsymbol{r},\ t)dv = -\int_V \frac{\partial}{\partial t}\rho_e(\boldsymbol{r},\ t)dv$$

と書き換え，これに式 (12.34) のガウスの発散定理を適用すると

$$\mathrm{div}\boldsymbol{j}_c = -\frac{\partial \rho_e}{\partial t} \tag{12.60}$$

となる。これは式 (12.9) の**電荷保存則（電流連続の式）**の微分形にほかならない。この関係を用いると

$$\mu_0\frac{\partial}{\partial t}[-\rho_e(\boldsymbol{r},\ t)+\varepsilon_0\,\mathrm{div}\boldsymbol{E}(\boldsymbol{r},\ t)] = 0 \tag{12.61}$$

を得る。そこで，時間 t に対する定数を $C(\boldsymbol{r})$ とすると

$$-\rho_e(\boldsymbol{r},\ t)+\varepsilon_0\,\mathrm{div}\boldsymbol{E}(\boldsymbol{r},\ t) = C(\boldsymbol{r}) \tag{12.62}$$

とおけるので，いま，ある時刻 $t=t_0$ において $C(\boldsymbol{r})=0$ が，言い換えれば式 (12.58) が成り立つとすれば，以後ずっと式 (12.58) は成り立つことになる。

つぎに，式 (12.56) に対して div の演算を行うと

$$\mathrm{div}(\mathrm{rot}\boldsymbol{E}) \equiv 0 = -\mathrm{div}\frac{\partial \boldsymbol{B}}{\partial t} = -\frac{\partial}{\partial t}(\mathrm{div}\boldsymbol{B})$$

コーヒーブレイク

モノポール（単極磁荷）と電気磁気学の対称性

電気磁気現象を簡潔に記述するマクスウェルの方程式は美しい形をしているが，式 (12.56) と式(12.57)，式 (12.58) と式(12.59) とを比較すると，それぞれ非対称な形をしている。そこで，もし自然界に単極磁荷が存在すると仮定すれば，電荷密度 ρ_e に対して磁荷密度 ρ_m，電流密度 $\boldsymbol{j}_c$ に対して磁流（磁荷の流れ）密度 $\boldsymbol{j}_m$ が定義でき，マクスウェルの方程式はつぎに示すように対称な形となる。

$$\mathrm{rot}\boldsymbol{E}(\boldsymbol{r},\ t) = -\boldsymbol{j}_m(\boldsymbol{r},\ t)-\frac{\partial \boldsymbol{B}(\boldsymbol{r},\ t)}{\partial t},\quad \mathrm{div}\boldsymbol{D}(\boldsymbol{r},\ t) = \rho_e$$

$$\mathrm{rot}\boldsymbol{H}(\boldsymbol{r},\ t) = \boldsymbol{j}_c(\boldsymbol{r},\ t)+\frac{\partial \boldsymbol{D}(\boldsymbol{r},\ t)}{\partial t},\quad \mathrm{div}\boldsymbol{B}(\boldsymbol{r},\ t) = \rho_m$$

以上のように，理論的には単極磁荷が存在しうるわけであるが，現在までのところ単極磁荷が発見されたという確かな報告はない。

となるから，これより，時間 t に対する定数を $C(\boldsymbol{r})$ とすると

$$\mathrm{div}\boldsymbol{B}(\boldsymbol{r},\ t) = C(\boldsymbol{r})$$

を得る。この場合にも，ある時刻 $t = t_0$ において $C(\boldsymbol{r}) = 0$，言い換えれば式 (12.59) が成り立つとすれば，以後ずっと式 (12.59) は成り立つ。

12.6 静電界とポアソンの方程式

12.6.1 静電界の基本式

12.5 節までに述べたマクスウェルの方程式は，**11** 章までに述べた真空中の電界，磁界に関する式をすべて含んでいる。まず，静電界の場合でそれをみてみよう。

静電界における基本式は，式 (12.56)，(12.58) において，時間に無関係であることを考慮して

$$\mathrm{rot}\boldsymbol{E}(\boldsymbol{r}) = 0 \tag{12.63}$$

$$\mathrm{div}\boldsymbol{E}(\boldsymbol{r}) = \frac{1}{\varepsilon_0}\rho_e(\boldsymbol{r}) \tag{12.64}$$

となる。式 (12.63) は式 (2.33)，すなわち

$$\oint_C \boldsymbol{E}\cdot d\boldsymbol{s} = 0$$

の微分形であり，$\boldsymbol{E}$ が保存界であることを表している。すなわち，静電界のような保存界においては渦がなく回転は 0 である。

電界と電位との関係は，つぎのベクトルの公式

$$\mathrm{rot}\,[\pm\,\mathrm{grad}\,V(\boldsymbol{r})] \equiv 0 \tag{12.65}$$

と式 (12.63) よりただちに得られる。

$$\boldsymbol{E}(\boldsymbol{r}) = -\mathrm{grad}\,V(\boldsymbol{r}) \tag{12.66}$$

12.6.2 ポアソンおよびラプラスの方程式

式 (12.66) を式 (12.64) に代入すると V と ρ_e の関係が得られる。

$$\operatorname{div}\boldsymbol{E} = \operatorname{div}(-\operatorname{grad} V) = -\operatorname{div}(\operatorname{grad} V) = -\nabla\cdot(\nabla V) = -\nabla\cdot\nabla V$$

であるから，$\operatorname{div}\operatorname{grad} \equiv \nabla\cdot\nabla \equiv \nabla^2$ と書くと

$$\nabla^2 V = -\frac{\rho_e}{\varepsilon_0} \tag{12.67}$$

と表される。これを**ポアソンの方程式**（Poisson's equation）という。$\nabla^2 V$ は ΔV とも書き，$\nabla^2 \equiv \Delta$ をラプラス（Laplace）の演算子または**ラプラシアン**（Laplacian）という。$\nabla^2 V$ を直角座標で表すと

$$\nabla\cdot(\nabla V) = \nabla\cdot\left(\frac{\partial V}{\partial x}\boldsymbol{i}_x + \frac{\partial V}{\partial y}\boldsymbol{i}_y + \frac{\partial V}{\partial z}\boldsymbol{i}_z\right) = \frac{\partial^2 V}{\partial x^2} + \frac{\partial^2 V}{\partial y^2} + \frac{\partial^2 V}{\partial z^2}$$

となるから，$\nabla^2 \equiv \Delta$ も直角座標で

$$\nabla^2 \equiv \Delta \equiv \frac{\partial^2}{\partial x^2} + \frac{\partial^2}{\partial y^2} + \frac{\partial^2}{\partial z^2} \tag{12.68}$$

と表される。電荷が存在しない領域では $\rho_e = 0$ であるから，式（12.67）は

$$\nabla^2 V = 0 \tag{12.69}$$

となる。これを**ラプラスの方程式**（Laplace's equation）という。

ポアソンの方程式は，静電界の基本法則であるクーロンの法則とそれが満たす保存力場の条件を，一つにまとめた基本方程式である。ポアソンの方程式はまた，電位 V に関する2階の偏微分方程式である。これを具体的な問題に適用し一定の解を得るためには，その問題によって決まる領域の境界上で V に課せられる条件を満たさなければならない。この条件を**境界条件**（boundary condition）という。

例題 12.2　距離 l を隔てた無限に広い平行な2平面間に，正電荷が一様な密度 ρ_e〔C/m³〕で分布している。2平面間および2平面の外側における電界 $\boldsymbol{E}$ および電位 V を求めよ。

【解答】　電荷分布の対称性により，電位 V は2平面に垂直な方向にのみ変化する。そこで**図 12.14** のように，断面を示した2平面に対して垂直方向に x 軸を，2平面の中心に原点Oをとる。するとこの場合のポアソンの方程式は

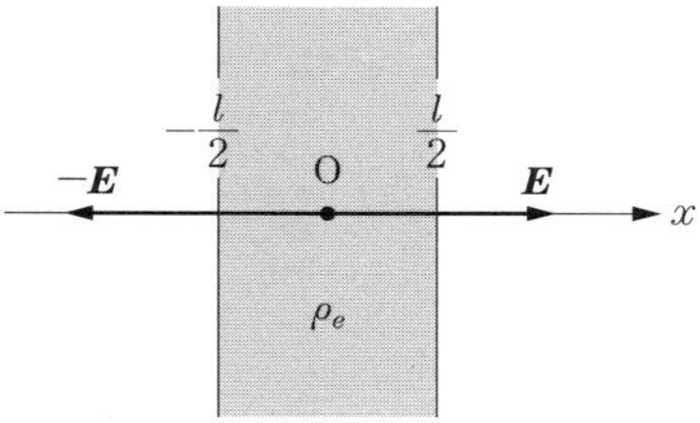

図 12.14 無限に広い平行 2 平面間に一様な密度 ρ_e で分布している電荷

$$\frac{\partial^2 V(x)}{\partial x^2} = -\frac{\rho_e}{\varepsilon_0} \quad \left(-\frac{l}{2} \leqq x \leqq \frac{l}{2}\right), \quad \frac{\partial^2 V(x)}{\partial x^2} = 0 \quad \left(|x| > \frac{l}{2}\right)$$

となる。まず $-l/2 \leqq x \leqq l/2$ の場合を積分し，積分定数を c_1 とすると

$$\frac{\partial V(x)}{\partial x} = -E_x(x) = -\frac{\rho_e}{\varepsilon_0}x + c_1 \quad \therefore\ E_x(x) = \frac{\rho_e}{\varepsilon_0}x - c_1$$

つぎに $|x| > l/2$ の場合を積分し，積分定数を $c_2 > 0$ とすると

$$\frac{\partial V(x)}{\partial x} = -E_x(x) = c_2 \quad \therefore\ E_x(x) = -c_2\left(x < -\frac{l}{2}\right), \quad E_x(x) = c_2\left(\frac{l}{2} < x\right)$$

電界 $E_x(x)$ は境界面において連続と考えられるので

$$E_x\left(-\frac{l}{2}\right) = -\frac{\rho_e}{\varepsilon_0}\frac{l}{2} - c_1 = -c_2, \quad E_x\left(\frac{l}{2}\right) = \frac{\rho_e}{\varepsilon_0}\frac{l}{2} - c_1 = c_2$$

この 2 式より $c_1 = 0$，$c_2 = \rho_e l/2\varepsilon_0$ であるから次式となる。

$$E_x(x) = \frac{\rho_e}{\varepsilon_0}x \quad \left(-\frac{l}{2} \leqq x \leqq \frac{l}{2}\right),$$

$$E_x(x) = -\frac{\rho_e l}{2\varepsilon_0} \quad \left(x < -\frac{l}{2}\right), \quad E_x(x) = \frac{\rho_e l}{2\varepsilon_0} \quad \left(\frac{l}{2} < x\right)$$

電位 V については，まず $-l/2 \leqq x \leqq l/2$ の場合，$\partial V(x)/\partial x = -(\rho_e/\varepsilon_0)x$ をさらに積分し，積分定数を c_3 とすると $V(x) = (-\rho_e/2\varepsilon_0)x^2 + c_3$，ここで電位の基準点を $x = 0$ にとると $V(0) = 0$ より $c_3 = 0$ となるから

$$V(x) = -\frac{\rho_e}{2\varepsilon_0}x^2 \quad \left(-\frac{l}{2} \leqq x \leqq \frac{l}{2}\right)$$

つぎに $x < -l/2$ と $l/2 < x$ の場合は，積分定数をそれぞれ c_4，c_5 とすると

$$V(x) = \frac{\rho_e l}{2\varepsilon_0}x + c_4, \quad V(x) = -\frac{\rho_e l}{2\varepsilon_0}x + c_5$$

電位 $V(x)$ の境界面における連続性より

$$V\left(-\frac{l}{2}\right) = -\frac{\rho_e}{2\varepsilon_0}\left(\frac{l}{2}\right)^2 = -\frac{\rho_e}{\varepsilon_0}\left(\frac{l}{2}\right)^2 + c_4,$$

$$V\left(\frac{l}{2}\right) = -\frac{\rho_e}{2\varepsilon_0}\left(\frac{l}{2}\right)^2$$

$$= -\frac{\rho_e}{\varepsilon_0}\left(\frac{l}{2}\right)^2 + c_5$$

この2式より，$c_4 = c_5 = \rho_e l^2/8\varepsilon_0$ であるから

$$V(x) = \frac{\rho_e l}{2\varepsilon_0}\left(x + \frac{l}{4}\right) \ \left(x < -\frac{l}{2}\right), \quad V(x) = -\frac{\rho_e l}{2\varepsilon_0}\left(x - \frac{l}{4}\right) \ \left(\frac{l}{2} < x\right)$$

が得られる。　◇

12.7　静磁界とベクトルポテンシャル

12.7.1　静磁界の基本式

マクスウェルの方程式の式 (12.57)，(12.59) において，時間に無関係な場合は

$$\mathrm{rot}\,\boldsymbol{B}(\boldsymbol{r}) = \mu_0 \boldsymbol{j}_c(\boldsymbol{r}) \tag{12.70}$$

$$\mathrm{div}\,\boldsymbol{B}(\boldsymbol{r}) = 0 \tag{12.71}$$

となる。式 (12.70) は式 (8.38) のアンペアの法則の微分形であり，式 (12.71) は式 (8.27) の磁束の連続性を表す式の微分形である。

12.7.2　ベクトルポテンシャル

式 (12.70) において，任意のベクトル $\boldsymbol{A}$ に関して

$$\mathrm{div}\,(\mathrm{rot}\,\boldsymbol{A}) \equiv 0 \tag{12.72}$$

の恒等式があることに注目し

$$\boldsymbol{B} = \mathrm{rot}\,\boldsymbol{A} \tag{12.73}$$

とおけば，$\mathrm{div}\,\boldsymbol{B} = 0$ は満たされ，$\boldsymbol{A}$ により $\boldsymbol{B}$ が与えられることになる。この関係は静電界における $\mathrm{rot}\,\boldsymbol{E} = 0$ と $\boldsymbol{E} = -\,\mathrm{grad}\,V$ との関係に相当しており，$\boldsymbol{A}$ を**ベクトルポテンシャル** (vector potential) という。

12.7.3　電流によるベクトルポテンシャル

8 章で述べたように，**図 12.15** の線電流による磁界は，式 (8.22) のビオ・サバールの法則より得られる。それを再記する。

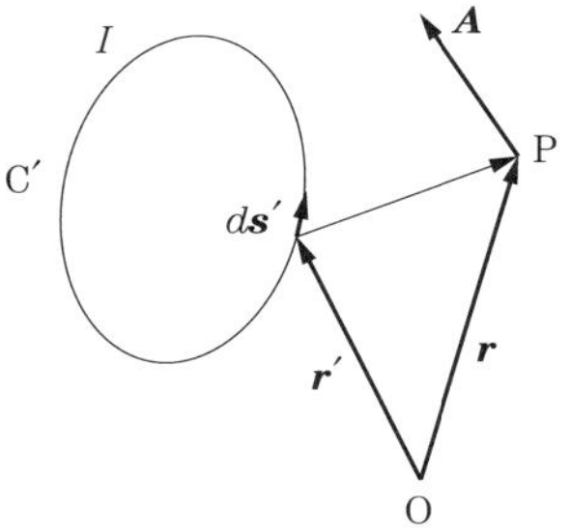

図 12.15　線電流によるベクトルポテンシャル

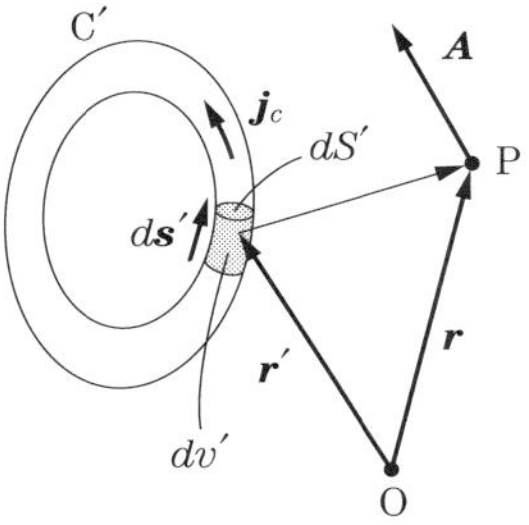

図 12.16　分布電流中の細い流管によるベクトルポテンシャル

$$\boldsymbol{B} = \frac{\mu_0 I}{4\pi}\oint_{C'} d\boldsymbol{s}' \times \frac{\boldsymbol{r} - \boldsymbol{r}'}{|\boldsymbol{r} - \boldsymbol{r}'|^3} \tag{12.74}$$

電流 I を電流密度 $\boldsymbol{j}_c$ で表すと，**図 12.16** に示すように，$Ids' = j_c Sds' = j_c dv'$，向きまで含めて $Id\boldsymbol{s}' = \boldsymbol{j}_c dv'$ となる。そのとき，式 (12.74) は

$$\boldsymbol{B}(\boldsymbol{r}) = \frac{\mu_0}{4\pi}\int_{V'} \frac{\boldsymbol{j}_c(\boldsymbol{r}') \times (\boldsymbol{r} - \boldsymbol{r}')}{|\boldsymbol{r} - \boldsymbol{r}'|^3} dv' \tag{12.75}$$

となる。ここで，ベクトル解析より

$$\frac{\boldsymbol{r} - \boldsymbol{r}'}{|\boldsymbol{r} - \boldsymbol{r}'|^3} = -\mathrm{grad}\frac{1}{|\boldsymbol{r} - \boldsymbol{r}'|} \quad (\mathrm{grad}\text{ は }\boldsymbol{r}\text{ に作用させる}) \tag{12.76}$$

であるので，これを式 (12.75) に代入すると

$$\boldsymbol{B}(\boldsymbol{r}) = -\frac{\mu_0}{4\pi}\int_{V'} \boldsymbol{j}_c(\boldsymbol{r}') \times \mathrm{grad}\frac{1}{|\boldsymbol{r} - \boldsymbol{r}'|} dv' \tag{12.77}$$

となる。さらに，ベクトル解析の公式

$$\mathrm{rot}(\phi\boldsymbol{F}) = \phi\,\mathrm{rot}\boldsymbol{F} + (\mathrm{grad}\phi) \times \boldsymbol{F}$$

を用い，$\phi = 1/|\boldsymbol{r} - \boldsymbol{r}'|$，$\boldsymbol{F} = \boldsymbol{j}_c(\boldsymbol{r}')$ とおいて式 (12.77) を整理すると

$$\boldsymbol{B}(\boldsymbol{r}) = \frac{\mu_0}{4\pi}\int_{V'} \left[\mathrm{rot}\frac{\boldsymbol{j}_c(\boldsymbol{r}')}{|\boldsymbol{r} - \boldsymbol{r}'|} - \frac{1}{|\boldsymbol{r} - \boldsymbol{r}'|}\mathrm{rot}\boldsymbol{j}_c(\boldsymbol{r}')\right] dv' \tag{12.78}$$

となる。ここで，第 2 項の $\mathrm{rot}\boldsymbol{j}_c(\boldsymbol{r}')$ において rot は $\boldsymbol{r}$ に作用させるので，$\mathrm{rot}\boldsymbol{j}_c(\boldsymbol{r}') = 0$ となる。こうして式 (12.78) は

$$\boldsymbol{B}(\boldsymbol{r}) = \mathrm{rot}\left[\int_{V'} \frac{\mu_0 \boldsymbol{j}_c(\boldsymbol{r}')}{4\pi|\boldsymbol{r} - \boldsymbol{r}'|}\right] dv' \tag{12.79}$$

となり，これと式 (12.73) より

$$\boldsymbol{A}(\boldsymbol{r}) = \int_{V'} \frac{\mu_0 \boldsymbol{j}_c(\boldsymbol{r}')}{4\pi |\boldsymbol{r} - \boldsymbol{r}'|} dv' \tag{12.80}$$

を得る。これが分布した電流によるベクトルポテンシャルである。

電流が線状に流れているときは，式 (12.81) となる。

$$\boldsymbol{A}(\boldsymbol{r}) = \frac{\mu_0 I}{4\pi} \int_{C'} \frac{d\boldsymbol{s}'}{|\boldsymbol{r} - \boldsymbol{r}'|} \tag{12.81}$$

例題 12.3　無限に長い直線状電流 I〔A〕から r〔m〕の距離にある点Pにおける磁界 $\boldsymbol{B}$〔T〕をベクトルポテンシャルを用いて求めよ。

【解答】　**図 12.17** に示すように，直角座標系をその z 軸が直線電流 I と一致するようにとる。まず z 軸上の点 $P_1(0, 0, l)$ から点 $P_2(0, 0, -l)$ までの有限長部分の電流による，xy 面上で原点Oから距離 r の点 $P(x, y, 0)$ におけるベクトルポテンシャル $\boldsymbol{A}$ は，電流素片 $Id\boldsymbol{s}'$ に含まれる点 $P'(0, 0, z')$ の位置ベクトルを $\boldsymbol{r}'$，点 $P(x, y, 0)$ の位置ベクトルを $\boldsymbol{r}$ とすると，式 (12.81) より

$$\boldsymbol{A}(\boldsymbol{r}) = \frac{\mu_0 I}{4\pi} \int_{P_2}^{P_1} \frac{d\boldsymbol{s}'}{|\boldsymbol{r} - \boldsymbol{r}'|}$$

と表せる。ここで $|\boldsymbol{r} - \boldsymbol{r}'| = (x^2 + y^2 + z'^2)^{1/2}$，$d\boldsymbol{s}' = \boldsymbol{i}_z dz'$ であるから

$$A_x = A_y = 0, \quad A_z = \frac{\mu_0 I}{4\pi} \int_{-l}^{l} \frac{dz'}{(x^2 + y^2 + z'^2)^{1/2}}$$

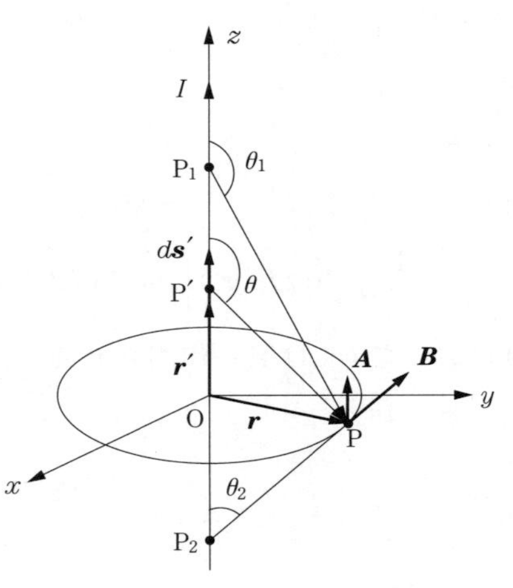

図 12.17　直線電流によるベクトルポテンシャル

$$\therefore \quad \boldsymbol{B}(\boldsymbol{r}) = \mathrm{rot}\,\boldsymbol{A}(\boldsymbol{r}) = \boldsymbol{i}_x \frac{\partial A_z}{\partial y} - \boldsymbol{i}_y \frac{\partial A_z}{\partial x}$$

となる。以上により

$$B_z = 0$$

$$B_x = \frac{\partial A_z}{\partial y} = \frac{\mu_0 I}{4\pi}\int_{-l}^{l}\frac{\partial}{\partial y}\frac{dz'}{(x^2+y^2+z'^2)^{1/2}} = -\frac{\mu_0 I y}{4\pi}\int_{-l}^{l}\frac{dz'}{(x^2+y^2+z'^2)^{3/2}}$$

$$B_y = -\frac{\partial A_z}{\partial x} = \frac{\mu_0 I x}{4\pi}\int_{-l}^{l}\frac{dz'}{(x^2+y^2+z'^2)^{3/2}}$$

となる。点P′から点Pへの線分が x 軸となす角を θ とすると，$(x^2+y^2)^{1/2} = -z'\tan\theta$ が成り立つ。この関係を用い，点 P_1 から点Pへの線分および点 P_2 から点Pへの線分が z 軸となす角を θ_1，θ_2 とし，変数を z' から θ に変えて上式を積分すると

$$B_x = -\frac{\mu_0 I y}{4\pi(x^2+y^2)}\int_{\theta_2}^{\theta_1}\sin\theta d\theta = -\frac{\mu_0 I y}{4\pi(x^2+y^2)}(-\cos\theta_1+\cos\theta_2)$$

同様にして次式が導かれる。

$$B_y = \frac{\mu_0 I x}{4\pi(x^2+y^2)}(-\cos\theta_1+\cos\theta_2)$$

つぎに，直線電流を無限に長いとした場合は $\theta_1=\pi$，$\theta_2=0$ となるから

$$B_x = -\frac{\mu_0 I}{2\pi}\frac{y}{x^2+y^2}, \quad B_y = \frac{\mu_0 I}{2\pi}\frac{x}{x^2+y^2}$$

となる。そこで $x^2+y^2=r^2$ とおき，$B=(B_x{}^2+B_y{}^2+B_z{}^2)^{1/2}$ を計算すると

$$B = \frac{\mu_0 I}{2\pi r}$$

となって，式(8.8)あるいは式(8.24)と同じ式が得られる。 ◇

12.7.4 ベクトルポテンシャルの方程式

つぎにベクトルポテンシャルの方程式を考える。式(12.70)，(12.73)より

$$\mathrm{rot}\,(\mathrm{rot}\,\boldsymbol{A}) = \mu_0 \boldsymbol{i} \tag{12.82}$$

であるので，左辺をベクトルの公式

$$\mathrm{rot}\,(\mathrm{rot}\,\boldsymbol{A}) = \mathrm{grad}\,(\mathrm{div}\,\boldsymbol{A}) - \nabla^2\boldsymbol{A} \tag{12.83}$$

を使って表すと

$$\mathrm{grad}\,(\mathrm{div}\,\boldsymbol{A}) - \nabla^2\boldsymbol{A} = \mu_0\boldsymbol{i} \tag{12.84}$$

となる。ここで

$$\mathrm{div}\,\boldsymbol{A} = 0 \tag{12.85}$$

と選ぶと（なぜこのように選べるかは **13.7** 節で述べる），式 (12.84) は

$$\nabla^2 \boldsymbol{A} = -\mu_0 \boldsymbol{i} \tag{12.86}$$

となる。式 (12.80) のベクトルポテンシャルはこの方程式の解にほかならない。

12.7.5　ベクトルポテンシャルと磁束

図 12.18 に示すように，磁束密度 $\boldsymbol{B}$ の磁界のなかに経路 C をとり，それを縁とする開曲面を S，それを貫く全磁束を Φ とすると式 (12.87) となる。

$$\Phi = \int_S \boldsymbol{B} \cdot \boldsymbol{n} dS \tag{12.87}$$

この式に $\boldsymbol{B} = \mathrm{rot}\,\boldsymbol{A}$ を代入し，ストークスの定理を適用すると

$$\Phi = \int_S \mathrm{rot}\,\boldsymbol{A} \cdot \boldsymbol{n} dS = \oint_C \boldsymbol{A} \cdot d\boldsymbol{s}$$

$$\Phi = \int_S \boldsymbol{B} \cdot \boldsymbol{n} dS = \oint_C \boldsymbol{A} \cdot d\boldsymbol{s} \tag{12.88}$$

が得られる。

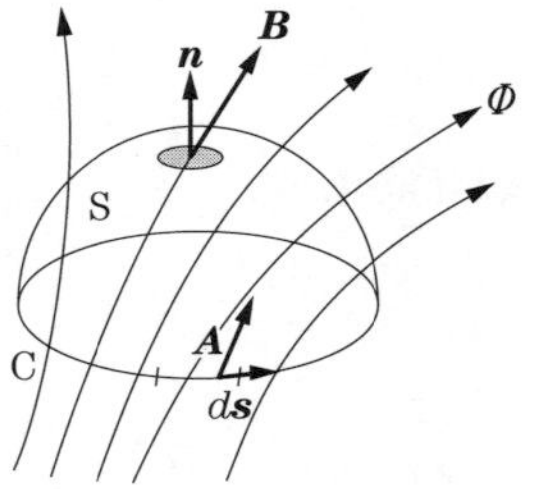

図 12.18　ベクトルポテンシャルと磁束

12.8　媒質中のマクスウェルの方程式

ここでは，真空中における電磁界の基本法則を表すマクスウェルの方程式が物質中ではどのようになるかを考える。真空中におけるマクスウェルの方程式の微分形式 (12.56)～(12.59) は，$\boldsymbol{B}/\mu_0 = \boldsymbol{H}$ および $\varepsilon_0 \boldsymbol{E} = \boldsymbol{D}$ の関係を用い，定数 ε_0 と μ_0 を式のなかに含まないようにすると

$$\mathrm{rot}\,\boldsymbol{E}(\boldsymbol{r},\ t) = -\frac{\partial \boldsymbol{B}(\boldsymbol{r},\ t)}{\partial t} \tag{12.89}$$

$$\mathrm{rot}\,\boldsymbol{H}(\boldsymbol{r},\ t) = \boldsymbol{j}_c(\boldsymbol{r},\ t) + \frac{\partial \boldsymbol{D}(\boldsymbol{r},\ t)}{\partial t} \tag{12.90}$$

$$\mathrm{div}\,\boldsymbol{D}(\boldsymbol{r},\ t) = \rho_e(\boldsymbol{r},\ t) \tag{12.91}$$

$$\mathrm{div}\,\boldsymbol{B}(\boldsymbol{r},\ t) = 0 \tag{12.92}$$

となる。上式は簡単に真空中の関係式から書き換えたが，これらの式は一般の媒質中でも成り立つ。厳密には分極電流密度や磁化電流密度などを考慮して導かなければならないが，ここではそれらには言及しないとする。式 (12.89)～(12.92) において，$\boldsymbol{E}$ と $\boldsymbol{D}$，$\boldsymbol{B}$ と $\boldsymbol{H}$ の関係は，**4.2.1** 項の式 (4.11) および **9.2.1** 項の式 (9.18) を，界が時間的に変化する場合に拡張して

$$\boldsymbol{H}(\boldsymbol{r},\ t) = \frac{\boldsymbol{B}(\boldsymbol{r},\ t)}{\mu_0} - \boldsymbol{M}(\boldsymbol{r},\ t) \tag{12.93}$$

$$\boldsymbol{D}(\boldsymbol{r},\ t) = \varepsilon_0 \boldsymbol{E}(\boldsymbol{r},\ t) + \boldsymbol{P}(\boldsymbol{r},\ t) \tag{12.94}$$

としなければならない。強誘電体，強磁性体などを除いた等方・線形・均質な物質の場合には，電磁界が時間的に変化する場合にも式 (4.18) と式 (9.26) の関係が成り立つと考えると

$$\boldsymbol{D}(\boldsymbol{r},\ t) = \varepsilon \boldsymbol{E}(\boldsymbol{r},\ t) \tag{12.95}$$

$$\boldsymbol{B}(\boldsymbol{r},\ t) = \mu \boldsymbol{H}(\boldsymbol{r},\ t) \tag{12.96}$$

と書くことができる。しかし，時間的変化が速くなると ε と μ は定数でなくなり，このような置き換えはできなくなる。

12.8.1 準定常電流

式 (12.20) または式 (12.57) のアンペア・マクスウェルの法則において，時間的変化があまり早くなく，伝導電流の大きさに対して変位電流の大きさが無視できるほど小さいときには，磁界は伝導電流だけによると考えてよい。このような電流を**準定常電流** (quasi-stationary current) という。

導線中の電界が $\boldsymbol{E} = \boldsymbol{E}_m \sin \omega t$ であるとき，それに基づく伝導電流密度 $\boldsymbol{j}_c$ はオームの法則

$$\boldsymbol{j}_c(\boldsymbol{r},\ t) = \varkappa \boldsymbol{E}(\boldsymbol{r},\ t) \tag{12.97}$$

より $\boldsymbol{j}_c = \varkappa \boldsymbol{E}_m \sin \omega t$ である。これに対して変位電流密度 $\boldsymbol{j}_d$ は，導体中では式 (12.95) が成り立つとして

$$\boldsymbol{j}_d = \frac{\partial \boldsymbol{D}}{\partial t} = \frac{\partial \varepsilon \boldsymbol{E}}{\partial t} = \varepsilon \omega \boldsymbol{E}_m \cos \omega t \tag{12.98}$$

となる。これらの大きさの比較により，変位電流を無視できる条件は

$$\omega \ll \frac{\varkappa}{\varepsilon} \tag{12.99}$$

で与えられる。導線の材質が銅の場合は $\varkappa = 5.8 \times 10^7 \Omega^{-1}\cdot\mathrm{m}^{-1}$ であり，また $\varepsilon \fallingdotseq \varepsilon_0 = 8.854 \times 10^{-12}\ \mathrm{F}\cdot\mathrm{m}^{-1}$ と考えられるから，$\omega \ll 6.55 \times 10^{18} \mathrm{s}^{-1}$ となる。この関係を周波数 f で表すと

$$f \ll 10^{18}\ \mathrm{Hz} \tag{12.100}$$

となる。変位電流の大きさが導体内で無視できる場合は，導体外でもそれを無視できる。

12.8.2 渦　電　流

導体のなかで磁束密度が変化すると，電磁誘導によりその周りに電界を生じ，それにより電流が流れる。この電流はその流線が閉曲線をなして渦状に流れるので，これを**渦電流** (eddy current) という。この渦電流を表す基本式は，式 (12.56)，(12.97) より式 (12.101) のように得られる。

$$\mathrm{rot}\ \boldsymbol{j}_c(\boldsymbol{r},\ t) = -\varkappa \frac{\partial \boldsymbol{B}(\boldsymbol{r},\ t)}{\partial t} \tag{12.101}$$

渦電流が流れるとジュール熱による損失が生じる。これを**渦電流損** (eddy-current loss) という。磁束密度が正弦波状である場合，渦電流密度の大きさを j_c，磁束密度の最大値を B_0，その周波数を f とすると，式 (12.101) より

$$j_c \propto \varkappa f B_0 \tag{12.102}$$

が成り立つから，これにより生じる単位体積当りの渦電流損 p_e〔J/m³〕は

$$p_e = \frac{j_c}{\varkappa} \propto \varkappa f^2 B_0^2 \tag{12.103}$$

となる。この関係の比例定数は導体の形と大きさなどで決まる。

発電機や変圧器の鉄心など，電気機器の磁気回路を構成する部分のみならず，太い巻線には，そのなかを通る磁束密度が変化すると渦電流損が生じ，その機器の温度上昇をまねくので好ましくない。鉄心として**図 *12.19*** のように薄い鉄板を絶縁して積み重ねた**成層鉄心**（laminated core）を用いると，渦電流回路が細かく分断され回路抵抗が増すので，渦電流を減少させることができる。このことは磁束密度の表皮効果の軽減にも役立っている。また，磁性体を粒子状にして絶縁性の接着剤で固めた**圧粉鉄心**（dust core）を用いても同様の効果が得られる。

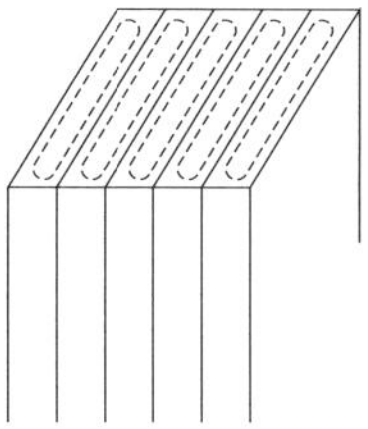

図 *12.19* 成層鉄心

以上のように渦電流は好ましくない面もあるが，これを利用することもある。金属の塊を溶かすのに用いられる誘導炉は，陶器製容器の外側にコイルを巻き，そのなかに金属塊を入れコイルに交流電流を流すと金属塊自体のなかに渦電流損が生じ，それが溶けることを利用したものである。また，運動する導体に磁界を加えると渦電流が発生し，それが導体の運動を妨げるので，この現象は運動導体の制動に応用される。

12.9 媒質の境界面

12.9.1 境 界 条 件

ここでは変動する電磁界における境界条件を考える。微分形の媒質中のマクスウェルの方程式 (*12.89*) ～(*12.92*) は，電磁界 $\boldsymbol{E}$，$\boldsymbol{B}$，$\boldsymbol{D}$，$\boldsymbol{H}$ の導関数が不連続的に変化するところや面分布電荷，面分布電流の存在するところ，また，異なる媒質の境界面などでは成り立たない。したがって，解を得るためには，諸式を連続な各領域内で解き，それらの解を不連続な境界面で条件を満たすように接続する必要がある。境界面での条件を求めるため，式(12.84)〜(12.87)を積分形に変換する。

$$\oint_{\mathrm{C}} \boldsymbol{E}(\boldsymbol{r},\ t)\cdot d\boldsymbol{s} = -\int_{\mathrm{S}} \frac{\partial \boldsymbol{B}(\boldsymbol{r},\ t)}{\partial t}\cdot \boldsymbol{n} dS \tag{12.104}$$

$$\oint_{\mathrm{C}} \boldsymbol{H}(\boldsymbol{r},\ t)\cdot d\boldsymbol{s} = \int_{\mathrm{S}} \left[\boldsymbol{j}_c(\boldsymbol{r},\ t) + \frac{\partial \boldsymbol{D}(\boldsymbol{r},\ t)}{\partial t}\right]\cdot \boldsymbol{n} dS \tag{12.105}$$

$$\oint_{\mathrm{S}} \boldsymbol{D}(\boldsymbol{r},\ t)\cdot \boldsymbol{n} dS = \int_{\mathrm{V}} \rho_e(\boldsymbol{r},\ t) dv \tag{12.106}$$

$$\oint_{\mathrm{S}} \boldsymbol{B}(\boldsymbol{r},\ t)\cdot \boldsymbol{n} dS = 0 \tag{12.107}$$

式(12.106)，(12.107)は，時間を止めて考えればそれぞれ式(4.13)，(8.27)と同じで，$\boldsymbol{D}$ と $\boldsymbol{B}$ の法線成分に関する境界条件は，それぞれ式(4.26)，(9.28)と同じである。したがって，媒質1と2の境界面において，1から2へ向かう境界面の法線単位ベクトルを改めて定義し $\boldsymbol{n}_{12}$ とすると，式(4.26)，(9.28)は，それぞれ式(12.108)，(12.109)となる。

$$\boldsymbol{n}_{12}\cdot(\boldsymbol{D}_2 - \boldsymbol{D}_1) = \sigma \tag{12.108}$$

$$\boldsymbol{n}_{12}\cdot(\boldsymbol{B}_2 - \boldsymbol{B}_1) = 0 \tag{12.109}$$

式(12.104)，(12.105)はそれぞれ対応する静電界，静磁界の式とは異なり，より一般化されている。そこで，まず**図 12.20** のように，式(12.104)が成り立っている媒質1と2を電界 $\boldsymbol{E}_1$，$\boldsymbol{E}_2$ を含む垂直面で切った断面において，境界面を含むように微小長方形経路 a b c d をとり，辺 ab と cd は境界面に垂直で，辺 bc と da は境界面に平行であるとする。この経路 a b c d に式(12.104)を適用すると左辺は

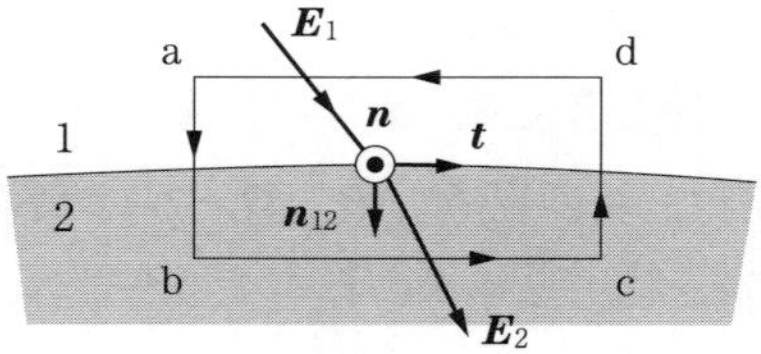

図 12.20　媒質1と2の境界面を含む微小長方形経路 a b c d

$$\oint_C \boldsymbol{E}(\boldsymbol{r},\ t)\cdot d\boldsymbol{s} = \int_a^b \boldsymbol{E}\cdot d\boldsymbol{s} + \int_b^c \boldsymbol{E}\cdot d\boldsymbol{s} - \int_d^c \boldsymbol{E}\cdot d\boldsymbol{s} - \int_a^d \boldsymbol{E}\cdot d\boldsymbol{s}$$

となり，経路 a b c d の囲む面の面積を $\varDelta S$，その法線単位ベクトルを $\boldsymbol{n}$ とすると右辺は

$$-\int_S \frac{\partial \boldsymbol{B}(\boldsymbol{r},\ t)}{\partial t}\cdot \boldsymbol{n} dS = -\int_{\varDelta S} \frac{\partial \boldsymbol{B}}{\partial t}\cdot \boldsymbol{n} dS \approx -\frac{\partial \boldsymbol{B}}{\partial t}\cdot \boldsymbol{n}\varDelta S$$

となる。ここで，$\overline{\mathrm{ab}} = \overline{\mathrm{dc}} = \delta$，$\overline{\mathrm{ad}} = \overline{\mathrm{bc}} = \varDelta s$ とおき，境界面に沿った接線単位ベクトルを $\boldsymbol{t}$，媒質 1 のなかの電界を $\boldsymbol{E}_1$，媒質 2 のそれを $\boldsymbol{E}_2$ とし，$\delta \to 0$ とすると

$$\int_a^b \boldsymbol{E}\cdot d\boldsymbol{s} \to 0,\quad \int_d^c \boldsymbol{E}\cdot d\boldsymbol{s} \to 0,\quad \int_b^c \boldsymbol{E}\cdot d\boldsymbol{s} \fallingdotseq \boldsymbol{E}_2\cdot \boldsymbol{t}\varDelta s,$$

$$\int_a^d \boldsymbol{E}\cdot d\boldsymbol{s} \fallingdotseq \boldsymbol{E}_1\cdot \boldsymbol{t}\varDelta s,\qquad -\frac{\partial \boldsymbol{B}}{\partial t}\cdot \boldsymbol{n}\varDelta S = -\frac{\partial \boldsymbol{B}}{\partial t}\cdot \boldsymbol{n}\varDelta s\cdot\delta \to 0$$

となる。以上により，左辺 = 右辺とおくと

$$(\boldsymbol{E}_2 - \boldsymbol{E}_1)\cdot \boldsymbol{t}\varDelta s = 0$$

となるので，$\boldsymbol{E}$ に関する境界条件として

$$(\boldsymbol{E}_2 - \boldsymbol{E}_1)\cdot \boldsymbol{t} = 0 \tag{12.110}$$

が得られる。ところが，$\boldsymbol{t}$ は $\boldsymbol{n}$ と境界面の法線単位ベクトル $\boldsymbol{n}_{12}$ を用いて

$$\boldsymbol{t} = \boldsymbol{n} \times \boldsymbol{n}_{12} \tag{12.111}$$

で与えられるので，式 (12.110) は $(\boldsymbol{E}_2 - \boldsymbol{E}_1)\cdot \boldsymbol{n} \times \boldsymbol{n}_{12} = \boldsymbol{n}_{12} \times (\boldsymbol{E}_2 - \boldsymbol{E}_1)\cdot \boldsymbol{n} = 0$ となり，また，$\boldsymbol{n}_{12} \times (\boldsymbol{E}_2 - \boldsymbol{E}_1) \mathbin{/\!/} \boldsymbol{n}$ であるから

$$\boldsymbol{n}_{12} \times (\boldsymbol{E}_2 - \boldsymbol{E}_1) = 0 \tag{12.112}$$

となる。式 (12.110) または式 (12.112) は，境界面に電荷や磁界の変化があっても電界 $\boldsymbol{E}$ の接線成分は境界面で連続していることを示している。

式 (12.104) から式 (12.112) を導いたのと同様な手続きにより，媒質 1 と 2 の境界面に式 (12.105) を適用すると

$$(\boldsymbol{H}_2 - \boldsymbol{H}_1)\cdot \boldsymbol{t}\varDelta s \fallingdotseq \boldsymbol{j}_c\cdot \boldsymbol{n}\varDelta s\cdot\delta + \frac{\partial \boldsymbol{D}}{\partial t}\cdot \boldsymbol{n}\varDelta s\cdot\delta$$

となる。ここで，$\delta \to 0$ とすると，上式の右辺第 2 項は 0 に近づき，第 1 項は

$\boldsymbol{j}_c\,\delta = \boldsymbol{J}_s$ とおくと $\boldsymbol{J}_s\cdot\boldsymbol{n}\Delta s$ となり，境界面に密度 $\boldsymbol{J}_s$ の面電流が流れていることを意味し，$\boldsymbol{H}$ に関する境界条件として

$$(\boldsymbol{H}_2 - \boldsymbol{H}_1)\cdot\boldsymbol{t} = \boldsymbol{J}_s\cdot\boldsymbol{n} \qquad (12.113)$$

$$\therefore \quad \boldsymbol{n}_{12} \times (\boldsymbol{H}_2 - \boldsymbol{H}_1) = \boldsymbol{J}_s \qquad (12.114)$$

が得られる。境界面に電流が存在しなければ

$$\boldsymbol{n}_{12} \times (\boldsymbol{H}_2 - \boldsymbol{H}_1) = 0 \qquad (12.115)$$

となり，これは磁界 $\boldsymbol{H}$ の 接線成分が境界面で連続していることを示す。

12.9.2 完 全 導 体

導電率 $\varkappa$ が無限に大きい（抵抗率 ρ が 0 の）理想の導体を**完全導体**（perfect conductor）という。完全導体中には電界 $\boldsymbol{E}(\boldsymbol{r},\ t)$ は存在しない。もし電界が存在するならば式 (12.97) のオームの法則より電流密度が無限大になるからである。

媒質 2 を完全導体とすると，$\boldsymbol{E}_2(\boldsymbol{r},\ t) = 0$ であるから式 (12.112) より

$$\boldsymbol{n}_{12} \times \boldsymbol{E}_1(\boldsymbol{r},\ t) = 0 \qquad (12.116)$$

となり，これは $\boldsymbol{E}_1(\boldsymbol{r},\ t)$ の接線成分は 0 で，存在しうる $\boldsymbol{E}_1(\boldsymbol{r},\ t)$ は法線成分のみであることを意味する。また，$\boldsymbol{D}_2 = \varepsilon\boldsymbol{E}_2$ と考えると $\boldsymbol{D}_2(\boldsymbol{r},\ t) = 0$ であるから式 (12.108) より

$$-\boldsymbol{n}_{12}\cdot\boldsymbol{D}_1(\boldsymbol{r},\ t) = \boldsymbol{n}_{21}\cdot\boldsymbol{D}_1(\boldsymbol{r},\ t) = \sigma(\boldsymbol{r},\ t) \qquad (12.117)$$

となる。これは完全導体中に変動する電荷があるときは表面にのみ分布し，それによる $\boldsymbol{D}_1(\boldsymbol{r},\ t)$ は法線成分のみであることを示している。さらに $\boldsymbol{E}_2(\boldsymbol{r},\ t) = 0$ を式 (12.104) に適用すると，$\partial\boldsymbol{B}_2(\boldsymbol{r},\ t)/\partial t = 0$ となるから $\boldsymbol{B}_2(\boldsymbol{r},\ t) = 0$ であり，式 (12.109) より

$$\boldsymbol{n}_{12}\cdot\boldsymbol{B}_1(\boldsymbol{r},\ t) = 0 \qquad (12.118)$$

となる。これは $\boldsymbol{B}_1(\boldsymbol{r},\ t)$ の法線成分は 0 で，存在しうる $\boldsymbol{B}_1(\boldsymbol{r},\ t)$ は接線成分のみであることを意味する。また，$\boldsymbol{B}_2 = \mu\boldsymbol{H}_2$ と考えると $\boldsymbol{H}_2(\boldsymbol{r},\ t) = 0$ であるから式 (12.114) より

$$-\boldsymbol{n}_{12} \times \boldsymbol{H}_1(\boldsymbol{r},\ t) = \boldsymbol{n}_{21} \times \boldsymbol{H}_1(\boldsymbol{r},\ t) = \boldsymbol{J}_s(\boldsymbol{r},\ t) \qquad (12.119)$$

となる。これは完全導体を変動する電流が流れるときは表面にのみ分布し，それによる $\boldsymbol{H}_1(\boldsymbol{r},\ t)$ は接線成分のみであることを示している。なお，完全導体の表面においては

$$\mathrm{div}\boldsymbol{J}_s(\boldsymbol{r},\ t) = -\frac{\partial\sigma(\boldsymbol{r},\ t)}{\partial t} \tag{12.120}$$

なる面電流に関する連続の式が成り立っている。

完全導体中では一度電流を流すと永久に電流が流れ続ける。実際に，水銀を極低温まで冷却すると 4.2 K 以下で急に抵抗が 0 になり完全導体としての性質を示す。この現象は鉛などのある種の金属や酸化物でも起こり，**超伝導**（superconductivity）と呼ばれる。しかし，超伝導体と完全導体とはまったく同じものではない。

完全導体のなかでは，$\partial\boldsymbol{B}_2(\boldsymbol{r},\ t)/\partial t = 0$ であるから $\boldsymbol{B}_2(\boldsymbol{r},\ t) = 0$ であるが，$\boldsymbol{B}_2(\boldsymbol{r}) =$ 一定であってもよく定常磁束密度は存在しうる。しかし，実在する完全導体である超伝導体においては，外部からの磁束はなかに入れず全部はじかれてしまい，したがって $\boldsymbol{B}_2(\boldsymbol{r})$ も 0 である。この理由は外部から磁界が近づくと，導体内にそれを打ち消すような電流が生じるからである。この性質を**完全反磁性**（perfect diamagnetiszm）という。すなわち，超伝導体は完全導体であるとともに完全反磁性体でもある。超伝導体が外部磁束をそのなかに入れないことは**マイスナー効果**（Meissner effect）と呼ばれる。

12.10　電磁界のエネルギー

真空中に電界 $\boldsymbol{E}(\boldsymbol{r},\ t)$，磁界 $\boldsymbol{B}(\boldsymbol{r},\ t)$ および電流 $\boldsymbol{j}_c(\boldsymbol{r},\ t)$ が共存しているとして，そのなかに任意の領域 V を考える。領域 V 内の電磁界のエネルギー密度 w〔J/m^3〕は，静電界のエネルギーを与える式（5.12）と静磁界のエネルギーを与える式（11.45）が時間的に変化する場合にも成り立つものとすると

$$w = \frac{1}{2}\,\varepsilon_0 \boldsymbol{E}(\boldsymbol{r},\ t)^2 + \frac{1}{2\mu_0}\boldsymbol{B}(\boldsymbol{r},\ t)^2 = \frac{1}{2}\boldsymbol{E}(\boldsymbol{r},\ t)\cdot\boldsymbol{D}(\boldsymbol{r},\ t) + \frac{1}{2}\boldsymbol{B}(\boldsymbol{r},\ t)\cdot\boldsymbol{H}(\boldsymbol{r},\ t) \tag{12.121}$$

となる。これを領域 V にわたって積分し W〔J〕とおくと

$$W = \int_V w dv = \int_V \left(\frac{1}{2}\,\varepsilon_0 \boldsymbol{E}^2 + \frac{1}{2\mu_0}\boldsymbol{B}^2\right) dv \tag{12.122}$$

となり，これを時間 t で微分すると式 (12.123) となる。

$$\frac{\partial W}{\partial t} = \frac{\partial}{\partial t}\int_V \left(\frac{1}{2}\,\varepsilon_0 \boldsymbol{E}^2 + \frac{1}{2\mu_0}\boldsymbol{B}^2\right) dv = \int_V \left(\boldsymbol{E}\cdot\frac{\partial \boldsymbol{D}}{\partial t} + \boldsymbol{H}\cdot\frac{\partial \boldsymbol{B}}{\partial t}\right) dv \tag{12.123}$$

これにマクスウェルの方程式の式 (12.89)，(12.90) を代入すると

$$\frac{\partial W}{\partial t} = \int_V [\boldsymbol{E}\cdot(\mathrm{rot}\boldsymbol{H} - \boldsymbol{j}_c) - \boldsymbol{H}\cdot\mathrm{rot}\boldsymbol{E}] dv \tag{12.124}$$

が得られる。これに

$$\mathrm{div}(\boldsymbol{E}\times\boldsymbol{H}) = \boldsymbol{H}\cdot\mathrm{rot}\boldsymbol{E} - \boldsymbol{E}\cdot\mathrm{rot}\boldsymbol{H} \tag{12.125}$$

なる関係を適用すると

$$\frac{\partial W}{\partial t} = -\int_V \boldsymbol{E}\cdot\boldsymbol{j}_c\, dv - \int_V \mathrm{div}(\boldsymbol{E}\times\boldsymbol{H}) dv \tag{12.126}$$

この $\partial W/\partial t$〔J/s〕を式 (12.123) で書き換え，領域 V の閉曲面を S として $\mathrm{div}(\boldsymbol{E}\times\boldsymbol{H})$ の体積積分を面積積分に直すと式 (12.127) となる。

$$-\frac{\partial}{\partial t}\int_V \left(\frac{1}{2}\boldsymbol{E}\cdot\boldsymbol{D} + \frac{1}{2}\boldsymbol{B}\cdot\boldsymbol{H}\right) dv = \int_V \boldsymbol{E}\cdot\boldsymbol{j}_c\, dv + \oint_S (\boldsymbol{E}\times\boldsymbol{H})\cdot\boldsymbol{n} dS \tag{12.127}$$

式 (12.27) の左辺は領域 V 内における電磁界エネルギーの単位時間当りの減少である。また，右辺第 1 項は領域 V 内において電流を形成する荷電粒子が電界よりなされる仕事，すなわち荷電粒子が電界より得る運動エネルギーの単位時間当りの増加を，第 2 項は閉曲面 S から外へ単位時間当りに出ていくエネルギーを表している。

したがって，式 (12.127) は領域 V 内の電磁界の全エネルギーの単位時間

当りの減少が，電流を形成する荷電粒子が電界より得る運動エネルギーの単位時間当りの増加と，閉曲面Sから外へ単位時間当りに出ていくエネルギーの和に等しいこと，すなわちエネルギー保存則を意味している。なお，媒質が真空でなく等方・線形・一様な導電性媒質の場合，右辺第1項は

$$\int_V \boldsymbol{E}\cdot\boldsymbol{j}_c\,dv = \int_V \varkappa \boldsymbol{E}^2 dv \qquad (12.128)$$

となるので，これは単位時間に生じるジュール熱を表す。ここで

$$\boldsymbol{S}_p(\boldsymbol{r},\ t) = \boldsymbol{E}(\boldsymbol{r},\ t)\times\boldsymbol{H}(\boldsymbol{r},\ t) \qquad (12.129)$$

とおくと，ベクトル $\boldsymbol{S}_p$〔J/sm²〕はその方向に垂直な単位面積を単位時間に通過するエネルギーを表しており，**ポインティングベクトル**（Poynting vector）と呼ばれる。ところが，例えば平行電極板間に形成された静電界 $\boldsymbol{E}$ に磁石による静磁界 $\boldsymbol{H}$ を重畳（ちょうじょう）した場合，$\boldsymbol{E}\times\boldsymbol{H}$ は0ではないが，$\mathrm{rot}\boldsymbol{E}=0$，$\mathrm{rot}\boldsymbol{H}=0$ であるから

$$\oint_S (\boldsymbol{E}\times\boldsymbol{H})\cdot\boldsymbol{n}dS = \int_V \mathrm{div}(\boldsymbol{E}\times\boldsymbol{H})dv = \int_V (\boldsymbol{H}\cdot\mathrm{rot}\boldsymbol{E} - \boldsymbol{E}\cdot\mathrm{rot}\boldsymbol{H})dv = 0$$

となる。これは，この場合，$\boldsymbol{E}$ と $\boldsymbol{H}$ が何の関係ももたないからである。このような場合があるので，$\boldsymbol{E}\times\boldsymbol{H}$ は必ずしもエネルギーの流れを示すものではない。ただし，静電界 $\boldsymbol{E}$ と静磁界 $\boldsymbol{H}$ が関連をもつ系においては，$\boldsymbol{E}\times\boldsymbol{H}$ は意味をもつ。

例題 12.4　**図 12.21** に示すように，一様な密度 $\boldsymbol{j}_c$ の定常電流 I が流れている半径 a の無限に長い円柱導体がある。この円柱導体内に発生する単位

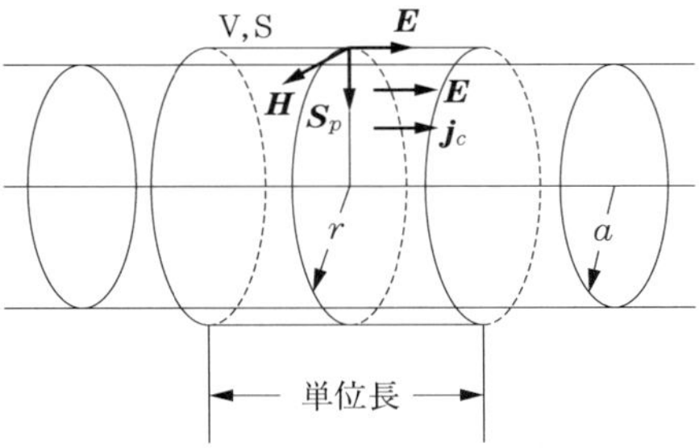

図 12.21　定常電流が流れている無限に長い円柱導体

長さ当りのジュール熱（J/sm）は，円柱導体周囲の電磁界から円柱導体内に流入する単位長さ当りの電磁界のエネルギー（J/sm）に等しいことを示せ。

【解答】　導体内には電流 I の方向と同一方向に一様な電界 $\boldsymbol{E}$ が存在しており，境界条件（*12.112*）より導体表面の外の近傍にも内部と同じ電界 $\boldsymbol{E}$ が存在している。また，導体の内外には磁界 $\boldsymbol{B}$ が円柱断面と同心円の接線方向に生じており，$\boldsymbol{H} = \boldsymbol{B}/\mu_0$ が存在している。したがって，ポインティングベクトル $\boldsymbol{S}_p = \boldsymbol{E} \times \boldsymbol{H}$ は円柱の中心軸に向かう方向に生じる。

導体円柱と同軸でその表面に近接した，半径 $r(> a)$，単位長さの円筒領域 V を設け，その表面 S 上における $\boldsymbol{E}$，$\boldsymbol{H}$ および $\boldsymbol{S}_p$ を図中に示す。式（*12.127*）を円筒領域に適用すると，その左辺は電界 $\boldsymbol{E}$ と磁界 $\boldsymbol{H}$ が時間的に変化しないので 0 となり，円筒領域と重なる導体円柱の体積を V′ とすると

$$-\oint_{\mathrm{S}}(\boldsymbol{E} \times \boldsymbol{H})\cdot\boldsymbol{n}dS = \int_{\mathrm{V}}\boldsymbol{E}\cdot\boldsymbol{j}_c\,dv = \int_{\mathrm{V}'}\boldsymbol{E}\cdot\boldsymbol{j}_c\,dv'$$

が導かれる。ここで $\boldsymbol{n}dS$ の方向は円筒面における外向きの法線方向なので $\boldsymbol{n}dS$ と $\boldsymbol{S}_p$ とは反平行であり，$\boldsymbol{E}$ と $\boldsymbol{H}$ はたがいに垂直で $H = B/\mu_0 = I/2\pi r$ であるから，円筒の単位長さ部分に流入する電磁界のエネルギーは

$$-\oint_{\mathrm{S}}(\boldsymbol{E} \times \boldsymbol{H})\cdot\boldsymbol{n}dS = \oint_{\mathrm{S}}EHdS = E\,\frac{I}{2\pi r} \times 2\pi r = EI$$

となり，右辺の円柱導体の単位長さ当りのジュール熱

$$\int_{\mathrm{V}}\boldsymbol{E}\cdot\boldsymbol{j}_c dv' = Ej_c\pi a^2 = EI$$

と一致する。　◇

演　習　問　題

【1】　例題 ***12.1*** において $V_m = 100$V，$\omega = 2\pi \times 10^3$ rad/s，$d = 1$ cm，$r = 5$ cm，$r_0 = 1.5$ mm，$N = 10$ である場合，変位電流，磁束密度，コイルの起電力それぞれの最大値，I_{dm}，B_m，V_{em} を計算せよ。

【2】　空気中において，電界が $\boldsymbol{E} = \boldsymbol{i}_x E_m \sin \omega t$ であるとき，変位電流密度 $\boldsymbol{j}_d$ を求めよ。

【3】　$\phi(x,\ y,\ z) = 4x^2y + y^3z^2 + 3xz^3$ のとき，点 $(-1,\ 2,\ -1)$ における $\mathrm{grad}\phi$ の値を求めよ。

【4】　$\mathrm{grad}\,(\phi_1\phi_2) = \phi_1\,\mathrm{grad}\phi_2 + \phi_2\,\mathrm{grad}\,\phi_1$ が成り立つことを証明せよ。ϕ_1，ϕ_2 は任意のスカラ関数である。

【5】　ベクトル $\boldsymbol{A}$ が $\boldsymbol{A} = x^2z\boldsymbol{i}_x - 2y^3z^2\boldsymbol{i}_y + xy^2z\boldsymbol{i}_z$ のとき，点 $(1,\ -1,\ -1)$ に

おける div$\boldsymbol{A}$ を求めよ。

【6】 ベクトル $\boldsymbol{A}$ が $\boldsymbol{A} = xz^3\boldsymbol{i}_x - 2x^2yz\boldsymbol{i}_y + 2yz^4\boldsymbol{i}_z$ のとき，点 $(-1, 1, 1)$ における rot$\boldsymbol{A}$ を求めよ。

【7】 ベクトル関数 $\boldsymbol{A}(x, y, z) = (\beta z - \gamma y)\boldsymbol{i}_x + (\gamma x - \alpha z)\boldsymbol{i}_y + (\alpha y - \beta x)\boldsymbol{i}_z$ の div$\boldsymbol{A}$，rot$\boldsymbol{A}$ を求めよ。

【8】 ベクトル関数が $\boldsymbol{A} = 3xyz^2\boldsymbol{i}_x + 2xy^3\boldsymbol{i}_y - x^2yz\boldsymbol{i}_z$，スカラ関数が $\phi = 3x^2 - yz$ のとき，点 $(1, 1, 1)$ における $\boldsymbol{A}\cdot\mathrm{grad}\,\phi$ を求めよ。

【9】 ベクトル界が $x\,y\,z$ 座標系において $\boldsymbol{A} = y\boldsymbol{i}_y$ で与えられているとき，**問図 *12.1*** のような一辺が a の立方体において，式 (*12.34*) のガウスの発散定理が成り立つことを示せ。

【10】 $\boldsymbol{A} = xy\boldsymbol{i}_x - x^2\boldsymbol{i}_y + yz\boldsymbol{i}_z$ のベクトル界において，閉路 C を**問図 *12.2*** に示すように三角形 ABC の周とし，面 S を三角形 ABC とするとき，式 (*12.46*) のストークスの定理が成り立つことを示せ。

【11】 $x\,y\,z$ 座標系で，電位が $V = -x^2/2 + y^2$ で与えられている。これは，静電界かどうか論ぜよ。

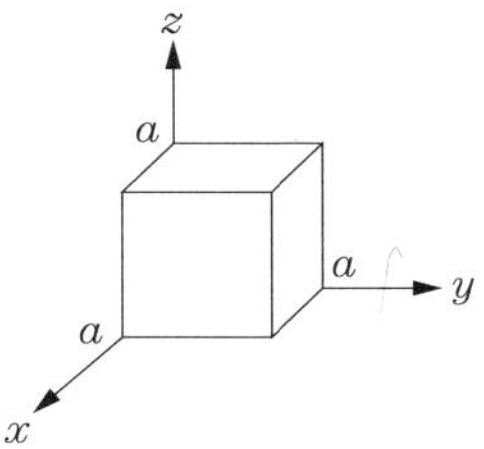

問図 *12.1*

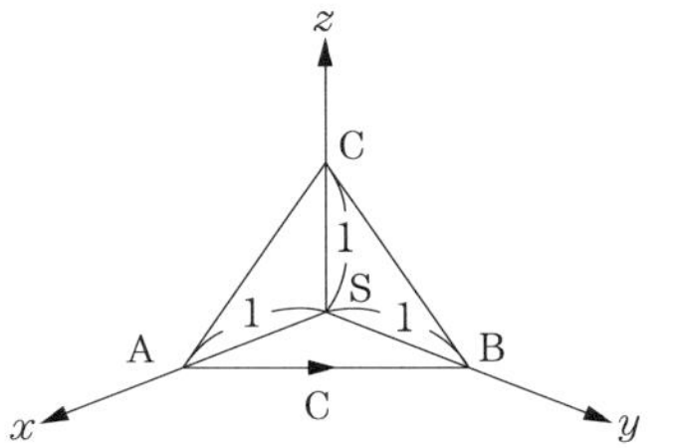

問図 *12.2*

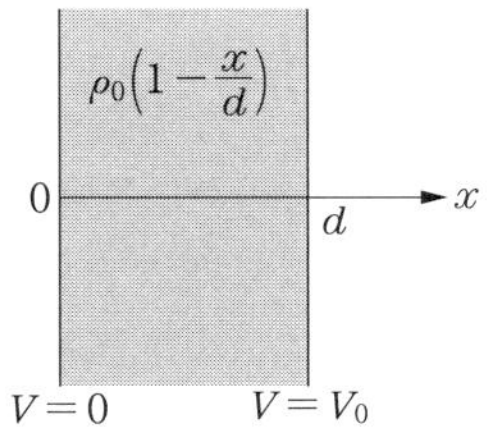

問図 *12.3*

【12】 **問図 *12.3*** に示すように，$x = 0$ および $x = d$ の位置に yz 面に平行に 2 枚の導体平板が置かれている。また，平板間には $\rho(x) = \rho_0(1 - x/d)$〔C/m^3〕の電荷が分布している。$x = 0$ にある導体の電位を $V = 0$，$x = d$ にある導体の電位を $V = V_0$ としたとき，導体平板間の電位 $V(x)$ を求めよ。

【13】 面積が十分に広い 2 枚の平行導体板が接地され間隔 d で置かれており，その間に電荷が一様な密度 ρ_e〔C/m^3〕で分布している。このとき両導体板に働く力 f_x〔N/m^2〕を求めよ。

【14】 誘電率 ε，透磁率 μ の媒質中で，つぎの電界 $\boldsymbol{E}$ と磁束密度 $\boldsymbol{B}$ はマクスウェルの方程式を満たすことを示せ。また，ポインティングベクトル $\boldsymbol{S}_p$ を求め，エ

ネルギーの流れはどの方向かも答えよ。媒質の導電率は0で，電荷分布もないとする。

$$\boldsymbol{E} = A\cos(z - ct)\boldsymbol{i}_x, \quad \boldsymbol{B} = \frac{A}{c}\cos(z - ct)\boldsymbol{i}_y$$

ここで，A は定数，$c = \dfrac{1}{\sqrt{\mu\varepsilon}}$

【15】 銅（$\varkappa = 5.8 \times 10^7\,\Omega^{-1}\cdot\mathrm{m}^{-1}$，$\varepsilon \fallingdotseq \varepsilon_0$）と塩化ビニル（$\varkappa \fallingdotseq 10^{-13}\,\Omega^{-1}\cdot\mathrm{m}^{-1}$，$\varepsilon_r \fallingdotseq 3.5$）のおのおのに，50 Hz の振動電界を加えたときの変位電流密度 $\boldsymbol{j}_d$ の大きさと伝導電流密度 $\boldsymbol{j}_c$ の大きさの比を求めよ。

【16】 点電荷 q が真空中を光速に比べて十分小さい一定の速さ v で一直線上を運動するとき，任意の点Pに生じる変位電流 $\boldsymbol{j}_d$ および磁束密度 $\boldsymbol{B}$ を求め，この $\boldsymbol{B}$ が式 (*8.26*) と一致することを示せ。

【17】 形状と面積 S〔m^2〕が同じ2枚の導体板が間隔 d〔m〕で平行に置かれ，これらの間に交流電圧 $v = V_m \sin\omega t$〔V〕が加えられている。交流電圧電源と導体板を結ぶ導線に流れる真電流 i〔A〕と導体板間の変位電流全体 i_d〔A〕が同じになることを示せ。

【18】 電荷が半径 a の球内に一様な体積密度 ρ_e で分布している場合の電界 $\boldsymbol{E}$ は**例題 2.7** の式 (*2.23*) で与えられる。これが微分形のガウスの法則である式 (*12.64*) を満たすことを確かめよ。

【19】 半径 a の円柱導体内を中心軸方向に一様に分布して流れる面密度 $\boldsymbol{j}_c$ の電流による磁界 $\boldsymbol{B}$ は，式 (*8.39*) で与えられる。これが微分形のアンペアの法則 (*12.70*) を満たすことを確かめよ。

13

電　磁　波

13.1　波動方程式

ここでは，波源から放たれた電磁波がどのように空間を伝わっていくのかを調べる。具体的には，マクスウェルの方程式より出発して波動方程式を導き，その解を求めることより電磁波の性質を明らかにする。その際，考える領域は真空とし，そのなかに波源はないとする。このような空間を**自由空間**（free space）という。また，磁界としては $\boldsymbol{H}$ を用いて諸式を導出する。

式 (12.56)～(12.59) のマクスウェルの方程式において，$\rho_e = 0$，$\boldsymbol{j}_c = 0$ とおくと

$$\mathrm{rot}\,\boldsymbol{E} = -\mu_0 \frac{\partial \boldsymbol{H}}{\partial t} \tag{13.1}$$

$$\mathrm{rot}\,\boldsymbol{H} = \varepsilon_0 \frac{\partial \boldsymbol{E}}{\partial t} \tag{13.2}$$

$$\mathrm{div}\,\boldsymbol{E} = 0 \tag{13.3}$$

$$\mathrm{div}\,\boldsymbol{H} = 0 \tag{13.4}$$

となる。上の方程式は，電界と磁界は相互に影響し合いながら空間中を伝搬することを示している。すなわち，電界が空間中で変化すると，それに伴う変位電流により $\mathrm{rot}\,\boldsymbol{H} = \varepsilon_0 \partial \boldsymbol{E}/\partial t$ で定まる磁界が発生し，磁界が変化すると $\mathrm{rot}\,\boldsymbol{E} = -\mu_0 \partial \boldsymbol{H}/\partial t$ で定まる電界が発生する。このように，電界と磁界は相互に作用しながら周りの空間に広がっていく。電界の波と磁界の波を総称して**電磁波**（electromagnetic wave）という。

ここで，簡単のため，電界 E や磁界 H は z と t のみの関数であるとしよう。式 (13.3)，(13.4) から

$$\frac{\partial E_z}{\partial z} = 0, \quad \frac{\partial H_z}{\partial z} = 0 \tag{13.5}$$

が得られる。また，式 (13.1) より

$$\frac{\partial E_y}{\partial z} = \mu_0 \frac{\partial H_x}{\partial t}, \quad -\frac{\partial E_x}{\partial z} = \mu_0 \frac{\partial H_y}{\partial t}, \quad 0 = \frac{\partial H_z}{\partial t} \tag{13.6}$$

となる。また，式 (13.2) より

$$-\frac{\partial H_y}{\partial z} = \varepsilon_0 \frac{\partial E_x}{\partial t}, \quad \frac{\partial H_x}{\partial z} = \varepsilon_0 \frac{\partial E_y}{\partial t}, \quad 0 = \frac{\partial E_z}{\partial t} \tag{13.7}$$

をそれぞれ得る。

式 (13.5)，(13.6) の第 3 式および式 (13.7) の第 3 式より，E_z，H_z は時間的にも空間的にも変化していないことがわかる。いま，ここでは，変動する電磁界のみを扱うので

$$E_z = H_z = 0 \tag{13.8}$$

とする。式 (13.6) の第 1 式と式 (13.7) の第 2 式を用いて，E_y あるいは H_x のみの式を求めると

$$\frac{\partial^2 E_y}{\partial z^2} = \mu_0 \varepsilon_0 \frac{\partial^2 E_y}{\partial t^2}, \quad \frac{\partial^2 H_x}{\partial z^2} = \mu_0 \varepsilon_0 \frac{\partial^2 H_x}{\partial t^2} \tag{13.9}$$

を得る。同様に式 (13.6) の第 2 式と式 (13.7) の第 1 式より

$$\frac{\partial^2 E_x}{\partial z^2} = \mu_0 \varepsilon_0 \frac{\partial^2 E_x}{\partial t^2}, \quad \frac{\partial^2 H_y}{\partial z^2} = \mu_0 \varepsilon_0 \frac{\partial^2 H_y}{\partial t^2} \tag{13.10}$$

が得られる。

式 (13.9)，(13.10) は，すべて同じ形の微分方程式であり

$$\frac{\partial^2 u}{\partial z^2} = \frac{1}{v^2} \frac{\partial^2 u}{\partial t^2}, \quad u = E_x,\ E_y,\ H_x,\ H_y \tag{13.11}$$

となっていることがわかる。これらの方程式は**一次元の波動方程式** (wave equation) と呼ばれる。

ここで，v は z 軸方向に進む電磁波の伝搬速度であり，空気中のような自由空間中では光速に一致する。

$$v = \frac{1}{\sqrt{\mu_0 \varepsilon_0}} = c = 2.998 \times 10^8 \ \text{〔m/s〕} \tag{13.12}$$

13.2　一次元の波動方程式の解と平面波

ここで，式 (13.9) および式 (13.10) の電界，磁界の解を求める。まず，E_x に関する解を求める。そこで

$$u = z - ct, \quad v = z + ct$$

とおいて，E_x は u，v の関数であるとする。

$$E_x = E_x(u, v) \tag{13.13}$$

これより

$$\frac{\partial^2 E_x}{\partial z^2} = \frac{\partial^2 E_x}{\partial u^2} + 2\frac{\partial^2 E_x}{\partial u \partial v} + \frac{\partial^2 E_x}{\partial v^2},$$

$$\frac{\partial^2 E_x}{\partial t^2} = c^2\left(\frac{\partial^2 E_x}{\partial u^2} - 2\frac{\partial^2 E_x}{\partial u \partial v} + \frac{\partial^2 E_x}{\partial v^2}\right)$$

となるから，式 (13.10) の第 1 式は

$$\frac{\partial^2 E_x}{\partial z^2} - \frac{1}{c^2}\frac{\partial^2 E_x}{\partial t^2} = 4\frac{\partial^2 E_x}{\partial u \partial v} = 4\frac{\partial}{\partial v}\left(\frac{\partial E_x}{\partial u}\right) = 4\frac{\partial}{\partial u}\left(\frac{\partial E_x}{\partial v}\right) = 0 \tag{13.14}$$

と変形される。この式は $\partial E_x/\partial u$ が u のみの関数であり，$\partial E_x/\partial v$ が v のみの関数であることを示している。そこで，u および v の任意関数を，それぞれ $f_1(u)$，$g_1(v)$ とすると，この式を満たす E_x は一般に $E_x = f_1(u) + g_1(v)$ で与えられる。ここで，変数を z と t に戻すと

$$E_x = f_1(z - ct) + g_1(z + ct) \tag{13.15}$$

となり，式 (13.10) の第 1 式の一般解が得られる。

つぎに，式 (13.15) を式 (13.6) の第 2 式へ代入し，それを t で積分し，積分定数を 0 とすると

$$H_y = \sqrt{\frac{\varepsilon_0}{\mu_0}}\left[f_1(z - ct) - g_1(z + ct)\right] \tag{13.16}$$

が得られる。同様にして，式 (13.9) の第1式の解として

$$E_y = f_2(z - ct) + g_2(z + ct) \tag{13.17}$$

が得られ，これと式 (13.7) の第2式より

$$H_x = \sqrt{\frac{\varepsilon_0}{\mu_0}}\left[-f_2(z - ct) + g_2(z + ct)\right] \tag{13.18}$$

が得られる。これらの式のなかで，それぞれの第1項は z 軸の正方向に進む**前進波**（forward wave）の電磁界成分を，また，第2項は z 軸の負方向に伝搬する**後進波**（backward wave）の電磁界成分を表している（**図 13.1**）。

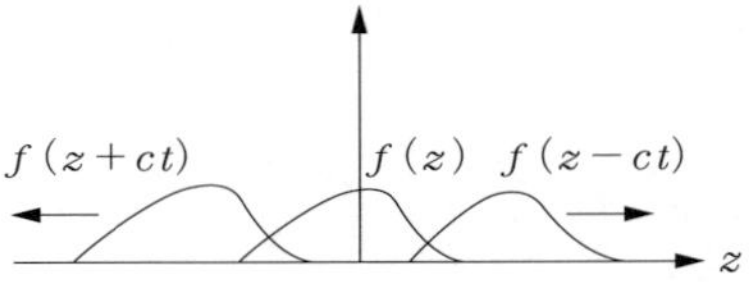

図 13.1　前進波と後進波

さて，式 (13.16)，(13.18) に現れた $\sqrt{\mu_0/\varepsilon_0}$ の単位は Ω であり，インピーダンスを表していることがわかる。その値は，真空中では

$$\eta_0 = \sqrt{\frac{\mu_0}{\varepsilon_0}} \approx 377 \quad [\Omega] \tag{13.19}$$

である。これは**固有インピーダンス**（intrinsic impedance）あるいは**電波インピーダンス，波動インピーダンス**などと呼ばれている。

ここでは，式 (13.15)〜(13.18) において，z 軸の正方向に伝搬する電界を $\boldsymbol{E}^+$，その x 方向成分ベクトルを $\boldsymbol{E}_x{}^+$，y 方向成分ベクトルを $\boldsymbol{E}_y{}^+$，z 軸の正方向に伝搬する磁界を $\boldsymbol{H}^+$，その x 方向成分ベクトルを $\boldsymbol{H}_x{}^+$，y 方向成分ベクトルを $\boldsymbol{H}_y{}^+$ とすると

$$\boldsymbol{E}_x{}^+ = f_1(z - ct)\,\boldsymbol{i}_x, \qquad \boldsymbol{E}_y{}^+ = f_2(z - ct)\,\boldsymbol{i}_y \tag{13.20}$$

$$\boldsymbol{H}_x{}^+ = -\frac{1}{\eta_0} f_2(z - ct)\boldsymbol{i}_x, \qquad \boldsymbol{H}_y{}^+ = \frac{1}{\eta_0} f_1(z - ct)\boldsymbol{i}_y \tag{13.21}$$

$$\boldsymbol{E}^+ = \boldsymbol{E}_x{}^+ + \boldsymbol{E}_y{}^+ = f_1(z - ct)\,\boldsymbol{i}_x + f_2(z - ct)\,\boldsymbol{i}_y \tag{13.22}$$

$$\boldsymbol{H}^+ = \boldsymbol{H}_x{}^+ + \boldsymbol{H}_y{}^+ = \frac{1}{\eta_0}\left[-f_2(z - ct)\boldsymbol{i}_x + f_1(z - ct)\boldsymbol{i}_y\right] \tag{13.23}$$

と表すことができる．式 (13.22)，(13.23) にみられるように，$\boldsymbol{E}^+$ と $\boldsymbol{B}^+$

はつねに xy 平面と平行な面内にあり，それらの進行方向に対して垂直である。したがってこのような電磁波は横波であり，**電磁的横波**（transverse electromagnetic wave：TEM 波）といわれる。このような電磁波の場合は進行方向成分がないから縦波は存在しない。

ここで，式 (13.22)，(13.23) を用いて $\boldsymbol{E}^+$ と $\boldsymbol{H}^+$ の内積を考えると

$$\boldsymbol{E}^+\cdot\boldsymbol{H}^+ = \frac{1}{\eta_0}(-f_1f_2 + f_1f_2) = 0 \qquad (13.24)$$

となるので，$\boldsymbol{E}^+$ と $\boldsymbol{H}^+$ とはつねに直交していることがわかる。また，ポインティングベクトルは

$$\boldsymbol{S}_P = \boldsymbol{E}^+ \times \boldsymbol{H}^+ = \frac{1}{\eta_0}(f_1{}^2 + f_2{}^2)\boldsymbol{i}_z \qquad (13.25)$$

となり，エネルギーは電磁波の伝搬方向に流れていることがわかる。これら $\boldsymbol{E}^+$ と $\boldsymbol{H}^+$ をベクトル表示すると**図 13.2** のようになり，これらのベクトルは xy 面内にあり，それぞれ一様になっている。すなわち，伝搬方向に垂直な一つの平面内で，電界，磁界の大きさは一定になっている。同一の電界，磁界の大きさの点を集めた面を**波面**（wavefront）という。したがって，一次元電磁波の場合，波面は平面となる。この波面が z 方向へ式 (13.12) の速度で伝搬していく。

波面が平面になっている電磁波を**平面電磁波**あるいはたんに**平面波**（plane wave）という。また，$\boldsymbol{E}^+$ と $\boldsymbol{H}^+$ は直交関係を保ちながら一般的には f_1 と f_2

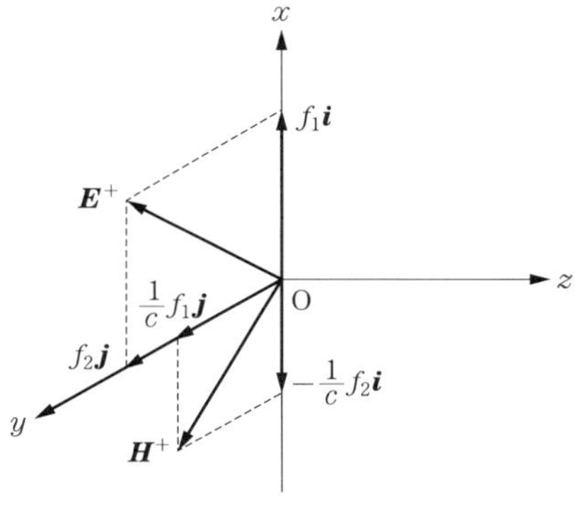

図 13.2 電磁的横波のベクトル

の関数形に従って時間とともに回転する。

z 軸の負の方向に伝搬する電界 $\boldsymbol{E}^-$，磁界 $\boldsymbol{H}^-$ についても，上記と同様なことがいえる。

13.3　三次元の波動方程式

以上は，簡単のため一次元の波動方程式について説明した。ここでは，より一般的に三次元の波動方程式を導く。

いま，式 (13.1) にベクトルの回転を作用させ，式 (13.2) を代入すると

$$\mathrm{rot}\,(\mathrm{rot}\,\boldsymbol{E}) = -\,\varepsilon_0\mu_0\frac{\partial^2\boldsymbol{E}}{\partial t^2} \tag{13.26}$$

となる。ここで，ベクトルの公式

$$\mathrm{rot}\,(\mathrm{rot}\,\boldsymbol{A}) = \mathrm{grad}\,(\mathrm{div}\,\boldsymbol{A}) - \nabla^2\boldsymbol{A} \tag{13.27}$$

を式 (13.26) に適用し，式 (13.3) を代入して式 (13.28) を得る。

$$\nabla^2\boldsymbol{E} = \varepsilon_0\mu_0\frac{\partial^2\boldsymbol{E}}{\partial t^2} \tag{13.28}$$

同様に，式 (13.2) にベクトルの回転を作用させ，式 (13.1)，(13.4) を考慮して

$$\nabla^2\boldsymbol{H} = \varepsilon_0\mu_0\frac{\partial^2\boldsymbol{H}}{\partial t^2} \tag{13.29}$$

を得る。式 (13.28)，(13.29) は**ベクトル波動方程式**と呼ばれる。

式 (13.28)，(13.29) を xyz 直角座標系を用いて各成分で表すと，それらはいずれも

$$\frac{\partial^2 u}{\partial x^2} + \frac{\partial^2 u}{\partial y^2} + \frac{\partial^2 u}{\partial z^2} = \frac{1}{v^2}\frac{\partial^2 u}{\partial t^2},\qquad u = E_x,\ E_y,\ E_z,\ H_x,\ H_y,\ H_z \tag{13.30 a}$$

$$v = c = \frac{1}{\sqrt{\varepsilon_0\mu_0}} \tag{13.30 b}$$

の形の偏微分方程式となる。式 (13.30 a) は**三次元の波動方程式**と呼ばれる。

一般の電磁波の振舞いは，原理的にはこれらの式を解いて得られるが，ここではこれ以上言及しないとする。

13.4　正弦電磁界と複素数表示

いま，簡単のため電界は x 軸方向成分のみをもつとする。すると磁界は y 軸方向成分のみとなり，それらをつぎのように表す。

$$\boldsymbol{E} = f(z - ct)\boldsymbol{i}_x \tag{13.31}$$

$$\boldsymbol{H} = \frac{1}{\eta_0} f(z - ct)\boldsymbol{i}_y \tag{13.32}$$

となる。これらをベクトル表示すると**図 13.3** のようになる。

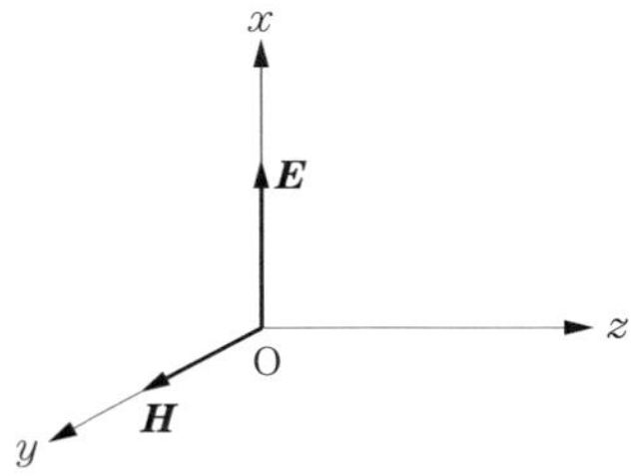

図 13.3　直線偏波のベクトル

式 (13.31)，(13.32) の関数形が，特に

$$f(z - ct) = E_m \sin k(z - ct) \tag{13.33}$$

なる正弦関数である場合には

$$\omega = kc \tag{13.34}$$

とおくと，それらの式は

$$\boldsymbol{E} = E_m \sin(kz - \omega t)\boldsymbol{i}_x \tag{13.35}$$

$$\boldsymbol{H} = \frac{E_m}{\eta_0} \sin(kz - \omega t)\boldsymbol{i}_y \tag{13.36}$$

となる。ここで，ω は角周波数を表す。また，これらの式は $2\pi/k$ の周期で z 方向に空間変化することになるから

$$\lambda = \frac{2\pi}{k} \qquad (13.37)$$

とおくと，λ は式 (13.35)，(13.36) が表す波の**波長** (wave length) となる。逆に，λ を用いれば k は

$$k = \frac{2\pi}{\lambda} \qquad (13.38)$$

で与えられ，**波数** (wave number) と呼ばれる。この k は，1 波長当り 2π〔rad〕の位相変化があり，距離に対する位相変化の割合を与えるので**位相定数** (phase constant) とも呼ばれる。位相定数の場合は k のかわりに β の文字で表されることが多い。式 (13.35)，(13.36) のような式で表される電磁波を**正弦的平面電磁波** (sinusoidal plane electromagnetic wave) という。このような電磁波を**図 13.4** に示す。

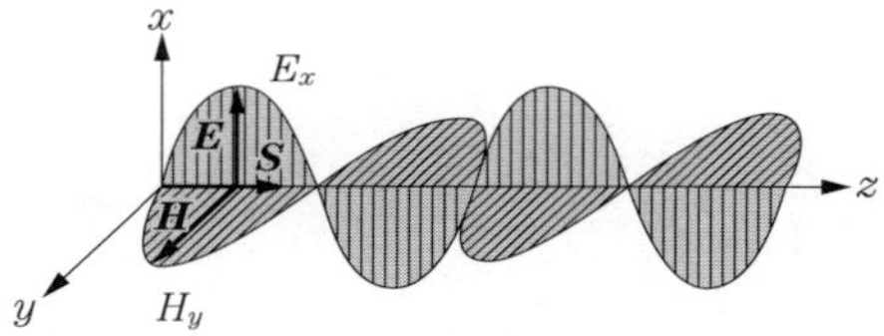

図 13.4　正弦電磁界

式 (13.35)，(13.36) において，位相が一定，すなわち $kz - \omega t =$ 一定であるような点 (x, y, z) の集合も波面を表すが，これを特に**等位相面** (equiphase surface) という。この式によれば，t が決まると等位相面の位置 z が決まり，t が変化すれば z も移動していく。したがって，その速さ v_p は

$$v_p = \frac{dk}{dt} = \frac{\omega}{k} \qquad (13.39)$$

で与えられる。この v_p を正弦的平面電磁波の**位相速度** (phase velocity) という。これは式 (13.34) より，真空中では光速 c にほかならない。

一般に周期的な電磁波はその波長または周波数（振動数）領域によっていろいろな名称で呼ばれる。波長の長い順に，いわゆる無線通信用の電波，光，X 線，γ 線などすべて電磁波であり，波長の差異のほかに本質的な違いはない。なお，**電波** (electric wave) は，電波法という法律で「3 THz (3 000

GHz）以下の電磁波」と定められている。

式（13.35），（13.36）の電磁界は瞬時値表現であり，実在する物理量はつねにこのような実数表示である。しかし，このままの形だと計算には不便なことが多い。正弦波交流回路の計算などで経験したように，正弦波時間変化の場合は計算に複素数を導入すると便利である。

複素数を用いて，式（13.35），（13.36）の電磁界を表すと

$$E_x(z,\ t) = E_m e^{j(\omega t - kz)} = E_m e^{-jkz} e^{j\omega t} = E_x(z) e^{j\omega t} \tag{13.40}$$

$$H_y(z,\ t) = \frac{E_m}{\eta_0} e^{-jkz} e^{j\omega t} = H_y(z) e^{j\omega t} \tag{13.41}$$

となる。虚部が式（13.35），（13.36）の実際の物理量である電界，磁界を表す。以上は関数がスカラの場合を示したが，三次元のベクトル表示の場合であっても同様で，電磁界の時間変化が $e^{j\omega t}$ で表されるときには

$$\boldsymbol{E}(\boldsymbol{r},\ t) = \boldsymbol{E}(\boldsymbol{r})\, e^{j\omega t}, \quad \boldsymbol{H}(\boldsymbol{r},\ t) = \boldsymbol{H}(\boldsymbol{r})\, e^{j\omega t} \tag{13.42}$$

と書くことができる。$e^{j\omega t}$ は各電磁界成分の共通因子となるので，計算課程では省略することができ，電界や磁界は単に

$$\boldsymbol{E}(\boldsymbol{r}) = \boldsymbol{E}_0 e^{-j\boldsymbol{k}_n\cdot\boldsymbol{r}}, \quad \boldsymbol{H}(\boldsymbol{r}) = \boldsymbol{H}_0 e^{-j\boldsymbol{k}_n\cdot\boldsymbol{r}} \tag{13.43}$$

のように表すことができる。$\boldsymbol{k}_n$ は式（13.38）で示した波数（位相定数）ベクトルである。最終的に物理的に意味のある電磁界は式（13.43）のような時間因子を省略した結果に $e^{j\omega t}$ を掛け，その実部あるいは虚部をとればよい。

つぎに，ポインティングベクトルを，式（13.35），（13.36）の電界，磁界で表すと

$$\boldsymbol{S}_p = \boldsymbol{E} \times \boldsymbol{H} = \frac{{E_m}^2}{\eta_0} \sin^2(\omega t - kz)\boldsymbol{i}_z \tag{13.44}$$

となり，これは瞬時値を表していることがわかる。では，式（13.43）の複素数の電界，磁界を用いた場合に，ポインティングベクトルはどうなるのだろうか。結論を先に述べると，式（13.43）の $\boldsymbol{H}$ の共役複素数を $\boldsymbol{H}^*$ で表し

$$\boldsymbol{S}_c = \frac{1}{2} \boldsymbol{E} \times \boldsymbol{H}^* \tag{13.45}$$

の複素数を考え，その実部をとると，それは一般にポインティングベクトル

$\boldsymbol{S}_P = \boldsymbol{E} \times \boldsymbol{H}$ の時間平均を表す〔章末の演習問題【1】〕。すなわち，$\boldsymbol{S}_P$ と $\boldsymbol{S}_c$ の関係は

$$\mathrm{Re}\,(\boldsymbol{S}_c) = \frac{1}{T}\int_0^T \boldsymbol{S}_P dt \tag{13.46}$$

となる。この $\boldsymbol{S}_c$ を**複素ポインティングベクトル**という。

13.5　一般媒質中の平面波

ここでは，媒質の誘電率が ε，透磁率が μ，導電率が σ の一般媒質中の平面波の伝搬について学ぶ。これまでの章では導電率を $\varkappa$ の文字で表したが，ここでは σ の文字で表すとする。

正弦電磁界を扱うとすると，式 (12.89)～(12.92) の物質中のマクスウェルの方程式はつぎのようになる。ただし，電荷 ρ_e は存在しないとし，$\boldsymbol{j}_c = \sigma\boldsymbol{E}$ としている。また，式 (12.95)，(12.96) の関係を用いている。

$$\mathrm{rot}\,\boldsymbol{E}(\boldsymbol{r}) = -j\omega\mu\boldsymbol{H}(\boldsymbol{r}) \tag{13.47}$$

$$\mathrm{rot}\,\boldsymbol{H}(\boldsymbol{r}) = (\sigma + j\omega\varepsilon)\,\boldsymbol{E}(\boldsymbol{r}) \tag{13.48}$$

$$\mathrm{div}\,\boldsymbol{E}(\boldsymbol{r}) = 0 \tag{13.49}$$

$$\mathrm{div}\,\boldsymbol{H}(\boldsymbol{r}) = 0 \tag{13.50}$$

この場合のベクトル波動方程式は，式 (13.28)，(13.29) より，それぞれ

$$\nabla^2\boldsymbol{E} = j\omega\mu(\sigma + j\omega\varepsilon)\,\boldsymbol{E} \tag{13.51}$$

$$\nabla^2\boldsymbol{H} = j\omega\mu(\sigma + j\omega\varepsilon)\,\boldsymbol{H} \tag{13.52}$$

となる。前述のように，これらの一般解は複雑であるので，ここでは，**13.4** 節までと同様，電界や磁界は z と t のみの関数であるとして解析を行う。

$\boldsymbol{E}$，$\boldsymbol{H}$ は z と t のみの関数とすると，x と y に関する偏微分は 0 となるので，式 (13.49)，(13.50) より

$$E_z = 0, \quad H_z = 0 \tag{13.53}$$

となる。これより，$\boldsymbol{E}$，$\boldsymbol{H}$ はそれぞれ x 成分と y 成分をもつが，ここではさらに解析を簡単にするため，電界 $\boldsymbol{E}$ は x 成分のみをもつとする。そのとき，

式 (13.51) は

$$\frac{\partial^2 E_x}{\partial z^2} = j\omega\mu(\sigma + j\omega\varepsilon)E_x \tag{13.54}$$

となる。また，磁界は式 (13.48) の一つの成分式より

$$\frac{\partial H_x}{\partial z} = (\sigma + j\omega\varepsilon)E_y \tag{13.55}$$

であるので，$E_y = 0$ のとき $H_x = 0$ となることがわかる。したがって磁界は y 成分のみとなり，式 (13.52) よりつぎの方程式 (13.56) を満たすことがわかる。

$$\frac{\partial^2 H_y}{\partial z^2} = j\omega\mu(\sigma + j\omega\varepsilon)H_y \tag{13.56}$$

このように，一般媒質中の一次元の電磁界は式 (13.54)，(13.56) の方程式を解いて得られる。

$$\gamma = \sqrt{j\omega\mu(\sigma + j\omega\varepsilon)} \tag{13.57}$$

とおくと，式 (13.54)，(13.56) は

$$\frac{d^2 E_x}{dz^2} = \gamma^2 E_x \tag{13.58}$$

$$\frac{d^2 H_y}{dz^2} = \gamma^2 H_y \tag{13.59}$$

となる。これらは，**ヘルムホルツ** (Helmholtz) の方程式と呼ばれる。

式 (15.57) の γ は**伝搬定数** (propagation constant) と呼ばれ，これを

$$\gamma = \alpha + j\beta \tag{13.60}$$

のように実部と虚部に分け，α と β を求めると

$$\alpha = \omega\sqrt{\frac{\mu\varepsilon}{2}\left[\sqrt{1 + \left(\frac{\sigma}{\omega\varepsilon}\right)^2} - 1\right]} \tag{13.61}$$

$$\beta = \omega\sqrt{\frac{\mu\varepsilon}{2}\left[\sqrt{1 + \left(\frac{\sigma}{\omega\varepsilon}\right)^2} + 1\right]} \tag{13.62}$$

となる。α を**減衰定数** (attenuation constant)，β を**位相定数** (phase constant) という。

さて，式 (13.58) の一般解は

$$E_x = c_1 e^{-\gamma z} + c_2 e^{\gamma z} = c_1 e^{-(\alpha+j\beta)z} + c_2 e^{(\alpha+j\beta)z} \tag{13.63}$$

となり，式中の c_1，c_2 は z 軸の正方向に進む前進波および z 軸の負方向に進む後進波の振幅に関係する量なので $c_1 = E_{0f}$，$c_2 = E_{0b}$ と書くことにすると，式 (13.63) は

$$E_x = E_{0f}\, e^{-(\alpha+j\beta)z} + E_{0b}\, e^{(\alpha+j\beta)z} \tag{13.64}$$

のようになる。同様にして式 (13.59) に対する H_y の解を求めると

$$H_y = H_{0f}\, e^{-(\alpha+j\beta)z} + H_{0b}\, e^{(\alpha+j\beta)z} \tag{13.65}$$

となる。つぎに，E_x と H_y の関係，すなわち E_{0f}，E_{0b} と H_{0f}，H_{0b} の関係を求める。それは，式 (13.48) の一つの成分式

$$-\frac{\partial H_y}{\partial z} = (\sigma + j\omega\varepsilon)E_x \tag{13.66}$$

を用いて

$$H_{0f} = \frac{1}{\eta}E_{0f}, \quad H_{0b} = -\frac{1}{\eta}E_{0b} \tag{13.67}$$

となる。ここに

$$\eta = \frac{\alpha + j\beta}{\sigma + j\omega\varepsilon} = \frac{\gamma}{\sigma + j\omega\varepsilon} = \frac{\sqrt{j\omega\mu(\sigma + j\omega\varepsilon)}}{\sigma + j\omega\varepsilon} = \sqrt{\frac{j\omega\mu}{\sigma + j\omega\varepsilon}} \tag{13.68}$$

である。η を媒質の**固有インピーダンス**あるいは**波動インピーダンス**という。実部と虚部に分けると

$$\eta = R + jX = \frac{\beta}{\sqrt{\sigma^2 + \omega^2\varepsilon^2}} + j\frac{\alpha}{\sqrt{\sigma^2 + \omega^2\varepsilon^2}} \tag{13.69}$$

となる。また，極座標表示では

$$\eta = \eta e^{j\phi} = \sqrt{\frac{\mu}{\varepsilon}}\left[1 + \left(\frac{\sigma}{\omega\varepsilon}\right)^2\right]^{-\frac{1}{4}} \exp\left(j\tan^{-1}\frac{\alpha}{\beta}\right) \tag{13.70}$$

となる。真空中の場合は，$\sigma = 0$，$\mu = \mu_0$，$\varepsilon = \varepsilon_0$ であるので $\eta = \sqrt{\mu_0/\varepsilon_0}$，$\phi = 0$ である。こうして磁界は

$$H_y = \frac{1}{\eta} E_{0f}\, e^{-(\alpha+j\beta)z} - \frac{1}{\eta} E_{0b}\, e^{(\alpha+j\beta)z} \tag{13.71}$$

となる。

13.4 節で述べたように，物理的に意味のある電磁界は，式 (13.64)，(13.71) に時間因子 $e^{j\omega t}$ を掛け，その実部あるいは虚部より得られる。ここでは実部をとるとして

$$\begin{aligned} E_x(z,\ t) &= \mathrm{Re}\left[E_{0f}\, e^{-\alpha z} e^{j(\omega t - \beta z)} + E_{0b}\, e^{\alpha z} e^{j(\omega t + \beta z)}\right] \\ &= E_{0f}\, e^{-\alpha z} \cos(\omega t - \beta z) + E_{0b}\, e^{\alpha z} \cos(\omega t + \beta z) \end{aligned} \tag{13.72}$$

のようになる。

第1項は z の正の向きに進む前進波を，第2項は z の負の向きに進む後進波を表している。それらは，いずれも減衰しながら進むことになる。α を減衰定数という理由がわかるであろう。また，位相一定の点が進む速さ，位相速度 (phase velocity) は

$$v_p = \frac{\omega}{\beta} = \frac{1}{\sqrt{\dfrac{\mu\varepsilon}{2}\left[\sqrt{1 + \left(\dfrac{\sigma}{\omega\varepsilon}\right)^2} + 1\right]}} \tag{13.73}$$

となる。

一般媒質中の位相速度 v_p は真空中の位相速度 $1/\sqrt{\mu_0\varepsilon_0}$ より小さくなる。また，v_p は ω によっても値が変化する。

磁界の瞬時値は，同様にして式 (13.74) のようになる。

$$\begin{aligned} H_y(z,\ t) &= \frac{1}{\eta} E_{0f}\, e^{-\alpha z} \cos(\omega t - \beta z - \phi) \\ &\quad - \frac{1}{\eta} E_{0b}\, e^{\alpha z} \cos(\omega t + \beta z - \phi) \end{aligned} \tag{13.74}$$

前進波のみを考えると，電界，磁界はそれぞれ式 (13.75)，(13.76) のようになる。

$$E_x = E_{0f}\, e^{-\alpha z} \cos(\omega t - \beta z) \tag{13.75}$$

$$H_y = \frac{1}{\eta} E_{0f}\, e^{-\alpha z} \cos(\omega t - \beta z - \phi) \tag{13.76}$$

磁界は電界に対して ϕ だけ位相が遅れて伝搬する。ある時刻 t における E_x，H_y を図示すると**図 13.5** のようになる。

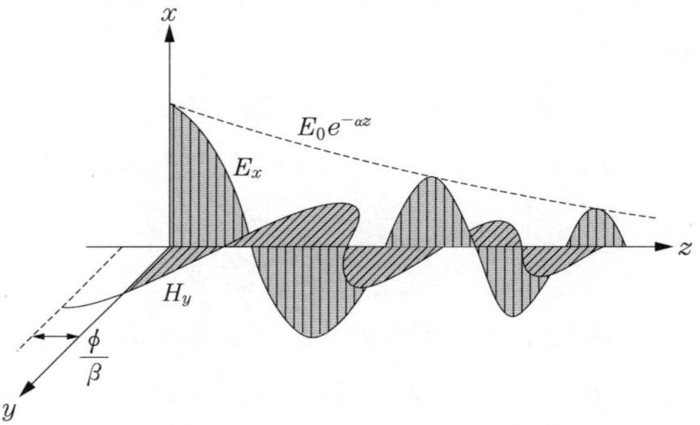

図 13.5　一般媒質中の正弦電磁波

［**誘電体と良導体**］

以上に示した結果は一般的な場合であるので，ここで，実用上重要な誘電体と良導体についてその近似式を求めておく。上で求めた伝搬定数や固有インピーダンスなどの式をみると，$\sigma/\omega\varepsilon$ の値が関係している。これは伝導電流密度 $j_c = \sigma E$ と変位電流密度 $j_d = j\omega\varepsilon E$ の大きさの比を表すものであり，$\sigma/\omega\varepsilon > 1$ のときは，伝導電流の影響が変位電流のそれより大きく，媒質は導体としての性質が強くなる。$\sigma/\omega\varepsilon < 1$ のときはその逆で，誘電体の性質に近くなる。

通常の誘電体では，$\sigma/\omega\varepsilon \ll 1$，また $\mu \cong \mu_0$ であり，この場合の伝搬定数などを示すと

$$\alpha \cong 0, \quad \beta \cong \omega\sqrt{\mu\varepsilon}, \quad v_p \cong \frac{1}{\sqrt{\mu\varepsilon}} = \frac{c}{\sqrt{\varepsilon_r}}, \quad \eta \cong \sqrt{\frac{\mu}{\varepsilon}} = \frac{\eta_0}{\sqrt{\varepsilon_r}} \tag{13.77}$$

のようになる。

ε_r は比誘電率である。これらより，誘電体中を伝わる電磁波の速度は空気中よりも遅くなることがわかる。また，インピーダンスも小さくなる。

つぎに，良導体においては，変位電流に比べ伝導電流が非常に大きいので，$\sigma/\omega\varepsilon \gg 1$ となり，諸定数は

$$\alpha \cong \beta \cong \sqrt{\frac{\omega\mu\sigma}{2}}, \quad v_p \cong \sqrt{\frac{2\,\omega}{\mu\sigma}}$$

$$\eta \cong (1+j)\sqrt{\frac{\omega\mu}{2\,\sigma}} \quad \left(|\,\eta\,| = \sqrt{\frac{\omega\mu}{\sigma}}, \quad \phi = \frac{\pi}{4}\right) \tag{13.78}$$

となる。位相速度は周波数によって変化する。ただし，その値は空気中の光速に比べはるかに小さい。インピーダンスの大きさも一般に η_0 に比べ非常に小さい。また，磁界は電界より $\pi/4$〔rad〕位相が遅れる。

13.6　平面波の反射と屈折

13.6.1　一般媒質境界面における平面波の反射と屈折

13.5 節では，一般媒質内を伝搬する一次元電磁波の様子を述べた。この節では，実用上重要な二つの媒質の境界面で起こる電磁波の**反射**（reflection）や**屈折**（refraction）について学ぶ。

いま，**図 *13.6*** (*a*) に示すように xyz 座標を定め，二つの媒質の境界は $z=0$ の平面であるとする。また，媒質 I，II の誘電率，透磁率，導電率は周波数に依存しない定数で，それぞれ $(\varepsilon_1, \mu_1, \sigma_1)$，$(\varepsilon_2, \mu_2, \sigma_2)$ であるとし，電磁波は図のように ξ_i 軸に沿って境界面に斜めに入射するものとする。このとき，境界面に垂直な法線と**入射波**（incident wave）の進路を含んだ平面を**入射平面**（plane of incidence）という。この入射平面内で，法線と入射方向との角を**入射角**といい θ_i で表す。このようにして入射した電磁波は境界面で反射あるいは屈折を行い，それぞれの方向に進んでいく。**反射波**（reflected wave）および**透過波**（transmitted wave）の進行方向を表す軸をそれぞれ ξ_r，ξ_t とするとき，法線と ξ_r 軸との角を**反射角** θ_r，また法線と ξ_t 軸とのな

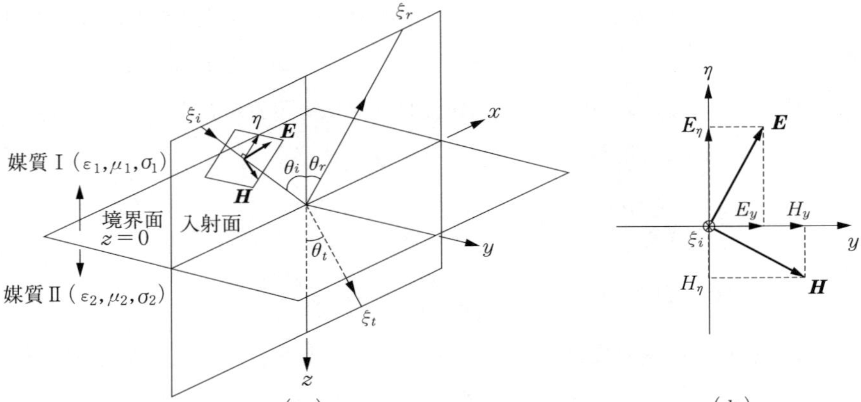

図 13.6　異なる媒質の境界での電磁波の反射と屈折

す角を**屈折角** θ_t という。

さて，平面波の電界と磁界はたがいに直交し，また，それらは進行方向に対して垂直な平面内にあることは前に述べた。入射波に対してこれをみると，電界，磁界は**図 13.6**（a）に示すように ξ_i 軸に垂直な平面内にある。その平面を図（b）に示すように ηy 面とすると，電磁界は入斜面に平行な成分と，垂直な成分に分解することができる。すなわち，図のように，電界，磁界の組みが E_y，H_η の場合と，E_η，H_y の場合に分けられる。

前者は電界が入射面に垂直，また境界面に平行になっており **TE 波**（transverse electric wave）入射と呼ばれる。後者は磁界が入射面に対して垂直で **TM 波**（transverse magnetic wave）入射と呼ばれる。これら二つの場合の解がわかれば，一般の入射波の解は，二つの場合の解を適当な大きさの比で組み合わせて得られる。

〔1〕 **TE 波入射**　　**図 13.7** に示すように，TE 波入射の場合，電界は y 方向成分のみであるので，媒質 I の伝搬定数を $\gamma_1 = \sqrt{j\omega\mu_1(\sigma_1 + j\omega\varepsilon_1)}$ として，ξ_i 軸方向に進行する電界波は式 (13.79) で表される。

$$E_y{}^i(\xi_i) = E_0{}^i e^{-\gamma_1 \xi_i} \qquad (13.79)$$

ξ_i を x，z 座標で表すと

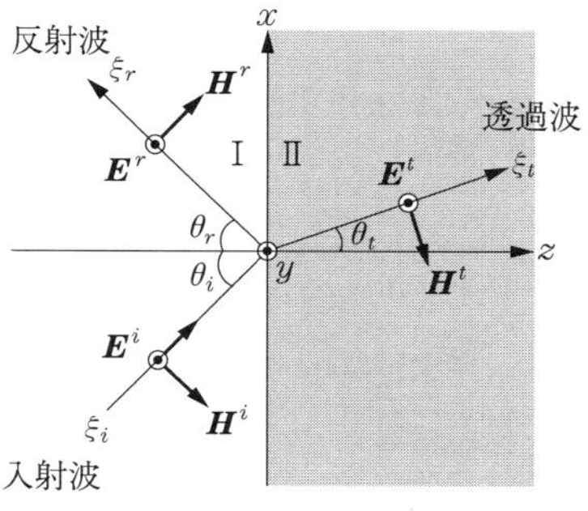

図 **13.7** TE 波入射

$$\xi_i = x \sin \theta_i + z \cos \theta_i \tag{13.80}$$

であるので，式 (13.79) は式 (13.81) のようになる。

$$E_y{}^i(x,\ z) = E_0{}^i e^{-\gamma_1 (x \sin\theta_i + z \cos\theta_i)} \tag{13.81}$$

これに対する磁界 $\boldsymbol{H}^i$ は，前進波の関係より

$$H^i = \frac{E_y{}^i}{\eta_1}, \quad \eta_1 = \sqrt{\frac{j\omega\mu_1}{\sigma_1 + j\omega\varepsilon_1}}$$

となる。η_1 は媒質 I の固有インピーダンスである。H^i の x 成分，z 成分は上式および式 (13.81) の関係を用いて式 (13.82) となる。

$$H_x{}^i(x,\ z) = -H^i \cos \theta_i = -\frac{E_0{}^i}{\eta_1} \cos \theta_i\, e^{-\gamma_1 (x \sin\theta_i + z \cos\theta_i)} \tag{13.82}$$

$$H_z{}^i(x,\ z) = H^i \sin \theta_i = \frac{E_0{}^i}{\eta_1} \sin \theta_i\, e^{-\gamma_1 (x \sin\theta_i + z \cos\theta_i)} \tag{13.83}$$

透過波に対しても同様であり，媒質IIの伝搬定数，固有インピーダンスは

$$\gamma_2 = \sqrt{j\omega\mu_2 (\sigma_2 + j\omega\varepsilon_2)}, \quad \eta_2 = \sqrt{\frac{j\omega\mu_2}{\sigma_2 + j\omega\varepsilon_2}}$$

であるので，入射波の結果において，添字 i を t に，また $\eta_1 \to \eta_2$ と置き換え

$$E_y{}^t(x,\ z) = E_0{}^t e^{-\gamma_2 (x \sin\theta_t + z \cos\theta_t)} \tag{13.84}$$

$$H_x{}^t(x,\ z) = -\frac{E_0{}^t}{\eta_2} \cos \theta_t\, e^{-\gamma_2 (x \sin\theta_t + z \cos\theta_t)} \tag{13.85}$$

$$H_z{}^t(x,\ z) = \frac{E_0{}^t}{\eta_2} \sin \theta_t\, e^{-\gamma_2 (x \sin\theta_t + z \cos\theta_t)} \tag{13.86}$$

となる。

つぎに，反射波に対しては，ξ_r と x，z 座標の関係は

$$\xi_r = x\sin\theta_r - z\cos\theta_r \tag{13.87}$$

となることを考慮して，電界，磁界はつぎのようになる。

$$E_y{}^r(x,\ z) = E_0{}^r e^{-\gamma_1(x\sin\theta_r - z\cos\theta_r)} \tag{13.88}$$

$$H_x{}^r(x,\ z) = \frac{E_0{}^r}{\eta_1}\cos\theta_r\, e^{-\gamma_1(x\sin\theta_r - z\cos\theta_r)} \tag{13.89}$$

$$H_z{}^r(x,\ z) = \frac{E_0{}^r}{\eta_1}\sin\theta_r\, e^{-\gamma_1(x\sin\theta_r - z\cos\theta_r)} \tag{13.90}$$

ここで，$E_0{}^i$，$E_0{}^r$，$E_0{}^t$ の関係や，θ_i，θ_r，θ_t の関係を求めよう。そのためには，$z=0$ の境界面における電磁界の境界条件が必要である。***12.10*** 節で述べたように，電界，磁界ともそれらの接線方向成分が境界面で連続でなくてはならないので

$$E_y{}^i(x,\ 0) + E_y{}^r(x,\ 0) = E_y{}^t(x,\ 0) \tag{13.91}$$

$$E_x{}^i(x,\ 0) + H_x{}^r(x,\ 0) = H_x{}^t(x,\ 0) \tag{13.92}$$

となる。これらより式 (*13.93*) を得る。

$$E_0{}^i e^{-\gamma_1 x\sin\theta_i} + E_0{}^r e^{-\gamma_1 x\sin\theta_r} = E_0{}^t e^{-\gamma_2 x\sin\theta_t} \tag{13.93}$$

$$-\frac{E_0{}^i}{\eta_1}\cos\theta_i\, e^{-\gamma_1 x\sin\theta_i} + \frac{E_0{}^r}{\eta_1}\cos\theta_r\, e^{-\gamma_1 x\sin\theta_r} = -\frac{E_0{}^t}{\eta_2}\cos\theta_t\, e^{-\gamma_2 x\sin\theta_t} \tag{13.94}$$

式 (*13.93*) が任意の x の値に対して成り立つためには，各項が x の同一関数でなければならない。すなわち

$$\gamma_1 x\sin\theta_i = \gamma_1 x\sin\theta_r = \gamma_2 x\sin\theta_t \tag{13.95}$$

となり，これより

$$\theta_i = \theta_r,\quad \frac{\sin\theta_i}{\sin\theta_t} = \frac{\gamma_2}{\gamma_1} \tag{13.96}$$

を得る。式 (*13.96*) の第1式は，反射角は入射角に等しいことを示す**反射の法則**（law of reflection）であり，第2式は，**屈折の法則**（law of refraction）あるいは**スネル**（Snell）**の法則**と呼ばれる。

つぎに $E_0{}^i$，$E_0{}^r$，$E_0{}^t$ の関係を求める。式 (13.94)，(13.95) に式 (13.96) の関係を代入して

$$E_0{}^i + E_0{}^r = E_0{}^t \tag{13.97}$$

$$-\frac{E_0{}^i}{\eta_1}\cos\theta_i + \frac{E_0{}^r}{\eta_1}\cos\theta_i = -\frac{E_0{}^t}{\eta_2}\cos\theta_t \tag{13.98}$$

となる。これより $R_{TE} = E_0{}^r/E_0{}^i$，$T_{TE} = E_0{}^t/E_0{}^i$ をそれぞれ求めると

$$R_{TE} = \frac{E_0{}^r}{E_0{}^i} = \frac{\eta_2\cos\theta_i - \eta_1\cos\theta_t}{\eta_1\cos\theta_t + \eta_2\cos\theta_i} \tag{13.99}$$

$$T_{TE} = \frac{E_0{}^t}{E_0{}^i} = \frac{2\eta_2\cos\theta_i}{\eta_1\cos\theta_t + \eta_2\cos\theta_i} \tag{13.100}$$

となる。R_{TE} を**反射係数**（reflection coefficient），T_{TE} を**透過係数**（transmission coefficient）という。

〔*2*〕 **TM 波入射**　この場合は，**図 *13.8*** に示すように，磁界が y 方向成分のみとなる。TE 波入射の場合と同様にして，入射波，反射波，透過波の電磁界は式 (13.101)～(13.109) のようになる。ただし，屈折の法則を考慮している。

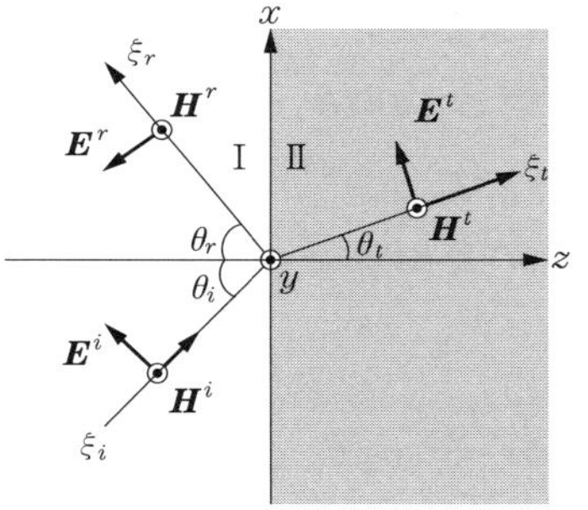

図 *13.8*　TM 波入射

入射波　$H_y{}^i(x,\ z) = H_0^i\, e^{-\gamma_1(x\sin\theta_i + z\cos\theta_i)}$　(13.101)

$$E_x{}^i(x,\ z) = \eta_1 H_0{}^i\cos\theta_i\, e^{-\gamma_1(x\sin\theta_i + z\cos\theta_i)} \tag{13.102}$$

$$E_z{}^i(x,\ z) = -\eta_1 H_0{}^i\sin\theta_i\, e^{-\gamma_1(x\sin\theta_i + z\cos\theta_i)} \tag{13.103}$$

反射波　$H_y{}^r(x,\ z) = H_0{}^r e^{-\gamma_1(x\sin\theta_i - z\cos\theta_i)}$　(13.104)

$$E_x{}^r(x,\ z) = -\eta_1 H_0{}^r\cos\theta_i\, e^{-\gamma_1(x\sin\theta_i - z\cos\theta_i)} \tag{13.105}$$

$$E_z^r(x,\ z) = -\ \eta_1 H_0^r \sin\theta_i\, e^{-\gamma_1 (x \sin\theta_i - z\cos\theta_i)} \tag{13.106}$$

透過波　$$H_y^t(x,\ z) = H_0^t\, e^{-\gamma_2 (x \sin\theta_t + z\cos\theta_t)} \tag{13.107}$$

$$E_x^t(x,\ z) = \eta_2 H_0^t \cos\theta_t\, e^{-\gamma_2 (x \sin\theta_t + z\cos\theta_t)} \tag{13.108}$$

$$E_z^t(x,\ z) = -\ \eta_2 H_0^t \sin\theta_t\, e^{-\gamma_2 (x \sin\theta_t + z\cos\theta_t)} \tag{13.109}$$

これらに，電界，磁界の境界条件およびスネルの法則を考慮して，TE 波入射の場合と同様，境界面に平行な電界成分を用いて反射係数 R_{TM}，透過係数 T_{TM} を求めると

$$R_{TM} = \frac{E_x^r(x,\ 0)}{E_x^i(x,\ 0)} = -\frac{H_0^r}{H_0^i} = \frac{\eta_2\cos\theta_t - \eta_1\cos\theta_i}{\eta_1\cos\theta_i + \eta_2\cos\theta_t} \tag{13.110}$$

$$T_{TM} = \frac{E_x^t(x,\ 0)}{E_x^i(x,\ 0)} = \frac{\eta_2\cos\theta_t}{\eta_1\cos\theta_i}\frac{H_0^t}{H_0^i} = \frac{2\eta_2\cos\theta_t}{\eta_1\cos\theta_i + \eta_2\cos\theta_t} \tag{13.111}$$

のようになる。

ここで得たスネルの法則や反射係数，透過係数などは複素数であり，それらから物理的意味をとらえるのは非常に難しい。したがって，***13.6.2*** 項以降で場合分けして本項の結果を適用し，その意味を考えていくことにする。

13.6.2　誘電体境界面における反射と屈折

本項では，媒質が誘電体の場合に対して，***13.6.1*** 項で得た反射係数をもう少し詳しく調べる。通常の誘電体では，$\mu_1 = \mu_2 = \mu_0$，$\sigma_1 = \sigma_2 = 0$ としてよいので，式 (*13.99*)，(*13.110*) の反射係数は式 (*13.112*)，(*13.113*) のようになる。

$$R_{TE} = \frac{\cos\theta_i - \sqrt{\dfrac{\varepsilon_2}{\varepsilon_1} - \sin^2\theta_i}}{\cos\theta_i + \sqrt{\dfrac{\varepsilon_2}{\varepsilon_1} - \sin^2\theta_i}} = \frac{\cos\theta_i - \sqrt{\left(\dfrac{n_2}{n_1}\right)^2 - \sin^2\theta_i}}{\cos\theta_i + \sqrt{\left(\dfrac{n_2}{n_1}\right)^2 - \sin^2\theta_i}} \tag{13.112}$$

$$R_{TM} = -\frac{\dfrac{\varepsilon_2}{\varepsilon_1}\cos\theta_i - \sqrt{\dfrac{\varepsilon_2}{\varepsilon_1} - \sin^2\theta_i}}{\dfrac{\varepsilon_2}{\varepsilon_1}\cos\theta_i + \sqrt{\dfrac{\varepsilon_2}{\varepsilon_1} - \sin^2\theta_i}}$$

$$= -\frac{\left(\dfrac{n_2}{n_1}\right)^2 \cos\theta_i - \sqrt{\left(\dfrac{n_2}{n_1}\right)^2 - \sin^2\theta_i}}{\left(\dfrac{n_2}{n_1}\right)^2 \cos\theta_i + \sqrt{\left(\dfrac{n_2}{n_1}\right)^2 - \sin^2\theta_i}} \tag{13.113}$$

ここで，n_1，n_2 $(n = c/v = \sqrt{\varepsilon/\varepsilon_0} = \sqrt{\varepsilon_r})$ はそれぞれ媒質 I，II の**屈折率**(index of refraction) である。式 (13.112)，(13.113) の関係は，**フレネル**(Fresnel) **の公式**と呼ばれている。

ここで式 (13.112)，(13.113) の反射係数が入射角 θ_i に対してどのように変化するかをみてみよう。$n_2/n_1 > 1$ の場合と $n_2/n_1 < 1$ の場合について，θ_i の変化に対する R_{TE}，R_{TM} の変化を示したのが**図 13.9** (*a*)，(*b*) である。

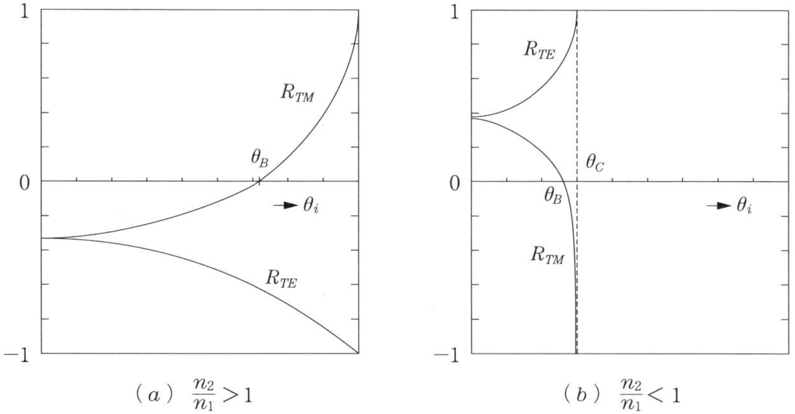

図 13.9　入射角に対する反射係数

これらの図からわかるように，TE 波入射の場合，$\varepsilon_1 \neq \varepsilon_2$ のときは反射係数は決して 0 にならないが，TM 波入射の場合は，特定の入射角（θ_B とする）のとき，反射係数 R_{TM} が 0（無反射）となる。このとき，入射波はすべて隣りの媒質に伝搬していく。この θ_B を**ブルースター角**（Brewster angle）という。それは式 (13.113) において $R_{TM} = 0$ より

$$\tan\theta_B = \sqrt{\frac{\varepsilon_2}{\varepsilon_1}} = \frac{n_2}{n_1} \tag{13.114}$$

となる。また，そのときの屈折角 θ_t を θ_{tB} とすると式 (13.115) の関係がある。

$$\theta_{tB} + \theta_B = \frac{\pi}{2} \tag{13.115}$$

以上は，無反射，すなわち反射係数が 0 となる場合を考えたが，逆に，反射係数の絶対値が 1 となるときを考える。このような状態を**完全反射** (total reflection) といい，入射波はすべて反射される。式 (13.112)，(13.113) をみると，いずれの反射係数も $R = \pm(a - \sqrt{b})/(a + \sqrt{b})$ の形をしている。この式において，$|R| = 1$ となるのは，a は実数であるので，b が 0 か負の数のときである。すなわち，$\sqrt{(n_2/n_1)^2 - \sin^2\theta_i}$ が 0 か純虚数のときに生じる。

$$\sin\theta_i \geqq \frac{n_2}{n_1} = \sqrt{\frac{\varepsilon_2}{\varepsilon_1}} \tag{13.116}$$

$|R_{TE}| = |R_{TM}| = 1$ となる入射角を**臨界角** θ_C といい，それは

$$\theta_C = \sin^{-1}\left(\frac{n_2}{n_1}\right) = \sin^{-1}\sqrt{\frac{\varepsilon_2}{\varepsilon_1}} \tag{13.117}$$

で与えられる。また，$\theta_i > \theta_C$ となる角を全反射角という。式 (13.117) において，$\sin\theta_i \leqq 1$ であるので，完全反射は，$n_1 > n_2\,(\varepsilon_1 > \varepsilon_2)$ のときにだけ起こる。

［電磁波が境界面に垂直に入射する場合］

この場合は $\theta_i = 0$ であり，反射係数および透過係数は，それぞれ式 (13.118) のようになる。

$$R_{TE} = R_{TM} = \frac{\sqrt{\varepsilon_1} - \sqrt{\varepsilon_2}}{\sqrt{\varepsilon_1} + \sqrt{\varepsilon_2}}, \quad T_{TE} = T_{TM} = \frac{2\sqrt{\varepsilon_1}}{\sqrt{\varepsilon_1} + \sqrt{\varepsilon_2}} \tag{13.118}$$

このように，垂直入射の場合は，TE 波入射と TM 波入射の結果は同じになる。

式 (13.118) より，$\varepsilon_1 > \varepsilon_2$ のときは反射係数は正となり，入射電界と反射電界は同じ向きとなる。ただし，$\boldsymbol{E}$ と $\boldsymbol{H}$ は進行方向に対してつねに右ねじの関係にあるので，反射磁界は入射磁界と逆向きになる。$\varepsilon_1 < \varepsilon_2$ のときは反射係数は負となり，入射電界と反射電界は逆向きになるが，反射磁界は入射磁界と同方向である。透過係数はつねに正であるので，透過電界は入射電界と同じ向きである。以上の関係を示したものが**図 13.10** である。

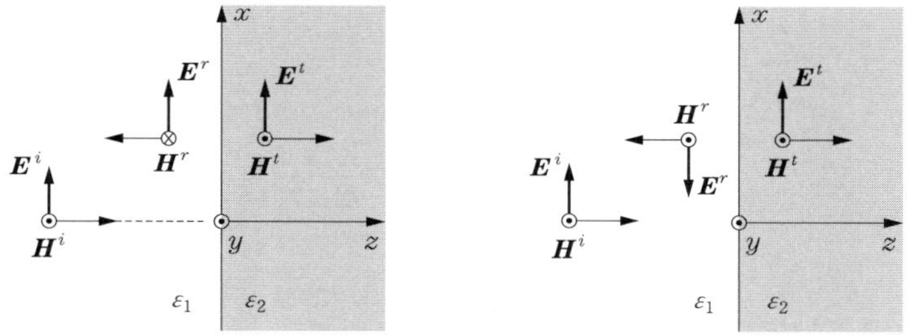

（a）　$\varepsilon_1 > \varepsilon_2$　　　（b）　$\varepsilon_1 < \varepsilon_2$

図 13.10　垂直入射角の場合の反射透過

13.6.3　導電性媒質への平面波の入射と反射

本項では，空気中から導電性媒質に平面波が垂直に入射する場合を考える。垂直入射の場合は TE 波入射と TM 波入射は本質的に同じであるので，この場合の空気中および導電性媒質中の電磁界は，**13.6.1** 項の TE 波入射の結果において，$\gamma_1 \to j\beta_0$，$\gamma_2 = \alpha_2 + j\beta_2$，$\eta_1 \to \eta_0$，$\theta_i = \theta_r = \theta_t = 0$ とおいて

$$E_y = E_y{}^i + E_y{}^r = E_0{}^i\, e^{-j\beta_0 z} + R_{TE}\, E_0{}^i\, e^{j\beta_0 z} \tag{13.119}$$

$$H_x = H_x{}^i + H_x{}^r = -\frac{E_0{}^i}{\eta_0}\, e^{-j\beta_0 z} + R_{TE}\frac{E_0{}^i}{\eta_0}\, e^{j\beta_0 z} \tag{13.120}$$

$$E_y{}^t = T_{TE}\, E_0{}^i e^{-\alpha_2 z} e^{-j\beta_2 z}, \quad H_x{}^t = T_{TE}\frac{E_0{}^i}{\eta_2}\, e^{-\alpha_2 z} e^{-j\beta_2 z} \tag{13.121}$$

となる。ここに，R_{TE}，T_{TE} は式 (13.122) の反射係数，透過係数である。

$$R_{TE} = \frac{\eta_2 - \eta_0}{\eta_2 + \eta_0}, \quad T_{TE} = \frac{2\eta_2}{\eta_2 + \eta_0} \tag{13.122}$$

以上の関係を図示すると**図 *13.11*** のようになる。図は電界について示したものであるが，透過波に着目すると，これは，z 方向に位相定数が β_2 で，また振幅が $e^{-\alpha_2 z}$ の形で弱まっていく電磁波であることがわかる。このような減衰は，媒質の導電率が 0 でないため，後述のように電流が流れ，ジュール熱を発生するために起きる。

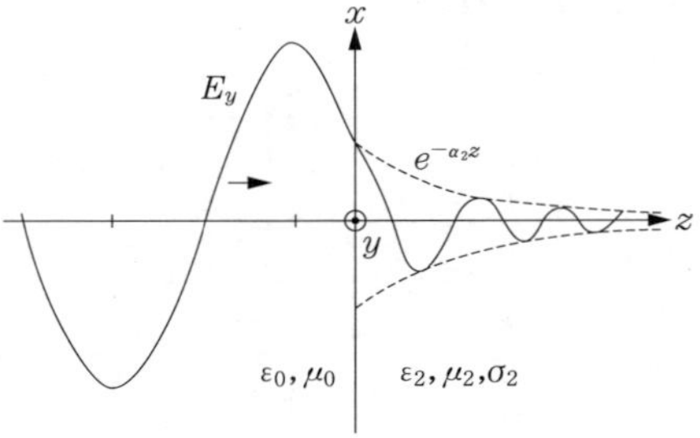

図 *13.11*　導電性媒質への入射と透過波の様子

ここで導電性媒質は良導体であるとして，透過波をみてみよう。良導体のときは $\sigma/\omega\varepsilon \gg 1$ であるので，式 (*13.78*) で示したように

$$\alpha_2 = \beta_2 = \sqrt{\frac{\omega\mu_0\sigma_2}{2}}, \quad \eta_2 = \sqrt{\frac{\omega\mu_0}{2\sigma_2}}(1+j) = \sqrt{\frac{\omega\mu_0}{\sigma_2}}\, e^{j\frac{\pi}{4}}$$

となる。また，$\sqrt{\omega\varepsilon_0/\sigma_2} \ll 1$ であるので，$|\eta_2| \ll \eta_0$ となる。これらの関係を用いると透過係数は

$$T_{TE} = \frac{2\eta_2}{\eta_2 + \eta_0} \cong 2\frac{\eta_2}{\eta_0} = 2\sqrt{\frac{\omega\varepsilon_0}{\sigma_2}}\, e^{j\frac{\pi}{4}} \tag{13.123}$$

となり，非常に小さな値であることがわかる。逆に反射係数は －1 に近い値となり，後で述べる完全導体に近くなる。

式 (*13.123*) を用いて透過波の電界は，式 (*13.121*) の第 1 式より

$$E_y{}^t = 2\sqrt{\frac{\omega\varepsilon_0}{\sigma_2}}\, E_0{}^i\, e^{j\frac{\pi}{4}} e^{-\alpha_2 z} e^{-j\beta_2 z} \tag{13.124}$$

のようになる。

電界は式 (*13.124*) のように，導体中を減衰して進む。電界の大きさが $z=0$ での値の $1/e$ 倍（約 37 %）になる距離を**表皮の厚さ**（skin depth）とい

う。その距離 δ は

$$\delta = \frac{1}{\alpha_2} = \sqrt{\frac{2}{\omega\mu_0\sigma_2}} \tag{13.125}$$

となる。

〔1〕 **良導体中の電流**　以上は，良導体板に電磁波が垂直入射した場合の媒質中の電界波 $E_y{}^t$ について述べたが，これは，導体中を y 方向に流れている電流の分布と本質的に同じである。すなわち導体中の電流は

$$\begin{aligned} J_y &= \sigma_2 E_y{}^t \\ &= 2\sqrt{\omega\varepsilon_0\sigma_2}\, E_0{}^i e^{j\frac{\pi}{4}} e^{-\alpha_2 z} e^{-j\beta_2 z} \end{aligned} \tag{13.126}$$

となる。この場合も，電流の大きさが，境界（$z = 0$）の値の $1/e$ 倍になる距離は，式（13.125）の δ で与えられるが，それは，電流は導体の表面から深さ δ までは存在しているが，それ以上の深さではほとんど流れていないと考えてよいことを意味している。例として，銅の場合で考えると，式（13.125）に $\sigma_2 = 5.8 \times 10^7$ S/m，$\mu_0 = 4\pi \times 10^{-7}$H/m を代入して，$\delta$ は

$$\delta = \frac{66}{\sqrt{f}} \quad \text{〔mm〕} \tag{13.127}$$

となる。

このように，周波数が高くなると，電流は表面に集中して流れるようになる。この現象は，**表皮効果**（skin effect）と呼ばれる。

〔2〕 **完全導体と定在波**　つぎに，空気中から完全導体面に平面波が垂直に入射する場合を考える。この場合の電界，磁界は式（13.119），（13.120）において，$R_{TE} = -1$，$T_{TE} = 0$ を代入し

$$E_y = -2\, jE_0{}^i \sin\beta_0 z \tag{13.128}$$

$$H_x = -2\frac{E_0{}^i}{\eta_0}\cos\beta_0 z \tag{13.129}$$

となる。これらの式において，極大点と零点の位置は時間に関係なく固定されている。このような波を**定在波**（standing wave）という。これらの定在波の波長は $\lambda_0 = 2\pi/\beta_0$ である。

式 (*13.128*), (*13.129*) の定在波の極大点，零点は $\lambda_0/4$ ごとに交互に生じる。すなわち，E_y と H_x の零点は $\lambda_0/4$ だけずれる（**図 *13.12***）。また，これらの結果より，完全導体表面で電界は 0 であるが，磁界は最大となっていることがわかる。これは，完全導体板に電磁波が入射すると導体板に電流が流れ，それが磁界やそれに伴う電界を誘起し，誘起電界が導体表面で入射電界と

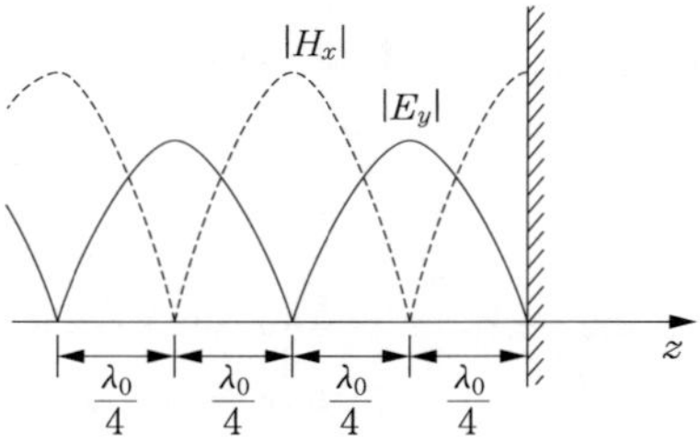

図 *13.12* 定　在　波

コーヒーブレイク

電離層と電磁波の伝搬

地球の上空には**図 *1*** に示すように，地上から約 60〜400 km の範囲に**電離層**と呼ばれる層がある。電離層では，太陽の紫外線などにより大気が電離され，電子とイオンが混在するプラズマ状態となっている。電離層は，地上約 60〜90 km の高さにある D 層，地上約 100 km にある E 層，地上約 200〜400 km にある F 層で構成され，電子密度分布は**図 *2*** のようになっている。電離層の範囲や電子密度分布は，季節，天候，時刻によって大きく変化し，例えば，D 層は夜間や冬季になるとほとんど消滅すると考えられている。

この電離層に電磁波が入射すると屈折，反射，吸収などの影響を受ける。その影響の概要をみるため電離層の等価比誘電率を近似的に求めると，式 (*a*) のようになる〔参考文献 18) 参照〕。

$$\varepsilon_r(h) = 1 - \frac{e^2 N(h)}{m_e\,\varepsilon_0 \omega^2} \qquad (a)$$

ここで，h は地上からの高さ，e，m_e は電子の電荷，質量，ω は電磁波の角周波数，$N(h)$ は**図 *2*** の電子密度分布である。式 (*a*) は，電離層の等価比誘電率は 1 より小さいことを示している。式 (*a*) をスネルの法則に代入すると

$$\sin\theta_i = \sqrt{\varepsilon_r(h)}\,\sin\theta_t(h) \qquad (b)$$

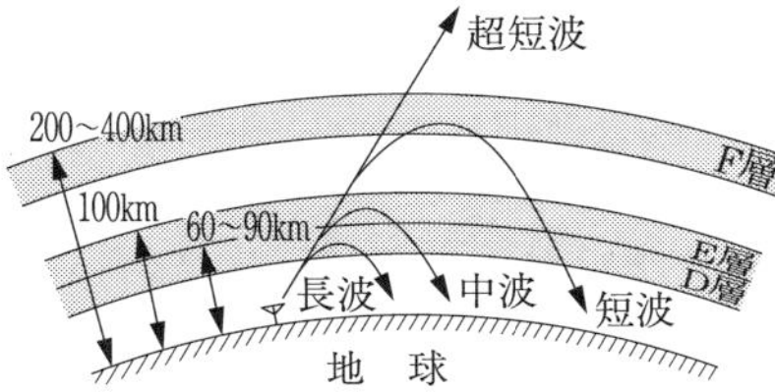

図 *1*　電離層の種類と電磁波の伝搬

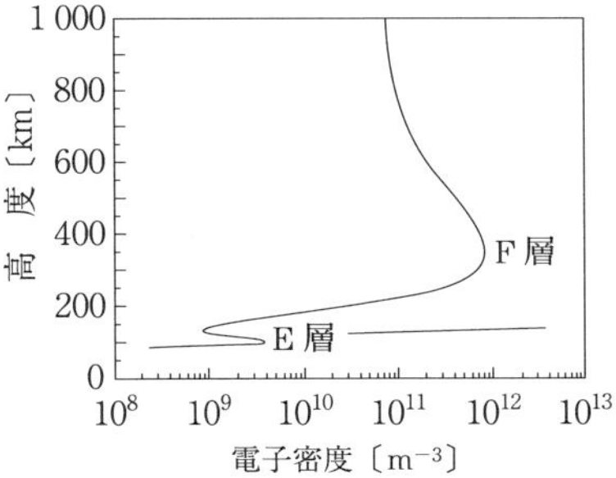

図 *2*　実測値による電子密度分布（太陽活動極大期：地方時 0 時）（1997 年理科年表より）

となり，地上から高くなるにつれて屈折角 $\theta_t(h)$ は大きくなり，ある高さで $\theta_t = \pi/2$，すなわち電磁波は全反射されることがあることがわかる。どのくらいの高さで電磁波が反射されるか，あるいは反射されないかは式（a），（b）からわかるように，電磁波の周波数で決まる。

例えば，周波数が小さい長波（30～300 kHz）付近は，昼は D 層，夜は E 層で反射され，中波（300 kHz～3 MHz）付近になると E 層で反射される。しかし，これらの電磁波は D 層において吸収されるので反射波は減衰し弱いものとなる。この D 層での電磁波の吸収は周波数が大きいほど小さい。したがって，短波（3～30 MHz）くらいになると，D 層をほとんど減衰しないで通過し，E 層でも大きな屈折をしないで通過し，F 層で全反射し地上に戻ってくる。超短波（30～300 MHz）以上になると，すべての電離層を通過し，地上には戻ってこない（**図 *1***）。これらの特性を考慮して，いろいろな通信方式が用いられている。

最後に，D 層，E 層，F 層の名前の由来にふれておこう。アプルトン（イギリス人，電離層の研究でノーベル賞を受賞）が中波を使って初めて電離層からの反射を得るのに成功したとき，反射波の電界を E の記号で表した。その後，それより高いところにある別の層からも反射があることを見つけ，その反射電界を表すのに F という記号を用いた。ほぼ同時期，ときどき非常に低い高さの所からも反射があることを見つけ，その電界を D で表した。単に電界の成分を表す文字だったのが，その後，電離層の分類を示す文字に使われるようになったのである。D 層より低い C 層，あるいは F 層より高い G 層は，いまのところないと考えられている。

反対向きに生じるために起こる。この電流は，式 (13.130) で与えられる。

$$J_y = -H_x(x,\ 0) = 2\frac{E_0{}^i}{\eta_0} \cong \frac{E_0{}^i}{60\pi}\ \ [\mathrm{A/m}] \tag{13.130}$$

式 (13.128)，(13.129) より，複素ベクトルポテンシャルの実部は 0 となる。すなわち，定在波によって電磁エネルギーは運ばれない。

13.7 電磁ポテンシャル

これまでは空間中に電荷や電流などの波源のないマクスウェルの方程式を考え，その解としての平面波の性質について学んだ。**13.8** 節で電磁波の放射について学ぶが，その場合は波源を含むマクスウェルの方程式を解かなければならない。そのため，ここでは，ポテンシャルを介して電磁界を求める手法の基礎知識を学ぶ。

まず，波源を含むマクスウェルの方程式は，式 (12.56)～(12.59) で与えられた。それらの式において，ρ_e，$\boldsymbol{j}_c$ と $\boldsymbol{B}$，$\boldsymbol{E}$ の関係を見やすくするため，静電界や静磁界のところで導入したスカラポテンシャル ϕ，ベクトルポテンシャル $\boldsymbol{A}$ を，界が時間的に変化する一般の場合に拡張し，これらポテンシャルを用いて式 (12.56)～(12.59) を満たす解を求めることを考える。

まず，式 (12.59) の磁束密度 $\boldsymbol{B}(\boldsymbol{r},\ t)$ は，$\mathrm{div}\,(\mathrm{rot}\,\boldsymbol{A}(\boldsymbol{r},\ t)) \equiv 0$ であるので

$$\boldsymbol{B} = \mathrm{rot}\ \boldsymbol{A} \tag{13.131}$$

で表すことができる。これを式 (12.56) に代入して

$$\mathrm{rot}\left(\boldsymbol{E} + \frac{\partial \boldsymbol{A}}{\partial t}\right) = 0 \tag{13.132}$$

を得る。一方，任意のスカラ関数 $\phi(\boldsymbol{r},\ t)$に関して $\mathrm{rot}\,(\mathrm{grad}\ \phi) \equiv 0$ であるので，式 (13.132) は

$$\boldsymbol{E} = -\mathrm{grad}\ \phi - \frac{\partial \boldsymbol{A}}{\partial t} \tag{13.133}$$

と書くことができる。式 (13.131), (13.133) の $\boldsymbol{A}(\boldsymbol{r}, t)$ と $\phi(\boldsymbol{r}, t)$ は**電磁ポテンシャル** (electro-magnetic potential) と呼ばれる。

つぎに，$\boldsymbol{A}$, ϕ と波源 ρ_e, $\boldsymbol{j}_c$ の関係を調べる。まず，式 (12.58) に $\boldsymbol{D} = \varepsilon_0 \boldsymbol{E}$ の関係と式 (13.133) を代入し，$\mathrm{div}\,(\mathrm{grad}\,\phi) = \nabla^2\phi$ の表示を用いて式 (13.134) の関係を得る。

$$\nabla^2\phi + \mathrm{div}\left(\frac{\partial \boldsymbol{A}}{\partial t}\right) = -\frac{\rho_e}{\varepsilon_0} \tag{13.134}$$

となる。つぎに，式 (12.57) に $\boldsymbol{B} = \mu_0 \boldsymbol{H}$, $\boldsymbol{D} = \varepsilon_0 \boldsymbol{E}$ の関係，および式 (13.131), (13.133) を代入し，ベクトルの公式 $\mathrm{rot}\,(\mathrm{rot}\,\boldsymbol{A}) = \mathrm{grad}\,(\mathrm{div}\,\boldsymbol{A}) - \nabla^2\boldsymbol{A}$ を用いて整理すると

$$\nabla^2\boldsymbol{A} - \mathrm{grad}\left(\mathrm{div}\,\boldsymbol{A} + \mu_0\varepsilon_0 \frac{\partial\phi}{\partial t}\right) - \mu_0\varepsilon_0 \frac{\partial^2 \boldsymbol{A}}{\partial t^2} = -\mu_0 \boldsymbol{j}_c \tag{13.135}$$

となる。以上のことは，与えられた波源 ρ_e, $\boldsymbol{j}_c$ に対して式 (13.133), (13.135) の連立偏微分方程式を解いて $\boldsymbol{A}$ と ϕ を求め，それらを式 (13.131), (13.133) に代入すれば $\boldsymbol{B}$, $\boldsymbol{E}$ が得られることを示している。しかし，これらの式を解いて $\boldsymbol{A}$ と ϕ を求めることは一般に容易ではない。

そこで，$\boldsymbol{A}$ と ϕ には任意関数 u だけの不定性があることを利用して，それらを簡単にすることを考える。まず $\boldsymbol{A}$ の不定性を説明する。$\boldsymbol{A}$ と異なる $\boldsymbol{A}'$ を考え，それが $\boldsymbol{B} = \mathrm{rot}\,\boldsymbol{A}'$ を満たすなら，この $\boldsymbol{A}'$ をベクトルポテンシャルと考えてもよいので，$\mathrm{rot}\,(\boldsymbol{A} - \boldsymbol{A}') = 0$ となる。これより，$\boldsymbol{A}$ と $\boldsymbol{A}'$ の関係は，u を任意関数として

$$\boldsymbol{A}' = \boldsymbol{A} + \mathrm{grad}\,u \tag{13.136}$$

と書くことができる。このように，ベクトルポテンシャルには $\mathrm{grad}\,u$ だけの不定性がある。また，この不定性に伴って，ϕ にも自由度が生じるので $\phi' = \phi + v$ とおき，これと式 (13.136) を式 (13.133) に代入して v と u の関係を求めると $v = -\partial u/\partial t$ となるので，ϕ と ϕ' の関係は

$$\phi' = \phi - \frac{\partial u}{\partial t} \tag{13.137}$$

となる。

導出過程からもわかるように，$\boldsymbol{A}'$，ϕ' の電磁ポテンシャルも，$\boldsymbol{A}$，ϕ とまったく同じ $\boldsymbol{B}$，$\boldsymbol{E}$ を与える。また，式 (13.134)，(13.135) に式 (13.136)，(13.137) の関係を代入すると，$\boldsymbol{A}'$，ϕ' は $\boldsymbol{A}$，ϕ とまったく同じ形の方程式となる。式 (13.136)，(13.137) は，ポテンシャル間の一つの変換であるので，**ゲージ変換** (gauge transformation) と呼ばれる。

つぎに，このゲージ変換を利用して，式 (13.134)，(13.135) の方程式をより簡便な形にする。それは，式 (13.135) を見ると，もし左辺第2項がなければ，その式は $\boldsymbol{A}$ と $\boldsymbol{j}_c$ だけの関係式になることに気付くであろう。そこで，いま，式 (13.136)，(13.137) を用いると

$$\mathrm{div}\,\boldsymbol{A}' + \mu_0\varepsilon_0\frac{\partial\phi'}{\partial t} = \mathrm{div}\,\boldsymbol{A} + \mu_0\varepsilon_0\frac{\partial\phi}{\partial t} + \nabla^2 u - \mu_0\varepsilon_0\frac{\partial^2 u}{\partial t^2} \tag{13.138}$$

となることに着目する。$\boldsymbol{A}'$，ϕ' は何らかの方法で求まっているとして，任意関数 u として，$\nabla^2 u - \mu_0\varepsilon_0\partial^2 u/\partial t^2 = \mathrm{div}\,\boldsymbol{A}' + \mu_0\varepsilon_0\partial\phi'/\partial t$ を満たすように選ぶと，式 (13.138) より，$\boldsymbol{A}$ と ϕ の関係は

$$\mathrm{div}\,\boldsymbol{A} + \mu_0\varepsilon_0\frac{\partial\phi}{\partial t} = 0 \tag{13.139}$$

となることがわかる。このような変換を**ローレンツゲージ** (Lorentz gauge) といい，式 (13.139) を**ローレンツの条件** (Lorentz condition) という。それを式 (13.134)，(13.135) に代入すると

$$\nabla^2\phi - \mu_0\varepsilon_0\frac{\partial^2\phi}{\partial t^2} = -\frac{\rho_e}{\varepsilon_0} \tag{13.140}$$

$$\nabla^2\boldsymbol{A} - \mu_0\varepsilon_0\frac{\partial^2\boldsymbol{A}}{\partial t^2} = -\mu_0\boldsymbol{j}_c \tag{13.141}$$

となる。このように，ローレンツゲージにより，$\boldsymbol{A}$ と ϕ は同形の方程式に分離することができる。

こうして $\boldsymbol{B}$ および $\boldsymbol{E}$ は，まず式 (13.140)，(13.141) より波源 ρ_e，$\boldsymbol{j}_c$ に対する電磁ポテンシャル $\boldsymbol{A}$，ϕ を求め，つぎにそれらの結果を式 (13.131)，(13.133) に代入して求めることができる。$\boldsymbol{A}$ と ϕ は式 (13.139) で関係づ

けられているので，実際には式 (13.140) か式 (13.141) の便利なほうを解けばよい。

以上の結果において，定常状態のときは，時間に関する項は消えるので

$$\boldsymbol{E} = -\operatorname{grad}\phi, \quad \nabla^2\phi = -\frac{\rho_e}{\varepsilon_0} \tag{13.142}$$

$$\boldsymbol{B} = \operatorname{rot}\boldsymbol{A}, \quad \nabla^2\boldsymbol{A} = -\mu_0\boldsymbol{j}_c, \quad \operatorname{div}\boldsymbol{A} = 0 \tag{13.143}$$

となる。式 (13.142) は静電界の基本式であり，式 (13.139) は静磁界の基本式である。式 (13.143) に現れた $\operatorname{div}\boldsymbol{A} = 0$ は**クーロンゲージ** (Coulumb gauge) と呼ばれる。

13.8 電磁波の放射

13.8.1 波源を含むマクスウェルの方程式の解

ここでは，アンテナなどから電磁波がどのように**放射** (radiation) されるかを学ぶ。そのためまず式 (13.140) や式 (13.141) の解がどのようになるかを調べる。

図 13.13 (a) のように原点に置かれた時間的に変化する点電荷によるスカラポテンシャルは，式 (13.140) より，$r \neq 0$ の点でつぎの方程式

$$\nabla^2\phi - \mu_0\varepsilon_0\frac{\partial^2\phi}{\partial t^2} = 0 \tag{13.144}$$

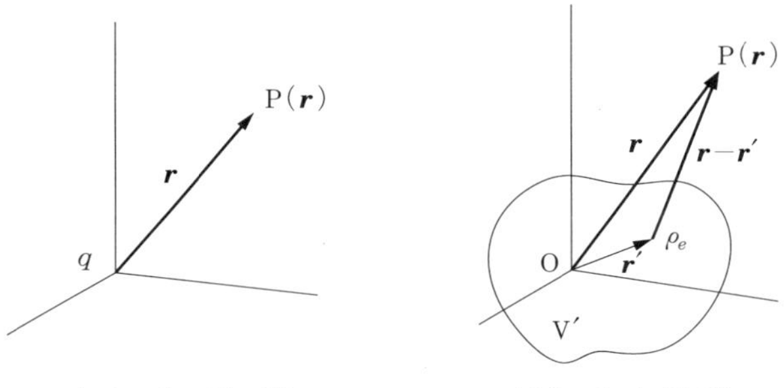

(a) 点電荷　　(b) 分布電荷

図 13.13 電荷によるポテンシャル

を満たさなければならない。解が球対称となるのは明らかであるので，式(13.144)を極（球）座標で表し

$$\frac{1}{r^2}\frac{\partial}{\partial r}\left(r^2\frac{\partial \phi}{\partial r}\right)=\frac{1}{r}\frac{\partial^2}{\partial r^2}(r\phi)$$

と変形できることを利用すると，式(13.144)は

$$\frac{\partial^2}{\partial r^2}(r\phi)-\mu_0\varepsilon_0\frac{\partial^2}{\partial t^2}(r\phi)=0 \tag{13.145}$$

のようになる。

式(13.145)は，**13.1**節で述べたように，$r\phi$ に関する一次元の波動方程式にほかならない。したがって，その解は前進波のみを考慮して

$$r\phi=f\left(t-\frac{r}{v}\right),\quad \phi(\boldsymbol{r})=\frac{f(t-r/v)}{r},\quad v=\frac{1}{\sqrt{\mu_0\varepsilon_0}} \tag{13.146}$$

となる。静電界との比較類推から式(13.146)の関数 f を

$$f\left(t-\frac{r}{v}\right)=\frac{q(t-r/v)}{4\pi\varepsilon_0} \tag{13.147}$$

とおく。こうして，原点に置かれた時間的に変化する点電荷 q によるスカラポテンシャルは

$$\phi(\boldsymbol{r},\ t)=\frac{q(t-r/v)}{4\pi\varepsilon_0 r} \tag{13.148}$$

となる。式(13.148)は，電荷から r 離れた点のある時刻 t におけるポテンシャルは，その時刻より r/v 秒前の電荷量で決まることを示している。これは，電磁界が有限の速度 $v=1/\sqrt{\mu_0\varepsilon_0}$ で伝わることによる。

電荷が**図 13.13**(*b*)に示すように密度 $\rho_e(\boldsymbol{r}',\ t)$ で領域 V′ 内に分布している場合のスカラポテンシャルは，重ねの理より

$$\phi(\boldsymbol{r},\ t)=\frac{1}{4\pi\varepsilon_0}\int_{V'}\frac{\rho_e(\boldsymbol{r}',\ t-|\boldsymbol{r}-\boldsymbol{r}'|/v)}{|\boldsymbol{r}-\boldsymbol{r}'|}dv' \tag{13.149}$$

となる。式(13.149)は，点 $\boldsymbol{r}'$ にある電荷の影響が $|\boldsymbol{r}-\boldsymbol{r}'|/v$ 秒遅れて点 $\boldsymbol{r}$ に現れることを示しており，**遅延スカラポテンシャル**（retarded scalar potential）と呼ばれる。

同様にして，式 (13.141) の解は，ベクトル $\boldsymbol{A}$ の各成分の方程式が式 (13.140) と同じ形であることを考慮し $\rho/\varepsilon_0 \to \mu_0 j_c$ と置き換え，式 (13.149) の形の各成分の解をベクトル的に合成して式 (13.146) となる。

$$\boldsymbol{A}(\boldsymbol{r},\ t) = \frac{\mu_0}{4\pi}\int_{V'} \frac{\boldsymbol{j}_c(\boldsymbol{r}',\ t - |\boldsymbol{r} - \boldsymbol{r}'|/v)}{|\boldsymbol{r} - \boldsymbol{r}'|}\, dv' \tag{13.150}$$

これは，**遅延ベクトルポテンシャル**と呼ばれる。

13.8.2 微小ダイポールからの電磁波の放射

電磁波放射の最も簡単なモデルとして，**図 13.14** のような電荷が時間的に振動している電気双極子を考える。図において，電荷は

$$q(t) = q_0 \sin \omega t \tag{13.151}$$

のように，時間的に正弦波関数で振動するとする。これは，長さ l の部分に

$$i = \frac{dq}{dt} = \omega q_0 \cos \omega t = I_0 \cos \omega t \tag{13.152}$$

の電流が流れているのと等価である。

前にも述べたように，電荷や電流が正弦波状の時間変化をするときには，計算に複素数を導入すると便利であった。いま，諸量を $\rho_e(\boldsymbol{r},\ t) = \rho_e(\boldsymbol{r})e^{j\omega t}$ のように書くと，式 (13.149)，(13.150) は，式 (13.153)，(13.154) と

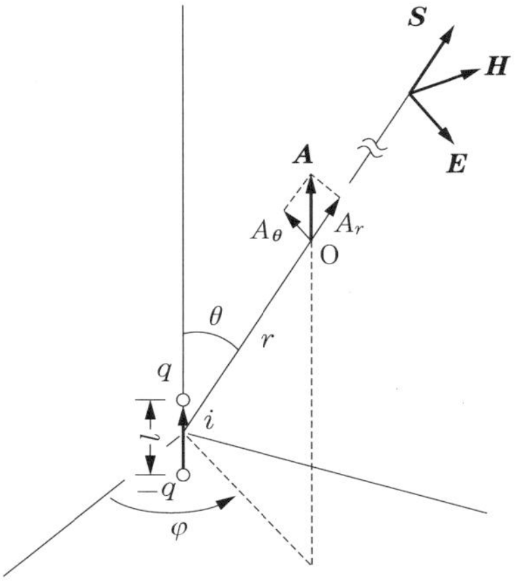

図 13.14　微小ダイポール

なる。

$$\phi(\boldsymbol{r}) = \frac{1}{4\pi\varepsilon_0}\int_{V'} \frac{\rho_e(\boldsymbol{r}')e^{-j\beta|\boldsymbol{r}-\boldsymbol{r}'|}}{|\boldsymbol{r}-\boldsymbol{r}'|}dv' \tag{13.153}$$

$$\boldsymbol{A}(\boldsymbol{r}) = \frac{\mu_0}{4\pi}\int_{V'} \frac{\boldsymbol{j}_c(\boldsymbol{r}')e^{-j\beta|r-r'|}}{|\boldsymbol{r}-\boldsymbol{r}'|}dv' \tag{13.154}$$

図 13.14 において，電流線素は z' 軸方向成分のみで，$-l/2 \leqq z' \leqq l/2$ で一定値であること，また $r \gg l$ の点Pでの電磁界を考えるとすると，$\int_{V'} \boldsymbol{j}_c\, dv' = I_0 l \boldsymbol{e}_z$ となるので，式 (13.152) の電流による式 (13.154) のベクトルポテンシャルは

$$A_z(\boldsymbol{r}) = \frac{\mu_0}{4\pi r} I_0 l e^{-j\beta r} \tag{13.155}$$

となる。付録 **4** に示す極（球）座標 (r, θ, φ) でベクトルポテンシャルを表すと

$$A_r = A_z \cos\theta = \frac{\mu_0 I_0 l}{4\pi r}\cos\theta e^{-j\beta r} \tag{13.156 a}$$

$$A_\theta = -A_z \sin\theta = -\frac{\mu_0 I_0 l}{4\pi r}\sin\theta e^{-j\beta r} \tag{13.156 b}$$

$$A_\varphi = 0 \tag{13.156 c}$$

となる。これらを用いてP点の磁界は

$$\boldsymbol{H} = \frac{1}{\mu_0}\mathrm{rot}\,\boldsymbol{A} \tag{13.157}$$

より得られる。付録 **4** の式（付 4.32）を用いて計算すると式 (13.158) となる。

$$H_r = H_\theta = 0 \tag{13.158 a}$$

$$H_\varphi = \frac{I_0 l}{4\pi}\sin\theta\left(\frac{j\beta}{r} + \frac{1}{r^2}\right)e^{-j\beta r} \tag{13.158 b}$$

電界は，式 (13.133) を複素数表示したつぎの式

$$\boldsymbol{E} = -\mathrm{grad}\,\phi - j\omega\boldsymbol{A} \tag{13.159}$$

より求まる。$\boldsymbol{A}$ はすでに求まっているので，ϕ はローレンツの条件より求め

ればよい。式 (13.139) のローレンツの条件を複素数表示すると

$$\mathrm{div}\,\boldsymbol{A} + j\omega\mu_0\varepsilon_0\phi = 0 \tag{13.160}$$

となるので，これを式 (13.159) に代入して，電界は

$$\boldsymbol{E} = \frac{1}{j\omega\mu_0\varepsilon_0}\,\mathrm{grad}\,(\mathrm{div}\,\boldsymbol{A}) - j\omega\boldsymbol{A} \tag{13.161}$$

より求まることになる。式 (13.156) の結果を式 (13.161) に代入し，式 (13.162) の結果を得る。

$$E_r = \frac{I_0 l}{4\pi\varepsilon_0(j\omega)}\cos\theta\left(\frac{2j\beta}{r^2} + \frac{2}{r^3}\right)e^{-j\beta r} \tag{13.162 a}$$

$$E_\theta = \frac{I_0 l}{4\pi\varepsilon_0(j\omega)}\sin\theta\left(-\frac{\beta^2}{r} + \frac{j\beta}{r^2} + \frac{1}{r^3}\right)e^{-j\beta r} \tag{13.162 b}$$

$$E_\varphi = 0 \tag{13.162 c}$$

式 (13.158)，(13.162) の電磁界において，ダイポール近傍では $1/r^3$ の項が支配的となり，これを**準静電界** (quasi-static field) と呼ぶ。また，式 (13.158) の H_φ において $\beta = 0$ のときは，$1/r^2$ の項はビオ・サバールの法則であり，これは**誘導界** (induction field) と呼ばれる。ダイポールからの距離が波長に比べて非常に大きいとき，すなわち $\beta r \gg 1$ のときには，電磁界の $1/r^2$，$1/r^3$ の項は無視できるので，式 (13.158)，(13.162) の結果は

$$H_\varphi = \frac{j\beta I_0 l\sin\theta}{4\pi r}\,e^{-j\beta r} \tag{13.163 a}$$

$$E_\theta = \frac{j\omega\mu_0 I_0 l\sin\theta}{4\pi r}\,e^{-j\beta r} \tag{13.163 b}$$

$$E_r = E_\varphi = H_r = H_\theta = 0 \tag{13.163 c}$$

となる。電界と磁界の比は

$$\frac{E_\theta}{H_\varphi} = \frac{\omega\mu_0}{\beta} = \sqrt{\frac{\mu_0}{\varepsilon_0}} = \eta_0 \tag{13.164}$$

であり，前に述べた自由空間の波動インピーダンスとなる。式 (13.163) より，電界と磁界はたがいに垂直で，局所的にみると，その関係は r 方向に光速で伝搬する平面波と同じになる (**図 13.14**)。式 (13.163) の電磁界を**放**

射界 (radiation field) という。アンテナはこの放射界を利用している。式 (*13.163* b) を用いて微小ダイポールからの電磁波放射を数値解析し電気力線で表した結果を**図 13.15** に示す。

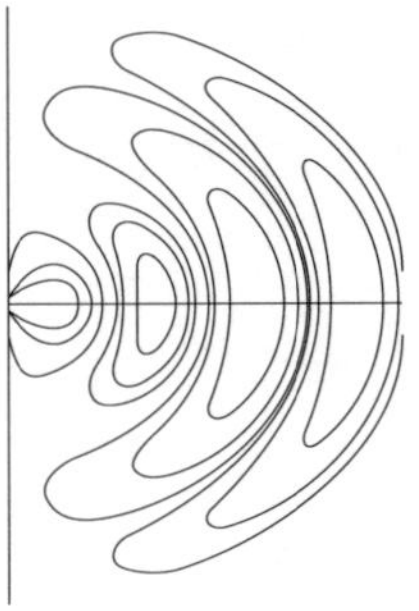

図 13.15　微小ダイポールからの電磁波放射

演 習 問 題

【1】 式 (*13.35*), (*13.36*) の電磁界を用いて，複素ポインティングベクトル $\boldsymbol{S}_c = (\boldsymbol{E} \times \boldsymbol{H}^*)/2$ の実部は，式 (*13.44*) のポインティングベクトル $\boldsymbol{S}_p = \boldsymbol{E} \times \boldsymbol{H}$ の時間平均となることを確かめよ。

【2】 z 軸の負の方向に伝搬する正弦波状電磁波があり，その磁界の波の最大値は 5.3×10^{-2} A/m である。また，$t = 0$, $z = 0$ において，その磁界は y 軸の負の方向を向いている。媒質は比誘電率が 4 の誘電体であるとして，磁界 $\boldsymbol{H}$, 電界 $\boldsymbol{E}$ を求めよ。

【3】 一次元電磁波の電界が次式で与えられるとき，磁界 $\boldsymbol{H}$ はどのようになるか。また，ポインティングベクトル $\boldsymbol{S}_p$ を求めよ。媒質は誘電体とする。

$$\boldsymbol{E} = A\cos^3(\omega t - \beta z)\boldsymbol{i}_x$$

【4】 ある誘電体中を伝わる平面波の伝搬速度は 10^8 m/s であるという。この誘電体の比誘電率 ε_r はいくらか。比透磁率は 1 とする。

【5】 透磁率 $\mu = \mu_0$, 誘電率 $\varepsilon = 2.25\varepsilon_0$ の媒質中を伝搬する電磁波の電界が次式で与えられている。

$$\boldsymbol{E}(z,\ t) = 10\sin(3\pi \times 10^8 t - \beta z)\boldsymbol{i}_x \quad \text{〔V/m〕}$$

この電磁波の（1）周波数 f,（2）位相定数 β,（3）位相速度 v,（4）波長 λ,（5）媒質の固有インピーダンス η,（6）磁界の波 $\boldsymbol{H}(z,\ t)$ の最大値 H_m をそれぞれ求めよ。

【6】 導電率 $\sigma = 2.17\,\mathrm{S/m}$，誘電率 $\varepsilon = 47\varepsilon_0$，透磁率 $\mu = \mu_0$ の媒質がある。この媒質の周波数 $f = 2.45\,\mathrm{GHz}$ における減衰定数 α，位相定数 β，波長 λ，位相速度 v，固有インピーダンス η を求めよ。

【7】 物質が銅（$\sigma = 5.8 \times 10^7\,\mathrm{S/m}$，$\mu \cong \mu_0 = 4\pi \times 10^{-7}\,\mathrm{H/m}$）であるとして，周波数が $1\,\mathrm{MHz}$ のときの減衰定数 α，位相定数 β，位相速度 v，固有インピーダンス η を計算せよ。

【8】 誘電率 ε，透磁率 μ，導電率 σ の媒質中を伝搬する電界の波が E_x で与えられているとき，磁界の波は

$$H_y = \sqrt{\frac{\sigma}{\omega\mu}}\, e^{-j\frac{\pi}{4}} E_x$$

となることを誘導せよ。ただし，媒質は良導体で $\sigma/\omega\varepsilon \gg 1$ であるとする。

【9】 式（*13.112*）の R_{TE} は 0 とならないことを示せ。

【10】 空気と誘電体（比誘電率 2.25）が平面で接している。平面波が空気側から入射するときと，誘電体側から入射するときのブルースター角 θ_B をそれぞれ求めよ。また，誘電体側から入射するときの臨界角 θ_C を求めよ。

【11】 空気中から比誘電率がそれぞれ $\mu_r = 1$，$\varepsilon_r = 3$ の媒質に平面波が垂直に入射するとき，電界，磁界の反射波，透過波の大きさは，入射波の大きさの何倍になるか，それぞれ求めよ。

【12】 海水の導電率を $4\,\mathrm{S/m}$，誘電率を $\varepsilon = 80\varepsilon_0$，透磁率を $\mu = \mu_0$ とするとき，10 kHz，100 kHz の周波数に対して，海水中の波長 λ および振幅が $1/e$ に減衰する距離 δ を求めよ。

【13】 銅に対し，周波数 f が 50 Hz，1 kHz，1 MHz のときの表皮の厚さ δ を求めよ。

【14】 式（*13.162*）の結果において，$\beta r \ll 1$ のとき，すなわちダイポールからの距離が波長に比べて小さいときには

$$E_r = \frac{p\cos\theta}{2\pi\varepsilon_0 r^3},\quad E_\theta = \frac{p\sin\theta}{4\pi\varepsilon_0 r^3},\quad E_\varphi = 0$$

となることを確かめよ。また，この結果は **2.7** 節の静電界における電気双極子の電界とどのような関係になっているか。ただし，$p = I_0 l/j\omega$ とおいている。

付　　　録

1.　基礎的物理定数

付表 *1.1*　基礎的物理定数

物理量・記号		数　　値	単　位
真空中の光速度*	c	$2.997\,924\,58 \times 10^{8}$	$\mathrm{m{\cdot}s^{-1}}$
真空中の透磁率*	$\mu_0 = 4\pi \times 10^{-7}$	$1.256\,637\,061\,4\cdots \times 10^{-6}$	$\mathrm{H{\cdot}m^{-1}}$
真空中の誘電率*	$\varepsilon_0 = (4\pi)^{-1}c^{-2} \times 10^{7}$	$8.854\,187\,817\cdots \times 10^{-12}$	$\mathrm{F{\cdot}m^{-1}}$
万有引力定数	G	6.673×10^{-11}	$\mathrm{N{\cdot}m^{2}{\cdot}kg^{-2}}$
プランク定数	h	$6.626\,068\,76 \times 10^{-34}$	$\mathrm{J{\cdot}s}$
	$\hbar = \dfrac{h}{2\pi}$	$1.054\,571\,596 \times 10^{-34}$	$\mathrm{J{\cdot}s}$
素　電　荷	e	$1.602\,176\,462 \times 10^{-19}$	C
電子の質量	m_e	$9.109\,381\,88 \times 10^{-31}$	kg
陽子の質量	m_p	$1.672\,621\,58 \times 10^{-27}$	kg
中性子の質量	m_n	$1.674\,927\,16 \times 10^{-27}$	kg
電子の磁気モーメント	μ_e	$9.284\,763\,62 \times 10^{-24}$	$\mathrm{J{\cdot}T^{-1}}$
陽子の磁気モーメント	μ_p	$1.410\,606\,633 \times 10^{-26}$	$\mathrm{J{\cdot}T^{-1}}$
中性子の磁気モーメント	μ_n	$9.662\,364\,0 \times 10^{-27}$	$\mathrm{J{\cdot}T^{-1}}$
ボーア磁子	$\mu_B = \dfrac{e\hbar}{2m_e}$	$9.274\,008\,99 \times 10^{-24}$	$\mathrm{J{\cdot}T^{-1}}$
ボーア半径	$a_0 = \dfrac{4\pi\varepsilon_0\hbar^2}{m_e e^2}$	$5.291\,772\,083 \times 10^{-11}$	m
核　磁　子	$\mu_N = \dfrac{e\hbar}{2m_p}$	$5.050\,783\,17 \times 10^{-27}$	$\mathrm{J{\cdot}T^{-1}}$
アボガドロ定数	N_A	$6.022\,141\,99 \times 10^{23}$	$\mathrm{mol^{-1}}$
ボルツマン定数	k	$1.380\,650\,3 \times 10^{-23}$	$\mathrm{J{\cdot}K^{-1}}$
1モルの気体定数	$R = N_A k$	$8.314\,472$	$\mathrm{J{\cdot}mol^{-1}{\cdot}K^{-1}}$
完全気体1モルの体積（0°C，1 atm）		$2.241\,399\,6 \times 10^{-2}$	$\mathrm{m^{3}{\cdot}mol^{-1}}$

（出典）　Committee on Data for Science and Technology（CODATA）1998 推奨値より
＊：定義値

2. 国際単位系（SI）

SI は 7 種の基本量（**長さ，質量，時間，電流，熱力学温度，物質量，光度**）のそれぞれに対して定義された**メートル**（m），**キログラム**（kg），**秒**（s），**アンペア**（A），**ケルビン**（K），**モル**（mol），**カンデラ**（cd）の 7 個の**基本単位**と，基本単位の乗除で表せる**組立単位**により構成されている単位系である。

付表 *1.2*　固有の名称をもつ SI 組立単位

量	単位	記号	他の SI による表し方	SI 基本単位による表し方
平面角	radian	rad		1 rad = 1 m/m = 1
立体角	steradian	sr		$1\ sr = 1\ m^2/m^2 = 1$
周波数	hertz	Hz		s^{-1}
力	newton	N		$m \cdot kg \cdot s^{-2}$
圧力，応力	pascal	Pa	N/m^2	$m^{-1} \cdot kg \cdot s^{-2}$
エネルギー，仕事，熱量	joule	J	N・m	$m^2 \cdot kg \cdot s^{-2}$
仕事率，電力	watt	W	J/s	$m^2 \cdot kg \cdot s^{-3}$
電気量，電荷	coulomb	C		s・A
電圧，電位	volt	V	W/V	$m^2 \cdot kg \cdot s^{-3} \cdot A^{-1}$
静電容量	farad	F	C/V	$m^{-2} \cdot kg^{-1} \cdot s^4 \cdot A^2$
電気抵抗	ohm	Ω	V/A	$m^2 \cdot kg \cdot s^{-3} \cdot A^{-2}$
コンダクタンス	siemen	S	A/V	$m^{-2} \cdot kg^{-1} \cdot s^3 \cdot A^2$
磁束	weber	Wb	V・s	$m^2 \cdot kg \cdot s^{-2} \cdot A^{-1}$
磁束密度	tesla	T	Wb/m^2	$kg \cdot s^{-2} \cdot A^{-1}$
インダクタンス	henry	H	Wb/A	$m^2 \cdot kg \cdot s^{-2} \cdot A^{-2}$
セルシウス温度	celsius	℃		K − 273.15
光束	lumen	lm	cd・sr	
照度	lux	lx	lm/m^2	
放射能	becquerel	Bq		s^{-1}
吸収線量	gray	Gy	J/kg	$m^2 \cdot s^{-2}$
線量当量	sievert	Sv	J/kg	$m^2 \cdot s^{-2}$

付表 *1.3*　SI 組立単位の例

量	単位	記号	SI 基本単位による表し方
面積	平方メートル	m^2	
体積	立方メートル	m^3	
密度	キログラム/立方メートル	kg/m^3	
速度	メートル/秒	m/s	

付表 1.3　（つづき）

量	単　位	記号	SI 基本単位による表し方
波　数	1/メートル	m^{-1}	
加 速 度	メートル/(秒)^2	m/s^2	
角 速 度	ラジアン/秒	rad/s	
力のモーメント	ニュートン・メートル	N・m	m^2・kg・s^{-2}
電界の強さ	ボルト/メートル	V/m	m・kg・s^{-3}・A^{-1}
電束密度・電気変位	クーロン/平方メートル	C/m^2	m^{-2}・s・A
誘 電 率	ファラド/メートル	F/m	m^{-3}・kg^{-1}・s^4・A^2
電 流 密 度	アンペア/平方メートル	A/m^2	
磁界の強さ	アンペア/メートル	A/m	
透 磁 率	ヘンリー/メートル	H/m	m・kg・s^{-2}・A^{-2}
輝　度	カンデラ/平方メートル	cd/m^2	

付表 1.4　SI 単位と併用してよい単位

量		記号	定　義
時　間	分	min	60 s
	時	h	60 min
	日	d	24 d
平面角	度	°	$(\pi/180)$ rad
	分	′	(1/60)°
	秒	″	(1/60)′
体　積	リットル	l	dm^3
質　量	トン	t	10^3 kg

3.　ベクトル解析の式

3.1　ベクトルの積

（1）　$\boldsymbol{A}\cdot(\boldsymbol{B}\times\boldsymbol{C})=\boldsymbol{B}\cdot(\boldsymbol{C}\times\boldsymbol{A})=\boldsymbol{C}\cdot(\boldsymbol{A}\times\boldsymbol{B})$

（2）　$\boldsymbol{A}\times(\boldsymbol{B}\times\boldsymbol{C})=(\boldsymbol{A}\cdot\boldsymbol{C})\,\boldsymbol{B}-(\boldsymbol{A}\cdot\boldsymbol{B})\,\boldsymbol{C}$

（3）　$(\boldsymbol{A}\times\boldsymbol{B})\cdot(\boldsymbol{C}\times\boldsymbol{D})=(\boldsymbol{A}\cdot\boldsymbol{C})(\boldsymbol{B}\cdot\boldsymbol{D})-(\boldsymbol{A}\cdot\boldsymbol{D})(\boldsymbol{B}\cdot\boldsymbol{C})$

（4）　$(\boldsymbol{A}\times\boldsymbol{B})\times(\boldsymbol{C}\times\boldsymbol{D})=(\boldsymbol{A}\times\boldsymbol{B}\cdot\boldsymbol{D})\,\boldsymbol{C}-(\boldsymbol{A}\times\boldsymbol{B}\cdot\boldsymbol{C})\,\boldsymbol{D}$

3.2　ベクトルの微分

Ψ，Φ を x，y，z のスカラ関数，$\boldsymbol{A}$，$\boldsymbol{B}$ を x，y，z のベクトル関数とする。

（1）　$\mathrm{grad}\,(\Psi+\Phi)=\nabla(\Psi+\Phi)=\nabla\Psi+\nabla\Phi$

（2）　$\mathrm{grad}\,(\Psi\Phi) = \nabla\,(\Psi\Phi) = \Phi\nabla\Psi + \Psi\nabla\Phi$

（3）　$\mathrm{div}\,(\boldsymbol{A} + \boldsymbol{B}) = \nabla\cdot(\boldsymbol{A} + \boldsymbol{B}) = \nabla\cdot\boldsymbol{A} + \nabla\cdot\boldsymbol{B}$

（4）　$\mathrm{div}\,(\Psi\boldsymbol{A}) = \nabla\cdot(\Psi\boldsymbol{A}) = \nabla\Psi\cdot\boldsymbol{A} + \Psi\nabla\cdot\boldsymbol{A}$

（5）　$\mathrm{div}\,(\boldsymbol{A} \times \boldsymbol{B}) = \nabla\cdot(\boldsymbol{A} \times \boldsymbol{B}) = \boldsymbol{B}\cdot(\nabla \times \boldsymbol{A}) - \boldsymbol{A}\cdot(\nabla \times \boldsymbol{B})$

（6）　$\mathrm{rot}\,(\boldsymbol{A} + \boldsymbol{B}) = \nabla \times (\boldsymbol{A} + \boldsymbol{B}) = \nabla \times \boldsymbol{A} + \nabla \times \boldsymbol{B}$

（7）　$\mathrm{rot}\,(\Psi\boldsymbol{A}) = \nabla \times (\Psi\boldsymbol{A}) = \nabla\Psi \times \boldsymbol{A} + \Psi\nabla \times \boldsymbol{A}$

（8）　$\mathrm{rot}\,(\boldsymbol{A} + \boldsymbol{B}) = \nabla \times (\boldsymbol{A} \times \boldsymbol{B}) = (\boldsymbol{B}\cdot\nabla)\,\boldsymbol{A} - (\boldsymbol{A}\cdot\nabla)\,\boldsymbol{B} + \boldsymbol{A}\nabla\cdot\boldsymbol{B} - \boldsymbol{B}\nabla\cdot\boldsymbol{A}$

（9）　$\mathrm{rot}\,\mathrm{rot}\,\boldsymbol{A} = \nabla \times (\nabla \times \boldsymbol{A}) = \nabla\,(\nabla\cdot\boldsymbol{A}) - \nabla^2\boldsymbol{A}$

直角座標においてのみ成り立つ。一般に曲線座標では $(\nabla\cdot\nabla)\,\boldsymbol{A} = \nabla\,(\nabla\cdot\boldsymbol{A}) - \nabla \times (\nabla \times \boldsymbol{A})$ とおいて，$(\nabla\cdot\nabla)\,\boldsymbol{A}$ の定義とする。

（10）　$\mathrm{grad}\,(\boldsymbol{A}\cdot\boldsymbol{B}) = \nabla(\boldsymbol{A}\cdot\boldsymbol{B}) = (\boldsymbol{A}\cdot\nabla)\boldsymbol{B} + (\boldsymbol{B}\cdot\nabla)\boldsymbol{A} + \boldsymbol{A} \times \mathrm{rot}\,\boldsymbol{B} + \boldsymbol{B} \times \mathrm{rot}\,\boldsymbol{A}$

（11）　$\mathrm{rot}\,\mathrm{grad}\,\Psi = \nabla \times \nabla\Psi = 0$

（12）　$\mathrm{div}\,\mathrm{rot}\,\boldsymbol{A} = \nabla\cdot(\nabla \times \boldsymbol{A}) = 0$

4．円筒座標系および極（球）座標系における傾き，発散，回転

直角座標形に対するスカラ関数の傾きやベクトルの発散および回転の導出は本文 ***12*** 章で述べた。ここでは，直角座標形とともに代表的な座標形である円筒座標形と極（球）座標形における関数の傾き，発散，回転を導出する。

4.1　スカラ関数の傾き

〔***1***〕　**円筒座標系**　　付図 ***4.1***（a）の円筒座標系において，任意の点 P(r，φ，

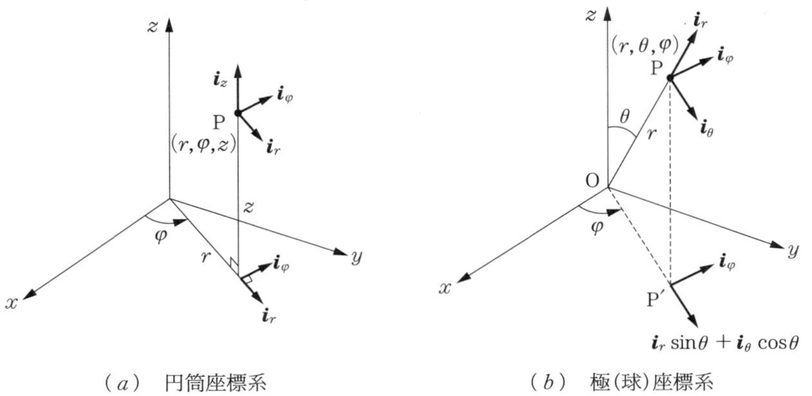

（a）　円筒座標系　　　　　　　　（b）　極（球）座標系

付図 *4.1*　座標系と単位ベクトル

z) からの微小距離ベクトルおよび点 P におけるスカラ関数 $\phi(r,\ \varphi,\ z)$ の全微分はそれぞれ式 (付 4.1), (付 4.2) となる。

$$d\boldsymbol{s} = dr\boldsymbol{i}_r + rd\varphi\boldsymbol{i}_\varphi + dz\boldsymbol{i}_z \qquad (付\ 4.1)$$

$$d\phi = \frac{\partial\phi}{\partial r}dr + \frac{\partial\phi}{\partial\varphi}d\varphi + \frac{\partial\phi}{\partial z}dz \qquad (付\ 4.2)$$

ここで, $\boldsymbol{i}_r$, $\boldsymbol{i}_\varphi$, $\boldsymbol{i}_z$ は r 方向, φ 方向, z 方向の単位ベクトルである。式 (付 4.1), (付 4.2) は本文の式 (12.27) のように, スカラ関数 ϕ の傾き grad ϕ と式 (付 4.3) の関係にある。

$$d\phi = (\mathrm{grad}\ \phi)\cdot d\boldsymbol{s} \qquad (付\ 4.3)$$

式 (付 4.1), (付 4.2) を式 (付 4.3) に代入して式 (付 4.4) を得る。

$$\mathrm{grad}\ \phi = \frac{\partial\phi}{\partial r}\boldsymbol{i}_r + \frac{\partial\phi}{r\partial\varphi}\boldsymbol{i}_\varphi + \frac{\partial\phi}{\partial z}\boldsymbol{i}_z \qquad (付\ 4.4)$$

〔2〕 **極（球）座標系**　　**付図 4.1** (b) の極（球）座標系において, r 方向, θ 方向, φ 方向の単位ベクトルを $\boldsymbol{i}_r$, $\boldsymbol{i}_\theta$, $\boldsymbol{i}_\varphi$ とすると, 任意の点 $\mathrm{P}(r,\ \theta,\ \varphi)$ からの微小距離ベクトルおよび点 P における $\phi(r,\ \theta,\ \varphi)$ の全微分は

$$d\boldsymbol{s} = dr\boldsymbol{i}_r + rd\theta\boldsymbol{i}_\theta + r\sin\theta d\varphi\boldsymbol{i}_\varphi \qquad (付\ 4.5)$$

$$d\phi = \frac{\partial\phi}{\partial r}dr + \frac{\partial\phi}{\partial\theta}d\theta + \frac{\partial\phi}{\partial\varphi}d\varphi \qquad (付\ 4.6)$$

となる。式 (付 4.5), (付 4.6) を式 (付 4.3) に代入して式 (付 4.7) を得る。

$$\mathrm{grad}\ \phi = \frac{\partial\phi}{\partial r}\boldsymbol{i}_r + \frac{\partial\phi}{r\partial\theta}\boldsymbol{i}_\theta + \frac{1}{r\sin\theta}\frac{\partial\phi}{\partial\varphi}\boldsymbol{i}_\varphi \qquad (付\ 4.7)$$

4.2　ベクトルの発散

本文の式 (12.31) のように, ベクトルの発散の定義は式 (付 4.8) で与えられる。

$$\mathrm{div}\ \boldsymbol{A} = \lim_{\Delta v\to 0}\frac{1}{\Delta v}\int_{\mathrm{S}}\boldsymbol{A}\cdot\boldsymbol{n}dS \qquad (付\ 4.8)$$

〔1〕 **円筒座標系**　　**付図 4.2** (a) の円筒座標系で, 任意の点 $\mathrm{P}(r,\ \varphi,\ z)$ から r 方向に Δr, φ 方向に $r\Delta\varphi$, z 方向に Δz の辺をもつ微小曲線体積素を考え, この微小体積素から出ていく指力線を求める。まず, r 方向に垂直な面 $\mathrm{S_1(PP_2P_4P_3)}$ と $\mathrm{S_2(P_1P_5P_6P_7)}$ から出る指力線を求める。円筒座標系におけるベクトル $\boldsymbol{A}$ を

$$\boldsymbol{A} = A_r\boldsymbol{i}_r + A_\varphi\boldsymbol{i}_\varphi + A_z\boldsymbol{i}_z \qquad (付\ 4.9)$$

と表すと, 面 $\mathrm{S_1}$ に垂直な外向き法線ベクトルは $\boldsymbol{n} = -\boldsymbol{i}_r$ で, $\boldsymbol{A}\cdot\boldsymbol{n} = -A_r$, 面 $\mathrm{S_2}$ では $\boldsymbol{n} = \boldsymbol{i}_r$ で, $\boldsymbol{A}\cdot\boldsymbol{n} = A_r$ となる。これより, 面 $\mathrm{S_1}$ と $\mathrm{S_2}$ から出る指力線は

$$\int_{\mathrm{S_1}}\boldsymbol{A}\cdot\boldsymbol{n}dS + \int_{\mathrm{S_2}}\boldsymbol{A}\cdot\boldsymbol{n}dS = -\int_{\mathrm{S_1}}A_r rd\varphi dz + \int_{\mathrm{S_2}}A_r rd\varphi dz \qquad (付\ 4.10)$$

を計算すればよい。右辺第 1 項の rA_r は P 点の値で代表させ, 第 2 項の rA_r の値は

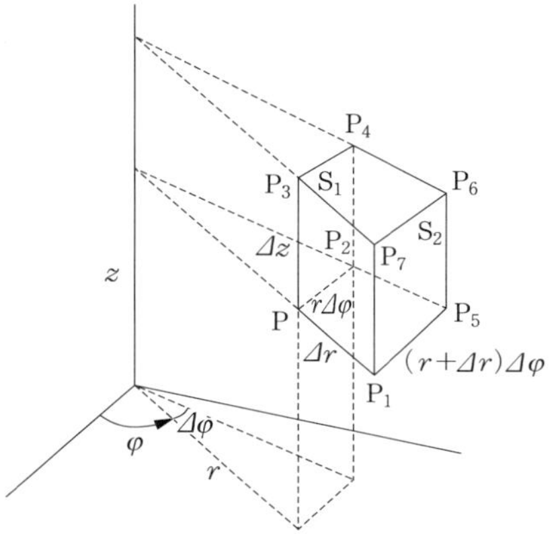

（a）　円筒座標系と div $\boldsymbol{A}$

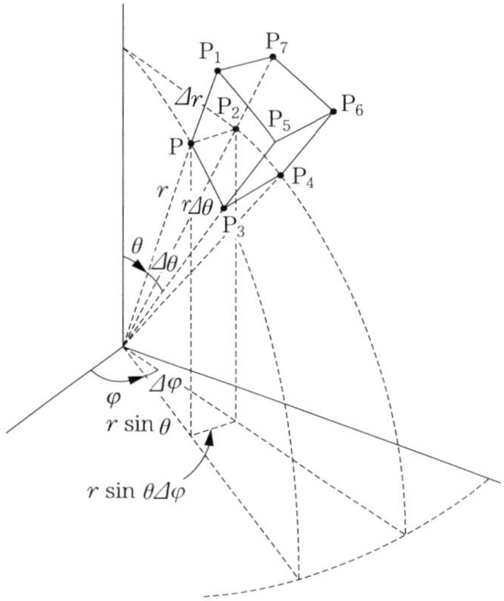

（b）　極（球）座標系と div $\boldsymbol{A}$

付図 *4.2*　座標系とベクトルの発散

点 $P_1(r+\varDelta r,\ \varphi,\ z)$ で代表させるとし，一次近似のテイラー展開を考慮して

$$(rA_r)_{P_1} \cong (rA_r)_P + \frac{\partial\left[(rA_r)_P\right]}{\partial r}\varDelta r$$

を得る。したがって，式（付 *4.10*）の右辺は式（付 *4.11*）となる。

$$\int_{\varphi}^{\varphi+\varDelta\varphi}\int_{z}^{z+\varDelta z}\left[(rA_r)_{P_1}-(rA_r)_P\right]d\varphi dz \cong \frac{\partial(rA_r)}{\partial r}\varDelta r\varDelta\varphi\varDelta z \qquad (付\ 4.11)$$

以上の考え方は，式（付 *4.10*）のなかの被積分関数 rA_r をテイラー展開している。このことは，式（付 *4.10*）をつぎのように解釈して計算するのと同じである。すなわち，**付図 *4.2***（a）において，面 S_1 の面積を $\varDelta S_1 = r\varDelta\varphi\varDelta z$ とすると，面 S_2 の面積は $\varDelta S_2 = (r+\varDelta r)\varDelta\varphi\varDelta z$ であるので，A_r のみにテイラー展開を適用して

$$A_r(P_1) \cong A_r(P) + \frac{\partial A_r(P)}{\partial r}\varDelta r$$

より

$$-\int_{S_1} A_r r d\varphi dz \cong -A_r(P)\varDelta S_1 = -A_r(P) r\varDelta\varphi\varDelta z$$

$$\int_{S_2} A_r r d\varphi dz \cong A_r(P_1)\varDelta S_2 = A_r(P_1)(r+\varDelta r)\varDelta\varphi\varDelta z$$

となる。両式を加えて右辺を整理すると

$$A_r(\mathrm{P_1})(r+\Delta r)\Delta\varphi\Delta z - A_r(\mathrm{P})r\Delta\varphi\Delta z = \left[A_r + r\frac{\partial A_r}{\partial r} + \frac{\partial A_r}{\partial r}\Delta r\right]\Delta r\Delta\varphi\Delta z$$

$$= \left[\frac{\partial(rA_r)}{\partial r} + \frac{\partial A_r}{\partial r}\Delta r\right]\Delta r\Delta\varphi\Delta z \qquad (付\ 4.12)$$

となる。中括弧内の第2項 $(\partial A_r/\partial r)\Delta r$ は，最終的に式（付 4.12）を $\Delta v = r\Delta\varphi\Delta r\Delta z$ で割り，$\Delta v \to 0$ の極限をとると0となるので，結果は式（付 4.11）と同じになる。いずれの考え方で導いても結果は同じであるが，曲線座標系の場合は，ベクトルの成分をテイラー展開して面積の増分を考慮するより，被積分関数をテイラー展開したほうが諸式の導出は容易であるので，今後はその方法で説明する。

つぎに，**付図 4.2**（*a*）において，φ 方向に垂直な面 S_3 $(\mathrm{PP_1P_7P_3})$ および面 S_4 $(\mathrm{P_2P_5P_6P_4})$ から出る指力線を求める。面 S_3 では $\boldsymbol{n} = -\boldsymbol{i}_\varphi$，$\boldsymbol{A}\cdot\boldsymbol{n} = -A_\varphi$，また面 S_4 では $\boldsymbol{n} = \boldsymbol{i}_\varphi$，$\boldsymbol{A}\cdot\boldsymbol{n} = A_\varphi$ であるので，両面から出る指力線は

$$\int_{S_3}\boldsymbol{A}\cdot\boldsymbol{n}dS + \int_{S_4}\boldsymbol{A}\cdot\boldsymbol{n}dS = -\int_{S_3}A_\varphi drdz + \int_{S_4}A_\varphi drdz \qquad (付\ 4.13)$$

を計算すればよい。この場合は，被積分関数は A_φ のみであるので，A_φ として面 S_3 では点 P の値を，面 S_4 では点 $\mathrm{P_2}$ の値

$$A_\varphi(r,\ \varphi+\Delta\varphi,\ z) \cong A_\varphi + \frac{\partial A_\varphi}{\partial\varphi}\Delta\varphi$$

を代表させて式（付 4.14）となる。

$$\int_{S_3}\boldsymbol{A}\cdot\boldsymbol{n}dS + \int_{S_4}\boldsymbol{A}\cdot\boldsymbol{n}dS \cong \frac{\partial A_\varphi}{\partial\varphi}\Delta\varphi\Delta r\Delta z \qquad (付\ 4.14)$$

最後に，z 軸方向に垂直な面 S_5 $(\mathrm{PP_1P_5P_2})$ および面 S_6 $(\mathrm{P_3P_7P_6P_4})$ から出る指力線は，これまでと同様の考えにより，面 S_5 で $\boldsymbol{n} = -\boldsymbol{i}_z$，$\boldsymbol{A}\cdot\boldsymbol{n} = -A_z$，面 S_6 で $\boldsymbol{n} = \boldsymbol{i}_z$，$\boldsymbol{A}\cdot\boldsymbol{n} = A_z$ であること，また，$\boldsymbol{A}\cdot\boldsymbol{n}dS = \pm A_z rd\varphi dr$ であるので，rA_z の P 点および $\mathrm{P_3}(r,\ \varphi,\ z+\Delta z)$ の値を考え

$$(rA_z)_{\mathrm{P_3}} \cong (rA_z)_{\mathrm{P}} + \frac{\partial(rA_z)_{\mathrm{P}}}{\partial z}\Delta z$$

より

$$\int_{S_5}\boldsymbol{A}\cdot\boldsymbol{n}dS + \int_{S_6}\boldsymbol{A}\cdot\boldsymbol{n}dS \cong \frac{\partial(rA_z)}{\partial z}\Delta z\Delta r\Delta\varphi = \frac{\partial A_z}{\partial z}r\Delta\varphi\Delta r\Delta z \qquad (付\ 4.15)$$

となる。式（付 4.8）の定義に基づき，式（付 4.11），（付 4.14），（付 4.15）を加え，両辺を微小体積 $\Delta v = r\Delta\varphi\Delta r\Delta z$ で割り，$\Delta v \to 0$ として式（付 4.16）を得る。

$$\mathrm{div}\,\boldsymbol{A} = \frac{1}{r}\frac{\partial(rA_r)}{\partial r} + \frac{1}{r}\frac{\partial A_\varphi}{\partial\varphi} + \frac{\partial A_z}{\partial z} \qquad (付\ 4.16)$$

〔*2*〕　**極（球）座標系**　ここでは結果のみを示すが，導出は**付図 4.2**（*b*）の座標系において，任意の点 $\mathrm{P}(r,\ \theta,\ \varphi)$ でのベクトルを

$$\boldsymbol{A} = A_r \boldsymbol{i}_r + A_\theta \boldsymbol{i}_\theta + A_\varphi \boldsymbol{i}_\varphi \qquad (付\ 4.17)$$

とし，r 方向に $\varDelta r$，θ 方向に $r\varDelta\theta$，φ 方向に $r\sin\theta\varDelta\varphi$ の辺をもつ微小曲線体積素を考え，円筒座標形の場合と同様に，各面から出る指力線を求めればよい。

$$\mathrm{div}\,\boldsymbol{A} = \frac{1}{r^2}\frac{\partial(r^2 A_r)}{\partial r} + \frac{1}{r\sin\theta}\frac{\partial(\sin\theta A_\theta)}{\partial\theta} + \frac{1}{r\sin\theta}\frac{\partial A_\varphi}{\partial\varphi} \qquad (付\ 4.18)$$

4.3　ベクトルの回転

ここでは，極（球）座標系に対するベクトルの回転を導出する。本文の式（12.43）のように，ベクトル $\boldsymbol{A}$ の回転（rot $\boldsymbol{A}$）の $\boldsymbol{n}$ 方向成分は式（付 4.19）で与えられる。

$$(\mathrm{rot}\,\boldsymbol{A})\cdot\boldsymbol{n} = \lim_{\varDelta S\to 0}\frac{1}{\varDelta S}\oint_{\mathrm{C}}\boldsymbol{A}\cdot d\boldsymbol{s} \qquad (付\ 4.19)$$

〔1〕 **極（球）座標系**　極（球）座標系でのベクトルを

$$\boldsymbol{A} = A_r \boldsymbol{i}_r + A_\theta \boldsymbol{i}_\theta + A_\varphi \boldsymbol{i}_\varphi$$

とする。**付図 4.3**（a）に示すように，任意の点 P(r，θ，φ) から r 方向に $\varDelta r$ 離れた点を $\mathrm{P_1}$，φ 方向に $r\sin\theta\varDelta\varphi$ 離れた点を $\mathrm{P_2}$，θ 方向に $r\varDelta\theta$ 離れた点を $\mathrm{P_3}$ とする。$\mathrm{P_1P_2P_3}$ を頂点とする三角形を考え，各辺に沿うベクトル $\boldsymbol{A}$ の周回線積分を図（b）のように三つのループに分けて計算する。

$$\oint_{\mathrm{C}}\boldsymbol{A}\cdot d\boldsymbol{s} = \oint_{\mathrm{C_1}}\boldsymbol{A}\cdot d\boldsymbol{s} + \oint_{\mathrm{C_2}}\boldsymbol{A}\cdot d\boldsymbol{s} + \oint_{\mathrm{C_3}}\boldsymbol{A}\cdot d\boldsymbol{s} \qquad (付\ 4.20)$$

まず積分路 $\mathrm{C_1}$ を考える。

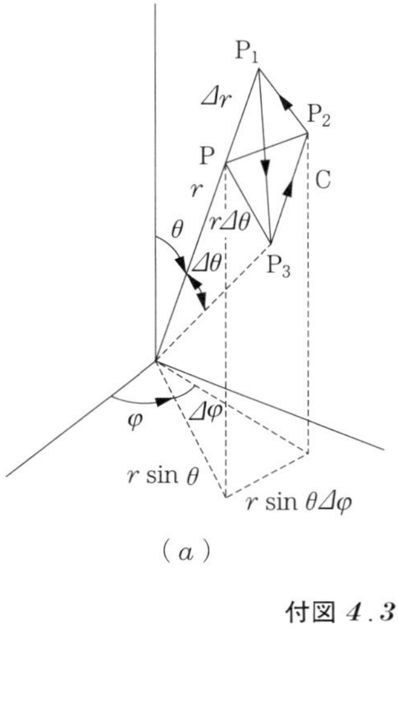

（a）

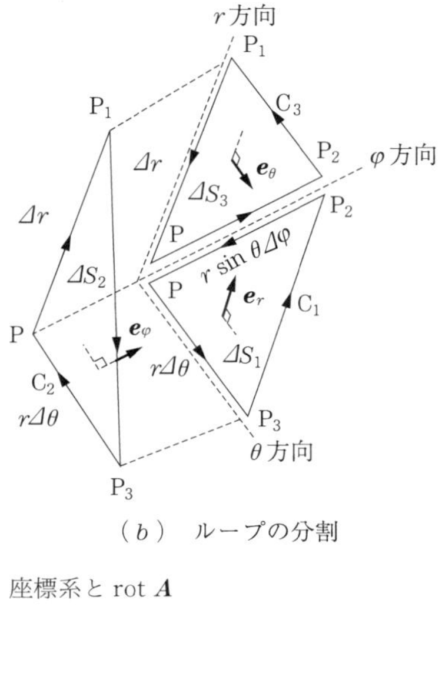

（b）　ループの分割

付図 4.3　極（球）座標系と rot $\boldsymbol{A}$

$$\oint_{C_1} \boldsymbol{A}\cdot d\boldsymbol{s} = \int_{P}^{P_3} \boldsymbol{A}\cdot d\boldsymbol{s} + \int_{P_3}^{P_2} \boldsymbol{A}\cdot d\boldsymbol{s} + \int_{P_2}^{P} \boldsymbol{A}\cdot d\boldsymbol{s} \tag{付 4.21}$$

式 (付 4.21) の右辺の各項は式 (付 4.22)〜(付 4.24) のようになる。

$$\int_{P}^{P_3} \boldsymbol{A}\cdot d\boldsymbol{s} = \int_{P}^{P_3} \boldsymbol{A}\cdot(rd\theta \boldsymbol{i}_\theta) = \int_{P}^{P_3} A_\theta r d\theta \cong \frac{1}{2}\left[2rA_\theta + \frac{\partial (rA_\theta)}{\partial \theta}\varDelta\theta\right]\varDelta\theta \tag{付 4.22}$$

$$\begin{aligned}\int_{P_3}^{P_2} \boldsymbol{A}\cdot d\boldsymbol{s} &= \int_{P_3}^{P_2} \boldsymbol{A}\cdot(-rd\theta \boldsymbol{i}_\theta + r\sin\theta d\varphi \boldsymbol{i}_\varphi) \\ &= -\int_{P_3}^{P_2} rA_\theta d\theta + \int_{P_3}^{P_2} r\sin\theta A_\varphi d\varphi \\ &\cong -\frac{1}{2}\left[2(rA_\theta) + \frac{\partial (rA_\theta)}{\partial\theta}\varDelta\theta + \frac{\partial (rA_\theta)}{\partial\varphi}\varDelta\varphi\right]\varDelta\theta \\ &\quad + \frac{1}{2}\left[2(r\sin\theta A_\varphi) + \frac{\partial (r\sin\theta A_\varphi)}{\partial\theta}\varDelta\theta + \frac{\partial (r\sin\theta A_\varphi)}{\partial\varphi}\varDelta\varphi\right]\varDelta\varphi\end{aligned} \tag{付 4.23}$$

$$\begin{aligned}\int_{P_2}^{P} \boldsymbol{A}\cdot d\boldsymbol{s} &= -\int_{P_2}^{P} \boldsymbol{A}\cdot(r\sin\theta d\varphi \boldsymbol{i}_\varphi) = -\int_{P_2}^{P} r\sin\theta A_\varphi d\varphi \\ &\cong -\frac{1}{2}\left[2(r\sin\theta A_\varphi) + \frac{\partial (r\sin\theta A_\varphi)}{\partial\varphi}\varDelta\varphi\right]\varDelta\varphi\end{aligned} \tag{付 4.24}$$

式 (付4.22)，(付4.23) を加え，両辺を $\varDelta S_1 = r^2 \sin\theta \varDelta\varphi \varDelta\theta/2$ で割って，rot $\boldsymbol{A}$ の $\boldsymbol{i}_r$ 方向成分を得る。

$$(\mathrm{rot}\ \boldsymbol{A})\cdot \boldsymbol{i}_r = \frac{1}{r\sin\theta}\left[\frac{\partial(\sin\theta A_\varphi)}{\partial\theta} - \frac{\partial A_\theta}{\partial\varphi}\right] \tag{付 4.25}$$

つぎに，rot $\boldsymbol{A}$ の φ 方向成分は

$$\oint_{C_2} \boldsymbol{A}\cdot d\boldsymbol{s} = \int_{P}^{P_1} \boldsymbol{A}\cdot d\boldsymbol{s} + \int_{P_1}^{P_3} \boldsymbol{A}\cdot d\boldsymbol{s} + \int_{P_3}^{P} \boldsymbol{A}\cdot d\boldsymbol{s}$$

より式 (付 4.26)〜(付 4.28) となる。

$$\int_{P}^{P_1} \boldsymbol{A}\cdot d\boldsymbol{s} = \int_{P}^{P_1} \boldsymbol{A}\cdot dr\boldsymbol{i}_r = \int_{P}^{P_1} A_r dr \cong \frac{1}{2}\left(2A_r + \frac{\partial A_r}{\partial r}\varDelta r\right)\varDelta r \tag{付 4.26}$$

$$\begin{aligned}\int_{P_1}^{P_3} \boldsymbol{A}\cdot d\boldsymbol{s} &= \int_{P_1}^{P_3} \boldsymbol{A}\cdot(rd\theta \boldsymbol{i}_\theta - dr\boldsymbol{i}_r) = \int_{P_1}^{P_3} rA_\theta d\theta - \int_{P_1}^{P_3} A_r dr \\ &\cong \frac{1}{2}\left[2rA_\theta + \frac{\partial (rA_\theta)}{\partial r}\varDelta r + \frac{\partial (rA_\theta)}{\partial\theta}\varDelta\theta\right]\varDelta\theta \\ &\quad - \frac{1}{2}\left(2A_r + \frac{\partial A_r}{\partial r}\varDelta r + \frac{\partial A_r}{\partial\theta}\varDelta\theta\right)\varDelta r\end{aligned} \tag{付 4.27}$$

$$\int_{P_3}^{P} \boldsymbol{A}\cdot d\boldsymbol{s} = -\int_{P}^{P_3} \boldsymbol{A}\cdot d\boldsymbol{s} \cong -\frac{1}{2}\left[2rA_\theta + \frac{\partial (rA_\theta)}{\partial\theta}\varDelta\theta\right]\varDelta\theta \tag{付 4.28}$$

こうして，式 (付 4.26) 〜(付 4.28) を加え，$\varDelta S_2 = r\varDelta\theta\varDelta r/2$ で両辺を割って，

rot $\boldsymbol{A}$ の φ 方向成分は式（付 4.29）となる。

$$(\mathrm{rot}\ \boldsymbol{A})\cdot\boldsymbol{i}_\varphi = \frac{1}{r}\left[\frac{\partial(rA_\theta)}{\partial r} - \frac{\partial A_r}{\partial\theta}\right] \qquad (付\ 4.29)$$

最後に，rot $\boldsymbol{A}$ の θ 方向成分を求める。

$$\oint_{C_3}\boldsymbol{A}\cdot d\boldsymbol{s} = \int_{P}^{P_2}\boldsymbol{A}\cdot d\boldsymbol{s} + \int_{P_2}^{P_1}\boldsymbol{A}\cdot d\boldsymbol{s} + \int_{P_1}^{P}\boldsymbol{A}\cdot d\boldsymbol{s}$$

右辺第1項は式（付 4.24）の結果の符号を逆にしたもので，また第3項も式（付 4.26）の結果の符号を逆にしたものなので，第2項のみを計算すればよい。

$$\begin{aligned}\int_{P_2}^{P_1}\boldsymbol{A}\cdot d\boldsymbol{s} &= \int_{P_2}^{P_1}\boldsymbol{A}\cdot(-\,r\sin\theta d\varphi\boldsymbol{i}_\varphi + dr\boldsymbol{i}_r)\\ &= -\int_{P_2}^{P_1} r\sin\theta A_\varphi d\varphi + \int_{P_2}^{P_1} A_r\, dr\\ &\cong -\frac{1}{2}\left[2(r\sin\theta A_\varphi) + \frac{\partial(r\sin\theta A_\varphi)}{\partial\varphi}\varDelta\varphi + \frac{\partial(r\sin\theta A_\varphi)}{\partial r}\varDelta r\right]\varDelta\varphi\\ &\quad + \frac{1}{2}\left(2A_r + \frac{\partial A_r}{\partial\varphi}\varDelta\varphi + \frac{\partial A_r}{\partial r}\varDelta r\right)\varDelta r \qquad (付\ 4.30)\end{aligned}$$

式（付 4.24）および式（付 4.26）の符号を逆にし，それに式（付 4.20）の結果を加え，$\varDelta S_3 = r\sin\theta\varDelta\varphi\varDelta r/2$ で両辺を割って

$$(\mathrm{rot}\ \boldsymbol{A})\cdot\boldsymbol{i}_\theta = \frac{1}{r}\left[\frac{1}{\sin\theta}\frac{\partial A_r}{\partial\varphi} - \frac{\partial(rA_\varphi)}{\partial r}\right] \qquad (付\ 4.31)$$

を得る。こうして，極（球）座標系におけるベクトルの回転は式（付 4.32）となる。

$$\begin{aligned}\mathrm{rot}\ \boldsymbol{A} &= \frac{1}{r\sin\theta}\left[\frac{\partial(\sin\theta A_\varphi)}{\partial\theta} - \frac{\partial A_\theta}{\partial\varphi}\right]\boldsymbol{i}_r + \frac{1}{r}\left[\frac{1}{\sin\theta}\frac{\partial A_r}{\partial\varphi} - \frac{\partial(rA_\varphi)}{\partial r}\right]\boldsymbol{i}_\theta\\ &\quad + \frac{1}{r}\left[\frac{\partial(rA_\theta)}{\partial r} - \frac{\partial A_r}{\partial\theta}\right]\boldsymbol{i}_\varphi \qquad (付\ 4.32)\end{aligned}$$

〔*2*〕 **円筒座標系**　　導出法は，円筒座標系におけるベクトルを

$$\boldsymbol{A} = A_r\boldsymbol{i}_r + A_\varphi\boldsymbol{i}_\varphi + A_z\boldsymbol{i}_z$$

で表し，**付図 4.4**（*a*），（*b*）に示すように，円筒座標系の任意の点 $\mathrm{P}(r,\ \varphi,\ z)$ より，r 方向に $\varDelta r$ 離れた点を P_1，φ 方向に $r\varDelta\varphi$ 離れた点を P_2，z 方向に $\varDelta z$ 離れた点を P_3 とする。ここで，$\mathrm{P}_1\mathrm{P}_2\mathrm{P}_3$ を頂点とする三角形の各辺に沿うベクトル $\boldsymbol{A}$ の周回線積分を図（*b*）のように三つのループに分けて行えばよい。

$$\oint_{C}\boldsymbol{A}\cdot d\boldsymbol{s} = \oint_{C_1}\boldsymbol{A}\cdot d\boldsymbol{s} + \oint_{C_2}\boldsymbol{A}\cdot d\boldsymbol{s} + \oint_{C_3}\boldsymbol{A}\cdot d\boldsymbol{s} \qquad (付\ 4.33)$$

結果は式（付 4.34）となる。

$$\mathrm{rot}\ \boldsymbol{A} = \left(\frac{1}{r}\frac{\partial A_z}{\partial\varphi} - \frac{\partial A_\varphi}{\partial z}\right)\boldsymbol{i}_r + \left(\frac{\partial A_r}{\partial z} - \frac{\partial A_z}{\partial r}\right)\boldsymbol{i}_\varphi + \frac{1}{r}\left[\frac{\partial(rA_\varphi)}{\partial r} - \frac{\partial A_r}{\partial\varphi}\right]\boldsymbol{i}_z \qquad (付\ 4.34)$$

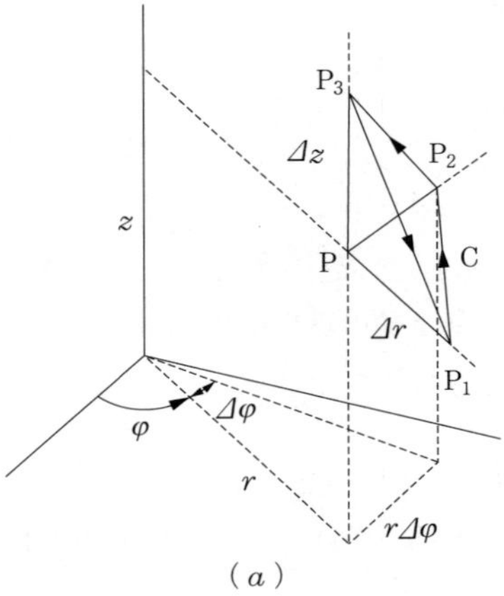

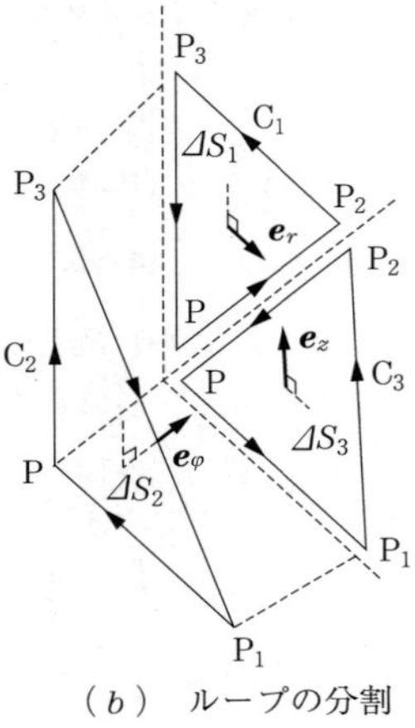

付図 4.4　円筒座標系と rot $\boldsymbol{A}$

参　考　文　献

1）　小谷正雄：物理学概説 下巻，裳華房（1954）
2）　渡辺孫一郎：初等解析学，裳華房（1962）
3）　安達忠次：ベクトル解析 改訂版，培風館（1963）
4）　高橋秀俊：電磁気学，物理学選書 3，裳華房（1962）
5）　アブラハム，ベッカー（宮田　聡 訳）：理論電気学，コロナ社（1963）
6）　金原寿郎：電磁気学（Ⅰ），（Ⅱ），基礎物理学選書 12，裳華房（1972）
7）　鈴木　皇：電磁気学，サイエンス・ライブラリー物理学 4，サイエンス社（1981）
8）　熊谷信昭，岡本允夫：電磁気学，大学講義シリーズ，コロナ社（1988）
9）　宮島龍興：電磁気学，みすず書房（1958）
10）　砂川重信：電磁気学，物理テキストシリーズ 4，岩波書店（1992）
11）　砂川重信：電磁気学演習，物理テキストシリーズ 5，岩波書店（1991）
12）　長岡洋介：電磁気学Ⅰ，Ⅱ，物理入門コース 3，4，岩波書店（1997，1996）
13）　長岡洋介，丹慶勝市：例解 電磁気学演習，物理入門コース演習 2，岩波書店（1995）
14）　ファイマンほか：ファイマン物理学（電磁気学），岩波書店（1969）
15）　岡部洋一，桂井　誠，河野照哉 著，電気学会 編：電磁気学基礎論，オーム社（1988）
16）　桂井　誠：図解 電磁気学の学び方，オーム社（1982）
17）　関口利男：電磁波，朝倉書店（1976）
18）　上崎省吾：電波工学 第 2 版，サイエンスハウス（1995）
19）　細野敏夫：電波工学の基礎，昭晃堂（1973）

演習問題解答

1 章

【1】 原点からの距離を x とおくと，$x=\dfrac{a+\sqrt{2}\,b}{\sqrt{2}+1}$ の位置 【2】 略

【3】 $F=4\pi^2 ml\left(\dfrac{1}{T^2}-\dfrac{1}{{T_0}^2}\right),\quad T=\dfrac{2\pi}{\omega},\quad T_0=\dfrac{2\pi}{\omega_0}$

2 章

【1】 点 P における電界 $\boldsymbol{E}$ の方向は点 P から A に向かい，その大きさは

$$E=\frac{1}{4\pi\varepsilon_0}\left[\frac{3}{(1/\sqrt{3})^2}+\frac{5}{(1/\sqrt{3})^2}\times\frac{1}{2}\times 2\right]=\frac{1}{4\pi\varepsilon_0}(9+15)=\frac{6}{\pi\varepsilon_0}$$

点 A に働く力 $\boldsymbol{F}$ の方向は点 A から P に向かい，その大きさは

$$F=\frac{1}{4\pi\varepsilon_0}\frac{3\times 5}{1^2}\times\frac{\sqrt{3}}{2}\times 2=\frac{15\sqrt{3}}{4\pi\varepsilon_0}$$

【2】 $E\fallingdotseq\dfrac{q}{4\pi\varepsilon_0}\dfrac{1}{r^2}\left(1+\dfrac{3l}{r}\right)=\dfrac{q}{4\pi\varepsilon_0 r^2}+\dfrac{3ql}{4\pi\varepsilon_0 r^3}$

【3】 $E_r=\dfrac{\lambda}{4\pi\varepsilon_0}\displaystyle\int_0^{\pi}\dfrac{r^2\mathrm{cosec}^2\theta d\theta}{r^3\,\mathrm{cosec}^3\theta}=\dfrac{\lambda}{4\pi\varepsilon_0 r}\displaystyle\int_0^{\pi}\sin\theta d\theta=\dfrac{\lambda}{2\pi\varepsilon_0 r}$

$$E_z=-\frac{\lambda}{4\pi\varepsilon_0}\int_0^{\pi}\frac{-r\cot\theta\ r\,\mathrm{cosec}^2\theta d\theta}{r^3\,\mathrm{cosec}^3\theta}=\frac{\lambda}{4\pi\varepsilon_0 r}\int_0^{\pi}\cos\theta d\theta=0$$

【4】 $E\fallingdotseq\dfrac{\lambda l}{4\pi\varepsilon_0 r^2}$

【5】 中心点 O における E は $E=\dfrac{\sigma}{2\varepsilon_0}$，点 P が十分に遠方にあるときの E は

$E\fallingdotseq\dfrac{\sigma a^2}{4\varepsilon_0 z^2}=\dfrac{\sigma\pi a^2}{4\pi\varepsilon_0 z^2}$，無限に広い平面の場合には $E=\dfrac{\sigma}{2\varepsilon_0}$

【6】 （1） 長さ l の直線は z 軸上にあるとして

$$E_x=\frac{\lambda}{4\pi\varepsilon_0 x}\int_{\theta_1}^{\theta_2}\sin\theta d\theta=\frac{\lambda}{4\pi\varepsilon_0 x}(\cos\theta_1-\cos\theta_2)$$

$$E_z=\frac{\lambda}{4\pi\varepsilon_0 x}\int_{\theta_1}^{\theta_2}\cos\theta d\theta=\frac{\lambda}{4\pi\varepsilon_0 x}(\sin\theta_2-\sin\theta_1)$$

ここで $\cos\theta_1=\dfrac{z+l/2}{[x^2+(z+l/2)^2]^{1/2}}$，$\cos\theta_2=\dfrac{z-l/2}{[x^2+(z-l/2)^2]^{1/2}}$，

$$\sin\theta_1 = \frac{x}{[x^2+(z+l/2)^2]^{1/2}},\quad \sin\theta_2 = \frac{x}{[x^2+(z-l/2)^2]^{1/2}}$$

$l \to \infty$ の場合：$\theta_1 \to 0$，$\theta_2 \to \pi$，　$E_r = \dfrac{\lambda}{2\pi\varepsilon_0 r}$，　$E_z = 0$

（2）　$l \ll x$，z の場合は $E_x \fallingdotseq \dfrac{\lambda x l}{4\pi\varepsilon_0 (x^2+z^2)^{3/2}}$，　$E_z \fallingdotseq \dfrac{\lambda z l}{4\pi\varepsilon_0 (x^2+z^2)^{3/2}}$，

$$E = (E_x{}^2 + E_z{}^2)^{\frac{1}{2}} \fallingdotseq \frac{\lambda l}{4\pi\varepsilon_0 r^2}$$

【7】 $\dfrac{x+l/2}{[(x+l/2)^2+z^2]^{1/2}} - \dfrac{x-l/2}{[(x-l/2)^2+z^2]^{1/2}} = \dfrac{2\varepsilon_0}{q}c$　（c：定数）

【8】 $\cos\theta = \dfrac{2}{m} - 1$

【9】 2平面の外側ではそれぞれによる電界が打ち消し合うので $E=0$ となり，2平面の間では加え合わさるので $E=\sigma/\varepsilon_0$ となり，電界 $\boldsymbol{E}$ は2平面に垂直で σ の面から $-\sigma$ の面に向かう。

【10】 $E=0$　$(0 \leqq r < a)$，　$E = \dfrac{\sigma a}{\varepsilon_0 r}$　$(a < r)$

【11】 $E = \dfrac{\rho_e r}{2\varepsilon_0}$　$(0 \leqq r \leqq a)$，　$E = \dfrac{\rho_e a^2}{2\varepsilon_0 r}$　$(a < r)$

【12】 $E = 0\,(0 \leqq r < a_1)$，$E = \dfrac{\sigma_1 a_1}{\varepsilon_0 r}\,(a_1 < r < a_2)$，$E = \dfrac{\sigma_1 a_1 + \sigma_2 a_2}{\varepsilon_0 r}\,(a_2 < r)$

【13】 略　【14】 $S = \displaystyle\int_0^\theta 2\pi r^2 \sin\alpha\, d\alpha = 2\pi r^2 (1-\cos\theta)$，

$$\Omega = \frac{S}{r^2} = 2\pi(1-\cos\theta),\quad N_e = \frac{q(1-\cos\theta)}{2\varepsilon_0}$$

【15】 $V = \dfrac{\lambda}{2\pi\varepsilon_0}\log\dfrac{r_0}{r}$，　$r < r_0$ のとき $0 < V$，　$r_0 < r$ のとき $V < 0$

【16】 $V = \dfrac{\sigma a}{\varepsilon_0}\log\dfrac{a}{r}$，　$0 \leqq r \leqq a$ では $V=0$，　$a < r$ では $V < 0$

【17】 $0 \leqq r \leqq a$ の場合：$V = \dfrac{\rho_e}{4\varepsilon_0}(a^2 - r^2) \geqq 0$，

$a < r$ の場合：$V = \dfrac{\rho_e a^2}{2\varepsilon_0}\log\dfrac{a}{r} < 0$

【18】 円板の中心軸を z 軸，中心点Oを原点，Oから点Pまでの距離を z とする。

$$V = \frac{\sigma}{2\varepsilon_0}(\sqrt{a^2+z^2} - z),\quad \boldsymbol{E} = -\frac{\partial V}{\partial z}\boldsymbol{i}_z = \boldsymbol{i}_z\frac{\sigma}{2\varepsilon_0}\left(1 - \frac{z}{\sqrt{a^2+z^2}}\right)$$

【19】 電荷が分布している直線は z 軸上にあるとし，その中点を原点Oとし，この点から z 軸に対して垂直に引いた直線Lを r 軸とする。

（1）$$V=\frac{\lambda}{4\pi\varepsilon_0}\log\frac{z+l/2+\sqrt{(z+l/2)^2+r^2}}{z-l/2+\sqrt{(z-l/2)^2+r^2}} \qquad \text{(解 2.1)}$$

（2）点P$(r,\ 0)$ の電位は式（解 2.1）で $z=0$ とおくと

$$V=\frac{\lambda}{2\pi\varepsilon_0}\log\frac{l/2+\sqrt{(l/2)^2+r^2}}{r} \qquad \text{(解 2.2)}$$

この電位はその基準点を $P_0(r_0,\ 0)$ とすると，式（解 2.2）より

$$V=\frac{\lambda}{2\pi\varepsilon_0}\log\frac{r_0}{r}\frac{l/2+\sqrt{(l/2)^2+r^2}}{l/2+\sqrt{(l/2)^2+r_0^2}} \qquad \text{(解 2.3)}$$

式（解 2.3）において $l\to\infty$ ときは，$V=\dfrac{\lambda}{2\pi\varepsilon_0}\log\dfrac{r_0}{r}$　（解 2.4）

（3）長さが有限の場合の点P$(r,\ z)$ における電界は式（解 2.1）より

$$E_z=-\frac{\partial V}{\partial z}=\frac{\lambda}{4\pi\varepsilon_0}\left[\frac{1}{\sqrt{(z-l/2)^2+r^2}}-\frac{1}{\sqrt{(z+l/2)^2+r^2}}\right]$$

$$E_r=-\frac{\partial V}{\partial r}=\frac{\lambda}{4\pi\varepsilon_0 r}\left[\frac{z+l/2}{\sqrt{(z+l/2)^2+r^2}}-\frac{z-l/2}{\sqrt{(z-l/2)^2+r^2}}\right]$$

点P$(r,\ 0)$ における電界は上式で $z=0$ とおいて

$$E_z=0,\quad E_r=\frac{\lambda l}{4\pi\varepsilon_0 r\sqrt{(l/2)^2+r^2}}$$

電位の基準点を $P_0(r_0,\ 0)$ としたときのP$(r,\ 0)$ における電界は式（解 2.3）より

$$E_z=-\frac{\partial V}{\partial z}=0,\quad E_r=-\frac{\partial V}{\partial r}=\frac{\lambda l}{4\pi\varepsilon_0\sqrt{(l/2)^2+r^2}}$$

長さが無限の場合の点P$(r,\ 0)$ における電界は式（解 2.4）より

$E_z=-\dfrac{\partial V}{\partial z}=0,\quad E_r=-\dfrac{\partial V}{\partial z}=\dfrac{\lambda}{2\pi\varepsilon_0 r}$　（これは【6】の結果と一致する）

【20】 直線を x 軸とし，点Pにおける電位 $V(x)$ は

$V(x)=\dfrac{q}{4\pi\varepsilon_0}\left(\dfrac{2}{x}-\dfrac{1}{x-d}-\dfrac{1}{x+d}\right)$，　$d\ll x$ では $V(x)=-\dfrac{qd^2}{2\pi\varepsilon_0 x^3}$

点Pにおける電界 $\boldsymbol{E}(x)$ は $\boldsymbol{E}(x)=-\dfrac{dV(x)}{dx}\boldsymbol{i}_x=-\dfrac{3qd^2}{2\pi\varepsilon_0 x^4}\boldsymbol{i}_x$

【21】 $E=\dfrac{\sigma}{\varepsilon_0}$，　$\sigma=\varepsilon_0 E=\dfrac{\varepsilon_0 V}{d}$，　$Q=\sigma S=\dfrac{\varepsilon_0 VS}{d}$

3 章

【1】 $C = \dfrac{c_{11}c_{22} - {c_{12}}^2}{c_{11} + 2c_{12} + c_{22}}$

【2】 $p_{11} = \dfrac{1}{4\pi\varepsilon_0}\left(\dfrac{1}{a} + \dfrac{1}{c} - \dfrac{1}{b}\right), \quad p_{12} = p_{21} = p_{22} = \dfrac{1}{4\pi\varepsilon_0 c}$

$$c_{11} = \frac{\varDelta_{11}}{\varDelta} = \frac{(-1)^2 p_{22}}{p_{11}p_{22} - p_{12}p_{21}} = \frac{1/4\pi\varepsilon_0 c}{(1/4\pi\varepsilon_0)^2\,[(1/a + 1/c - 1/b)/c - 1/c^2]}$$

$$= \frac{4\pi\varepsilon_0}{1/a - 1/b}$$

$$c_{12} = \frac{\varDelta_{21}}{\varDelta} = \frac{(-1)^3 p_{12}}{\varDelta} = \frac{-p_{22}}{\varDelta} = -c_{11},$$

$$c_{21} = \frac{\varDelta_{12}}{\varDelta} = \frac{(-1)^3 p_{21}}{\varDelta} = \frac{-p_{22}}{\varDelta} = -c_{11}$$

$$c_{22} = \frac{\varDelta_{22}}{\varDelta} = \frac{(-1)^4 p_{11}}{\varDelta} = \frac{(1/a + 1/c - 1/b)/4\pi\varepsilon_0}{(1/a - 1/b)/c\,(4\pi\varepsilon_0)^2}$$

$$= 4\pi\varepsilon_0 \frac{(1/a - a/b + 1/c)}{(1/a - 1/b)/c} = 4\pi\varepsilon_0\left(\frac{1}{1/a - 1/b} + c\right)$$

【3】 $C = \dfrac{\varepsilon_0}{d}S = \dfrac{8.854 \times 10^{-12}}{0.1 \times 10^{-3}} \times 10^2 \times 10^{-4} = 8.854 \times 10^{-10}\,\mathrm{F} = 885.4\,\mathrm{pF}$

【4】 $C_m = \dfrac{\sigma}{V} = \dfrac{\varepsilon_0 E}{V} = \dfrac{8.854 \times 10^{-12} \times 3 \times 10^3 \times 10^3}{60 \times 10^3} \fallingdotseq 0.443 \times 10^{-9} = 443\,\mathrm{pF}$

【5】 $C = 4\pi\varepsilon_0 a = 4\pi \times 8.854 \times 10^{-12} \times 6\,400 \times 10^3 \fallingdotseq 712 \times 10^{-6} = 712\,\mu\mathrm{F}$

【6】 $V_3 = \dfrac{C_1V_1 + C_2V_2}{C_1 + C_2 + C_3}$　【7】 $C = \dfrac{C_1 + C_2}{V} = \dfrac{1}{D}\left[\dfrac{1}{C_5}\left(\dfrac{1}{C_1} + \dfrac{1}{C_2} + \dfrac{1}{C_3} + \dfrac{1}{C_4}\right) + \left(\dfrac{1}{C_1} + \dfrac{1}{C_2}\right)\left(\dfrac{1}{C_3} + \dfrac{1}{C_4}\right)\right], \quad D = \dfrac{1}{C_5}\left(\dfrac{1}{C_1} + \dfrac{1}{C_3}\right)\left(\dfrac{1}{C_2} + \dfrac{1}{C_4}\right) + \dfrac{1}{C_1C_3}\left(\dfrac{1}{C_2} + \dfrac{1}{C_4}\right) + \dfrac{1}{C_2C_4}\left(\dfrac{1}{C_1} + \dfrac{1}{C_3}\right)$

4 章

【1】 $\boldsymbol{P} = \chi_e\varepsilon_0 \dfrac{Q}{4\pi\varepsilon}\dfrac{\boldsymbol{r}}{r^3} = \dfrac{\varepsilon - \varepsilon_0}{4\pi\varepsilon} Q \dfrac{\boldsymbol{r}}{r^3}, \quad \sigma' = -\left(1 - \dfrac{\varepsilon_0}{\varepsilon}\right)\sigma < 0$

【2】 $\sigma' = \dfrac{\varepsilon_0(\varepsilon_1 - \varepsilon_2)}{\varepsilon(d - z) + \varepsilon_1 z}V$　【3】 $C = 2\pi(\varepsilon_1 + \varepsilon_2)a$　【4】 $S = 0.13\,\mathrm{m}^2$

【5】 $\varepsilon_r = 2$　【6】 $C = \dfrac{S_1}{d/\varepsilon_0 + h/\varepsilon_1} + \dfrac{S_2}{d/\varepsilon_0 + h/\varepsilon_2}$

【7】　$E' = E\sqrt{\sin^2\theta + \left(\dfrac{\varepsilon_0}{\varepsilon}\right)^2\cos^2\theta}$,　$\sigma = \dfrac{\varepsilon_0(\varepsilon - \varepsilon_0)}{\varepsilon}E\cos\theta$

【8】　$b = \dfrac{c\sqrt{2}}{e}$,　$V_m = \sqrt{2}\,\dfrac{cE_m}{e}(\log\sqrt{2} + \log e - \log\sqrt{2}) = \dfrac{\sqrt{2}\,cE_m}{e}$

ただし，$e = \dfrac{\sqrt{2}\,c}{b}$ である。　【9】　$\varepsilon(r) = kr^{-1}$　（k は比例定数）

5章

【1】　（1）　$V_0 = \dfrac{Q}{4\pi\varepsilon_0 a}$,　$V = \dfrac{2Q}{4\pi\varepsilon_0 \times 2^{1/3}a}$

（2）　合体前の全エネルギーを U，合体後の全エネルギーを U' とすると

$$U = \frac{1}{2}QV_0 \times 2 = \frac{Q^2}{4\pi\varepsilon_0 a},\quad U' = \frac{1}{2}\times 2QV = \frac{2Q^2}{4\pi\varepsilon_0\times 2^{1/3}a}$$

$$\varDelta U = U' - U = \frac{Q^2}{4\pi\varepsilon_0 a}\left(\frac{2}{2^{1/3}} - 1\right) = \frac{Q^2}{4\pi\varepsilon_0 a}\times 0.587 > 0$$

$\varDelta U$ はクーロン力に逆らって雨滴を合体させるのに要した仕事。

【2】　**例題 *5.4*** において $E = \sigma/\varepsilon_0$，極板 1 に働く単位面積当りの力を f とすると，式（*5.13*）より $f = (1/2)\varepsilon_0 E^2 = \sigma^2/2\varepsilon_0$〔N/m²〕，極板 1 全体に働く力 F_x は $F_x = fS = (Q/S)^2S/2\varepsilon_0$〔N〕。

例題 *5.5* の場合も，極板 1 の表面電荷密度を σ とすれば，上記の場合と同じく $f = (1/2)\varepsilon_0 E^2$ であり，この場合 $E = V/d$ であるから，$F_x = fS = \varepsilon_0 (V/d)^2S/2$〔N〕。

【3】　（1）　$F_x = \dfrac{\partial}{\partial x}\left[\dfrac{1}{2}\dfrac{SV^2}{(d-h)/\varepsilon_0 + h/\varepsilon}\right] = -\dfrac{\partial}{\partial d}\left[\dfrac{1}{2}\dfrac{SV^2}{(d-h)/\varepsilon_0 + h/\varepsilon}\right]$

$$= \frac{1}{2\varepsilon_0}\frac{V^2S}{[(d-h)/\varepsilon_0 + h/\varepsilon]^2}$$

（2）　$f = \dfrac{1}{2}\varepsilon_0 E_0{}^2 = \dfrac{1}{2}\varepsilon_0\left(\dfrac{\sigma}{\varepsilon_0}\right)^2 = \dfrac{1}{2\varepsilon_0}\sigma^2$

$$\therefore\quad F_x = fS = \frac{1}{2\varepsilon_0}\sigma^2 S = \frac{1}{2\varepsilon_0}\frac{V^2S}{[(d-h)/\varepsilon_0 + h/\varepsilon]^2}$$

【4】　$F_x = \dfrac{\partial W}{\partial x} = \dfrac{\partial W}{\partial l} = \dfrac{1}{2}\varepsilon_0 aV^2\dfrac{\partial}{\partial l}\left(\dfrac{l}{d-h} + \dfrac{L-l}{d}\right)$

$$= \frac{1}{2}\varepsilon_0 aV^2\left(\frac{1}{d-h} - \frac{1}{d}\right)$$

【5】　$F_x = \dfrac{\partial W}{\partial x} = \dfrac{\partial W}{\partial l} = \dfrac{1}{2}\varepsilon_0 aV^2\left(\dfrac{1}{d - h + h\varepsilon_0/\varepsilon} - \dfrac{1}{d}\right)$〔N〕

【6】　$F_x = \varepsilon_0 aV^2\left(\dfrac{1}{d_1} + \dfrac{1}{d_2}\right)\left(1 - \dfrac{1}{2}\right) = \dfrac{1}{2}\varepsilon_0 a\left(\dfrac{1}{d_1} + \dfrac{1}{d_2}\right)V^2$

6 章

【1】 $\boldsymbol{F}$の x 成分，y 成分をF_x，F_y とすると

$$F_x = -\frac{q^2}{16\pi\varepsilon_0}\left[\frac{1}{a^2} - \frac{a}{(a^2+b^2)^{3/2}}\right],\quad F_y = -\frac{q^2}{16\pi\varepsilon_0}\left[\frac{1}{b^2} - \frac{b}{(a^2+b^2)^{3/2}}\right]$$

x，y 軸上の面密度をそれぞれ σ_x，σ_y とすると

$$\sigma_x = -\frac{qb}{2\pi}\left\{\frac{1}{[(x-a)^2+b^2]^{3/2}} - \frac{1}{[(x+a)^2+b^2]^{3/2}}\right\}$$

$$\sigma_y = -\frac{qa}{2\pi}\left\{\frac{1}{[(y-b)^2+a^2]^{3/2}} - \frac{1}{[(y+b)^2+a^2]^{3/2}}\right\}$$

【2】 $F = \dfrac{q^2}{4\pi\varepsilon_0}\left(\dfrac{a}{f}\right)^3\dfrac{a^2-2f^2}{(f^2-a^2)^2}$（向きは球の中心に向かう）

$$\sigma_A = \frac{q}{4\pi}\frac{3f+a}{f(f+a)^2},\quad \sigma_B = -\frac{q}{4\pi}\frac{3f-a}{f(f-a)^2}$$

【3】 $F = \dfrac{afq^2}{4\pi\varepsilon_0(a^2-f^2)^2}$，　$\sigma_A = -\dfrac{q}{4\pi(a-f)^2}\left(1+\dfrac{f}{a}\right)$，

$\sigma_B = -\dfrac{q}{4\pi(a-f)^2}\left(1-\dfrac{f}{a}\right)$　【4】 $C = \dfrac{2\pi\varepsilon_0}{\log(2h/a)}$

【5】 $$\int_0^\infty \sigma\times 2\pi r dr = -\frac{a}{2\pi}\frac{\varepsilon-\varepsilon_0}{\varepsilon+\varepsilon_0}q\pi\int_0^\infty\frac{2rdr}{(r^2+a^2)^{3/2}} = -\frac{a}{2}\frac{\varepsilon-\varepsilon_0}{\varepsilon+\varepsilon_0}q\frac{2}{a}$$

$$= -\frac{\varepsilon-\varepsilon_0}{\varepsilon+\varepsilon_0}q = q'$$

【6】 $$F = \frac{qq'}{4\pi\varepsilon_0(2a)^2} = \frac{q^2}{4\pi\varepsilon_0(2a)^2}\left(\frac{\varepsilon_0}{\varepsilon_1}\right)^2\frac{\varepsilon_1-\varepsilon_2}{\varepsilon_1+\varepsilon_2}$$

（$\varepsilon_1 < \varepsilon_2$ のとき引力，$\varepsilon_1 > \varepsilon_2$ のとき反発力）

$\varepsilon_1 = \varepsilon_0$，$\varepsilon_2 = \varepsilon$ の場合，$F = -\dfrac{q^2}{16\pi\varepsilon_0 a^2}\dfrac{\varepsilon-\varepsilon_0}{\varepsilon+\varepsilon_0}$　（引力）

【7】 $$f = \frac{1}{2\pi\varepsilon_0}\frac{\lambda^2}{(d-a^2/d)} = \frac{\lambda^2}{2\pi\varepsilon_0}\frac{d}{(d^2-a^2)}$$

【8】 求める力を F〔N〕とすると $F = \dfrac{q_1}{4\pi(\varepsilon_1+\varepsilon_2)}\left[\dfrac{q_1(\varepsilon_1-\varepsilon_2)}{\varepsilon_1(2a_1)^2} + \dfrac{2q_2}{(a_1+a_2)^2}\right]$

7 章

【1】 $E = 0.16$ V/m　【2】 $I = \dfrac{ba^3}{3}$〔A〕　【3】 $\alpha_{t'} = \dfrac{\alpha_t}{1+\alpha_t(t'-t)}$

【4】 $v = 1.47\times10^{-4}$ m/s　【5】 $\tau = \dfrac{m}{\rho n e^2} = 2.45\times10^{-14}$ s

8 章

【1】 xyz 直角座標系を，その y 軸が $\boldsymbol{B}$ の方向と一致するように，その原点が粒子の入射点であるように，粒子の初速度 $\boldsymbol{v}_0$ が xy 平面内にあるようにとるとして

$$\left(\frac{mv_0 \sin\theta}{qB} - z\right)^2 + x^2 = \left(\frac{mv_0 \sin\theta}{qB}\right)^2$$

の円の方程式が導かれる。粒子は，xz 面に中心点 $(0,\ 0,\ mv_0 \sin\theta/qB)$ をもつ，半径 $r = mv_0 \sin\theta/qB$，角周波数 $\omega = qB/m$，y 軸方向への速さ $v_y = v_0 \cos\theta$ のらせん運動をする。

【2】 （1） $z = \dfrac{eV}{\omega^2 mh}(1 - \cos\omega t)$，　$y = \dfrac{eV}{\omega^2 mh}(\omega t - \sin\omega t)$：サイクロイド曲線を表す。

（2） $z_m = \dfrac{2eV}{\omega^2 mh} = \dfrac{2mV}{B^2 eh}$，$z_m < h$，$B > \dfrac{1}{h}\sqrt{\dfrac{2mV}{e}}$ または $V < \dfrac{eB^2h^2}{2m}$

【3】 $T = Fa = IBNab$

【4】 $B_0 = \dfrac{\mu_0 I}{4a}$，$B_0$ の方向は紙面に垂直で紙面の裏から表へ向かう。

【5】 （1） $B_{1x}(x) = 0$，$B_{1y}(x) = \dfrac{\mu_0 I}{2\pi a}\tan^{-1}\dfrac{a}{x}$，$a \to \infty$ のときは $\tan^{-1}\dfrac{a}{x} \to \dfrac{\pi}{2}$

なので $B_{1y}(x) = \dfrac{\mu_0 j_c}{2}$，$\boldsymbol{B}_1$ の方向は y 軸に平行で正の向きをもつ。

（2） $B_2(y) = \dfrac{\mu_0 I}{4\pi a}\log\dfrac{y + a}{y - a}$，　$\boldsymbol{B}_2$ の方向は x 軸に平行で負の向きをもつ。

【6】 $B = -\dfrac{\mu_0 nI}{2}\displaystyle\int_{\theta_1}^{\theta_2} \sin\theta d\theta = \dfrac{\mu_0 nI}{2}\Big[\cos\theta\Big]_{\theta_1}^{\theta_2} = \dfrac{\mu_0 nI}{2}(\cos\theta_2 - \cos\theta_1)$

ソレノイドが十分に長いとき，$\theta_1 \fallingdotseq \pi$，$\theta_2 \fallingdotseq 0$ とおくと $B \fallingdotseq \mu_0 nI$，右端の磁束密度 B_R は $\theta_1 \fallingdotseq \pi$，$\theta_2 = \pi/2$ とおくと $B \fallingdotseq \mu_0 nI/2$，左端の磁束密度 B_L も $\theta_1 = \pi/2$，$\theta_2 \fallingdotseq 0$ とおくと $B \fallingdotseq \mu_0 nI/2$

【7】 （1） 点 P では $B = \dfrac{\mu_0 Ia^2}{2}\left\{\dfrac{1}{[a^2 + (d + x)^2]^{3/2}} - \dfrac{1}{[a^2 + (d - x)^2]^{3/2}}\right\}$

原点では $B = \dfrac{\mu_0 Ia^2}{(a^2 + d^2)^{2/3}}$　（2） $B \fallingdotseq \dfrac{\mu_0 I}{(5/4)^{2/3}a}$

【8】 $B = \dfrac{\mu_0 \lambda\omega a^2}{2(a^2 + z^2)^{3/2}}$　【9】 $B = \dfrac{\mu_0 \sigma\omega}{2}\left[(a^2 + z^2)^{1/2} + \dfrac{z^2}{(a^2 + z^2)^{1/2}} - 2|z|\right]$，

$m = \pi\sigma\omega\displaystyle\int_0^a r^3 dr = \dfrac{1}{4}\pi\sigma\omega a^4$

【10】 $\int_{\mathrm{ABCDA}} \boldsymbol{B}\cdot d\boldsymbol{s} = \int_{\mathrm{A}}^{\mathrm{B}} B(x_1)\boldsymbol{i}_y\cdot dy\boldsymbol{i}_y + \int_{\mathrm{C}}^{\mathrm{D}} -B(x_2)\boldsymbol{i}_y\cdot(-dy\boldsymbol{i}_y) = Bl + Bl =$

$2Bl = \mu_0 j_c l \quad \therefore \quad B = \dfrac{\mu_0 j_c}{2}$

【11】 $B = \dfrac{\mu_0 I r}{2\pi a^2} \quad (0 \leqq r \leqq a), \quad B = \dfrac{\mu_0 I}{2\pi r} \quad (a \leqq r \leqq b),$

$B = \dfrac{\mu_0 I}{2\pi r}\left(\dfrac{c^2 - r^2}{c^2 - b^2}\right) \quad (b \leqq r \leqq c)$

【12】 求める磁束密度を B_0，その x 成分を B_{0x}，y 成分を B_{0y} とすると

$B_{0x} = B_x + B_{x'} = \dfrac{\mu_0 j_c y}{2} - \dfrac{\mu_0 j_c y}{2} = 0,$

$B_{0y} = B_y + B_{y'} = \dfrac{\mu_0 j_c x}{2} - \dfrac{\mu_0 j_c (c - x)}{2} = -\dfrac{\mu_0 j_c c}{2}$

空洞がある円柱導体の全電流を I とすると $j_c = I/\pi(a^2 - b^2)$ であるから

$B = B_{0y} = -\dfrac{\mu_0 c I}{2\pi(a^2 - b^2)}$

【13】 $\boldsymbol{F}$ の方向は直線電流に向かって垂直でその大きさは $F = F_\perp$ である。

$F_\perp = I_2 B_{AB} b - I_2 B_{CD} b = I_2 \dfrac{\mu_0 I_1}{2\pi d} b - I_2 \dfrac{\mu_0 I_1}{2\pi(d + a)} b$

$= \dfrac{\mu_0 I_1 I_2 b}{2\pi}\left(\dfrac{1}{d} - \dfrac{1}{d + a}\right) = \dfrac{\mu_0 I_1 I_2 a b}{2\pi d(d + a)}$

9 章

【1】（1） $B = \dfrac{\Phi}{S} = \dfrac{nI}{SR_m} = \dfrac{\mu_0 n I}{l/\mu_r + l_g}$

（2） $M = \dfrac{(1 - 1/\mu_r)\,nI}{l/\mu_r + l_g}$　（3） $q_m = MS = \dfrac{(1 - 1/\mu_r)\,nIS}{l/\mu_r + l_g}$

【2】 $H = \dfrac{B_0}{\mu_0\mu_r}, \quad M = \dfrac{B}{\mu_0} - H = \dfrac{B_0}{\mu_0}\left(1 - \dfrac{1}{\mu_r}\right)$

【3】 $\mu_r = \dfrac{\tan\theta_2}{\tan\theta_1} = \dfrac{\tan(\pi/4)}{\tan(\pi/6)} = \sqrt{3}$

【4】 $H = \dfrac{I}{2\pi\sqrt{(x - a)^2 + y^2}} + \dfrac{k' I}{2\pi\sqrt{(x + a)^2 + y^2}} \quad (x \geqq 0)$

$H = \dfrac{k'' I}{2\pi\sqrt{(x - a)^2 + y^2}} \quad (x \leqq 0)$　ここで，$k' = \dfrac{\mu_2 - \mu_1}{\mu_2 + \mu_1}$，$k'' = \dfrac{2\mu_1}{\mu_2 + \mu_1}$

【5】 $R_m = \dfrac{2\pi}{\mu c \ln(b/a)}$　【6】 $\Phi_0 = \dfrac{\mu S(-l_2 n_1 I_1 + l_1 n_2 I_2)}{l_0 l_1 + l_1 l_2 + l_2 l_0}$

【7】 $I = 24.7\mathrm{A}$　【8】 略

【9】 $H=\dfrac{q_m l}{4\pi[x^2+(l/2)^2]^{2/3}}$ （向きはq_mと$-q_m$を結ぶ線に平行で，q_mから$-q_m$に向かう）

10章

【1】 $v_{ab}=v_{ac}=-\dfrac{\partial\Phi}{\partial t}=-\Phi_m\dfrac{\partial}{\partial t}\cos\omega t=\omega\Phi_m\sin\omega t$,　$v_{bc}=-\dfrac{\partial\Phi}{\partial t}=0$

【2】 起電力 v_e は直線電流 I に向かう向きに生じる。

$$v_e=\int_{a+l}^{a}\boldsymbol{E}\cdot d\boldsymbol{s}=\int_{a+l}^{a}(-E)(-dr)\boldsymbol{i}_x\cdot\boldsymbol{i}_r=\int_{a+l}^{a}Edr=\frac{\mu_0 Iv}{2\pi}\int_{a+l}^{a}\frac{1}{r}dr$$
$$=\frac{\mu_0 Iv}{2\pi}\log\frac{a}{a+l}<0$$

【3】 起電力 v_e は直線電流 I と同じ向きに生じる。$v_e=El=\dfrac{\mu_0 Ivl}{2\pi r}$

【4】 起電力 v_e は中心軸から外側へ向かって生じる。

$$v_e=\int_0^a\boldsymbol{E}\cdot d\boldsymbol{r}=\int_0^a Edr=B\omega\int_0^a rdr=\frac{1}{2}B\omega a^2$$

【5】 $E=-\dfrac{\mu_0 nI_0a^2}{2r}$ $(a<r)$,　$E=-\dfrac{\mu_0 nI_0}{2}r$ $(0\leqq r<a)$

11章

【1】 （1） 空心の場合：式(*11.23*)より $L=\mathfrak{L}\mu_0n^2Sl$。**表 *11.1*** において $2a/l=0.2$ であるから $\mathfrak{L}=0.920$　∴ $L=0.92\times4\pi\times10^{-7}\times(5\times10^3)^2\times\pi\times(10^{-2})^2\times10^{-1}=908\times10^{-6}$〔H〕$=0.908$〔mH〕

（2） 鉄心入りの場合：$L=\mathfrak{L}\mu n^2Sl=\mathfrak{L}\mu_0\mu_r n^2Sl=908\times10^{-6}\times10^3=908\times10^{-3}$〔H〕$=908$〔mH〕

【2】 $a\ll R$ の場合は $L\fallingdotseq\dfrac{\mu a^2N^2}{2R}$　【3】 $L=\dfrac{\mu N^2c}{2\pi}\log\dfrac{b}{a}$　【4】 $L_i=\dfrac{\mu l}{8\pi}$

【5】 $M=\dfrac{\mu_0}{2\pi}\log\dfrac{r_{14}r_{24}}{r_{13}r_{23}}$〔H/m〕,　$M=0$ であるためには $r_{14}r_{24}=r_{13}r_{23}$ であればよい。

【6】 略　【7】 $M=\dfrac{\mu_0 b}{2\pi}\log\dfrac{d+a}{d}$　【8】 $M=\mu_0(d-\sqrt{d^2-a^2})$

【9】 $F=I\dfrac{\partial\Phi}{\partial z}=\mu_0n^2I^2\pi a^2$　【10】 $T=I\dfrac{\partial\Phi}{\partial\theta}=2IBrl\cos\theta$

【11】 $F=\dfrac{\partial M}{\partial d}I_1I_2=-\dfrac{\mu_0 ab}{2\pi d(d+a)}<0$ （吸引力）

【12】 $F = \dfrac{\varDelta W_m}{\varDelta z} = \dfrac{\chi_m B^2 S}{2\mu_0(1+\chi_m)} > 0$ （磁界中に引き込まれる向き）

【13】 $F = \dfrac{\varDelta W_m}{\varDelta r} = -\dfrac{\mu_0}{4\pi r} I^2 < 0$ （半径が縮む方向）

【14】 $F = \dfrac{\varDelta W_m}{\varDelta b} = \dfrac{\mu_0 I^2}{4\pi b} > 0$ （外向き） 【15】 略 【16】 $Q = \dfrac{N}{r}\varPhi_0$

【17】 $\dfrac{L}{l} = \dfrac{1}{2\pi}\left(\dfrac{\mu}{4} + \mu_0 \log\dfrac{2h}{a}\right)$

12 章

【 1 】 $I_{dm} = \varepsilon_0\left|\dfrac{\partial E}{\partial t}\right| = \dfrac{\varepsilon_0 \omega V_m}{d} \fallingdotseq 5.56 \times 10^{-4}$ A,

$$B_m = \frac{\mu_0\varepsilon_0\omega r V_m}{2d} = I_{dm}\frac{\mu_0 r}{2} \fallingdotseq 1.75 \times 10^{-11}\ \mathrm{T}$$

$$V_{em} = \frac{\mu_0\varepsilon_0\omega^2\pi r r_0{}^2 N V_m}{2d} = B_m\omega\pi r_0{}^2 N \fallingdotseq 7.76 \times 10^{-12}\ \mathrm{V}$$

【 2 】 $\boldsymbol{j}_d = \varepsilon_0\dfrac{\partial \boldsymbol{E}}{\partial t} = \boldsymbol{i}_x\varepsilon_0\omega E_m\cos\omega t$ 【 3 】 $\mathrm{grad}\,\phi = -19\boldsymbol{i}_x + 16\boldsymbol{i}_y - 25\boldsymbol{i}_z$

【 4 】 略 【 5 】 $\mathrm{div}\,\boldsymbol{A} = -7$ 【 6 】 $\mathrm{rot}\,\boldsymbol{A} = 4\boldsymbol{i}_x - 3\boldsymbol{i}_y + 4\boldsymbol{i}_z$

【 7 】 $\mathrm{div}\,\boldsymbol{A} = 0$, $\mathrm{rot}\,\boldsymbol{A} = 2\alpha\boldsymbol{i}_x + 2\beta\boldsymbol{i}_y + 2\lambda\boldsymbol{i}_z$ 【 8 】 $\boldsymbol{A}\cdot\mathrm{grad}\,\phi = 17$

【 9 】 $\boldsymbol{A} = y\boldsymbol{i}_y$ であるので，$\boldsymbol{A}\cdot\boldsymbol{n}$ の値は $y=0$ の面と $y=a$ の面上以外では0となる。また，$y=0$ の面でも 0 となる。したがって，左辺 $= a \times a^2 = a^3$，右辺 $= 1 \times a^3 = a^3$ より左辺 = 右辺となる。

【10】 左辺 = 右辺 $= -\dfrac{1}{3}$ 【11】 $\mathrm{rot}\,\boldsymbol{E} = 0$ を示せばよい。

【12】 $\dfrac{d^2V}{dx^2} = -\dfrac{\rho}{\varepsilon_0}$ を解いて $V(x) = \dfrac{V_0}{d}x + \dfrac{\rho_0}{6\varepsilon_0 d}x(x-d)(x-2d)$ となる。

【13】 $f_x = \dfrac{1}{2}\varepsilon_0 E^2_{x\,(x=d)} = \dfrac{1}{2}\varepsilon_0\left(\dfrac{\rho d}{2\varepsilon_0}\right)^2 = \dfrac{\rho^2 d^2}{8\varepsilon_0}$〔N/m²〕（引力）

【14】 $\boldsymbol{S}_p = \boldsymbol{E} \times \boldsymbol{H} = \dfrac{A^2}{\mu_0 c}\cos^2(z-ct)\boldsymbol{i}_z$ よりエネルギーの流れは z 方向となる。

【15】 $\dfrac{j_d}{j_c} = \dfrac{\varepsilon\omega}{\chi}$ より，銅の場合は，$\dfrac{\varepsilon_0\omega}{\chi} = \dfrac{8.854 \times 10^{-12} \times 2\pi \times 50}{5.8 \times 10^7} \fallingdotseq 4.8 \times 10^{-17}$

塩化ビニルの場合は，$\dfrac{\varepsilon_0\varepsilon_r\omega}{\chi} = \dfrac{8.854 \times 10^{-12} \times 3.5 \times 2\pi \times 50}{10^{-13}} \fallingdotseq 9.7 \times 10^4$

【16】 $\boldsymbol{j}_d = \dfrac{\rho v}{4\pi}\left[-\dfrac{1}{|\boldsymbol{r}-\boldsymbol{v}t|^3} + \dfrac{3(y-vt)^2}{|\boldsymbol{r}-vt|^5}\right]\boldsymbol{i}_y + \dfrac{qv}{4\pi}\left[\dfrac{3(y-vt)}{|\boldsymbol{r}-\boldsymbol{v}t|^5}\right](x\boldsymbol{i}_x + z\boldsymbol{i}_z)$,

$$\boldsymbol{B} = \frac{\mu_0}{4\pi}\frac{q\boldsymbol{v} \times \boldsymbol{r}_d}{\boldsymbol{r}_d{}^3}$$

【17】 2 枚の導体板表面の総電荷量を $\pm Q$，面電荷密度を $\pm\sigma$，導体板間の電界を E とすると，$Q=\sigma S=\varepsilon_0 ES$，$E=\dfrac{v}{d}=\dfrac{V_m\sin\omega t}{d}$，真電流 i は $i=\dfrac{dQ}{dt}=\varepsilon_0 S\dfrac{dE}{dt}=\varepsilon_0 S\dfrac{\omega V_m\cos\omega t}{d}$ となる。変位電流密度を j_d とすると，$j_d=\dfrac{d(\varepsilon_0 E)}{dt}$，変位電流 i_d は $i_d=j_dS=\varepsilon_0\dfrac{dE}{dt}S=\varepsilon_0 S\dfrac{\omega V_m\cos\omega t}{d}$ となる。ゆえに，$i=i_d$ である。 【18】 略 【19】 略

13 章

【1】 略 【2】 $\boldsymbol{H}=-0.053\sin(\omega t+\beta z)\boldsymbol{i}_y$，$\boldsymbol{E}=10\sin(\omega t+\beta z)\boldsymbol{i}_x$

【3】 $\boldsymbol{H}=\dfrac{A}{\eta}\cos^3(\omega t-kz)\boldsymbol{i}_y$，$\boldsymbol{S}_p=E_x\boldsymbol{i}_x\times H_y\boldsymbol{i}_y=\dfrac{A^2}{\eta}\cos^6(\omega t-\beta z)\boldsymbol{i}_z$

【4】 $\varepsilon_r=9$ 【5】 (1) $f=150$ MHz，(2) $\beta=4.71$ rad/m，(3) $v=2\times10^8$ m/s，(4) $\lambda=1.33$ m，(5) $\eta=251\,\Omega$，(6) $H_m=0.04$ A/m

【6】 $\alpha=58.8$ Np/m，$\beta=356.7$ rad/m，$\lambda=0.0176$ m，$v=4.31\times10^7$ m/s，$\eta=53.5\,\Omega$ 【7】 $\alpha=\beta=1\,513$，$v=415$ m/s $\ll c_0$，$|\eta|=3.69\times10^{-4}\,\Omega\ll\eta_0$ 【8】 略 【9】 略 【10】 空気側から入射の場合：$\theta_B=\tan^{-1}\sqrt{2.25}=56.3°$，誘電体側から入射の場合：$\theta_B=\tan^{-1}\sqrt{\dfrac{1}{2.25}}=39.2°$，$\theta_C=\sin^{-1}\sqrt{\dfrac{1}{2.25}}=41.8°$

【11】 反射波，透過波は入射波に対して，それぞれ 0.268 倍，0.732 倍となる。

【12】 10 kHz：$\lambda=15.8$ m，$\delta=2.52$ m，100 kHz：$\lambda=5$ m，$\delta=0.796$ m

【13】 $f=50$ Hz：$\delta=9.3$ mm，$f=1$ kHz：$\delta=2.1$ mm，$f=1$ MHz：$\delta=6.6\times10^{-2}$ mm

【14】 静電界における電気双極子と同じ結果になる。ただし，この場合は時間要素を考慮するので，静的に求めた電界が $e^{j\omega t}$ で振動していることになる。

索　　引

―― 著者略歴 ――

多田　泰芳（ただ　やすふさ）

1966 年　東京理科大学理学部応用物理学科卒業
1987 年　群馬工業高等専門学校教授
1996 年　博士(工学)（東京理科大学）
2004 年　群馬工業高等専門学校名誉教授
2007 年　逝　去

柴田　尚志（しばた　ひさし）

1975 年　茨城大学工学部電気工学科卒業
1983 年　茨城工業高等専門学校助教授
1992 年　博士(工学)（東京工業大学）
1998 年　茨城工業高等専門学校教授
1999 年　茨城工業高等専門学校副校長（主事）
2008 年　文部科学大臣賞（平成 19 年度国立高等専門学校教員顕彰）受賞
2012 年　茨城工業高等専門学校名誉教授
2012 年　一関工業高等専門学校校長
2018 年　一関工業高等専門学校名誉教授

電　磁　気　学

Electromagnetics

2005 年 1 月 3 日　初版第 1 刷発行
2022 年 1 月 10 日　初版第 9 刷発行

検印省略

著　者　多　田　泰　芳
　　　　柴　田　尚　志
発行者　株式会社　コロナ社
　　　　代表者　牛来真也
印刷所　壮光舎印刷株式会社
製本所　株式会社　グリーン

112-0011　東京都文京区千石 4-46-10
発行所　株式会社　**コロナ社**
CORONA PUBLISHING CO., LTD.
Tokyo　Japan
振替 00140-8-14844・電話(03)3941-3131(代)
ホームページ　https://www.coronasha.co.jp

ISBN 978-4-339-01182-1　C3354　Printed in Japan　（高橋）